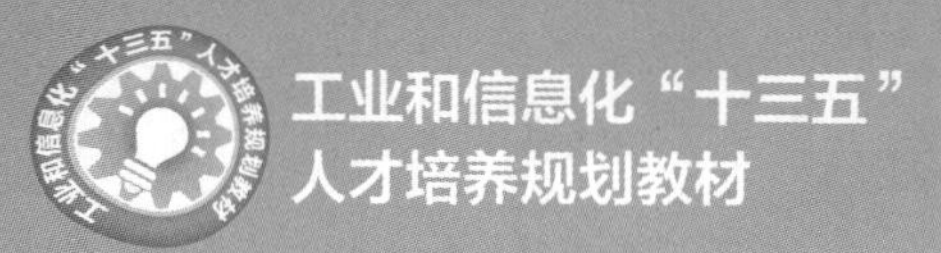

网络存储技术应用项目化教程

Network Storage Technology Application Project Tutorial

黄君羡 ◎ 编著

人民邮电出版社
北京

图书在版编目（CIP）数据

网络存储技术应用项目化教程 / 黄君羡编著. -- 北京 : 人民邮电出版社, 2017.3(2021.11重印)
工业和信息化“十三五”人才培养规划教材
ISBN 978-7-115-44371-7

Ⅰ. ①网… Ⅱ. ①黄… Ⅲ. ①计算机网络－信息存贮－高等学校－教材 Ⅳ. ①TP393.0

中国版本图书馆CIP数据核字(2016)第302550号

内 容 提 要

本书采用项目式教学方法，详细讲解了基于 Windows Server 2012 平台构建企业网络存储架构的相关技术，共分 23 个项目，内容包括基本磁盘的配置与管理、动态磁盘的配置与管理、存储池的配置与管理、存储服务器的配置与管理、文件共享、NAS 服务的配置与管理等相关技术。

本书适合作高等院校网络技术相关专业的教材，也可作为社会培训机构的参考用书，还可供云计算基础架构工程师、系统管理员、网络工程师阅读和使用。

◆ 编　　著　黄君羡
　责任编辑　范博涛
　责任印制　焦志炜

◆ 人民邮电出版社出版发行　　北京市丰台区成寿寺路 11 号
　邮编　100164　　电子邮件　315@ptpress.com.cn
　网址　http://www.ptpress.com.cn
　三河市君旺印务有限公司印刷

◆ 开本：787×1092　1/16
　印张：20.25　　　　2017 年 3 月第 1 版
　字数：506 千字　　　2021 年 11月河北第13次印刷

定价：49.80 元

读者服务热线：(010)81055256　印装质量热线：(010)81055316
反盗版热线：(010)81055315
广告经营许可证：京东市监广登字 20170147 号

前言 FOREWORD

IT 技术的发展日新月异，随着互联网、云计算、移动终端和物联网的迅猛发展，全球数据量以每两年翻倍的速度增长，在 2010 年已经正式进入 ZB 时代，到 2020 年全球数据总量将达到 44ZB。由此，信息技术已进入以数据为中心的时代，不断激增的数据量和数据虚拟化技术的发展，让传统的基础架构、数据存储方式和数据分析不断面临新的挑战。而随着存储技术的不断发展和完善，企业的 IT 技术架构正在从以服务器为中心逐渐向以数据存储为中心的方向演变。

本书以 Windows Server 2012 为平台，围绕云计算基础架构工程师、系统管理员、网络工程师等岗位对企业数据中心架构与维护的能力要求，通过引入行业标准和职业岗位标准，将 DAS、SAN、NAS 等网络存储技术融入到各个项目中，帮助读者快速掌握云存储技术。

本书中涉及的所有项目均取材于企业真实案例，并加以提炼和虚拟而成。每个项目都配有项目背景、项目分析、相关知识等环节作为铺垫，项目实践叙述详细、步骤清晰，并配有项目的验证过程，符合工程项目实施的普遍规律。

本书内容包括了存储服务器的本地管理（DAS）、NAS 服务的配置与管理、SAN 服务的配置与管理、综合应用四大部分。

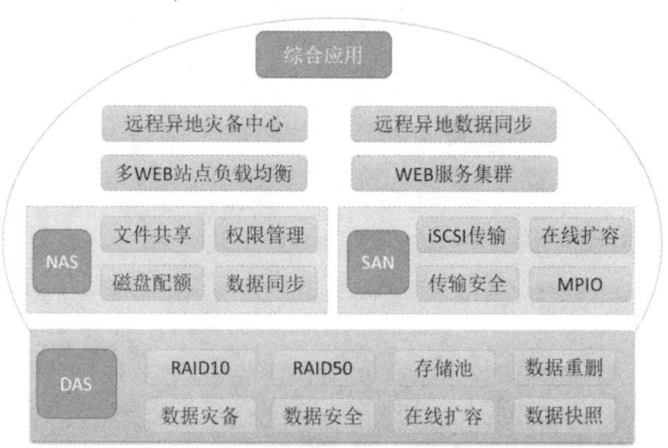

图书内容概要

（1）存储服务器的本地管理（DAS），内容主要包括存储服务器内硬盘、存储池的配置与管理，主要为用户提供可在线扩容、RAID10、RAID50 等存储空间的可容错扩展，存储数据的自动备份与还原，硬盘的故障检测删除，数据重复删除，文件加密，磁盘压缩等不同类型业务的存储支持。该部分内容由项目 1~项目 8 构成。

（2）NAS 服务的配置与管理，内容主要包括存储服务器为企业应用服务提供文件共享、数据同步、负载均衡、磁盘配额等文件型数据存储服务。该部分内容由项目 9~项目 15 构成。

（3）SAN 服务的配置与管理，内容主要包括存储服务器为企业应用服务提供 iSCSI 的在线扩容、多链路负载均衡、高可用、安全传输等 iSCSI 存储区块服务。该部分内容由项目 16~项目 19 构成。

（4）综合应用则基于复合型业务应用场景，讲述如何融合运用 DAS、SAN 和 NAS 技术，实现 WEB 应用服务器的负载均衡、基于集群的高可用 WEB 服务器部署、远程异地灾备中心建设、远程异地数据同步等业务。该部分内容由项目 20~项目 23 构成。

相比一些重理论轻实践的教材，本书具有以下特点。

（1）体现“项目引导、任务驱动”的教学特点。

（2）体现“教、学、做”一体化的教学思想。以“做”为中心，教和学都围绕着“做”，在学中做，做中学，从而完成知识学习、技能训练和职业素养提高的教学目标。

（3）本书采用基于业务流的体例形式编写，共设 23 个项目，内容由易到难、由简到繁、层层递进，学生通过递进式项目完成网络存储相关知识和技能的学习。

（4）紧跟行业技术发展。本书着力于当前网络存储主流技术和新技术的讲解，与行业紧密联系。

本书由福建中锐网络股份有限公司、锐捷大学、广东交通职业技术学院、仲恺农业工程学院等单位联合编撰，参与编写的人员有刘磊安（仲恺农业工程学院）、乔俊峰（广东科技贸易职业技术学院）、曾振东（广东青年职业学院）、简碧园（广东科学技术职业学院）、许兴鹍（广东交通职业技术学院）、欧薇（广东交通职业技术学院）、荀月凤（成都工业学院）、赵兴奎（福建中锐网络股份有限公司）、欧阳绪彬（福建中锐网络股份有限公司）、安淑梅（锐捷大学）。

本书在编写过程中，参阅了大量的网络技术资料和书籍，特别引用了福建中锐网络股份有限公司和锐捷大学的大量项目案例，在此，对这些资料的贡献者表示感谢。

由于网络存储技术是当前网络技术发展的热点之一，加之作者水平有限，书中难免有不当或错误之处，望广大读者批评指正。

作者

2017年1月

目 录 CONTENTS

导论

第一部分 存储服务器的本地管理

项目 1 基本磁盘的配置与管理 1
任务 1-1 硬盘的安装与初始化 5
任务 1-2 新建主分区和逻辑分区 6
习题与上机 11
项目 2 动态磁盘的配置与管理 12
任务 2-1 简单卷的建立与扩展 15
任务 2-2 跨区卷的创建 18
任务 2-3 带区卷（RAID 0）的创建 20
任务 2-4 镜像卷（RAID 1）的创建 22
任务 2-5 RAID 5 卷的创建 24
任务 2-6 RAID 1 和 RAID5 卷的故障修复 26
习题与上机 29
项目 3 存储池的配置与管理 31
任务 3-1 存储服务器磁盘的池化配置与管理 34
任务 3-2 创建普通逻辑硬盘 37
任务 3-3 创建镜像逻辑硬盘 43
任务 3-4 创建 RAID 5 逻辑硬盘 44
任务 3-5 逻辑硬盘的在线扩容 46
任务 3-6 存储池逻辑硬盘的故障检测与排除 48
习题与上机 51
项目 4 存储池的高级配置与管理 52
任务 4-1 在网络存储上创建 2 个存储池 55
任务 4-2 RAID10 硬盘的创建与故障排除 56
任务 4-3 RAID50 硬盘的创建与故障排除 58
习题与上机 60
项目 5 存储服务器的数据快照计划与故障还原 61
任务 5 存储服务器的数据快照计划 63
习题与上机 68
项目 6 存储服务器的数据备份与还原 69
（Windows Server Backup） 69
任务 6-1 存储服务器的数据备份 73
任务 6-2 存储服务器的数据还原 78
习题与上机 81
项目 7 存储服务器重复数据删除的配置与管理 83
任务 7 配置磁盘重复数据删除............. 85
习题与上机 91
项目 8 文件共享与磁盘映射 92
任务 8-1 公司常用软件库共享与磁盘映射的配置 94
任务 8-2 网络部专属共享部署 101
习题与上机 108

第二部分 NAS服务器的配置与管理

项目9 存储服务器文件的安全性配置与管理......109
任务9-1 文件（夹）加密的配置与管理......112
任务9-2 用户密钥的备份......115
任务9-3 用户密钥的导入（授权）......119
任务9-4 磁盘压缩的配置......122
习题与上机......125
项目10 基于NTFS权限（ADLP原则）的文件共享服务的配置与管理......126
任务10-1 创建用户和用户组......128
任务10-2 创建共享文件夹和权限分配......132
习题与上机......134
项目11 NAS服务器磁盘配额的配置与管理......135
任务11-1 创建共享目录并设置共享权限......137
任务11-2 配置磁盘配额......139
习题与上机......143
项目12 为企业构建虚拟共享服务（工作组模式下的DFS）......144
任务12-1 创建公司共享目录......147
任务12-2 配置公司DFS独立根目录......150
习题与上机......157
项目13 NFS共享的配置与管理......158
任务13-1 安装并配置NFS共享......159
任务13-2 通过Linux系统访问NFS共享......162
任务13-3 Windows系统访问NFS共享......164
习题与上机......166
项目14 AD环境下的NAS服务器权限部署（AGUDLP原则）......167
任务14-1 基于AGUDLP原则创建域用户和组......171
任务14-2 基于AGUDLP原则部署文件共享服务......174
习题与上机......178
项目15 存储服务间的数据同步......180
任务15 基于域DFS实现存储服务器间共享目录的数据同步......182
习题与上机......188

第三部分 SAN服务的配置与管理

项目16 基于iSCSI传输的配置与管理......189
任务16-1 iSCSI服务及客户端iSCSI硬盘的配置......191
任务16-2 客户端iSCSI硬盘的连接与使用......197
习题与上机......201
项目17 配置iSCSI传输的安全性......202
任务17-1 iSCSI传输的安全性配置......205
任务17-2 iSCSI虚拟磁盘的连接与使用......208
习题与上机......211
项目18 部署高可用链路的iSCSI（基于MPIO）......212
任务18-1 基于多路径链路的iSCSI虚拟磁盘应用部署......214
任务18-2 多路径数据访问的部署......218
习题与上机......226
项目19 iSCSI磁盘的在线扩容......228
任务19 iSCSI磁盘的在线扩容......230
习题与上机......238

第四部分 综合运用

项目 20 基于 NLB 的企业 Web 站点服务部署 239
任务 20-1 多台 Web 应用服务的部署 241
任务 20-2 网络负载平衡群集操作 245
习题与上机 252
项目 21 基于 Cluster 的高可用企业 Web 服务器的部署 253
任务 21-1 基于 IPSAN 在 Web 服务器上部署 Web 站点 256
任务 21-2 创建故障转移群集 268
习题与上机 277
项目 22 远程异地灾备中心的部署 278
任务 22-1 为业务数据硬盘部署数据快照计划 279
任务 22-2 为业务数据硬盘部署异地备份 285
习题与上机 292
项目 23 远程异地数据实时同步 294
习题与上机 307

导论 INTRODUCTION

随着社会对信息存储需求的不断加速，使得存储容量飞速增长，网络存储作为一种广泛的服务，用户除了对其要求提供海量储存容量外，还对包括数据访问性能、数据传输性能、数据管理能力、存储扩展能力、数据安全性等多个方面提出要求。存储技术的水平逐渐成为一种可量化的，影响系统和网络性能的关键因素，它的优劣直接影响到整个系统能否正常运行。因此，近年来存储行业逐渐成为 IT 业界最热门的领域之一。

为了让读者尽快熟悉网络存储技术，本栏目将简要介绍网络存储的基础知识，以及几种常见的存储结构及其发展趋势。

一、网络存储技术概述

存储是一种为数据提供稳定、非易失、可靠的保存数据的基础设施的总称。而网络存储技术，就是以互联网为载体实现数据的传输与存储，它采用面向网络的存储体系结构，使数据处理和数据存储分离。它通过网络连接服务器和存储资源，消除了不同存储设备和服务器之间的连接障碍；提高了数据的共享性、可用性、可扩展性和管理性。

有个比喻形象的说明了网络存储的作用，如果把有用的数据信息比作电，那么网络存储就是电站，电站的作用就是保证用户在需要用电的时候，随时打开电闸就有洁净的、充足的电力输出，用户即不用理会电力来自水力发电还是风力发电，也无需考虑经过了怎样的变电和传输处理，只管用电就行。

目前网络存储架构中，普遍使用的有直连式存储（Direct Attached Storage，DAS）、网络附属存储（Network Attached Storage，NAS）、存储区域网络（Storage Area Network，SAN）和 iSCSI（Internet Small Computer System Interface）。这几种网络存储方式特点各异，应用在不同的领域，下面我们来一一介绍并分析个中区别。

（一）直连式存储（DAS）

直连式存储是指服务器主机与网络存储之间通过通信线缆直连，实现数据存取。直连式存储部署方式分为内置存储和外置存储。

1. 内置存储

内置存储就是将存储设备（通常是磁盘）与服务器其他硬件直接安装在同一个机箱内，且该存储设备被服务器独占使用。当前被广泛使用的超融合云一体机就是典型的内置存储方式，它将服务器虚拟化、网络虚拟化、存储虚拟化纳入管理平台统一管理，实现企业私有云的超融合基础架构的交付。超融合服务器如图 0-1 所示。

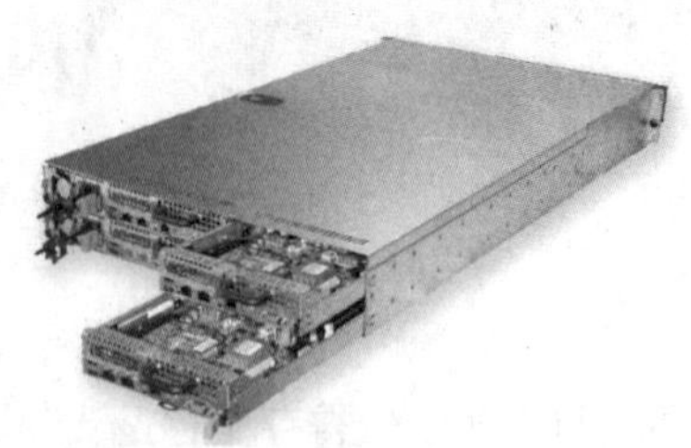

图 0-1 超融合服务器

2. 外置存储

外置存储就是将存储设备从服务器中独立出来，存储设备通过电缆或光缆直接连接到服务器，I/O（Input/Output，输入/输出）请求直接发送到存储设备，DAS 依靠服务器进行工作，其本身只是硬件的堆叠，而没有操作系统。

外置存储必须依赖服务器主机操作系统进行数据的 IO 读写和存储维护管理，所以数据备份和恢复都会占用服务器主机资源（包括 CPU、系统 IO 等），外置存储与服务器主机之间的连接通道通常采用 SCSI（Small Computer System Interface，小型计算机系统接口）连接，当前最高带宽为 640MB/s。当终端连接数量增加时，总线会成为数据传输的瓶颈，严重影响到整个系统的正常工作。因此，这种存储方式不能适应较高的存储要求。

3. DAS 的特点

DAS 存储体系结构是以服务器为中心，各种存储设备通过总线与服务器连接，终端对数据进行访问时，必须经过服务器才能与存储设备通信，因此，服务器就是一个数据转发器。

4. DAS 的优点

（1）能实现大容量存储。它可以将多个磁盘合并成一个大容量的逻辑磁盘，满足海量存储的需求。

（2）实现了应用数据和操作系统的分离。操作系统一般存放主机硬盘中，而应用数据放置于存储的磁盘阵列中。

（3）提高存取性能。通过磁盘阵列，同时可以有多个物理磁盘在并行工作，I/O 速度远高于单个磁盘的运行速度，可以较好的响应高 I/O 服务业务的需求。

（4）实施简单。DAS 无须专业人员操作和维护，节省用户投资。

5. DAS 的缺点

（1）随着服务器 CPU 的处理能力越来越强，存储硬盘空间越来越大，阵列的硬盘数量越来越多，SCSI 通道已成为 I/O 瓶颈。

（2）服务器主机 SCSI ID 资源有限，能够建立的 SCSI 通道连接有限。

（3）数据中心的多台服务器都在使用 DAS 时，冗余的存储空间不能在服务器之间动态分配，造成存储资源浪费。

（4）面对不同操作系统的服务器的 DAS，网络管理员在数据共享和数据备份等应用中操作复杂，导致维护成本较高。

（5）当服务器发生故障时，数据不可访问。

6. DAS 的适用环境

无论直连式存储还是服务器主机从一台扩展为多台服务器组成的群集（Cluster），又或是存储阵列容量的扩展，都存在业务系统停机的可能，从而给企业带来经济损失的风险，这对于银行、电信等行业的 7×24 小时服务的关键业务系统，这是不可接受的。因此，DAS 常应用于以下环境：

（1）企业仅有若干台服务器，且数据中心投资较少的非关键业务系统。

（2）存储系统必须被直接连接到应用服务器上时。

（3）服务器在地理分布上很分散，通过 SAN（存储区域网络）或 NAS（网络直接存储）在它们之间进行互连非常困难时。

（二）网络附属存储（NAS）

NAS 是在局域网（LAN)上，以文件为单元，进行数据存取，也就是说利用网络文件系统、TCP/IP、以太网络设施，实现数据存取。NAS 存储服务基于 TCP/IP 网络进行数据交换，并采用业界标准文件共享协议（如 NFS、HTTP、CIFS）提供文件级别的访问，并支持 Windows、Linux、Mac 等操作系统的访问。它为异构平台使用统一存储系统提供了解决方案。NAS 网络拓扑如图 0-2 所示。

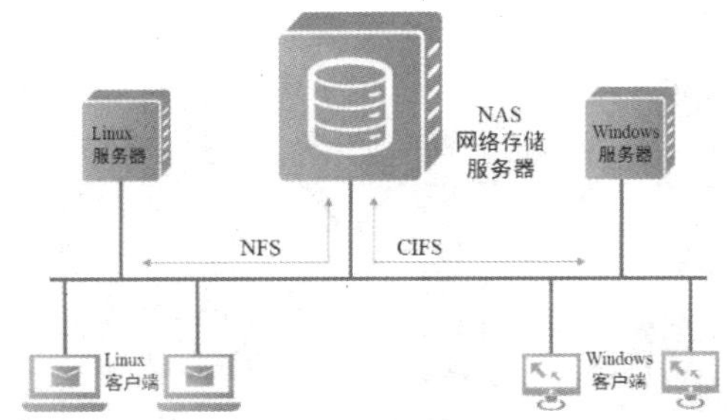

图 0-2 NAS 网络拓扑图

1. NAS 的优点

（1）异构平台下的文件共享，支持 Windows、Linux、Mac 等客户端。

（2）NAS 只需要在一个基本的磁盘阵列柜外增加一套文件服务管理系统，容易部署，使用和管理都很方便。

（3）较低的拥有成本。以太网是目前绝大部分用户都采用的局域网络技术，NAS 模式可以充分利用用户现有的局域网络设施，大大节省了用户在存储上的投资。

2. NAS 的缺点

（1）NAS 需要占用 LAN 带宽，由于存储数据通过普通数据网络传输，因此易受网络上其它流量的影响，当网络上有其它大数据的流量时会严重影响系统性能。

（2）NAS 是在 TCP/IP 技术上，以文件为单元进行传输，TCP/IP 在帧传输时的丢包，也限制了 NAS 的速度，甚至威胁到数据的唯一性和数据安全。

（3）在文件访问的速度方面，NAS 采用的是文件 I/O 方式。文件的 I/O 请求先经过整个 TCP/IP 协议栈封装，再经过网络传输，再对存储设备进行读写。数据取出来之后要经过类似的与之相反的过程，这带来巨大的网络处理开销，因此 NAS 的文件访问速度相对 SAN 而言较低，不适合对访问速度要求高的应用场合，如数据库应用、在线事务处理等。

3. NAS 的适用环境

NAS 系统去掉了通用服务器所具备的大多数计算功能，仅提供文件系统功能，用于存储服务。因此，NAS 将网络文件服务器、硬件、软件集合起来，提供高可靠、高可用的文件存储解决方案。

由于目前大部分的数据都是基于关系型数据库进行存储的，关系型数据库在操作上，需要实时高速的数据读取和存储，一般数据库都采用“块”（Block）的方式进行数据传输，所以 NAS 不适合数据库应用，仅适合于文件存储。

（三）存储区域网络（SAN）

SAN 是通过专用高速网络将网络存储设备和服务器连接起来的存储系统，实现服务器对网络存储的块级访问，提供高质量的数据块级存储服务。

SAN 采用 Fibre Channel 协议构建的专用于存储的网络，依托光纤通道为服务器和存储设备之间的连接提供高吞吐能力。在传输端，光纤通道当前可提供最高 100G 的带宽，在存储端，SAN 存储可以整合不同的存储设备形成一个统一的存储池为服务器提供服务。在 SAN 技术中，服务器和存储设备相分离，存储设备和SAN 中的应用服务器之间采用 Block I/O 的方式进行数据交换，两者的扩展可以独立进行。SAN 存储网络拓扑如图 0-3 所示。

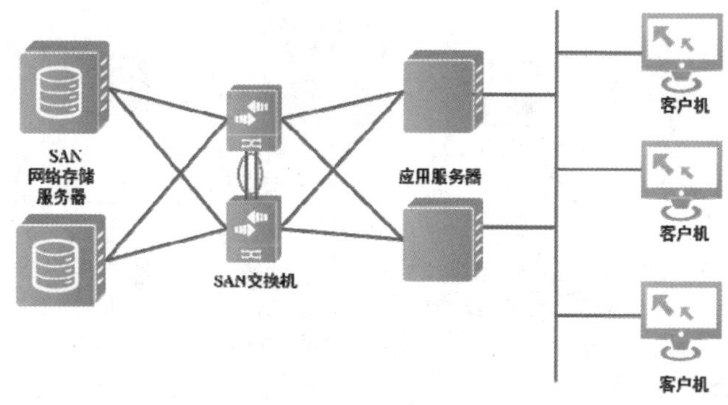

图 0-3　SAN 存储网络拓扑

1. SAN 的特点

（1）高速存取。目前光纤通道最高可提供 100Gbit/s 的带宽；

（2）集中存储和管理。通过整合各种不同的存储设备形成一个统一的存储池，向用户提供服务。

（3）可扩展性。存储端和服务器端相对独立，双方可独立升级拓展，业务不中断。

（4）高可用的数据。SAN 存储可以同时为多台服务器提供服务，服务器单点故障不会对数据访问照成影响。

（5）存储数据备份采用专用光纤网络，不占用业务应用的带宽。

2. SAN 的缺点

（1）建设成本高。SAN 网络需要建设高带宽，高可用的光纤网络，建设成本较高。

（2）维护成本高。SAN 网络架构相对复杂，对维护人员要求较高。

（3）异地扩展困难。由于需要单独建立光纤网络，两个 IDC 距离较远时，建设困难。

3. SAN 的适用环境

由于 SAN 的建设成本高，管理和维护相对复杂，目前主要应用在大型企业的数据中心，用于实现海量数据存储和关键业务数据支撑，主要客户有电信、银行、电子政务等的信息中心。

（四）iSCSI 存储

iSCSI（Internet SCSI）是 2003 年 IETF（InternetEngineering Task Force，互联网工程任务组）制订的一项标准，用于将 SCSI 数据块映射成以太网数据包。SCSI（Small Computer System Interface）是块数据传输协议，在存储行业广泛应用，是存储设备最基本的标准协议。

iSCSI（Internet SCSI）通过在 IP 网络中封装 SCSI 命令，让服务器通过 IP 网络连接到 SAN 存储，实现服务器对网络存储的块级访问，iSCSI 存储网络拓扑如图 0-4 所示。

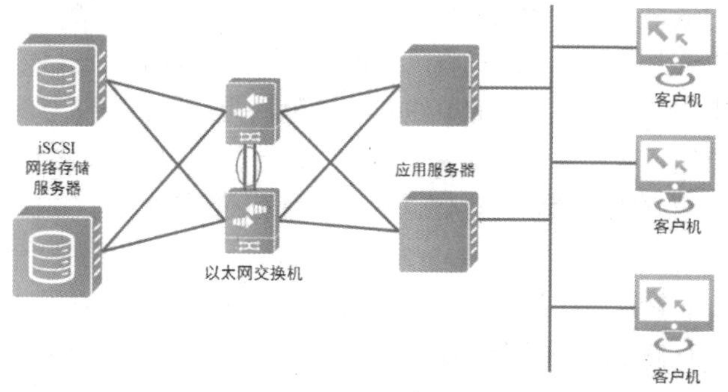

图 0-4 iSCSI 存储网络拓扑

近几年，随着企业园区网和互联网带宽的快速增长，iSCSI 存储技术也得到了快速发展。iSCSI 最大的优势就是能够依托现有的网络基础设施实现网络存储的块级访问，其性能和带宽虽然和 SAN 的光纤网络还有一些差距，但能节省企业约 30%～40%的成本。

1. iSCSI 的优点

（1）硬件成本低。构建 iSCSI 存储网络，除了存储设备外，交换机、线缆、接口卡都是标准的以太网配件，价格相对来说比较低廉。同时，iSCSI 还可以在现有的网络上直接安装，并不需要更改企业的网络架构，这样可以最大程度地节约投入。

（2）操作简单，维护方便。对 iSCSI 存储网络的管理，实际上就是对以太网设备的管理，iSCSI 减少了配置、维护、管理的复杂度，企业现有的网络管理人员就可以完成日常的管理与维护工作。

（3）带宽和性能。SCSI 存储网络的访问带宽依赖以太网带宽，随着千兆以太网的普及和万兆以太网的应用，iSCSI 存储网络会达到甚至超过 SAN 存储网络的带宽和性能。

（4）突破距离限制。因为是基于 IP 网络的存储系统，所以只要网络带宽支持，没有距离限制。

2. iSCSI 的缺点

（1）iSCSI 通过普通网卡存取 iSCSI 数据时，解码成 SCSI 需要 CPU 进行运算，增加了系统性能开销，如果采用专门的 iSCSI 网卡虽然可以减少系统性能开销，但会大大增加成本。

（2）使用数据网络进行存取，存取速度冗余受网络运行状况的影响。

3. iSCSI 的适用场景

使用 SAN 的成本很高，而利用普通的数据网来传输 SCSI 数据，实现与 SAN 相似的功能则可以大大的降低成本，同时提高系统的灵活性。iSCSI 就是这样一种技术，它利用 TCP/IP 来传输本来用存储区域网来传输的 SCSI 数据块。iSCSI 的成本相对 SAN 来说要低不少。

因此，iSCSI 具有低廉、开放、大容量、传输速度高、兼容、安全等诸多优点，其优越的性能使其自发布之始便受到市场的关注与青睐，其必将成为网络存储领域内的核心技术之一。

目前看来 iSCSI 最适合需要在网络上存储和传输大量数据的机构，如 ISP－互联网服务提供商、SSP－存储服务提供商、需要远程数据复制和灾难恢复的机构、IT 资源、基础设施和预算均十分有限的机构等。

二、存储的发展趋势

实际上，只有真正开放的存储网络才是计算机产业发展的潮流。正像 SCSI 技术和 Ethernet 技术的发展所走过的道路，网络存储最终将实现不同主机和不同存储设备间真正意义上的资源共享，就如同自来水和电力等公共资源一样。而企业的管理者将是这一目标的最大受益者，它将充分享受科学技术带来的巨大收益。存储系统将有机地融为一体，存储空间将变得十分广阔，充分体现信息对企业的价值。

接下来将简要介绍虚拟存储和云存储这两种网络存储新技术。

1. 虚拟存储

所谓虚拟存储，就是把内存与外存有机的结合起来使用，从而得到一个容量很大的“内存”。以存储网络为中心的存储解决不了全部的数据存储问题，如存储资源共享、数据共享、数据融合等。不少先进存储系统的倡导者都提出，存储作为一种资源，应该像我们日常生活中的自来水和电力一样，随时可以方便的存取和使用，这就是存储公用设施模型，也是网络存储的发展目标。实现存储公用设施模型的关键就是在网络存储基础上实现统一虚拟存储系统。目前存储技术还处于存储网络阶段，虚拟存储才刚刚起步。

2. 云存储

云存储是在云计算（Cloud Computing）概念上延伸和发展出来的一个新的概念。云计算基于分布式处理（Distributed Computing）、并行处理（Parallel Computing）和网格计算（Grid Computing），透过网络将庞大的计算处理程序自动分拆成无数个较小的子程序，再交由多部服务器所组成的庞大系统经计算分析之后将处理结果回传给用户。

云存储的概念与云计算类似，它是指通过集群应用、网格技术或分布式文件系统等功能，将网络中大量不同类型的存储设备通过应用软件集合起来协同工作，共同对外提供数据存储和业务访问功能的一个系统。云存储的核心是应用软件与存储设备相结合，通过应用软件来实现存储设备向存储服务的转变。

云存储对使用者来讲，不是指某一个具体的设备，而是指一个由许许多多存储设备和服务器所构成的集合体。用户使用云存储，并不是使用某一个存储设备，而是使用整个云存储系统带来的一种数据访问服务。所以严格来讲，云存储不是存储，而是一种服务。

3. 小结

数据的重要性越来越得到人们的广泛认同，未来网络的核心将是数据，网络化存储正是数据存储的一个发展方向。目前网络存储技术沿着三个主要的方向发展：NAS、SAN、IP—SAN。由于 SAN 和 NAS 的融合将更有利于数据的存储和备份，因此，SAN 和 NAS 的融合、统一虚拟存储技术是未来网络存储技术发展的两个趋势。

第一部分
存储服务器的本地管理

Chapter 1

项目 1
基本磁盘的配置与管理

项目背景

EDU 公司新购置了 1 台配置 24 个硬盘扩展槽的高性能服务器作为公司的网络存储服务器，并且已经安装了 Windows Server 2012 R2 Datacenter 操作系统。

为了实现公司数据集中存储，采购部送来的 5 个新硬盘，公司希望网络存储管理员尽快将其安装到服务器上，以便近期将公司存储在其他文件服务器上的数据集中存放在该存储服务器中。

公司网络存储拓扑如图 1-1 所示。

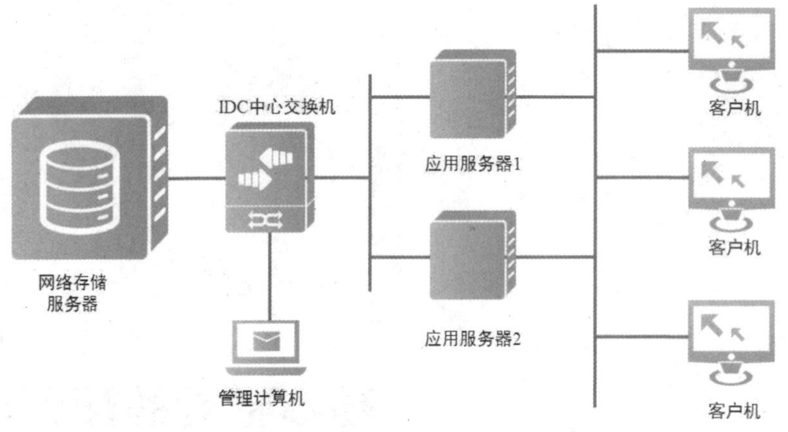

图 1-1　公司网络存储拓扑

项目分析

管理员将新购置的硬盘安装到存储服务器中，并将这些硬盘配置成可用作存储的分区或卷，具体涉及以下工作任务。

（1）将硬盘安装到服务器中。

（2）在 Windows2012 中连接这些硬盘，并进行初始化。

（3）通过划分出 1 个主分区和 1 个扩展分区，并进行格式化，完成新硬盘的简单测试。

相关知识

一、磁盘及磁盘分区

磁盘根据使用方式可以分为两类：基本磁盘和动态磁盘。按照磁盘的分区机制可分为 MBR 磁盘和 GPT 磁盘。

1. 基本磁盘

基本磁盘只允许将同一硬盘上的连续空间划分为一个分区。我们平时使用的磁盘类型一般都是基本磁盘。如图 1-2 所示，在基本磁盘上最多只能建立 4 个分区，并且扩展分区数量最多也只能 1 个，因此 1 个硬盘最多可以有 4 个主分区或者 3 个主分区加 1 个扩展分区。如果想在一个硬盘建立更多的分区，需要创建扩展分区，然后在扩展分区上划分逻辑分区。

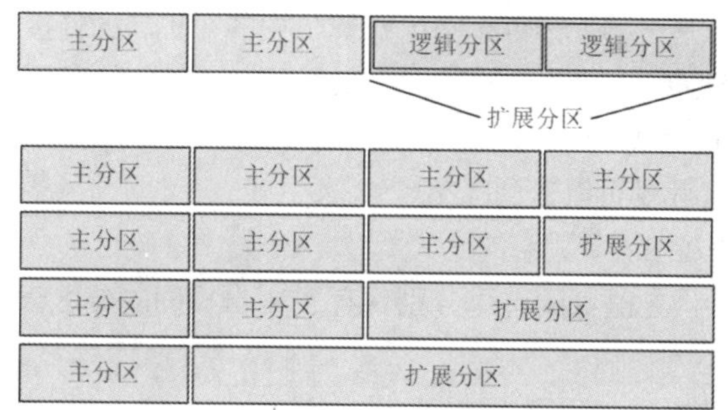

图 1-2　主分区、扩展分区与逻辑分区

2. 动态磁盘

动态磁盘上没有分区的概念，它以“卷”命名。卷和分区差别很大：同一分区只能存在于一个物理磁盘上，而同一个卷却可以跨越多达 32 个物理磁盘。基于此，服务器可以拥有大容量存储的卷（跨区卷），这在服务器上是非常实用的功能。卷还可以提供多种卷集（Volume），卷集分为简单卷、跨区卷、带区卷、镜像卷、RAID 5 卷。基本磁盘和动态磁盘相比，有以下区别：

（1）卷集或分区的数量。动态磁盘在一个硬盘上可创建的卷集个数没有限制。而基本磁盘在一个硬盘上最多只能分 4 个主分区。

（2）磁盘空间管理。动态磁盘可以把不同磁盘的分区创建成一个卷集，并且这些分区可以是非邻接的，这样，磁盘空间就是几个磁盘分区空间的总和。基本磁盘则不能跨硬盘分区，并且要求分区必须是连续的空间，因此，每个分区的容量最大只能是单个硬盘的最大容量，存取速度与单个硬盘相比没有提升。

（3）磁盘容量大小管理。动态磁盘允许在不重新启动机器的情况下调整动态磁盘大小，而且不会丢失和损坏已有的数据。而基本磁盘的分区一旦创建，就无法更改容量大小，除非借助于第三方磁盘工具软件，比如 PQ Magic。

（4）磁盘配置信息管理和容错。动态磁盘将磁盘配置信息存放在磁盘中，如果是 RAID 容错系统，这些信息将会被复制到其他动态磁盘上，如果某个硬盘损坏，系统将自动调用另一个硬盘的数据，确保数据的有效性。而基本磁盘将配置信息存放在引导区，没有容错功能。

基本磁盘转换为动态磁盘可以直接进行，但是该过程是不可逆的。若要转回基本磁盘，只有将数据全部拷出，然后删除硬盘所有分区后才能实现动态磁盘转为基本磁盘。

3. MBR 磁盘

主引导记录（master boot record，MBR），又称为主引导扇区，它仅仅包含一个 64 字节的硬盘分区表。由于每个分区信息需要 16 字节，所以对于采用 MBR 型分区结构的硬盘，最多只能识别 4 个主要分区（Primary partition）。也就是说，要想在一个采用此种分区结构的硬盘上得到 4 个以上的主要分区是不可能的。如果要得到 4 个以上的分区，就需要采用前面所提的扩展分区了。扩展分区也是主要分区的一种，但它与主分区的不同在于理论上扩展区可以划分无数个逻辑分区。另外，最关键的是 MBR 分区方案无法支持超过 2TB 容量的磁盘。因为 MBR 分区用 4 字节存储分区的总扇区数，最大能表示 2 的 32 次方的扇区个数，按每扇区 512 字节计算，所以每个分区最大不能超过 2TB。如果磁盘容量超过 2TB，分区的起始位置就无法表示了。

4. GPT 磁盘

GUID 分区表类型的磁盘，这种磁盘通常称为 GPT 磁盘，GPT 全称为 Globally Unique Identifier

Partition Table Format，是一种基于 Itanium 计算机中的可扩展固件接口（Extensible Firmware Interface，EFI）使用的磁盘分区架构。与 MBR 磁盘相比，GPT 具有更多的优点，具体如下：

（1）支持 2TB 以上的大硬盘。

（2）每个磁盘的分区数量可以达到 128 个。

（3）分区大小支持 18PB。

（4）分区表自带备份。在磁盘的首尾分别保存了 1 份相同的分区表。其中 1 份被破坏后，可以通过另 1 份恢复。

（5）每个分区可以有 1 个名称(不同于卷标)。

二、FAT32、NTFS、ReFS

1. FAT32

FAT32 是 Windows 系统硬盘分区格式的 1 种，这种格式采用 32 位的文件分配表，突破了 FAT16 对每一个分区容量只有 2GB 的限制，使其对磁盘的管理能力大大增强。由于硬盘生产成本下降，硬盘容量也越来越大，运用 FAT32 的分区格式后，可以将 1 个大硬盘定义成 1 个分区而不必分为几个分区使用，大大方便了对磁盘的管理。但由于 FAT32 分区内无法存放大于 4GB 的单个文件，且性能不佳，易产生磁盘碎片。目前已被性能更优异的 NTFS 分区格式所取代。

2. NTFS

NTFS（new tehnology file system，NTFS）是一种能够提供各种 FAT 版本所不具备的性能，以及安全性、可靠性与先进特性的高级文件系统。比如，NTFS 可通过标准事务日志功能与恢复技术确保卷的一致性。即如果系统出现故障，NTFS 能够使用日志文件与检查点信息来恢复文件系统的一致性。

3. ReFS

ReFS（resilient file system）称为弹性文件系统，是在 Windows 8.1 和 Server 2012 中新引入的一个文件系统。目前只能应用于存储数据，还不能引导系统，并且在移动媒介上也无法使用。

ReFS 与 NTFS 大部分是兼容的，其主要目的是为了保持较高的稳定性，可以自动验证数据是否损坏，并尽力恢复数据。如果和引入的 Storage Spaces（存储空间）联合使用的话则可以提供更佳的数据防护，同时对于上亿级别大小文件的处理性能也有所提升。

三、分配单元大小

分配单元大小指选择分区的簇的大小，簇是磁盘的最小单元。比如一栋楼，将它划分为若干个房间，每个房间的大小一样，同时给每个房间一个房间号。这时，每个房间的大小就相当于分配单元。在建立分区时会出现分配单元大小的选项。

每个分配单元只能存放 1 个文件。文件就是按照这个分配单元的大小被分成若干块存储在磁盘上的。比如 1 个 512 字节的文件，当分配单元为 512 字节时，它占用 512 字节的存储空间；1 个 513 字节的文件，当分配单元为 512 字节时，它占用 1024 字节的存储空间，但当分配单元为 4096 时，它就会占用 4096 字节的存储空间。通常，分配单元越小越节约空间，分配单元越大越节约读取时间，但浪费空间。这是因为当一个文件被分成的块数越多，特别是这些存储单元分散时，磁头为了定位到不同数据段存储所在的位置，需要不断寻址，那么读取数据就会花费越多时间，用户等待时间就会变长。

项目实践

任务 1-1　硬盘的安装与初始化

任务描述

将硬盘安装至服务器并对硬盘进行初始化配置。

任务操作

（1）在上右键选择【磁盘管理(K)】。

（2）右键单击【磁盘 1】选择【联机】，将 200GB 的新硬盘进行【联机】，如图 1-3 所示。

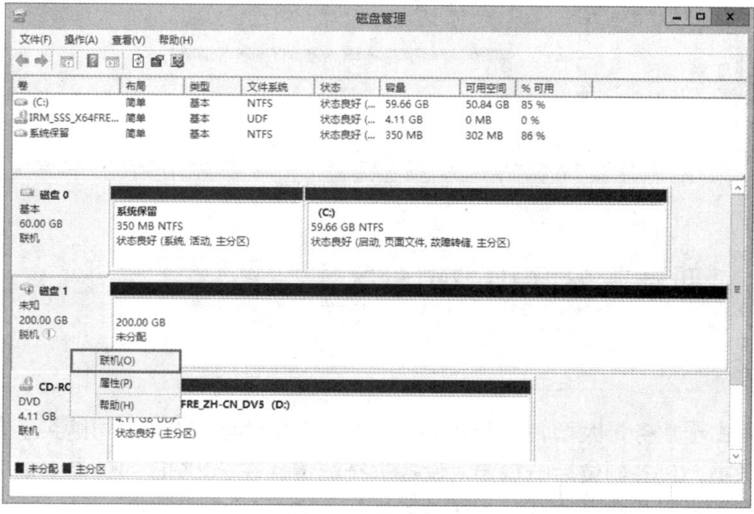

图 1-3　联机新硬盘

（3）右键单击【磁盘 1】选择【初始化】，在弹出的【初始化磁盘】对话框中选择【MBR(主启动记录)(M)】，如图 1-4 所示。

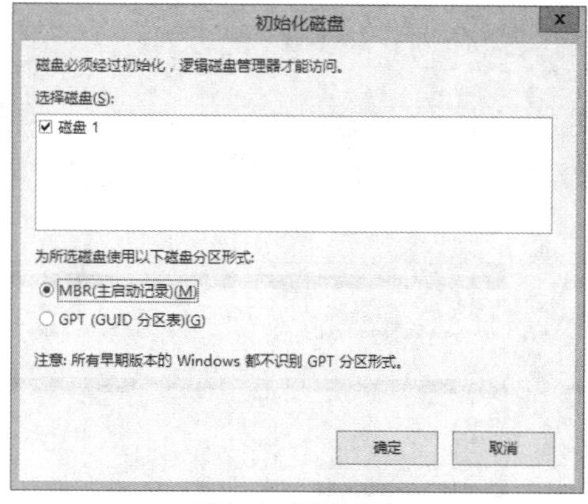

图 1-4　初始化磁盘

（4）使用同样的方式将其余 4 块硬盘进行初始化。

任务验证

硬盘初始化成功，如图 1–5 所示。

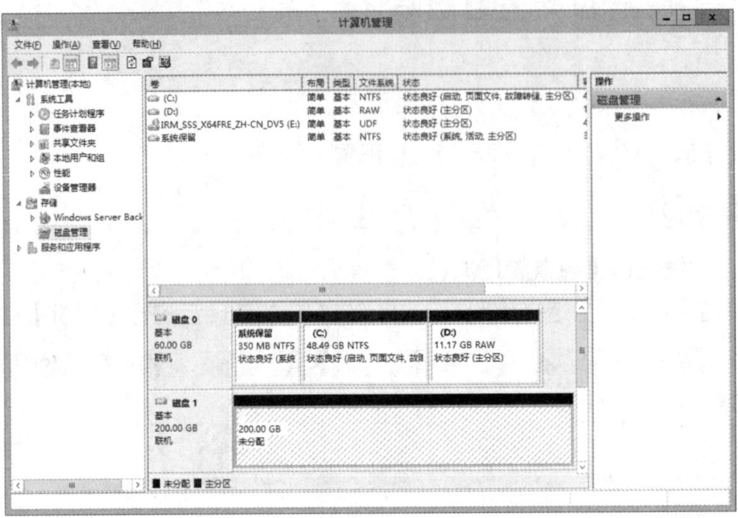

图 1–5 初始化磁盘成功

任务 1–2 新建主分区和逻辑分区

任务描述

某网络公司由于业务量大增，为了保证相关数据的存储与备份，公司购买了存储设备存放公司的各种业务数据，设备到位后，需要对设备进行配置，在 200GB 的硬盘上创建 50GB 的主分区，其余空间划入扩展分区，并分别创建 70GB 和 80GB 的逻辑分区。

任务操作

（1）在新硬盘上右键选择【新建简单卷(I)】，如图 1–6 所示。

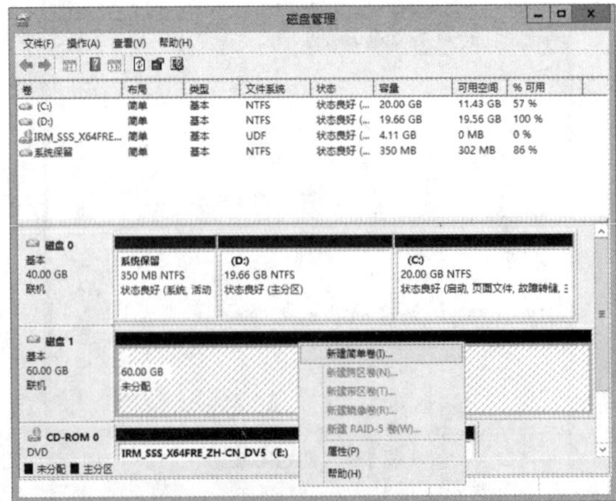

图 1–6 新建简单卷

（2）在弹出的对话框中指定卷大小【50000】，如图 1–7 所示。

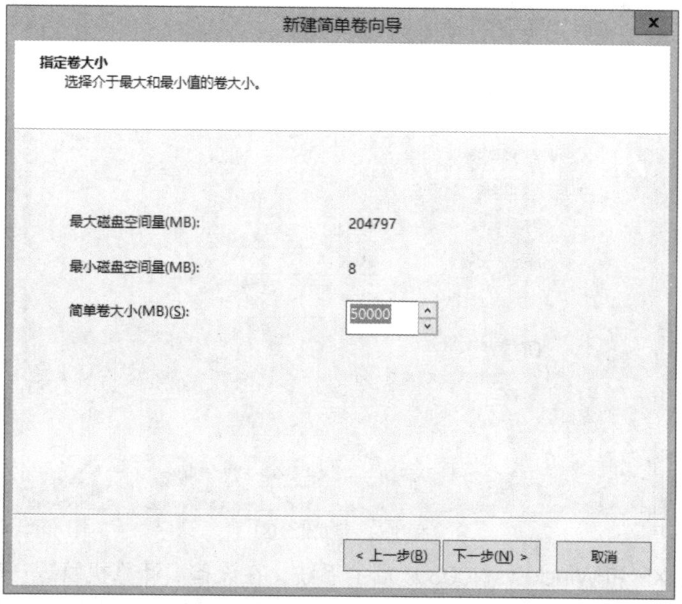

新建简单卷向导
指定卷大小
选择介于最大和最小值的卷大小。
最大磁盘空间量(MB):　204797
最小磁盘空间量(MB):　8
简单卷大小(MB)(S):　50000
< 上一步(B)　下一步(N) >　取消

图 1–7　新建主分区

（3）在分配驱动器号和路径中选择分配以下驱动器号为【E】，如图 1–8 所示。

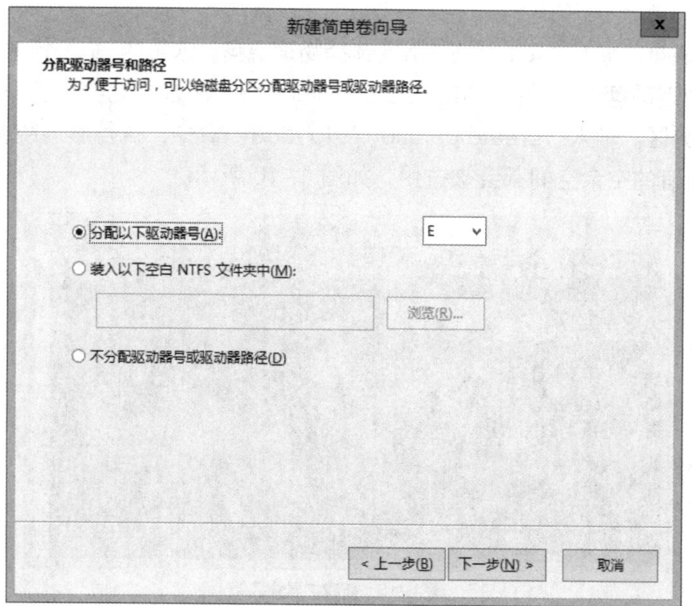

图 1–8　分配驱动器号和路径

（4）在【格式化分区】中设置文件系统为【NTFS】，【分配单元大小】为【默认值】，输入卷标，并勾选【执行快速格式化】，单击【下一步】，单击【完成】，如图 1–9 所示。

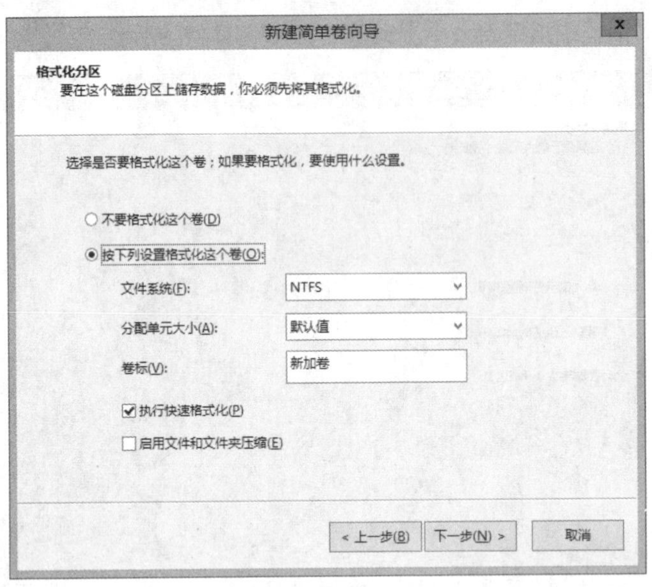

图 1-9 格式化分区

（5）Windows XP 和 Windows 2003 以后的系统，在设备“计算机管理→磁盘管理”中是不能直接创建扩展分区的，必须通过命令行窗口去创建。创建步骤如下：打开【运行】输入【cmd】运行【命令行提示符窗口】，输入【diskpart】命令，进入 DISKPART 状态，然后按照下面步骤进行操作：

① 选择物理磁盘。输入“select disk N”选择物理磁盘，这里的“N”代表第几块物理硬盘。假如要对第 1 块物理硬盘进行操作，应该输入“select disk 0”，依此类推。

② 创建扩展分区。输入“create partition extended”命令，执行后系统会自动创建扩展分区，除主分区外所有的空余空间都会被占用，如图 1-10 所示。

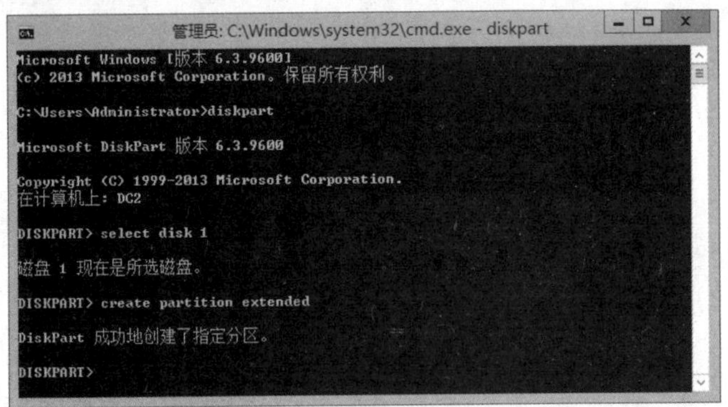

图 1-10 新建扩展分区

③ 创建逻辑分区。完成扩展分区的创建之后，以【磁盘管理】的方式划分逻辑分区，如图 1-11 所示。需要注意的是，扩展分区只能在基本磁盘上划分，动态磁盘不支持扩展分区。

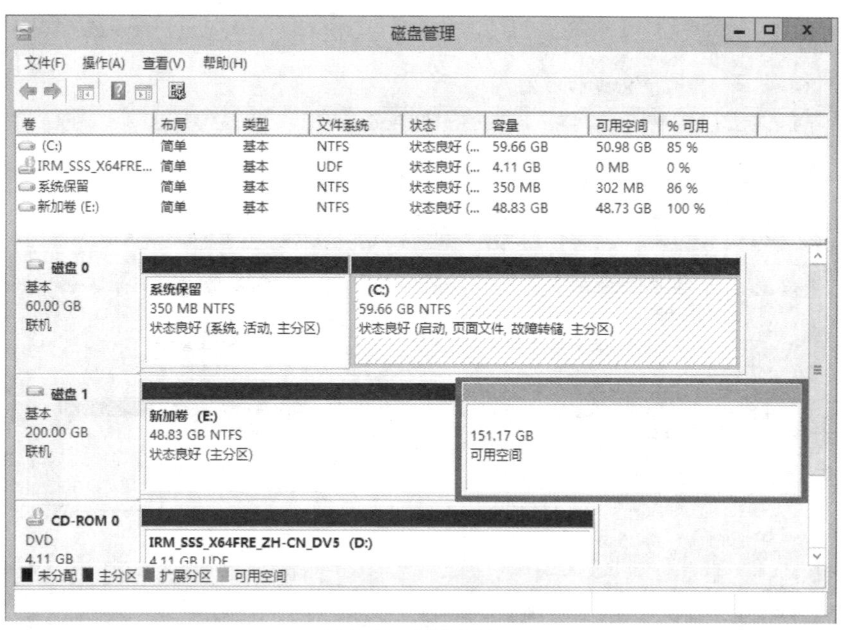

图 1-11　查看扩展分区

（6）在扩展分区中创建 70GB 和 80GB 的【逻辑分区】，如图 1-12 所示。

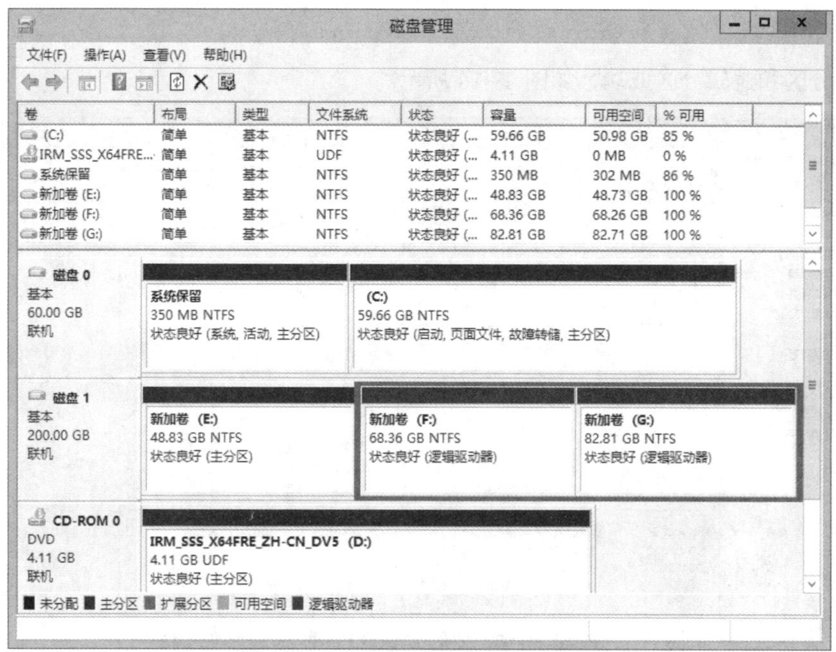

图 1-12　创建逻辑分区

（7）【磁盘 1】的【主分区】右键单击，选择【将分区标记为活动分区】，如图 1-13 所示。

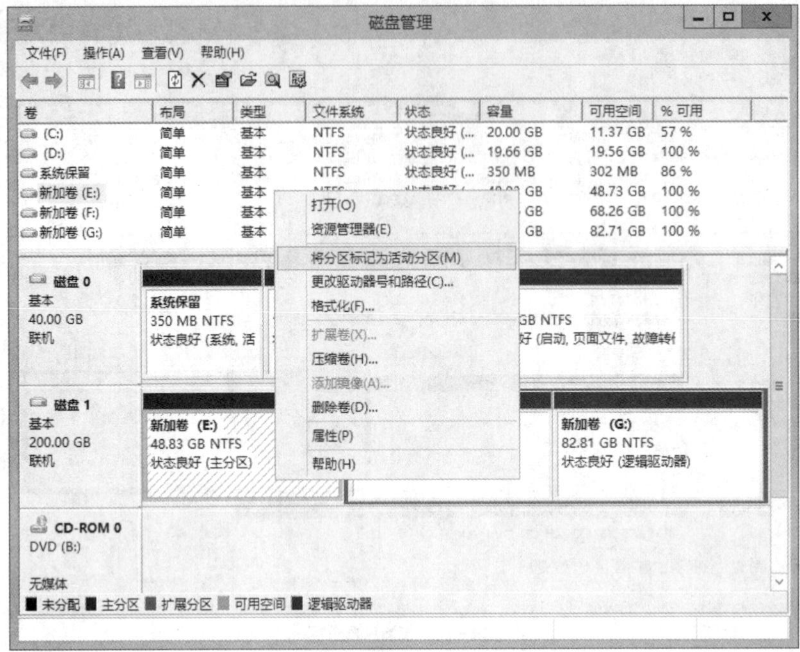

图 1-13 将主分区标记为活动分区

任务验证

创建主分区和逻辑分区成功，如图 1-14 所示。

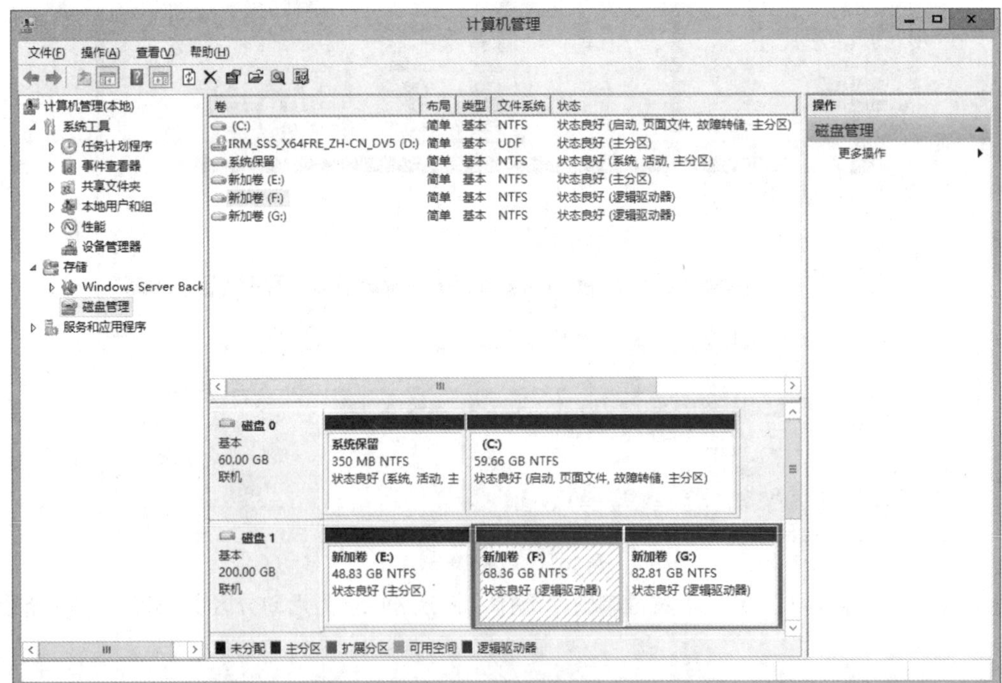

图 1-14 创建主分区和逻辑分区成功

习题与上机

一、简答题

1. MBR 和 GPT 的区别是什么?

2. FAT32 和 NTFS 的区别是什么?

3. 什么是活动分区? 活动分区有什么作用? 如果计算机只有 1 个硬盘，且该硬盘没有设置活动分区时存在哪些风险?

4. 如何将一个 NTFS 扩展分区装入到 1 个原 NTFS 分区的 1 个空白文件夹中，以拓展原 NTFS 分区的空间?

二、项目实训题

1. 在一个 80GB 新硬盘上创建 2 个大小约 20GB 的主分区(盘符为 E、F),一个大小约 30GB 的扩展分区;

2. 在扩展分区中创建 2 个约 15GB 的逻辑分区(盘符为 G、H);

3. 将 E 盘格式化为 FAT32;

4. 随机写入一些数据至 E 盘，并通过磁盘命令将 FAT32 转换成 NTFS，检验转换成功后数据是否损坏;

5. 分别将 E、F、G、H 格式化，格式化时选择【分配单元大小】，大小分别为 512 字节、1024 字节、2048 字节、4096 字节;

6. 复制 1 个相同大小的文件(大于 1GB)至 4 个分区，观察并记录其复制速度，根据结果简要描述复制时间不同的原因。

Chapter

2

项目 2 动态磁盘的配置与管理

Computer

项目背景

EDU 公司新购置了一台拥有 24 个硬盘扩展槽的高性能服务器作为公司的网络存储服务器，服务器安装了 Windows Server 2012 R2 Datacenter 操作系统。

网络存储管理员小陈通过项目 1 已经基本熟悉了基本磁盘的配置与管理，但是面对配置大量硬盘的存储服务器，还需要掌握动态磁盘的配置与管理，公司希望小陈尽快熟悉动态磁盘管理的相关技能，并为后续公司业务数据集中存储做好准备。公司网络存储拓扑如图 2-1 所示。

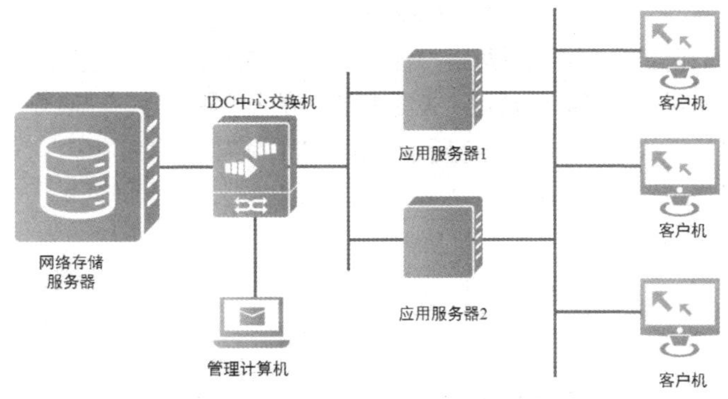

图 2-1　公司网络存储拓扑

项目分析

管理员将新购置的硬盘安装到存储服务器中，并将这些硬盘配置成可用作存储的卷，具体涉及以下工作任务（技能）。

（1）在单一磁盘下创建简单卷。

（2）利用其他磁盘富余空间扩展简单卷，扩展卷的容量。

（3）在多个磁盘中创建跨区卷，创建大容量卷。

（4）在多个磁盘中创建带区卷，提升卷的写入和读取速率。

（5）在多个磁盘中创建镜像卷，实现卷数据的冗余备份。

（6）在多个磁盘中创建 RAID5 卷，实现卷数据的冗余备份，并提升卷的读取速率。

（7）具备镜像卷和 RAID5 卷的磁盘在一块磁盘损坏时，恢复卷的数据。

相关知识

RAID（redundant array of independent disks，RAID），即独立磁盘冗余阵列。RAID 技术产生的初衷主要是为大型服务器提供高端的存储功能和冗余的数据安全。在系统中，RAID 被看作是由多个硬盘组成的（最少 2 块）一个逻辑分区，它通过在多个硬盘上同时存储和读取数据来大幅提高存储系统的数据吞吐量（Throughput），由于在很多 RAID 模式中都有较为完备的相互校验/恢复的措施，甚至是直接相互的镜像备份，因此大大提高了 RAID 系统的容错度，同时也提高了系统的稳定冗余性，这也是 Redundant 一词的由来。

常见的级别有 RAID0、RAID1、RAID3、RAID5、RAID6、RAID0+1、RAID10、RAID50 等。

RAID0 以带区形式在 2 个或多个物理磁盘上存储数据，数据被交替、平均地分配给这些磁盘并行读写。在所有的级别中，RAID 0 的速度是最快的，但不具有冗余功能。如图 2-2 所示。

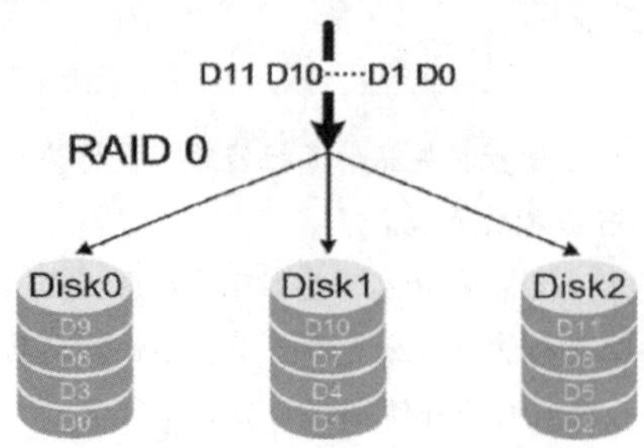

图 2-2　RAID 0 工作原理

RAID 1 是将相同数据同时复制到两组物理磁盘中。如果其中的 1 组磁盘出现故障，系统能够继续使用尚未损坏的磁盘，可靠性最高，但是其磁盘的利用率却只有 50%，是所有 RAID 级别中磁盘利用率最低的一个级别，如图 2-3 所示的是 RAID 1 磁盘阵列。

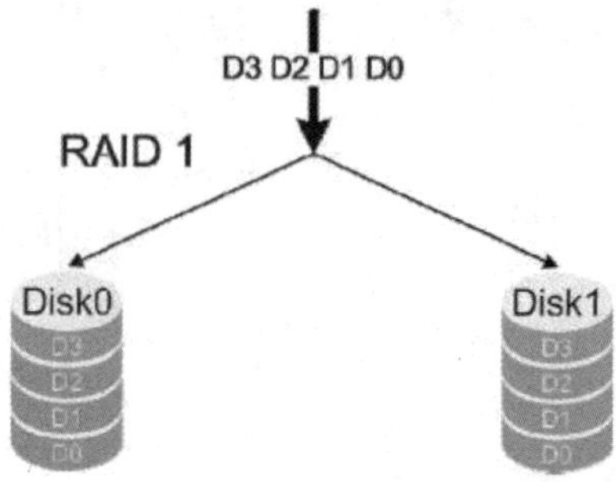

图 2-3　RAID 1 工作原理

RAID5 是向阵列中的磁盘写数据，将数据段的奇偶校验数据交互存放于各个硬盘上。任何 1 个硬盘损坏，都可以根据其他硬盘上的校验位来重建损坏的数据。RAID 5 1 个阵列中至少需要 3 个物理驱动器，硬盘的利用率为 n–1/n。性价比最高，如图 2-4 所示为 RAID 5 磁盘阵列。

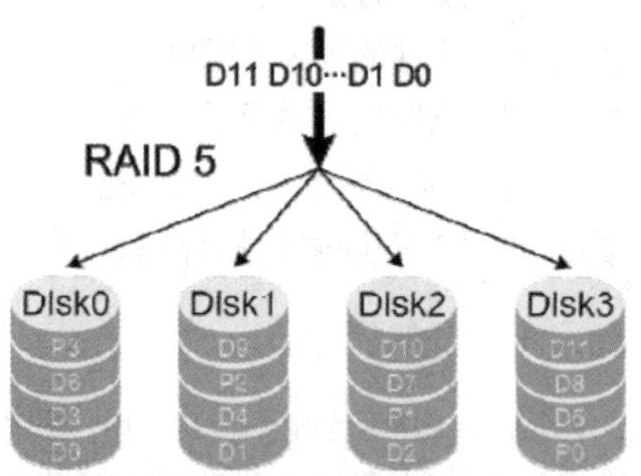

图 2-4　RAID 5 工作原理

表 2-1 所示为 RAID 0、RAID 1、RAID 5 特点比较。

表 2-1　RAID 0、RAID 1、RAID 5 特点比较

卷种类	磁盘数	可用来存储数据的容量	性能（与单一磁盘比较）	排错
简单卷	1	全部	不变	无
跨区卷	2–32 个	全部	不变	无

续表

卷种类	磁盘数	可用来存储数据的容量	性能（与单一磁盘比较）	排错
带区(RAID 0)	2–32 个	全部	读、写都提升许多	无
镜像(RAID 1)	2 个	一半	不变	有
RAID 5	3–32 个	磁盘数–1	读提升多、写下降稍多	有

项目实践

任务 2–1 简单卷的建立与扩展

任务描述

（1）将 60GB、70GB、80GB 3 个硬盘全部安装至存储服务器并初始化硬盘。

（2）在 60GB 磁盘中创建 1 个 60GB 大小的简单卷用于存储公司产品宣传视频。

（3）随着公司产品类别的增加，对应的视频资源也大幅增长，公司希望能通过扩展卷的大小存储增长的视频资源。根据公司目前情况，仅需将 70GB 硬盘中的 40GB 容量用于扩展即可满足今后 2 年的需求。

任务操作

（1）将 60GB、70GB 和 80GB 的硬盘安装到存储服务器中。

（2）在 上右键选择【磁盘管理】。

（3）将 60GB、70GB 和 80GB 的新硬盘进行【联机】和【初始化】，如图 2–5 所示。

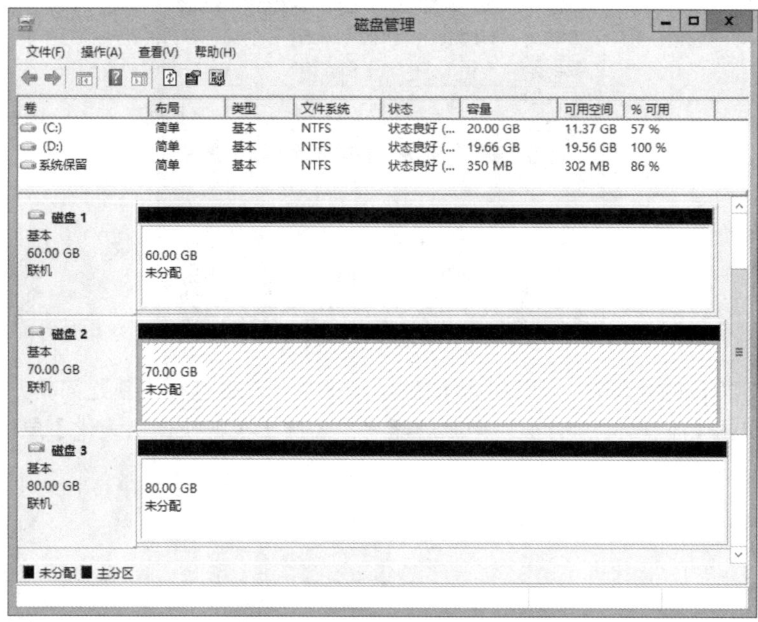

图 2–5 联机和初始化新硬盘

（4）将新硬盘转换为【动态磁盘】，在新硬盘的最左边磁盘信息栏单击右键【转换到动态磁盘】，如图 2-6 所示。

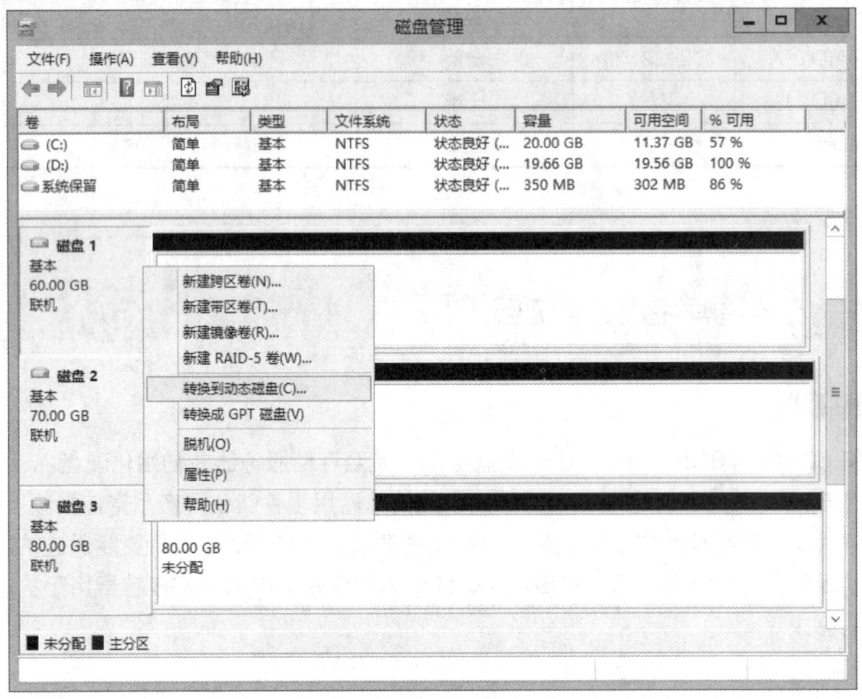

图 2-6 新硬盘转换成动态磁盘

（5）在弹出的【转换为动态磁盘】对话框中，勾选 60GB、70GB、80GB 的磁盘，批量转换为动态硬盘，如图 2-7 所示。

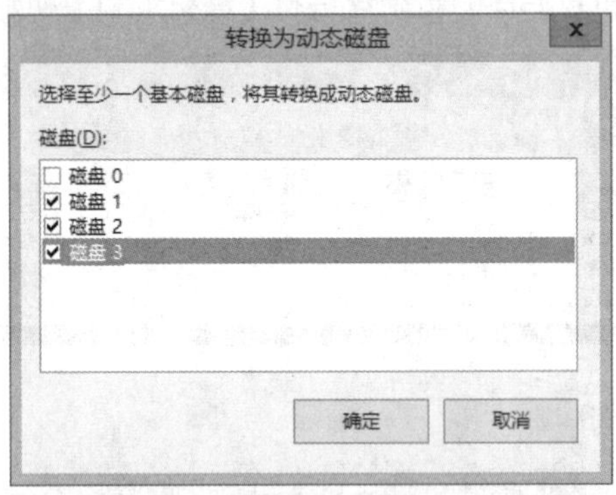

图 2-7 转换为动态磁盘

（6）新建 60GB 的简单卷：在 60GB 的新硬盘上单击右键选择【新建简单卷】，在输入新建卷大小中直接单击【下一步】，分配一个驱动器号，勾选【执行快速格式化】单击【完成】结果如图 2-8 所示。

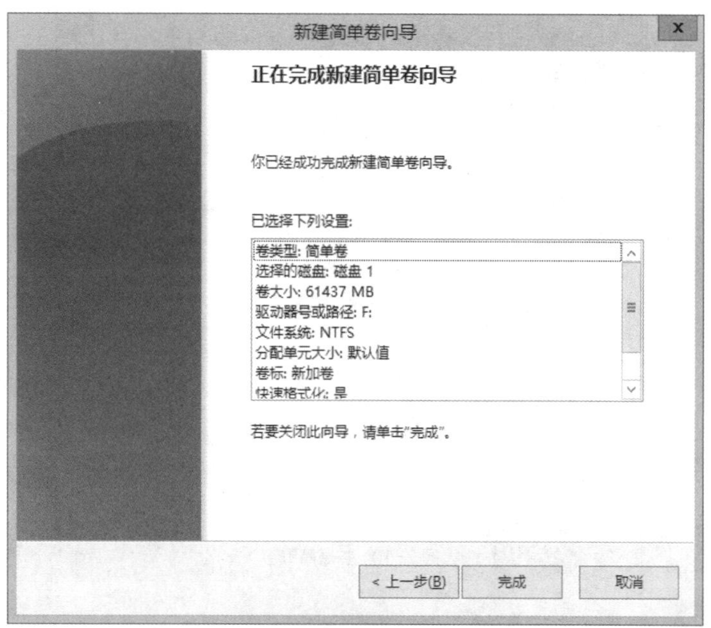

图 2-8　新建简单卷

（7）简单卷扩展 40GB 容量：在 60GB 的简单卷中单击右键选择【扩展卷】，如图 2-9 所示。

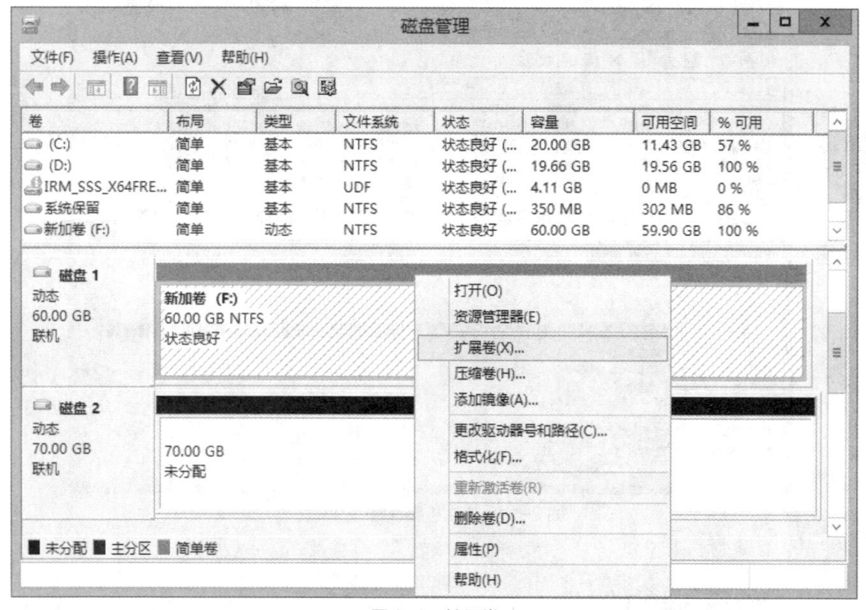

图 2-9　扩展卷

（8）选择扩展磁盘为 70GB 的新硬盘，在【选择空间量】中输入【40960】并单击下一步，单击【完成】，如图 2-10 所示。

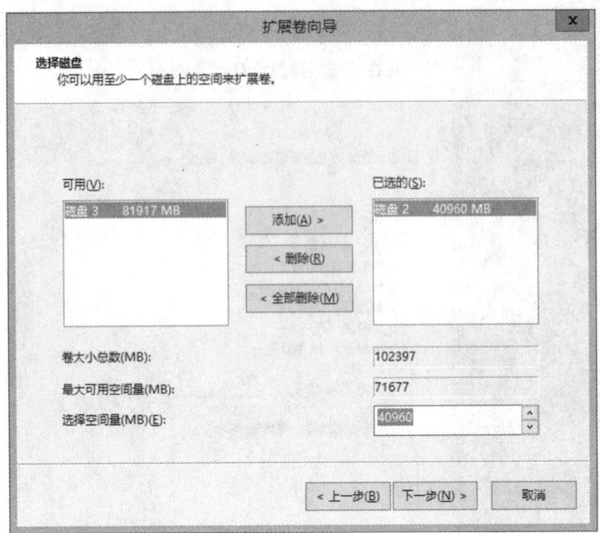

图 2-10 扩展简单卷

任务验证

查看扩展后的磁盘，如图 2-11 所示。

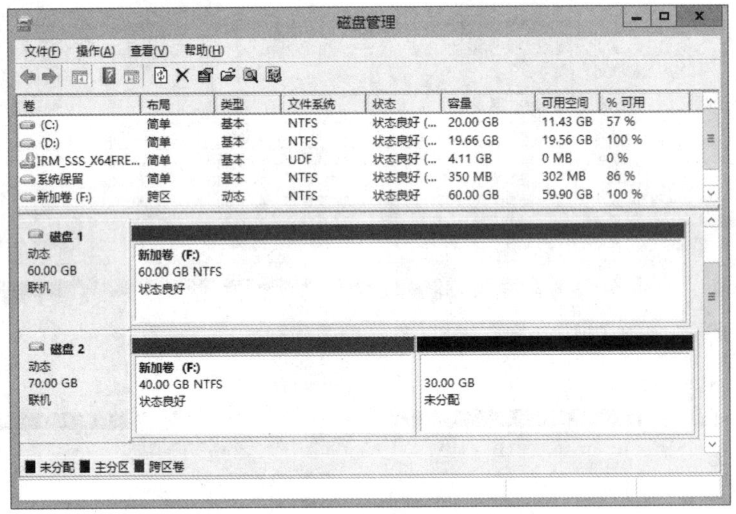

图 2-11 查看扩展容量后的磁盘

任务 2-2 跨区卷的创建

任务描述

（1）将 60GB、70GB、80GB 3 个硬盘全部安装至存储服务器并对硬盘进行初始化。

（2）公司目前产品信息库分别存放于多台服务器中，为集中管理公司产品的信息库，公司拟将这些文件集中存放在存储服务器上。经初步统计，公司所有产品信息文件约 100GB，随着后续产品的开发，预计两年后文件大小约 170GB。

（3）公司希望利用这 3 个硬盘创建 1 个大小为 170GB 的卷用于存放产品信息库。

任务操作

（1）将 60GB、70GB 和 80GB 的硬盘安装到存储服务器中。

（2）在 上单击右键选择【磁盘管理】。

（3）将 60GB、70GB 和 80GB 的新硬盘进行【联机】和【初始化】操作并转换为【动态磁盘】。

（4）在 3 个硬盘之间新建 170GB 的跨区卷：在 60GB 的新硬盘上单击右键选择【新建跨区卷】，如图 2-12 所示。

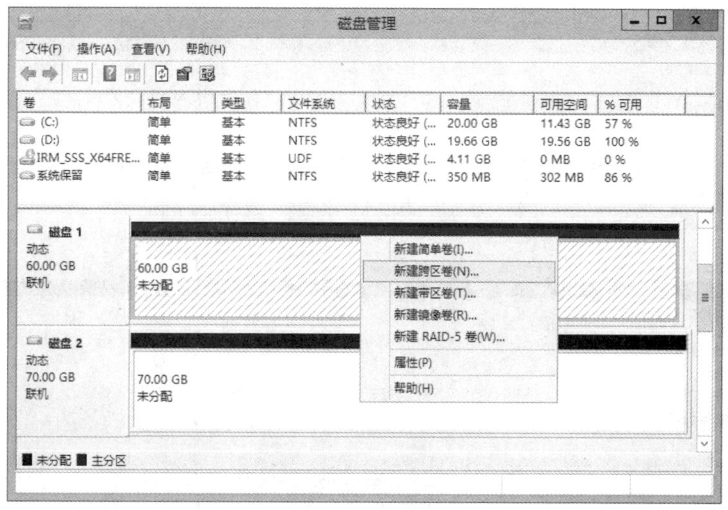

图 2-12　新建跨区卷

（5）将 70GB、80GB 新硬盘加入并选中，在 80GB 硬盘的【选择空间量】中输入【40960】，单击【下一步】，分配 1 个驱动器号，勾选【执行快速格式化】，单击【完成】，结果如图 2-13 所示。

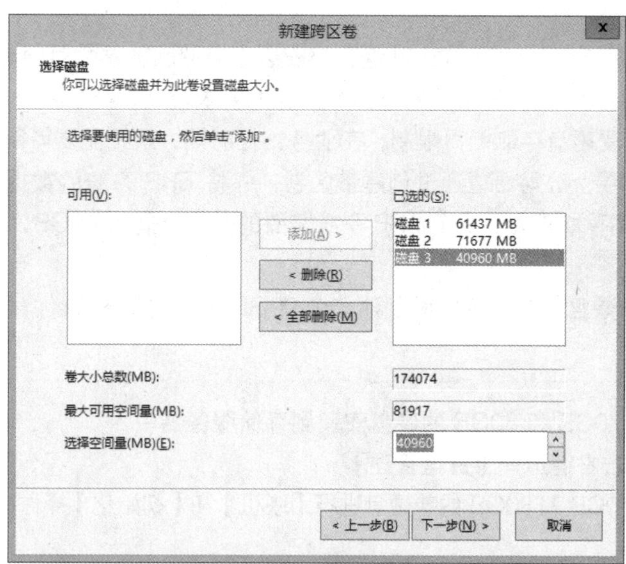

图 2-13　新建跨区卷

任务验证

查看跨区卷磁盘，如图 2-14 所示。

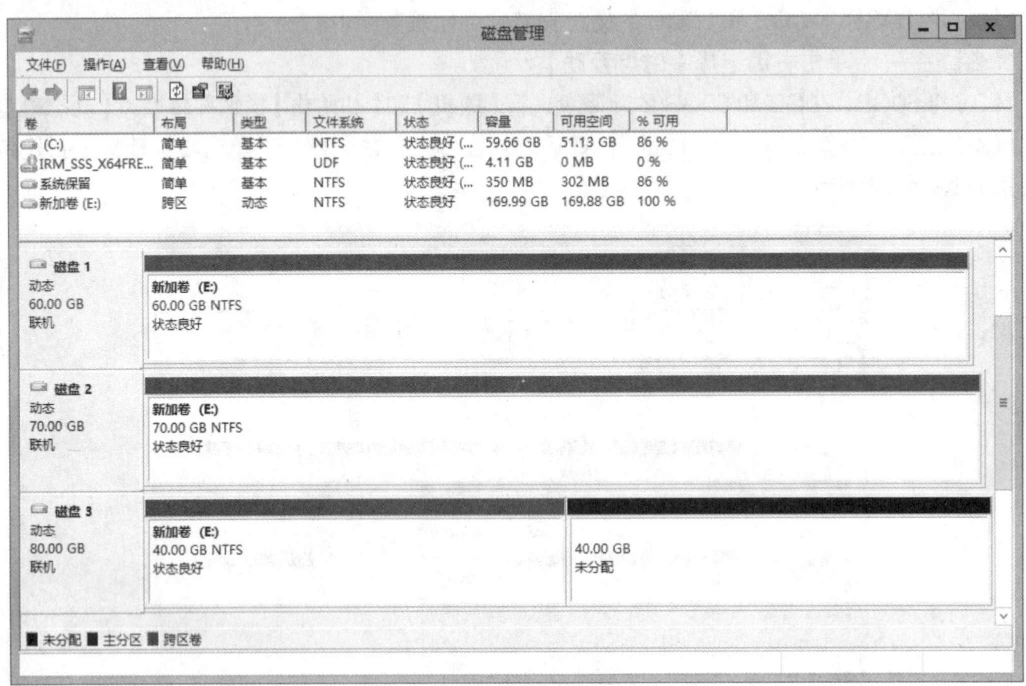

图 2-14 查看跨区卷磁盘

任务 2-3 带区卷（RAID 0）的创建

任务描述

（1）将 60GB、70GB、80GB 3 个硬盘全部安装至存储服务器并对硬盘进行初始化。

（2）公司目前的业务对 ERP 系统的数据存取能力要求较高，经系统分析，由于 ERP 系统存放于单一磁盘，所以受磁盘存取能力限制，在业务繁忙时期，系统需要等待的时间较长，严重影响公司正常业务的开展。公司希望通过创建带区卷，并将 ERP 系统的数据迁移到该带区卷中，提升 ERP 系统的数据存取能力。目前 ERP 系统需要的数据空间为 40GB，后续 2 年数据需求约为 80GB。

（3）分别取 3 个硬盘的 30GB 空间创建一个 90GB 大小的带区卷。

任务操作

（1）将 60GB、70GB 和 80GB 的硬盘安装到存储服务器中。

（2）在 ⊞ 上单击右键选择【磁盘管理】。

（3）将 60GB、70GB 和 80GB 的新硬盘进行【联机】和【初始化】操作并转换为【动态磁盘】。

（4）分别取 3 个硬盘的 30GB 空间创建一个 90GB 大小的带区卷：在 60GB 的新硬盘上单击右键选择【新建带区卷】，如图 2-15 所示。

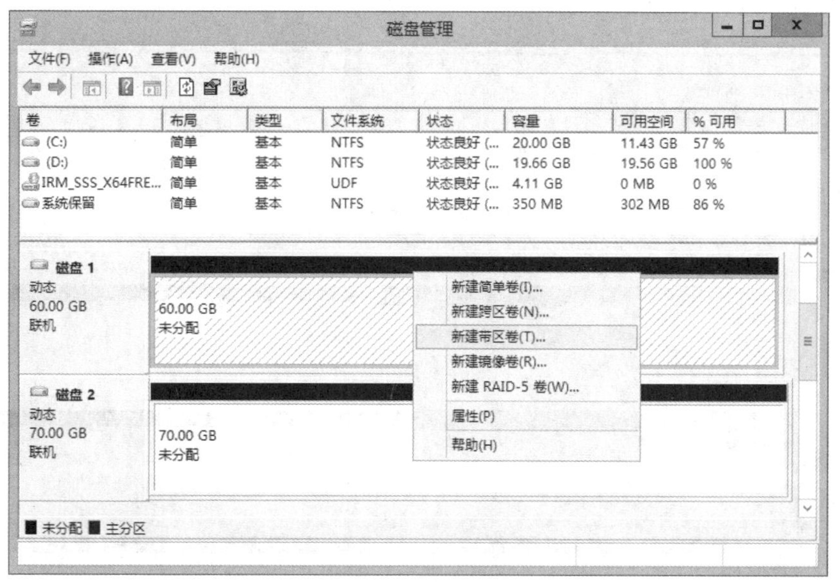

图 2-15　新建带区卷

（5）将 70GB、80GB 新硬盘加入并选中，在【选择空间量】中输入【30720】，单击下一步，分配一个驱动器号，勾选【执行快速格式化】，单击【完成】，如图 2-16 所示。

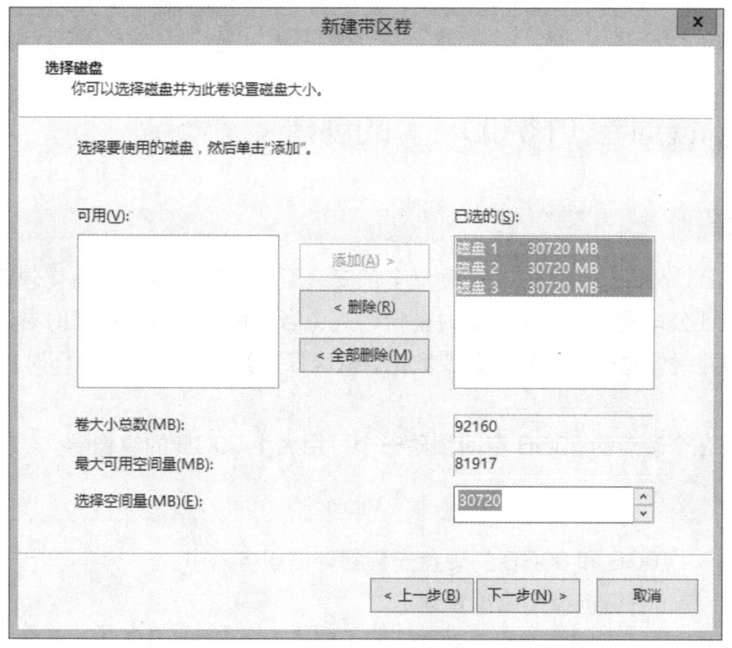

图 2-16　新建带区卷

任务验证

查看带区卷磁盘，如图 2-17 所示。

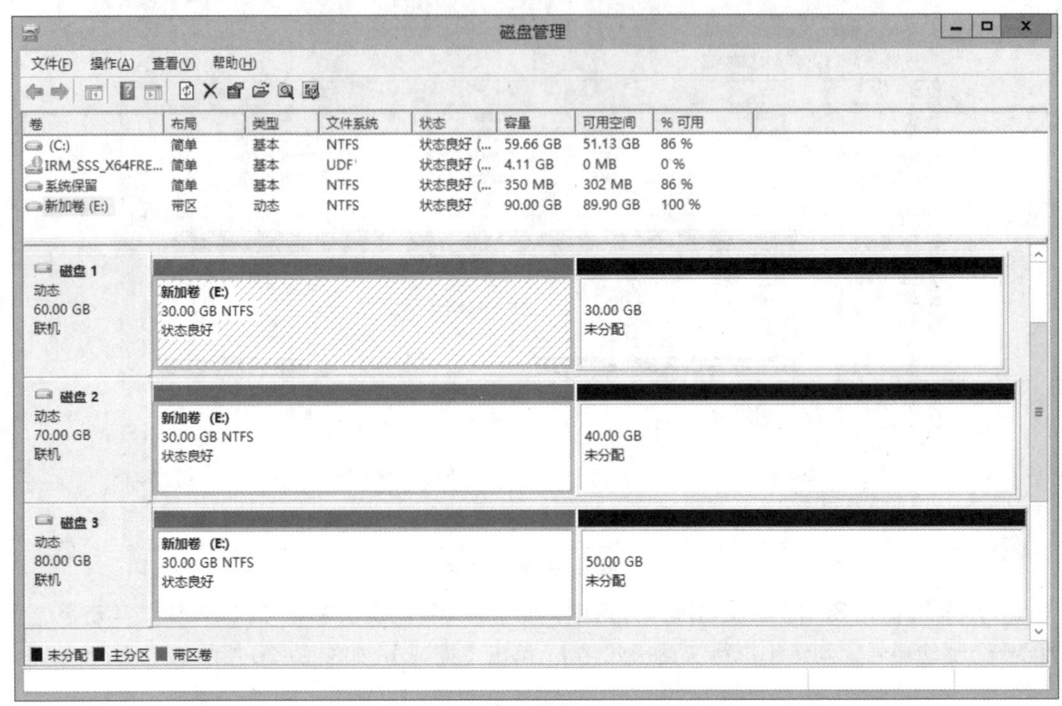

图 2-17 查看带区卷

任务 2-4 镜像卷（RAID 1）的创建

任务描述

（1）将 60GB、70GB、80GB 3 个硬盘全部安装至存储服务器并初始化硬盘。

（2）为了保证公司重要数据实现实时备份，避免当一块硬盘出现故障时导致重要数据丢失，公司希望通过创建镜像卷存储公司的重要数据，以确保当其中一块硬盘损坏时，公司重要数据依然安全。

（3）分别取 2 个硬盘的 30GB 空间创建一个可用大小 30GB 的镜像卷。

任务操作

（1）将 60GB、70GB 和 80GB 的硬盘安装到存储服务器中。

（2）在 上单击右键选择【磁盘管理】。

（3）将 60GB、70GB 和 80GB 的新硬盘进行【联机】和【初始化】操作并转换为【动态磁盘】。

（4）分别取 2 个硬盘的 30GB 空间创建一个可用大小为 30GB 的镜像卷：在 60GB 的新硬盘上单击右键选择【新建镜像卷】，如图 2-18 所示。

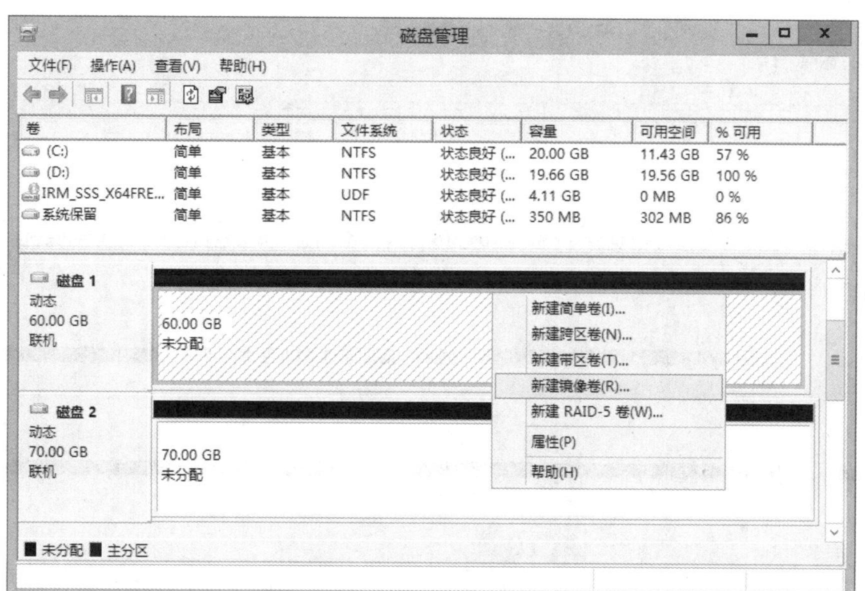

图 2-18　新建镜像卷

（5）将 70GB 新硬盘加入并选中，在【选择空间量】中输入【30720】，单击下一步，分配一个驱动器号，勾选【执行快速格式化】，单击【完成】，如图 2-19 所示。

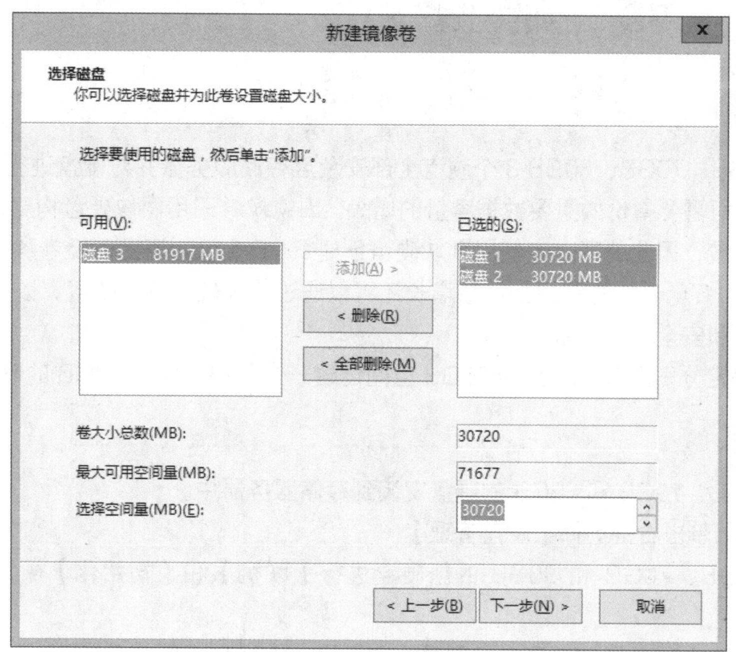

图 2-19　新建镜像卷

任务验证

查看镜像卷磁盘，如图 2-20 所示。

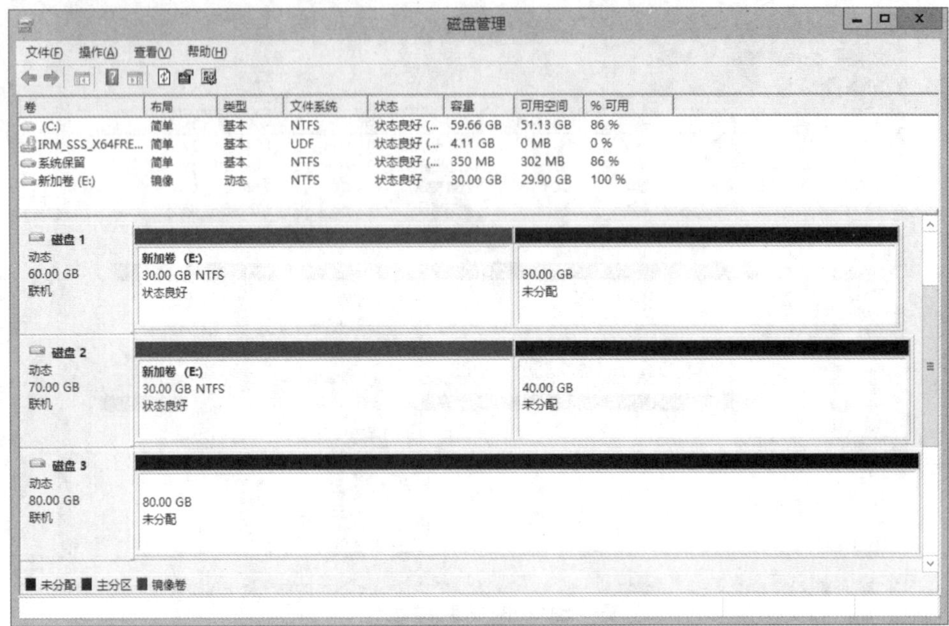

图 2-20 查看镜像卷

任务 2-5 RAID 5 卷的创建

任务描述

（1）将 60GB、70GB、80GB 3 个硬盘全部安装至存储服务器并对硬盘进行初始化。

（2）随着公司需要备份的重要数据容量的增大，因镜像卷采用两块硬盘构建，其总容量受限于单块硬盘的容量，因此公司决定使用 3 块硬盘创建 RAID 5 卷以满足备份卷容量增长的需求。另外，采用 RAID 5 随着容量需求的不断增长还可以通过添加硬盘进行扩容，以确保公司重要数据的不间断访问和安全性。

（3）公司决定分别取 3 个硬盘的 30GB 空间创建一个可用空间为 60GB 的 RAID 5 卷。

任务操作

（1）将 60GB、70GB 和 80GB 的硬盘安装到存储服务器中。

（2）在 上单击右键选择【磁盘管理】。

（3）将 60GB、70GB 和 80GB 的新硬盘进行【联机】和【初始化】操作并转换为【动态磁盘】。

（4）分别取 3 个硬盘的 30GB 空间创建一个可用大小为 60GB 的 RAID 5 卷：在 60GB 的新硬盘上单击右键选择【新建 RAID-5 卷】，如图 2-21 所示。

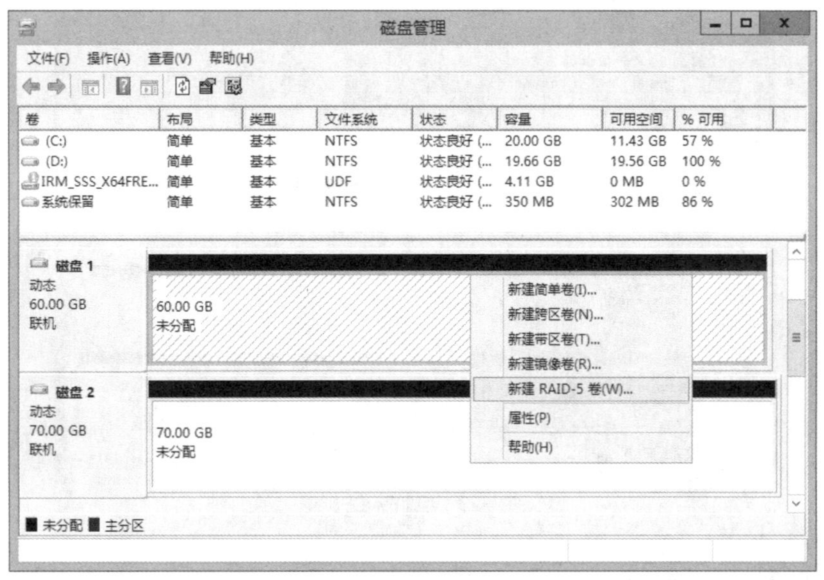

图 2-21　新建 RAID-5 卷

（5）将 70GB 和 80GB 新硬盘加入并选中，在【选择空间量】中输入【30720】，单击下一步，分配一个驱动器号，勾选【执行快速格式化】，单击【完成】，如图 2-22 所示。

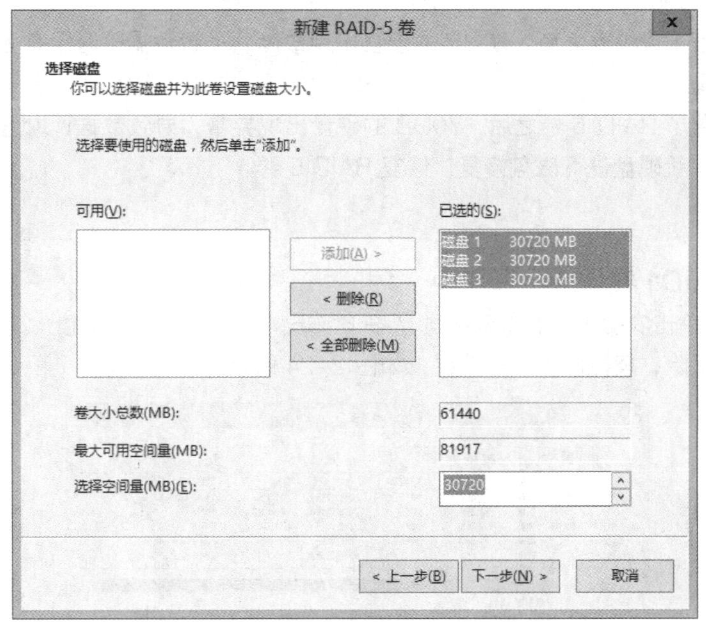

图 2-22　新建 RAID-5 卷

任务验证

查看镜像卷磁盘，如图 2-23 所示。

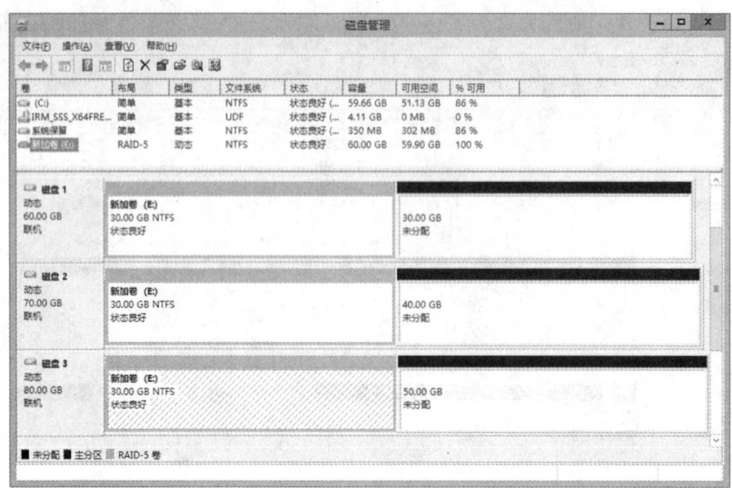

图 2-23 查看 RAID-5 卷

任务 2-6 RAID 1 和 RAID5 卷的故障修复

任务描述

（1）公司部署了镜像卷之后，70GB 的硬盘出现故障，尽管数据暂时没有丢失，但必须尽快将镜像卷进行修复。

（2）公司部署了 RAID 5 卷之后，70GB 的硬盘出现异常，导致数据读取速度非常缓慢，公司决定添加 90GB 新硬盘进行磁盘修复，修复 RAID 5 卷。

任务操作

1. 修复 RAID1 卷

（1）在上单击右键选择【磁盘管理】，在 60GB、70GB 磁盘上创建一个 30GB 的镜像卷，并将 70GB 硬盘移除，模拟硬盘故障效果，如图 2-24 所示。

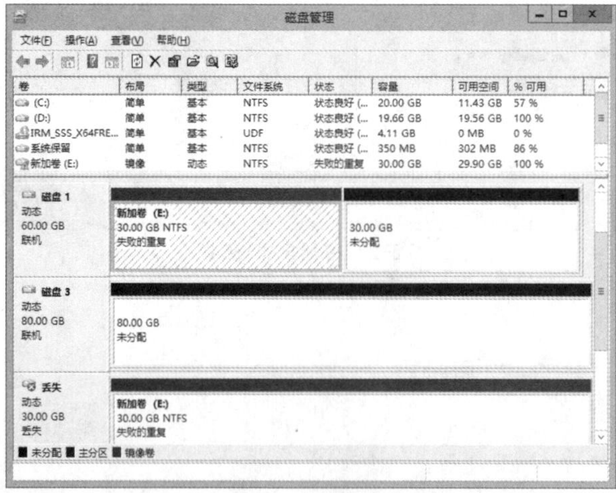

图 2-24 磁盘管理

（2）此时【镜像卷】中所有数据未丢失，但需尽快使用新硬盘修复【镜像卷】。

（3）使用 80GB 新硬盘进行【镜像卷】修复：在【新加卷（E）】中单击右键选择【删除镜像】，选择并删除丢失镜像，然后在【新加卷（E）】中单击右键选择【添加镜像】选择并添加新镜像，如图 2-25 所示。

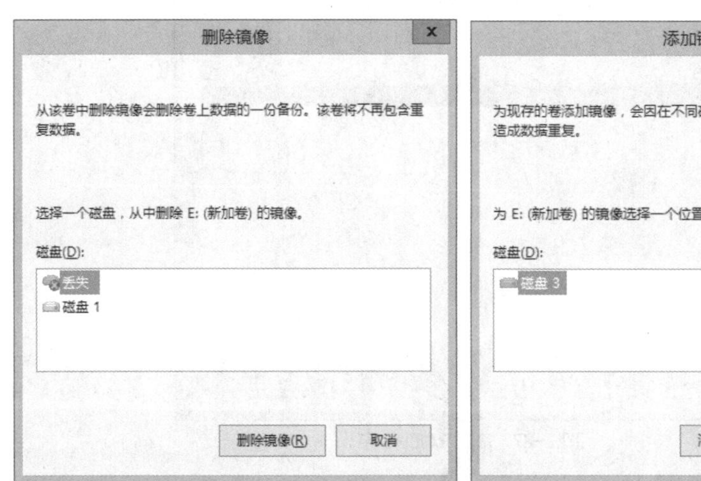

图 2-25　删除、添加镜像

2. 修复 RAID5 卷

（1）将 70GB 硬盘移除，模拟硬盘故障效果，并安装 90GB 新硬盘到存储服务器中。

（2）在上单击右键选择【磁盘管理】，如图 2-26 所示。

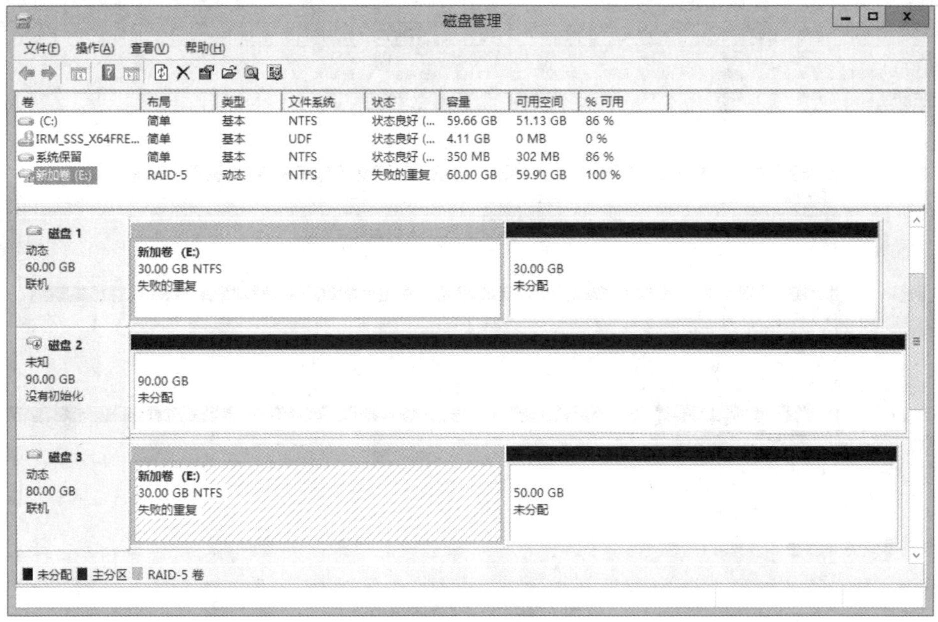

图 2-26　磁盘管理

（3）此时【RAID-5 卷】中所有数据未丢失，但需尽快使用新硬盘修复【RAID-5 卷】。

（4）将新安装的 90GB 硬盘进行初始化并转换成动态磁盘。

（5）【RAID-5 卷】修复：在【新加卷（E）】中单击右键选择【修复卷】，选择新磁盘，如图 2-27 所示。

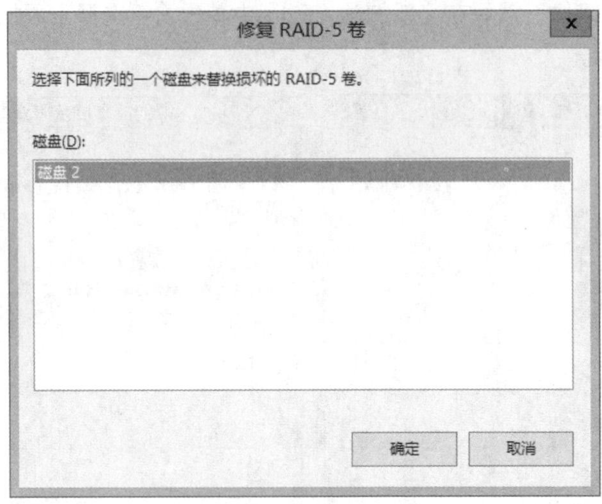

图 2-27 修复 RAID-5 卷

任务验证

（1）查看【镜像卷】修复成功后结果，如图 2-28 所示。

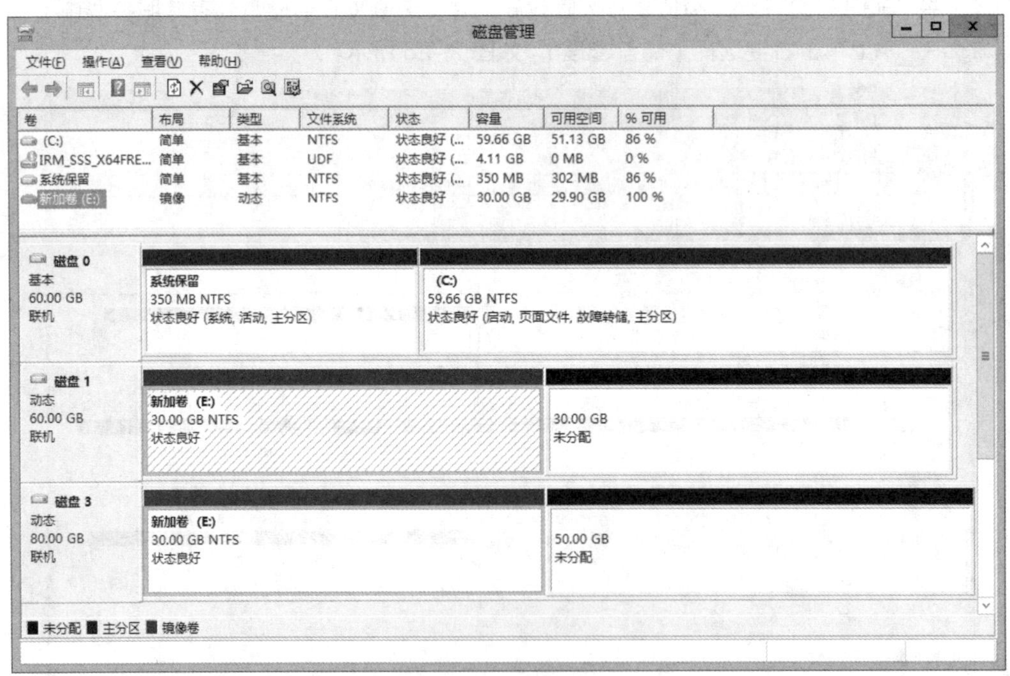

图 2-28 镜像卷修复成功

（2）查看【RAID 5 卷】修复成功后结果，如图 2-29 所示。

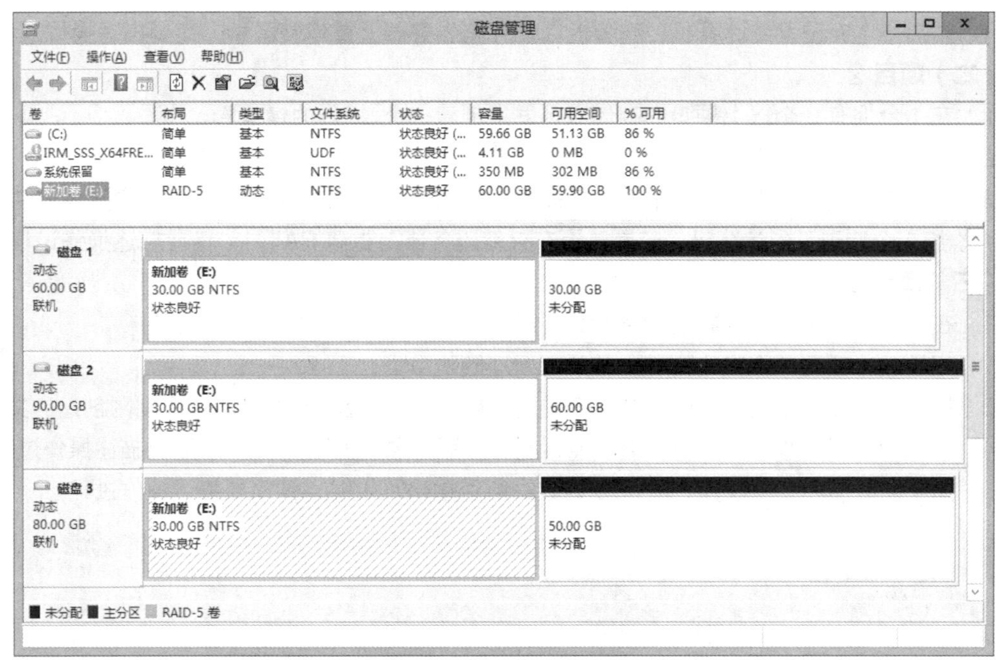

图 2-29　RAID 5 卷修复成功

习题与上机

一、简答题

1. 分别说明什么是 RAID 0、RAID 1、RAID 5 和 RAID 6。
2. 镜像卷和 RAID 5 的异同是什么?
3. RAID 5 和 RAID 6 的异同是什么?
4. 某计算机有 2 个 40GB 小硬盘，如何将这 2 个小硬盘合并成容量约为 80GB 的 1 个独立卷?
5. 某系统对磁盘写入速度要求极高，为提高磁盘的写入速度，该如何处理?
6. 公司要求为安装在某个卷的应用系统提供实时冗余备份功能，并且不降低该系统的写入及读取速度，该如何实现?
7. 公司要求对安装的 SQL Server 数据库提供高可用存储空间，该空间最多允许在 3 个物理硬盘损坏时仍能保证数据的完整性和可用性，请提出解决策略。

二、项目实训题

（一）项目 1

1. 在一台拥有 3 个以上硬盘的存储服务器上创建一个 5GB 的带区卷 X;
2. 在 X 卷上新建 1 个文本文件，并录入一些随机数据;
3. 卸载 1 个硬盘（模拟存储中的一个硬盘损坏情况），查看能否成功读取刚创建的文件;

4. 添加 1 个新硬盘到计算机，查看能否在存储服务器上重建带区卷，简要描述操作过程。

（二）项目 2

1. 在 1 台拥有 3 个以上硬盘的存储服务器上创建一个 2GB 的镜像卷 Y；
2. 在卷 Y 上新建 1 个文本文件，并录入一些随机数据；
3. 卸载 1 个硬盘（模拟存储中的 1 个硬盘损坏情况），查看能否成功读取刚创建的文件；
4. 添加 1 个新硬盘到计算机，查看能否在存储服务器上重建 RAID1，简要描述操作过程。

（三）项目 3

1. 在 1 台拥有 3 个以上硬盘的存储服务器上创建一个 3GB 的 RAID5 卷 Z；
2. 在卷 Z 上新建 1 个文本文件，并录入一些随机数据；
3. 卸载 1 个硬盘（模拟存储中的 1 个硬盘损坏情况），查看能否成功读取刚刚创建的文件；
4. 添加 1 个新硬盘到计算机，查看能否在存储服务器上重建 RAID5，简要描述操作过程。
5. 如果同时损坏 2 块硬盘，RAID5 的数据能否重建？如能，请简要描述操作过程。

Chapter 3

项目 3 存储池的配置与管理

项目背景

EDU 公司按计划购置了 10 块网络存储服务器硬盘，将其用于存储扩容，公司希望根据业务需求进行合理配置和有效管理，高效发挥硬盘作用。公司网络存储拓扑如图 3-1 所示。

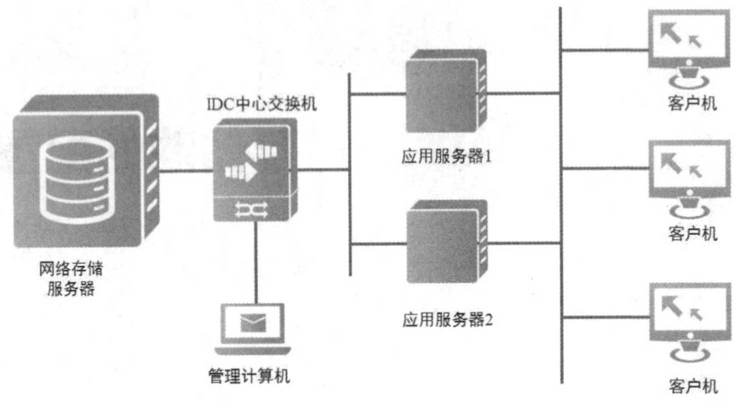

图 3-1 公司网络存储拓扑

项目分析

管理员将新购置的硬盘安装到存储服务器中，并计划通过配置，将这些硬盘用于扩展原有的卷、新建卷或分区。

随着硬盘的增加，存储管理员将面临以下问题：

（1）如果继续建立卷或分区，由于磁盘卷标只能为 C、D、…、Z，服务器将面临没有可用的卷标而无法实施。

（2）如果通过扩展卷将新硬盘扩容到已有卷的空间，由于一些卷已经经过多次扩容，所以这个卷将会关联过多的硬盘。如果其中一个或多个硬盘损坏，那么将可能导致卷的数据丢失。

（3）镜像卷受限于硬盘空间大小，无法继续扩容。

在网络存储设备中，通常采用存储池管理存储设备中的硬盘，通过存储池对服务器硬盘进行统一管理，然后在存储池上创建逻辑硬盘，最后通过逻辑硬盘进行划分分区或卷。

这种通过存储池创建的逻辑硬盘可以有效解决以下 3 个问题：

（1）通过在线扩容逻辑磁盘来扩展服务器分区大小，这样服务器就无需创建过多的卷或分区。

（2）在存储池创建 RAID5 逻辑硬盘，这样不仅可以保证物理硬盘损坏时，逻辑硬盘的数据安全，还可以实现逻辑硬盘的在线扩容。这些功能基于物理硬盘的 RAID5 卷是不能实现的。

（3）在存储池创建镜像逻辑硬盘，该镜像盘是可以在线扩容的。

网络存储实现存储池的功能具体涉及以下工作任务（技能）。

任务 3-1 存储服务器磁盘的池化配置与管理

任务 3-2 创建逻辑普通硬盘

任务 3-3 创建逻辑镜像硬盘

任务 3-4 创建逻辑 RAID5 硬盘

任务 3-5 逻辑硬盘的在线扩容

任务 3-6 存储池逻辑硬盘的故障检测与排除

相关知识

1. 存储池

存储池是由多个物理硬盘组成的一个逻辑上连续编址的大存储空间。物理硬盘添加到存储池后，OS 不能自动识别该物理硬盘，而是由存储池对其进行统一管理，存储池通过创建逻辑硬盘为 OS 提供磁盘服务。

将物理硬盘添加到存储池通常称为物理硬盘的池化，添加到存储池的硬盘必须是空白的，如果要将已使用过的硬盘添加到存储池则必须重新初始化硬盘。图 3-2 所示为存储的逻辑结构图。

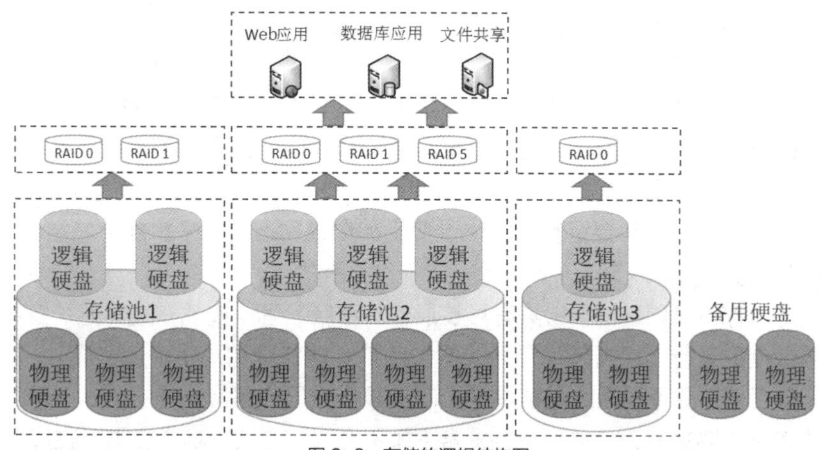

图 3-2　存储的逻辑结构图

2. 逻辑硬盘

OS 使用磁盘空间时，需要在存储池中创建逻辑硬盘。该逻辑硬盘会被 OS 识别为 1 块单独的物理硬盘，OS 在这个磁盘上，可以进行分区、格式化等操作；格式化后的磁盘大小就是 OS 可使用的空间。

从 OS 角度来看，逻辑硬盘和物理硬盘并没有区别，都是具有一定容量的硬盘；但从应用角度来看，备份服务器需要高容量存储空间，流媒体服务器需要高 I/O 存储空间。因此为满足不同业务对大容量、高可用、高 I/O 等不同数据存储的要求，存储池可以提供 3 种不同的逻辑磁盘服务：普通逻辑硬盘、镜像逻辑硬盘、RAID5 逻辑硬盘。

（1）普通逻辑硬盘，硬盘可满足备份服务器、文件服务器等业务对大容量数据存储的需求，普通逻辑硬盘可以为 OS 提供不超过存储池空间大小（存储池所属物理硬盘空间的总和）的逻辑磁盘服务。

由于普通逻辑硬盘空间是由多个物理硬盘组成的、在逻辑上连续编址的大存储空间，它仅为 OS 提供大容量磁盘空间服务，因此如果 1 个物理硬盘损坏将导致 OS 所存储的数据丢失。

（2）镜像逻辑硬盘，要求存储池至少拥有 2 个以上的物理硬盘，它与镜像卷类似，其提供的逻辑磁盘主要确保数据的高可用，即镜像逻辑硬盘的数据会实时地复制到物理硬盘上。同时，当任意 1 个物理硬盘的损坏时，能够确保数据不丢失。当存储池有 7 个以上硬盘时，允许 2 个硬盘损坏而不影响数据存储，也不会造成数据丢失。

由此可见，镜像逻辑硬盘可满足重要数据库服务等业务对数据高可用存储的需求，但其可提供的存储空间大小最大为存储池空间的一半，即空间有效性为 50%。

（3）RAID 5 逻辑硬盘，是一种兼顾存储性能、数据安全和存储成本的存储解决方案。RAID 5 可以理解为是 RAID 0 和 RAID 1 的折中方案，即 RAID 5 可以为系统提供数据安全保证，同时 RAID 5 具有和 RAID 0 相近的数据读取速度，只是多了一个奇偶校验信息，写入数据的速度比对单个磁盘执行写入的操作稍慢。另外，由于多个数据对应一个奇偶校验信息，RAID 5 的磁盘空间利用率要高于 RAID 1，存储成本相对较低，因此是目前运用较多的一种解决方案。

由上述可知，RAID 5 逻辑硬盘可满足读取速度快、容灾备份能力强和存储空间大的业务需求，它要求存储池至少拥有 3 个以上的物理硬盘，并允许损坏 1 块物理硬盘，其空间有效性为 $(n-1)/n$。同样，当存储池有 7 个以上硬盘时，允许 2 块硬盘损坏。

3. 逻辑硬盘的扩容

在为 OS 提供逻辑磁盘时，存储池通常会根据当前 OS 应用所需磁盘空间大小进行分配，但随着业务系统的持续运营，数据存储空间可能会逐渐变大而导致空间不足，要解决这一问题，只有通过增加硬盘空间来实现。

存储服务器在部署时通常会留有空盘位以便后续增加物理硬盘来扩展存储空间，同时也会保留部分空间以备用。

逻辑硬盘是由存储池创建的，它具有可扩展性。存储池可以实现在线实时扩容，并且在扩容过程中不会影响业务运行。即当使用存储池的磁盘扩容功能增加逻辑硬盘容量时，OS 会立即更新磁盘信息，随后 OS 便可以通过【扩展卷】功能扩展分区容量。

存储池的在线扩容功能为一些关键性业务（如不允许中断类业务）提供了在线增加磁盘空间的服务，而如果采用物理硬盘存储，则需关闭服务器来增加物理硬盘，再通过【扩展卷】功能扩展分区容量。

4. 存储池逻辑硬盘的故障检测与排除

存储池提供的镜像逻辑硬盘和 RAID 5 逻辑硬盘服务都具有容错性，当物理硬盘出现故障时，存储服务会告警并通知存储管理员，管理员通过告警信息查看并定位故障硬盘。如果硬盘损坏，则需将一个新硬盘添加到存储池中，并进行修复（数据重建），同时需要将拆下的硬盘进行处理，防止数据泄露。

项目实践

任务 3-1 存储服务器磁盘的池化配置与管理

任务描述

将 60GB、70GB 和 80GB 的新硬盘安装到服务器，在服务器上创建存储池，并将 3 块硬盘都添加至存储池中。

任务操作

（1）将 60GB、70GB 和 80GB 的新硬盘安装到【存储服务器】中。

（2）在【存储服务器】的【服务器管理器】主窗口下，依次单击【文件和存储服务】【存储池】，在【存储池】中右键选择【新建存储池】，如图 3-3 所示。

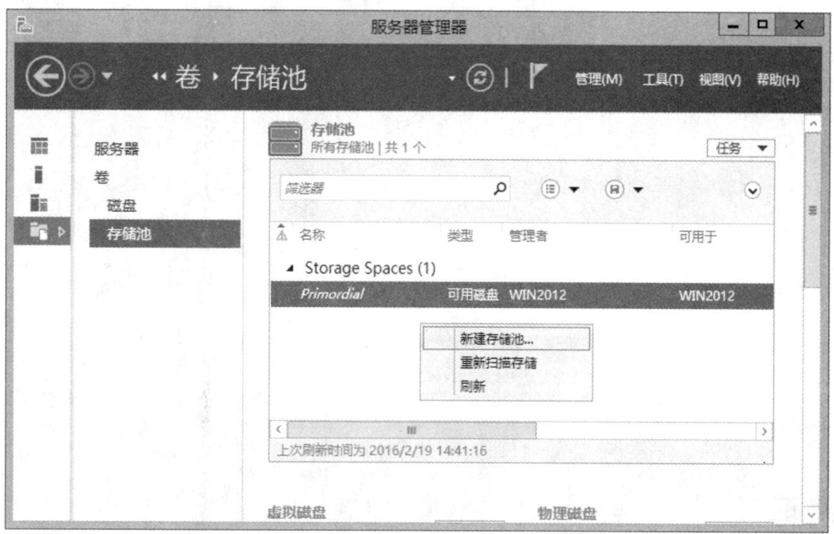

图 3-3　新建存储池

（3）在存储池名称输入【Storage pool】，单击【下一步】，如图 3-4 所示。

图 3-4　存储池名称

（4）在【物理磁盘】中勾选 60GB、70GB 和 80GB 的物理磁盘，单击【下一步】，确认无误后单击【创建】，如图 3-5 所示。

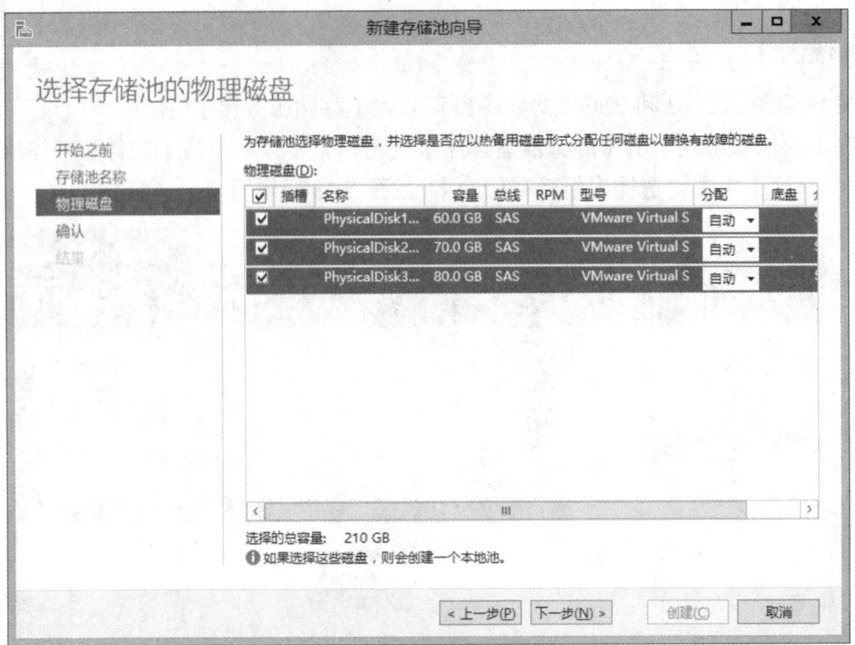

图 3-5 选择物理磁盘

任务验证

存储池创建成功后如图 3-6 所示。

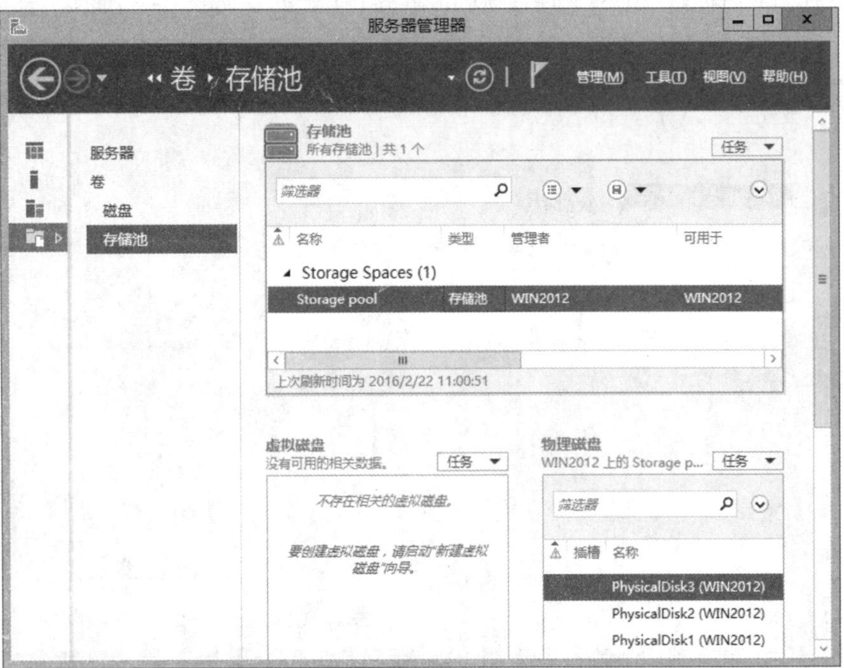

图 3-6 查看存储池

任务 3-2　创建普通逻辑硬盘

任务描述

在存储池中创建一个普通逻辑磁盘，创建新分区并格式化。

任务操作

（1）在【存储池】中右键单击【新建虚拟磁盘】，弹出【新建虚拟磁盘向导】，如图 3-7 所示。

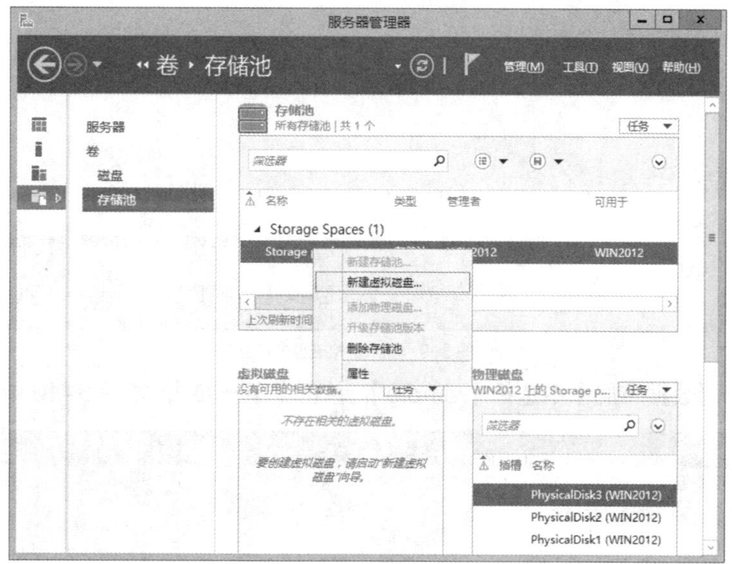

图 3-7　创建逻辑磁盘

（2）在【存储池】中选择【Storage pool】，单击【下一步】，如图 3-8 所示。

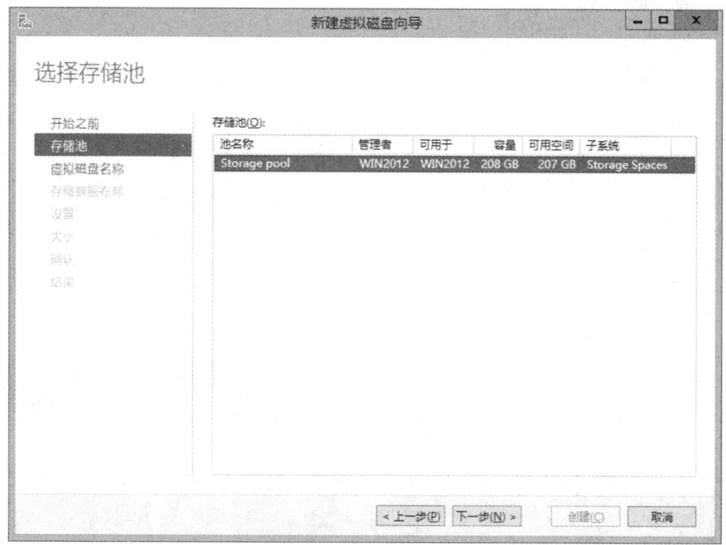

图 3-8　选择存储池

（3）在【虚拟磁盘名称】中输入名称，单击【下一步】，如图 3-9 所示。

图 3-9 输入虚拟磁盘名称

（4）在【存储数据布局】中选择【simple】，单击【下一步】，如图 3-10 所示。

图 3-10 选择布局

（5）在【设置】中选择【设置类型】为【固定】，单击【下一步】，如图 3-11 所示。

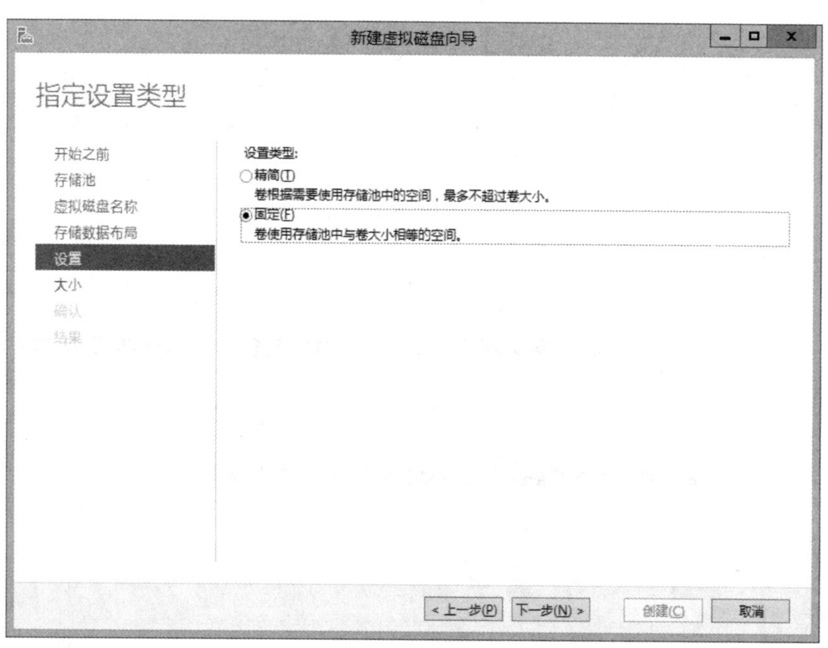

图 3-11　设置类型

（6）在【大小】中【指定大小】为【3GB】，单击【下一步】，确认无误后单击【创建】，如图 3-12 所示。

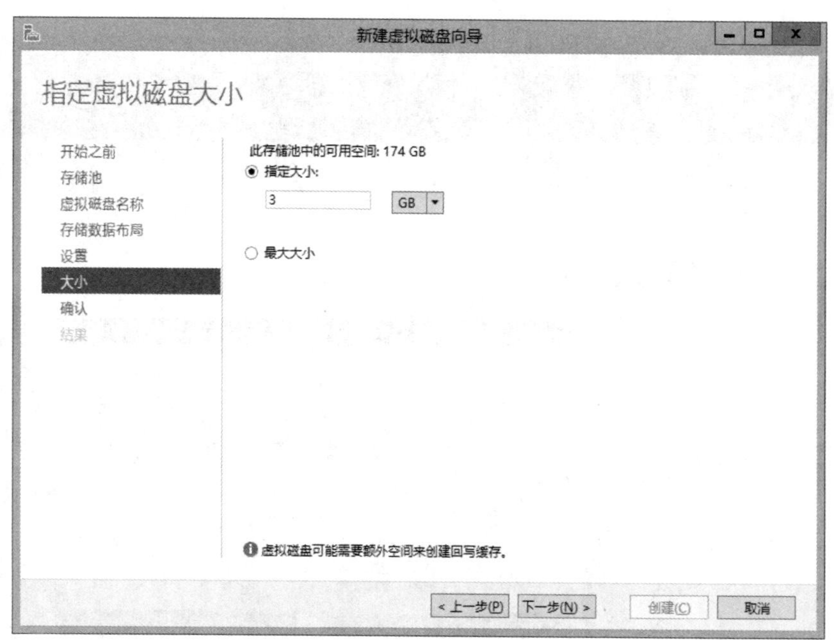

图 3-12　指定大小

（7）普通虚拟磁盘创建成功之后，在 上右键选择【磁盘管理】，可以看到刚刚创建的普通逻辑磁盘，如图 3-13 所示。

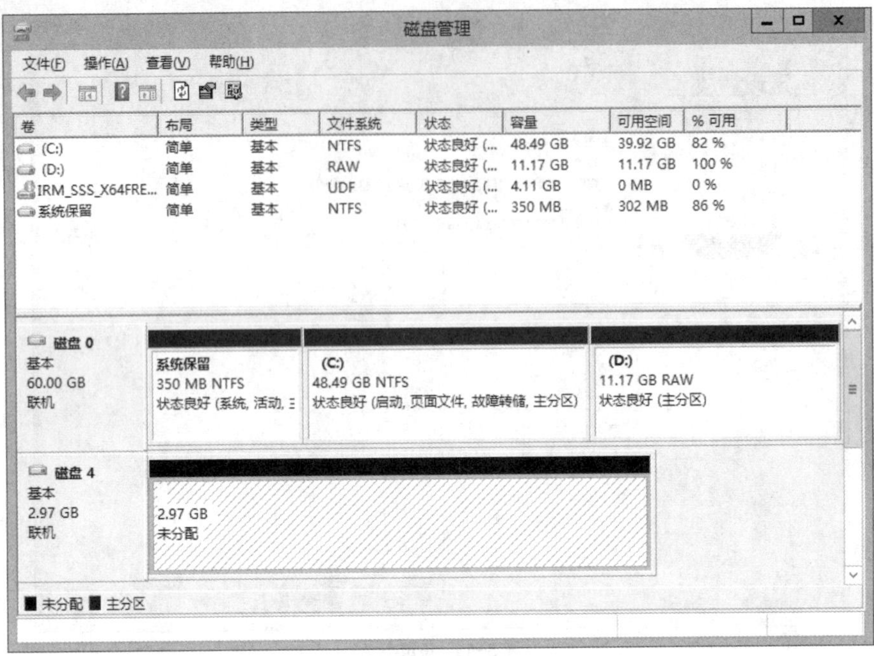

图 3-13 查看磁盘管理

（8）在【存储池】中的【虚拟磁盘】右键选择【新建卷】，弹出【新建卷向导】，如图 3-14 所示。

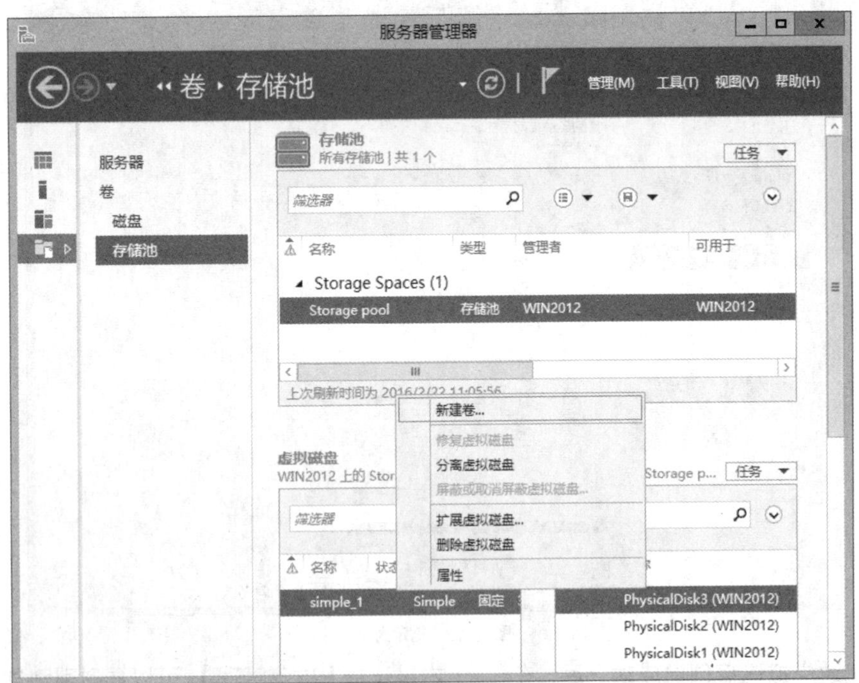

图 3-14 新建卷

（9）在【服务器和磁盘】中选择服务器和磁盘，单击【下一步】，如图 3-15 所示。

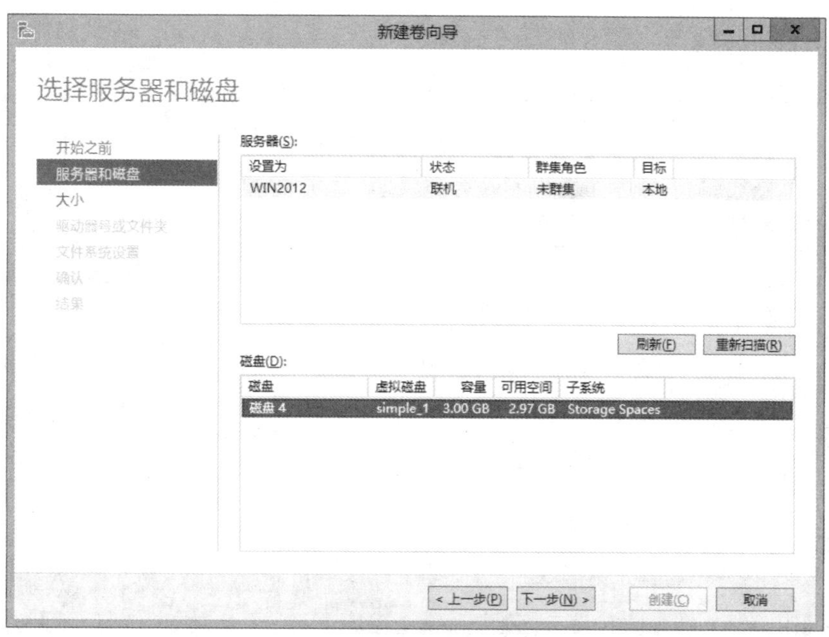

图 3-15　选择服务器和磁盘

（10）在【大小】中保持默认值，即全部容量，单击【下一步】，如图 3-16 所示。

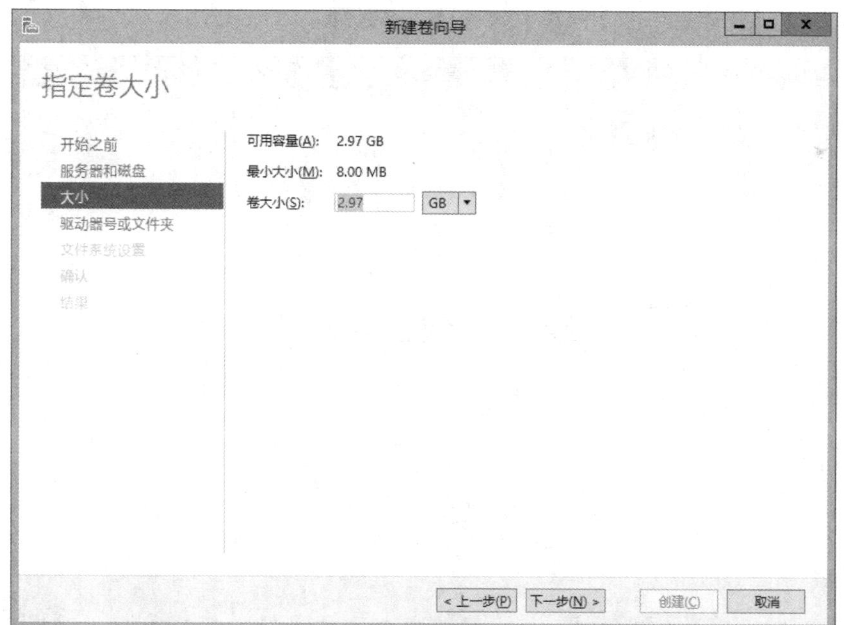

图 3-16　分配卷大小

（11）在【驱动器号或文件夹】中选择【驱动器号】为【F】，单击【下一步】，如图 3-17 所示。

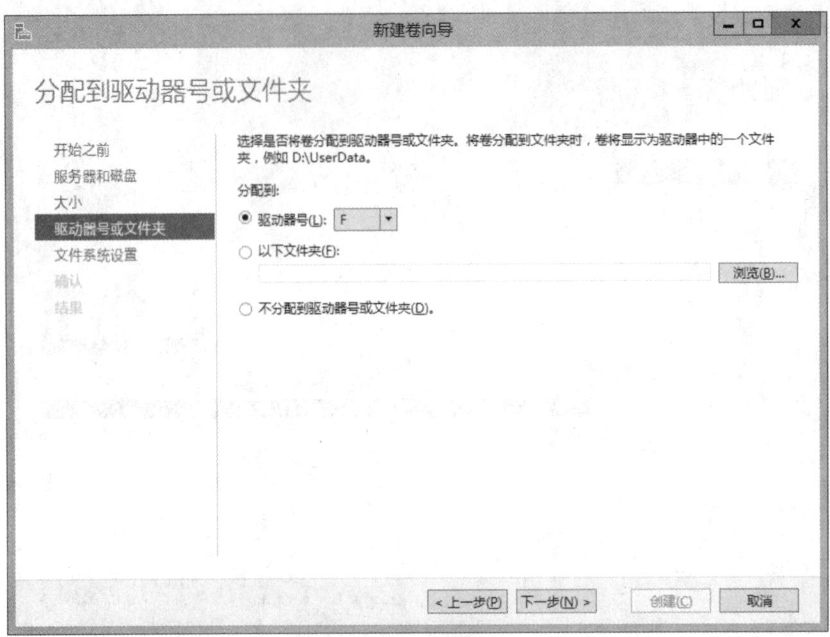

图 3-17　指定驱动器号

（12）在【文件系统设置】中选择文件系统为【NTFS】,【分配单元大小】为【默认值】，单击【下一步】，确认无误后单击【创建】，如图 3-18 所示。

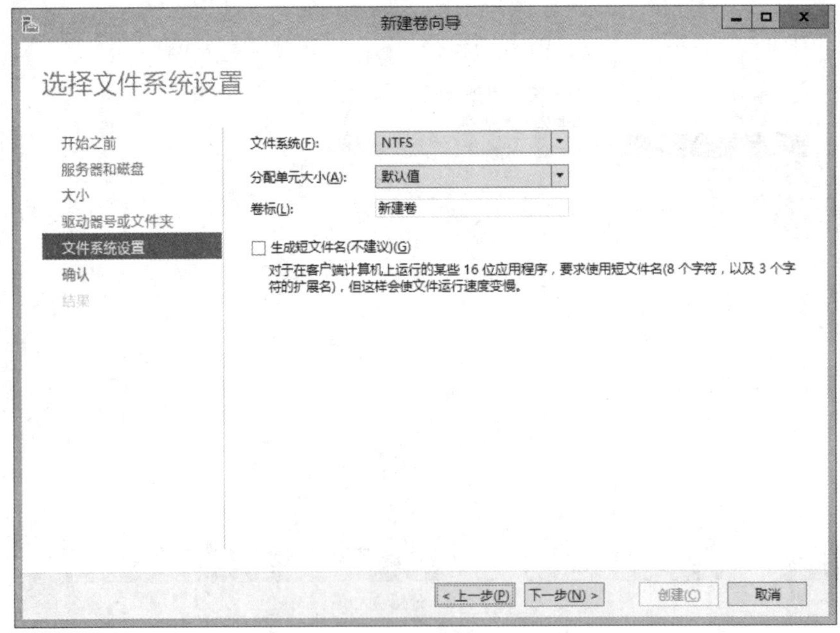

图 3-18　新建卷

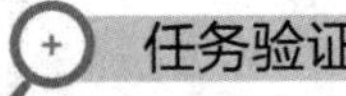

任务验证

新建卷完成后，切换到卷，可以查看该分区的详细信息，如图 3-19 所示。

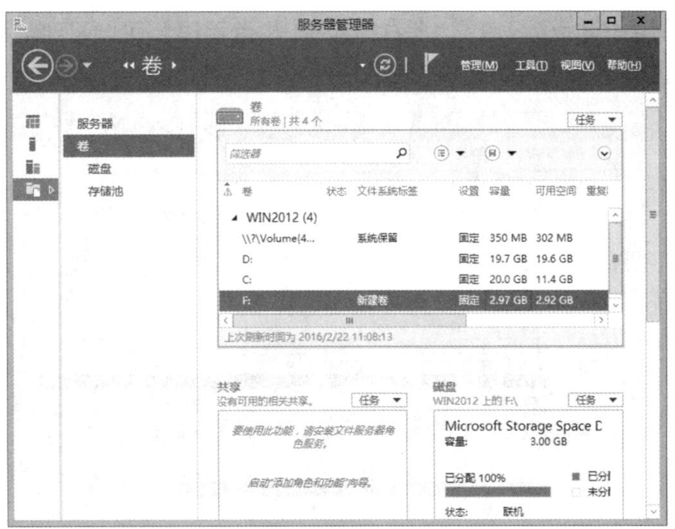

图 3-19　查看磁盘信息

任务 3-3　创建镜像逻辑硬盘

任务描述

在存储池中创建一个镜像磁盘，创建新分区并格式化。

任务操作

（1）在【存储池】中右键单击【新建虚拟磁盘】，在弹出的【新建虚拟磁盘向导】中选择【Storage pool】存储池，【虚拟磁盘名称】输入【Mirror_1】，【存储数据布局】选择【Mirror】，【设置】选择【固定】，【大小】设置为【1GB】，确认无误后单击【创建】，如图 3-20 所示。

图 3-20　创建虚拟磁盘

（2）虚拟磁盘创建成功之后，在 上右键选择【磁盘管理】，可以看到刚刚创建的虚拟磁盘，将虚拟磁盘进行分区并格式化，如图 3-21 所示。

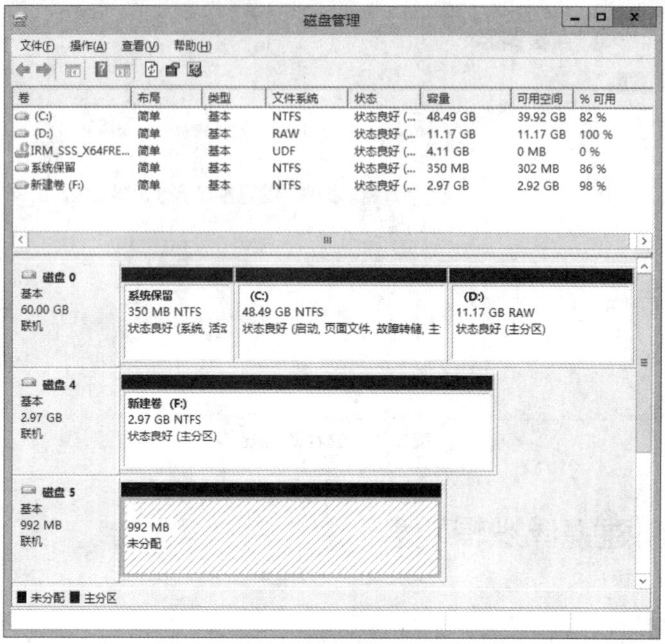

图 3-21　查看磁盘管理

任务验证

格式化成功后查看磁盘，如图 3-22 所示。

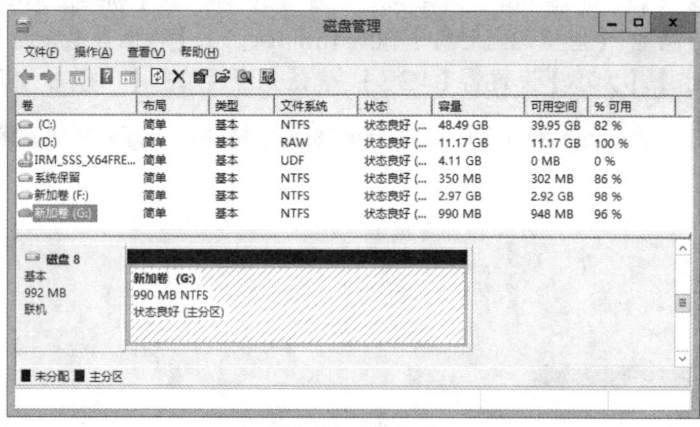

图 3-22　查看分区

任务 3-4　创建 RAID 5 逻辑硬盘

任务描述

在存储池中创建一个 RAID5 磁盘，创建新分区并格式化。

任务操作

（1）在【存储池】中右键单击【新建虚拟磁盘】，在弹出的【新建虚拟磁盘向导】中选择【Storage pool】存储池，【虚拟磁盘名称】输入【Parity_1】，【存储数据布局】选择【Parity】，【设置】选择【固定】，【大小】设置为【2GB】，确认无误后单击【创建】，如图 3-23 所示。

图 3-23　创建虚拟磁盘

（2）虚拟磁盘创建成功之后，在 上单击右键选择【磁盘管理】，可以看到刚刚创建的虚拟磁盘，如图 3-24 所示。

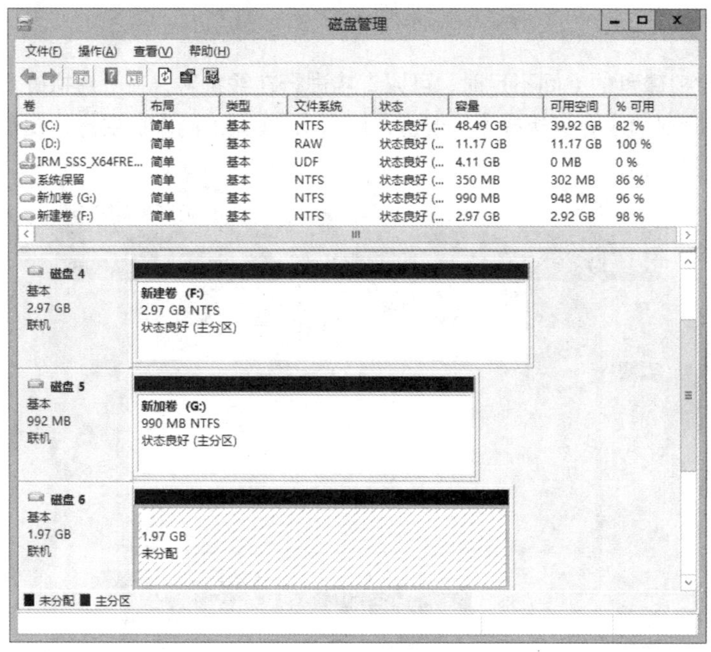

图 3-24　查看磁盘管理

（3）将虚拟磁盘进行创建分区并格式化。

任务验证

查看创建的虚拟磁盘信息，如图 3-25 所示。

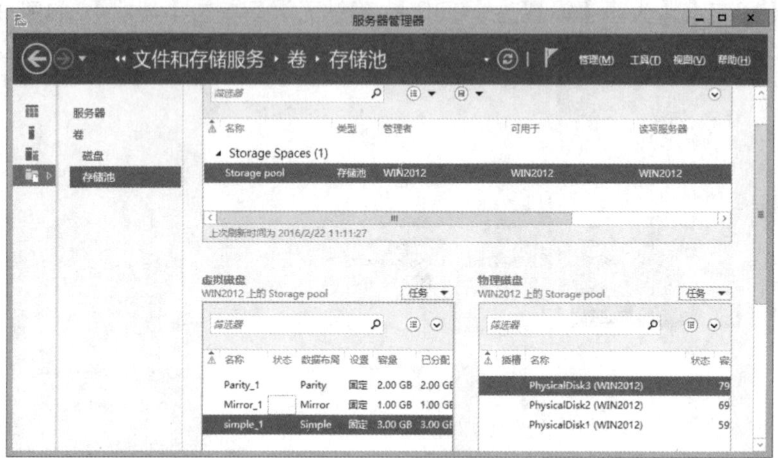

图 3-25　查看虚拟磁盘信息

任务 3-5　逻辑硬盘的在线扩容

任务描述

将镜像磁盘进行扩容，扩容大小为【2GB】。

任务操作

（1）当某个虚拟磁盘的空间不足时，可以直接进行在线扩容，在【虚拟磁盘】中选择需要扩容的虚拟磁盘【Mirror_1】右键选择【扩展虚拟磁盘】，在弹出的【扩展虚拟磁盘】中输入新大小【2GB】，如图 3-26 所示。

图 3-26　虚拟磁盘扩容

（2）虚拟磁盘扩容成功之后，在 上右键选择【磁盘管理】，可以看到刚刚扩容的虚拟磁盘，如图 3-27 所示。

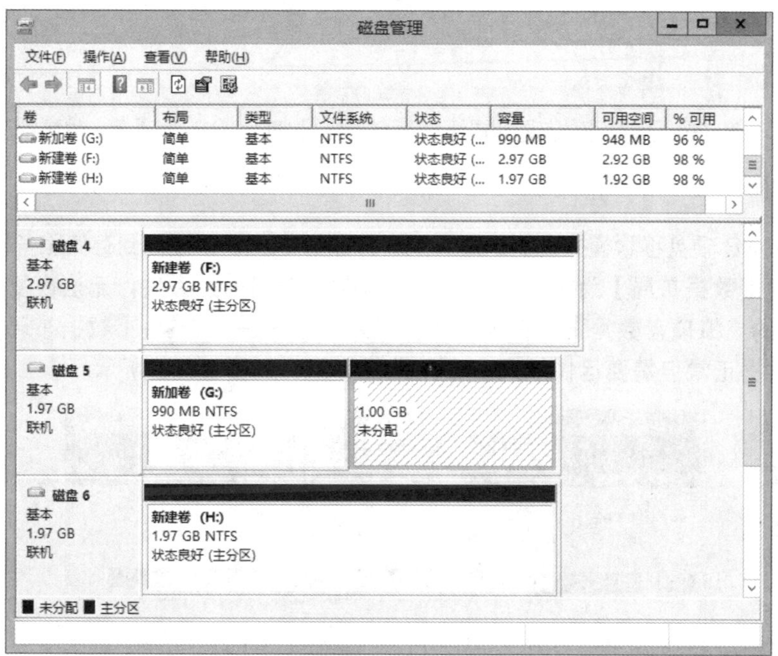

图 3-27　查看磁盘管理

任务验证

在新加卷 G 上执行扩展卷操作，操作成功如图 3-28 所示。

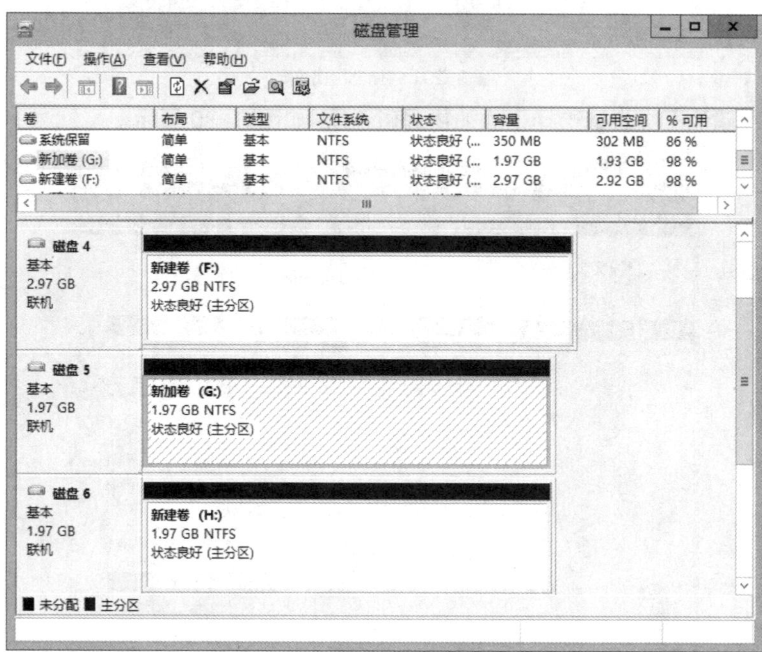

图 3-28　查看扩容后的磁盘

任务 3-6 存储池逻辑硬盘的故障检测与排除

任务描述

将 70GB 硬盘进行移除，模拟硬盘损坏故障效果，添加 90GB 新硬盘，对虚拟磁盘进行修改。

任务操作

（1）将 70GB 硬盘移除模拟硬盘故障效果，并添加 90GB 新硬盘到存储服务器中。

（2）此时【数据布局】为【Simple】的虚拟磁盘数据已经丢失，无法恢复；【数据布局】为【Mirror】的虚拟磁盘数据正常但需要尽快加入新硬盘进行修复；【数据布局】为【Parity】的虚拟磁盘数据正常但需要尽快加入新硬盘进行修复，如图 3-29 所示。

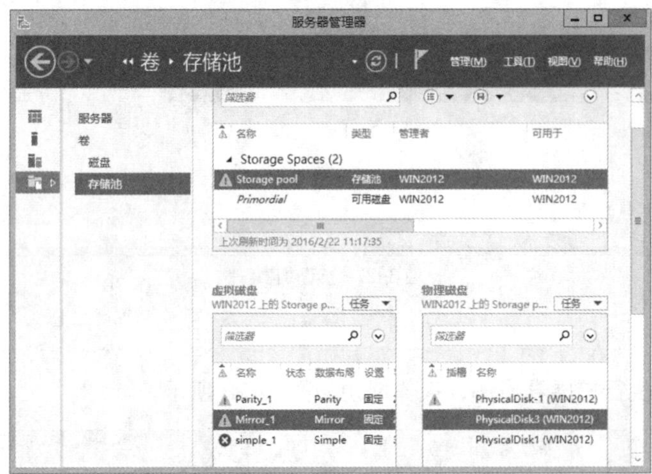

图 3-29 存储池出现故障

（3）在【存储池】中右键选择【添加物理磁盘】，如图 3-30 所示。

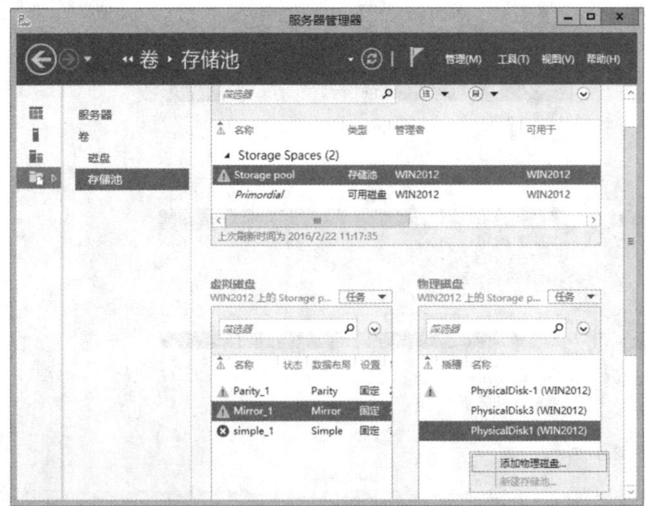

图 3-30 添加物理磁盘

（4）将 90GB 新硬盘添加进去，在【分配】中选择【热备】，如图 3-31 所示。

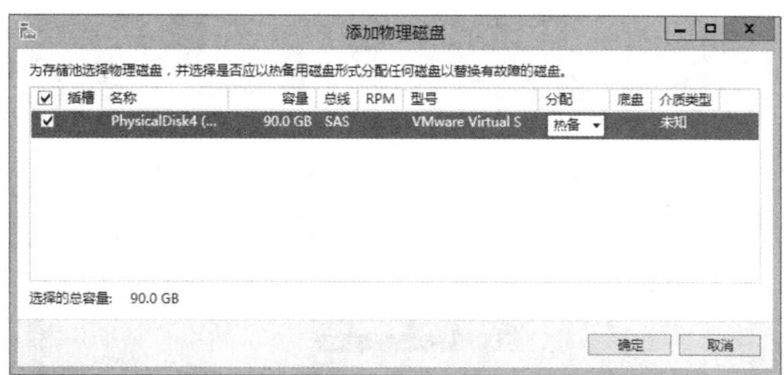

图 3-31　热备

（5）在【Mirror_1】虚拟磁盘右键选择【修复虚拟磁盘】，如图 3-32 所示。

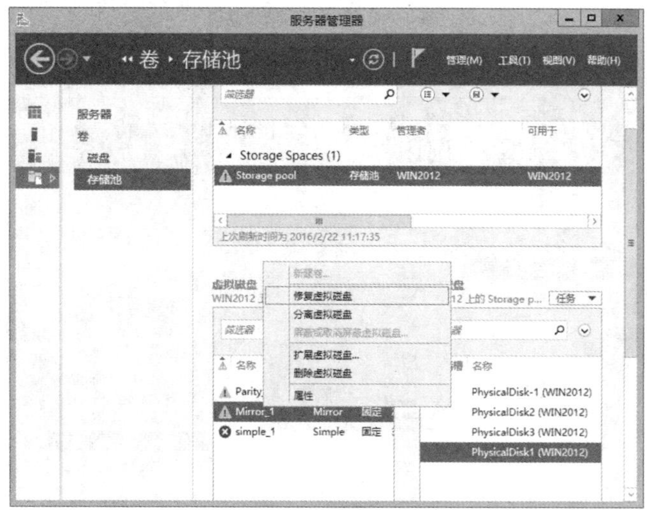

图 3-32　修复虚拟磁盘

（6）修复【Mirror_1】虚拟磁盘成功，如图 3-33 所示。

图 3-33　修复虚拟磁盘成功

（7）在【Parity_1】虚拟磁盘右键选择【修复虚拟磁盘】，修复成功，如图 3-34 所示。

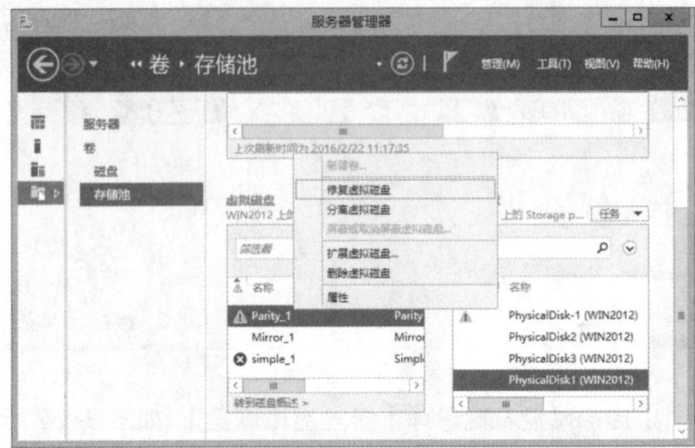

图 3-34 修复虚拟磁盘成功

（8）将【Simple_1】虚拟磁盘删除，再将损坏的硬盘删除，如图 3-35 所示。

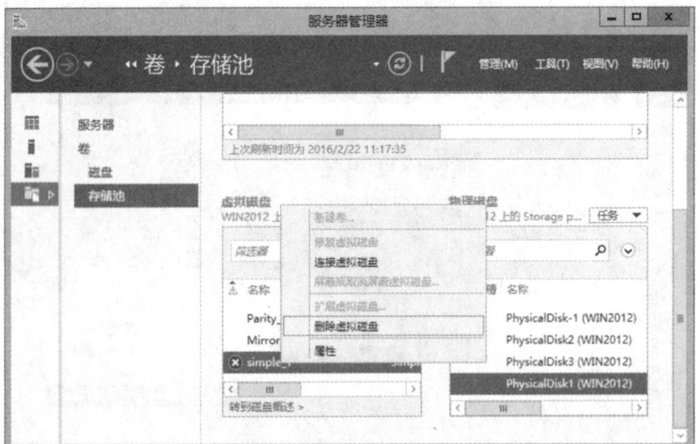

图 3-35 修复故障成功

任务验证

查看修复成功后分区信息，如图 3-36 所示。

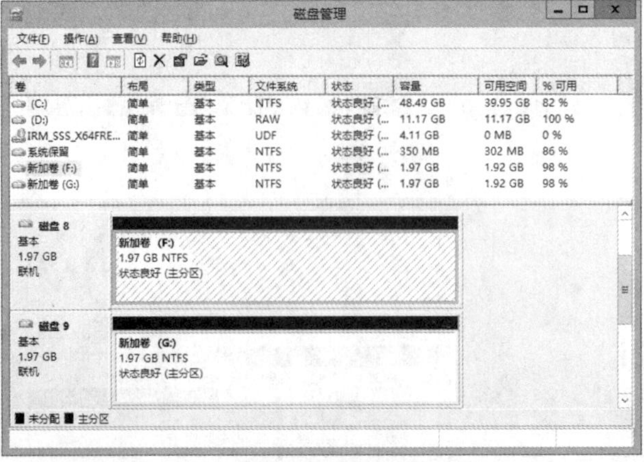

图 3-36 查看磁盘管理

习题与上机

一、简答题

1. 简述存储池的概念。
2. 将硬盘添加到存储池中时，对新增加的硬盘有什么要求?
3. 创建虚拟磁盘时，有3种类型可选择，简要描述3种虚拟磁盘的应用场景?

二、项目实训题

1. 添加3块硬盘到存储服务器中，创建1个存储池；
2. 在存储池上分别创建3种类型的虚拟磁盘；
3. 分别在3个新创建的虚拟磁盘上创建简单卷，并格式化为NTFS格式；
4. 分别在3个新创建的卷上写入一些数据；
5. 移除存储服务器中的1块硬盘（模拟硬盘故障），观察并简述3个卷的情况；
6. 在存储服务器中增加1块新硬盘，将其添加到存储池中，尝试进行故障修复，并分别对3个卷的修复情况做简要描述。

项目 4 存储池的高级配置与管理

项目背景

通过使用网络存储有效解决了大磁盘空间和数据存储可靠性的双重需求。公司希望存储工程师尽快测试网络存储是否能承载公司关键业务，特别是在提供高速数据访问的同时确保业务数据的可靠性。公司网络存储拓扑如图 4-1 所示。

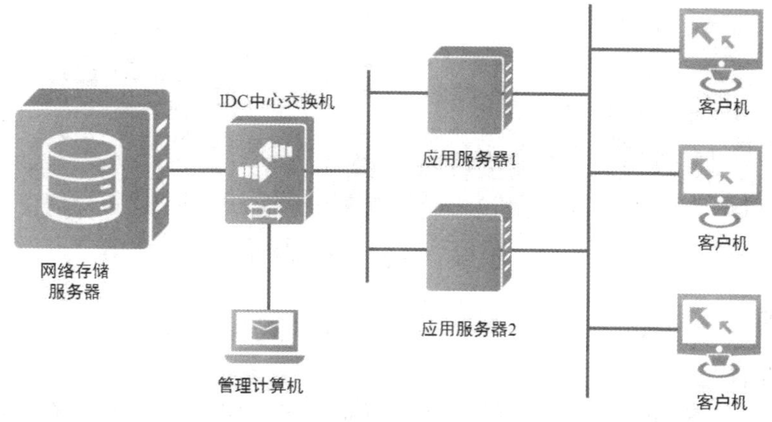

图 4-1 公司网络存储拓扑

项目分析

在单一存储池模式下，存储池提供的 RAID5 逻辑磁盘，可以提高磁盘的读取速率和可靠性，但是写入速率较差；而镜像逻辑硬盘则仅仅提供可靠性。

公司的很多实时业务系统不仅要求提供高可靠的存储空间，同时对数据的写入和读取速率也有较高要求。RAID0 提供了较好的写入和读取速率，RAID1 和 RAID5 则都能够提供较好的高可用存储，如果在两个存储池上创建 RAID5 逻辑硬盘或镜像逻辑硬盘，然后在这些逻辑硬盘上创建 RAID0，则正好可以利用高 I/O 和高可用的优点。

存储服务器允许存储创建多个存储池，如果创建多个存储池，每一个存储池都可提供一个镜像逻辑硬盘或 RAID5 逻辑硬盘给服务器，服务器再基于这些逻辑硬盘创建带区卷 RAID0，这种存储结构称为 RAID10/RAID50，这种结构既可以提高磁盘的访问性能，同时也能提高数据安全性能，因为当每个存储池在损坏 1 块硬盘的情况下仍能正常访问数据。当然，如果每个存储池都有 7 个以上硬盘时，那么每个存储池允许损坏的硬盘就可以达到 2 块，这样，总共允许损坏的硬盘数量就可达到 4 块，大大降低了硬盘故障导致的数据丢失。图 4-2 所示为单一存储池与多存储池结构。

要实现 RAID10 和 RAID50，具体涉及以下工作任务（技能）。

任务 4-1 在网络存储上创建 2 个存储池

任务 4-2 RAID10 硬盘的创建与故障排除

任务 4-3 RAID50 硬盘的创建与故障排除

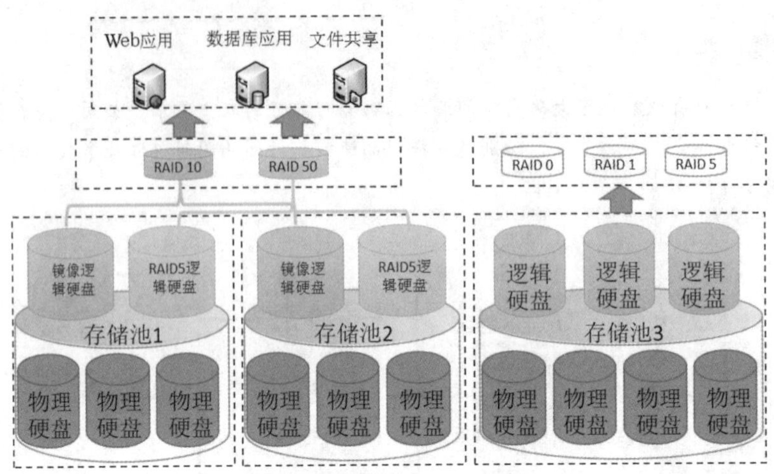

图 4-2 单一存储池与多存储池结构

相关知识

1. RAID 10

RAID 10 是 RAID 1 和 RAID 0 的结合，在所有 RAID 等级中，RAID10 性能、保护功能及容量都是最佳的。多数情况下，由于 RAID 10 能够承受多个磁盘出现故障的情况，因此系统可用性更高，但在结合 RAID 1 和 RAID 0 优势的同时，RAID 10 也存在和 RAID 1 同样的冗余特性，磁盘利用率过低。

它适用于高负载、高安全性要求的应用场景，存储系统高端应用的默认配置一般都采用 RAID 10 模式。RAID10 结构如图 4-3 所示。

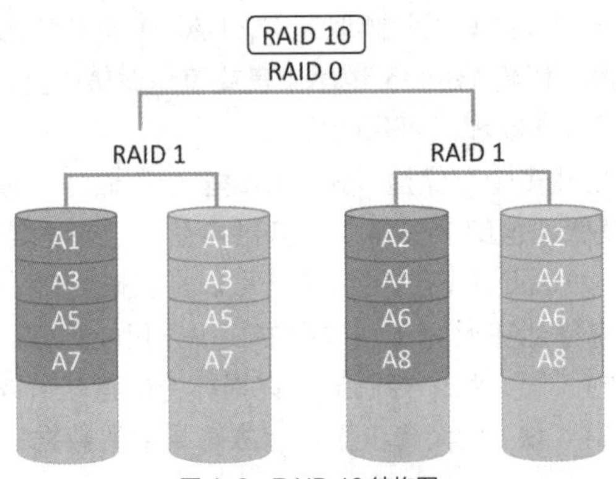

图 4-3 RAID 10 结构图

2. RAID 50

RAID 50 是 RAID 5 和 RAID 0 的结合，这种结构继承了 RAID 5 的高磁盘利用率和 RAID 0 高速的优点，同时 RAID 50 具备更高的容错能力，因为它允许某个组内有一个磁盘出现故障，而不会造成数据丢失。而且由于奇偶位分布于 RAID5 子磁盘组上，故重建速度有很大提高。由此可见，RAID 50 具有的优势是更高的容错能力和更快的数据读取与写入速率。RAID50 结构如图 4-4 所示。

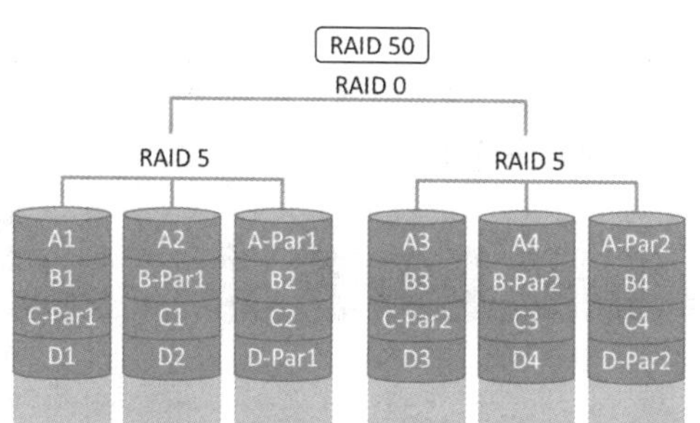

图 4-4　RAID 50 结构图

项目实践

任务 4-1　在网络存储上创建 2 个存储池

任务描述

添加 6 块硬盘，在网络存储上创建 2 个存储池，存储池分别命名为【Storage pool 1】和【Storage pool 2】。

任务操作

（1）将 60GB、70GB、80GB、90GB、100GB 和 110GB 的新硬盘安装到【存储服务器】中。

（2）在【存储服务器】的【服务器管理器】主窗口下，依次单击【文件和存储服务】【存储池】，在【存储池】中右键选择【新建存储池】，在存储池名称输入【Storage pool 1】，并勾选 60GB、70GB 和 80GB 的物理磁盘，确认无误后单击【创建】，如图 4-5 所示。

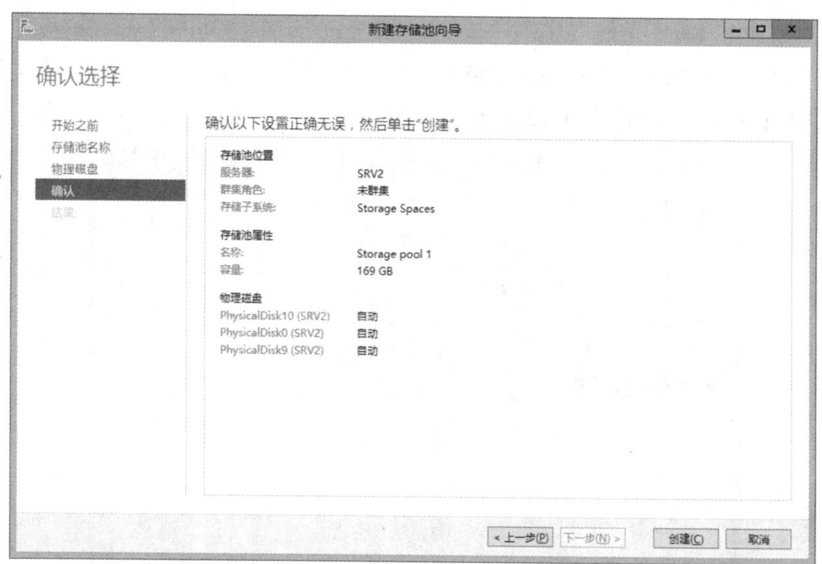

图 4-5　新建存储池

（3）使用同样的方法创建第 2 个存储池，命名为【Storage pool 2】，并勾选 90GB、100GB 和 110GB 的物理磁盘。

任务验证

2 个存储池创建成功后，如图 4-6 所示。

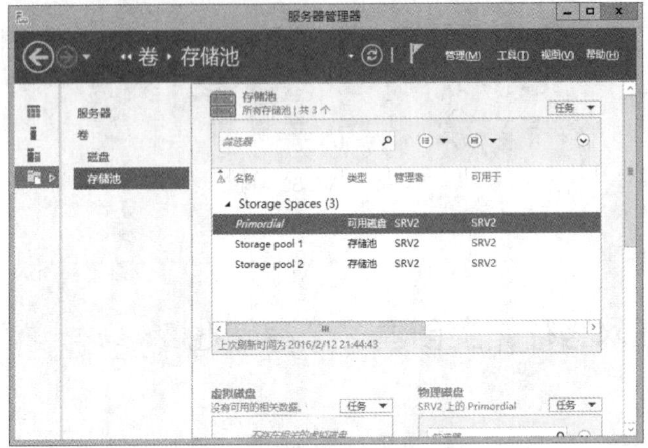

图 4-6　查看创建成功的存储池

任务 4-2　RAID10 硬盘的创建与故障排除

任务描述

在【Storage pool 1】和【Storage pool 2】存储池中创建虚拟磁盘【Mirror_1】和【Mirror_2】，大小均为 1GB。将 2 个磁盘创建成带区卷。

任务操作

（1）在【Storage pool 1】存储池中创建一个【存储数据布局】为【Mirror】类型的虚拟磁盘【Mirror_1】,【大小】分别为【1GB】，确认无误后单击【创建】，如图 4-7 所示。

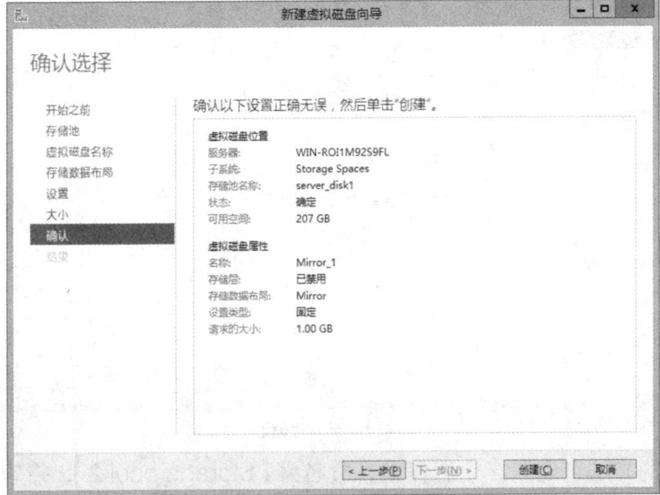

图 4-7　创建虚拟磁盘

（2）使用同样的方法在【Storage pool 1】存储池中创建虚拟磁盘【Mirror_2】,【存储数据布局】为【Mirror】类型。

（3）虚拟磁盘创建成功之后，在⊞上右键选择【磁盘管理】，可以看到刚刚创建的虚拟磁盘，如图 4-8 所示。

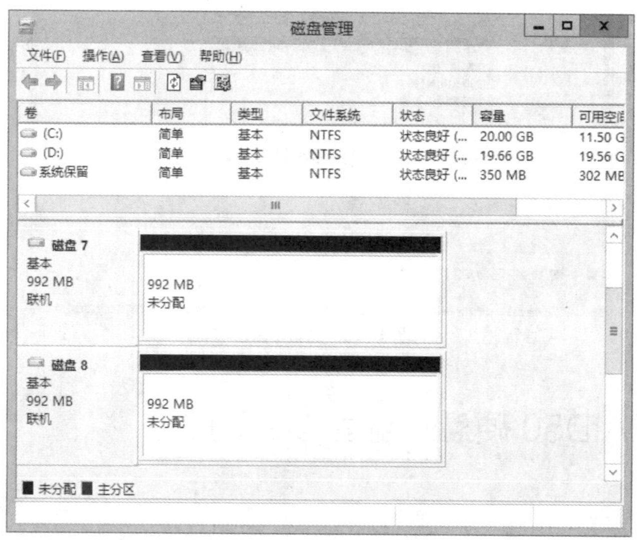

图 4-8　查看磁盘管理

（4）在【磁盘管理】中将【磁盘 7】和【磁盘 8】配置为【带区卷】，如图 4-9 所示。

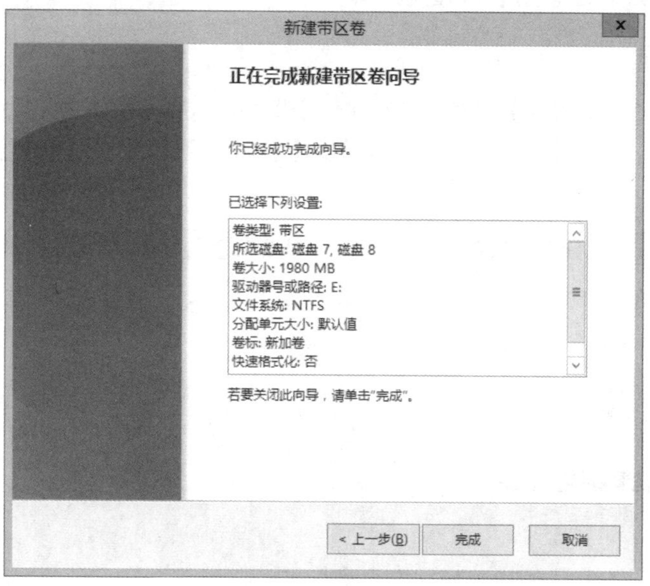

图 4-9　新建带区卷

任务验证

RAID10 创建成功之后，如图 4-10 所示。

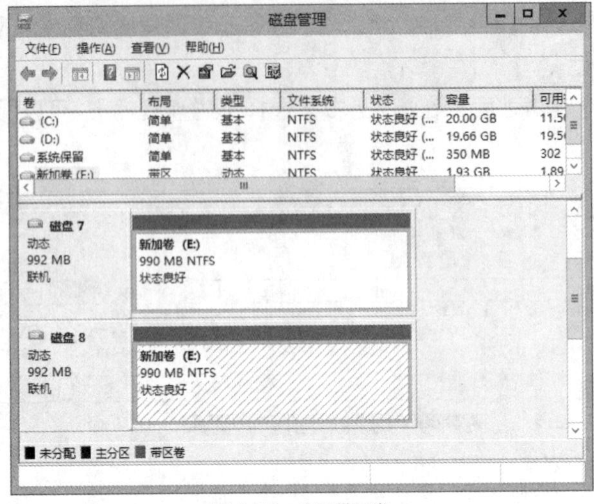

图 4-10　查看带区卷

任务 4-3　RAID50 硬盘的创建与故障排除

任务描述

在【Storage pool 1】和【Storage pool 2】存储池中创建虚拟磁盘【Parity_1】和【Parity_2】，大小均为 1GB。将 2 个磁盘创建成带区卷。

任务操作

（1）在【Storage pool 1】存储池中创建一个【存储数据布局】为【Parity】类型的虚拟磁盘【Parity _1】,【大小】为【2G】,【设置类型】为【精简】，确认无误后单击【创建】，如图 4-11 所示。

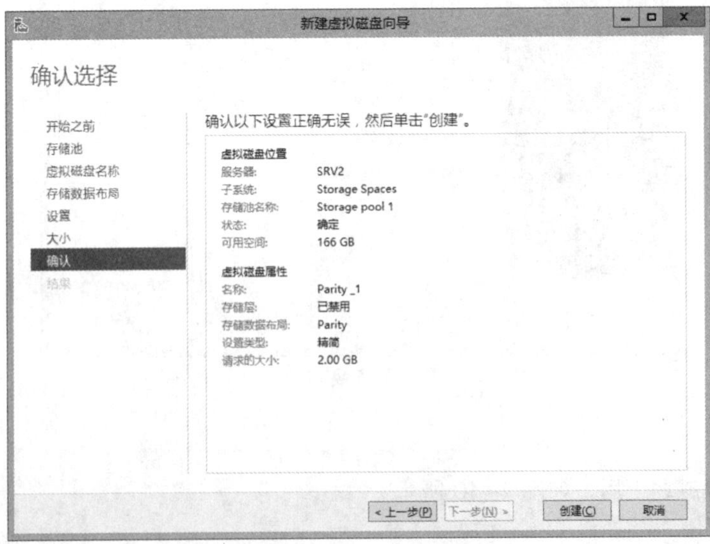

图 4-11　新建 RAID5 虚拟磁盘

（2）使用同样的方法在【Storage pool 1】存储池中创建虚拟磁盘【Parity _2】，【存储数据布局】为【Parity】类型。

（3）虚拟磁盘创建成功之后，在 上右键选择【磁盘管理】，可以看到刚刚创建的虚拟磁盘，如图 4-12 所示。

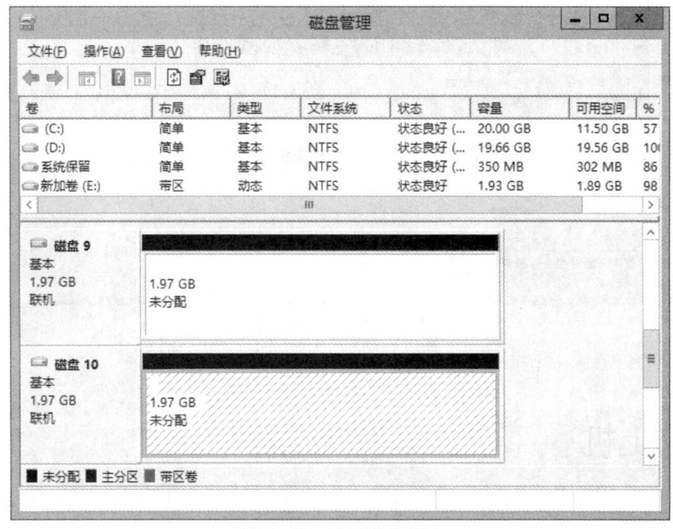

图 4-12　查看磁盘管理

（4）在【磁盘管理】中将【磁盘 9】和【磁盘 10】配置为【带区卷】，如图 4-13 所示。

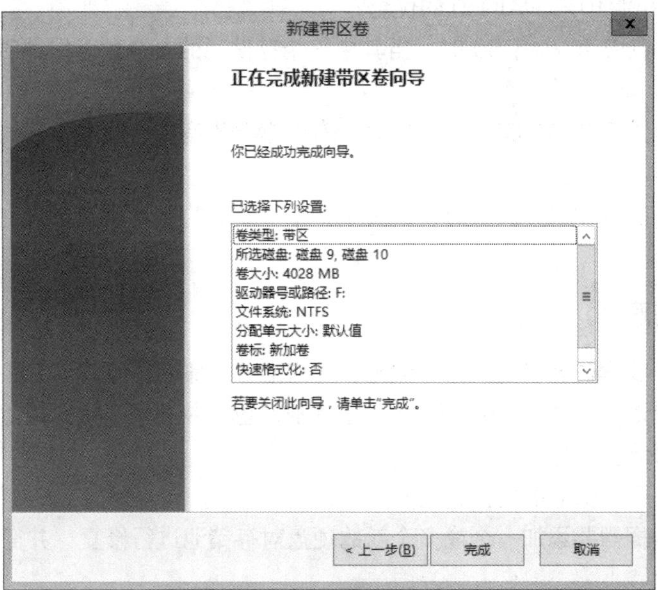

图 4-13　新建带区卷

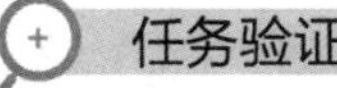

任务验证

RAID50 创建成功之后，如图 4-14 所示。

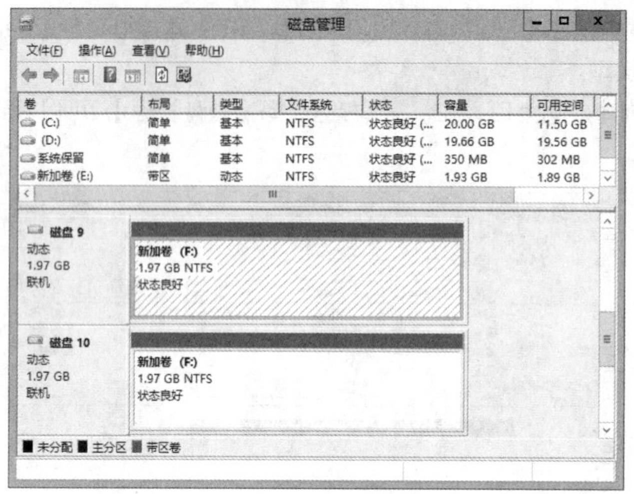

图 4-14 查看带区卷

习题与上机

一、简答题

1. 分别简述 RAID10 和 RAID50 的优势?

2. 在应用 RAID10 和 RAID50 时，当其中一个存储池的一个硬盘损坏时，是否会影响数据完整性? 为什么?

3. 在应用 RAID10 和 RAID50 时，当 2 个存储池分别有一个硬盘损坏时，是否会影响数据完整性? 为什么?

4. 在应用 RAID10 和 RAID50 时，当其中一个存储池的 2 个硬盘损坏时，是否会影响数据完整性? 为什么?

二、项目实训题

1. 分别用 3 个物理硬盘创建两个存储池，存储池分别命名为【DP1】和【DP2】;
2. 分别在存储池中创建 1GB 的【Mirror】虚拟磁盘，并将两个虚拟磁盘创建成带区卷;
3. 将一个物理硬盘移除，查看状态;
4. 再移除另一个存储池的硬盘，查看状态;
5. 最后自行根据需要添加一个或多个新的硬盘对存储池进行修复，并简要描述修复过程。

项目 5 存储服务器的数据快照计划与故障还原

项目背景

公司准备将一些流媒体业务的数据迁移到网络存储服务器，为确保流媒体业务数据的安全，公司希望对数据进行定期备份，以便在用户误删除数据或数据损坏时能快速恢复。

由于流媒体服务器存储数据量大，完整备份将需要耗费大量的时间和资源，如何提升数据备份与恢复的效率呢？

公司网络存储拓扑如图 5-1 所示。

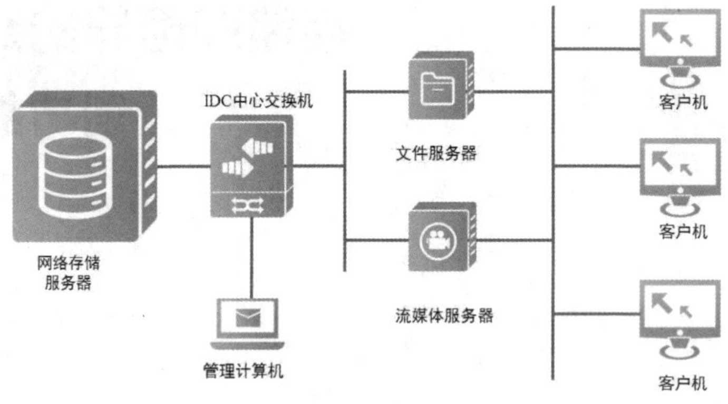

图 5-1 公司网络存储拓扑

项目分析

如果数据量较大，对数据进行完整备份会耗费大量的时间和空间，而使用磁盘的数据快照功能可以快速完成数据的备份和恢复。

相关知识

数据快照与故障还原

数据快照指数据集合的一个完全可用拷贝（复制），该拷贝包括相应数据在某个时间点（拷贝开始的时间点）的镜像，快照是磁盘的一个复制品。快照的作用主要是能够进行在线数据备份与恢复。当存储设备发生应用故障或者文件损坏时可以进行快速的数据恢复，将数据恢复至某个可用时间点的状态。

磁盘启用快照并创建快照后，在数据第一次写入到磁盘的某个存储位置时，存储首先将原有数据复制到快照空间（为快照保留的存储空间），然后再将数据写入到存储设备中，快照空间存储了磁盘改变部分的数据。因此在快照还原时，磁盘将快照空间的数据恢复至原存储位置，实现数据的还原。

需要注意以下 4 点。

（1）恢复快照时，在快照创建时间点之后的数据将丢失。

（2）磁盘启用快照后，在写入数据时，磁盘需要执行一个读操作（读取原存储位置数据）和两个写操作（写原位置和写快照空间），如果写入频繁将会非常耗费磁盘 I/O 时间。因此，如果预计某个卷上的 I/O 多数以读操作为主，写操作较少，快照技术将是一个非常理想的备份方式，反之，写入频繁的业务系统则可能由于启用快照技术而导致系统 I/O 出现瓶颈，最终出现业务中断。图 5-2、5-3 所示分别为创建快照后写入数据过程和快照还原过程。

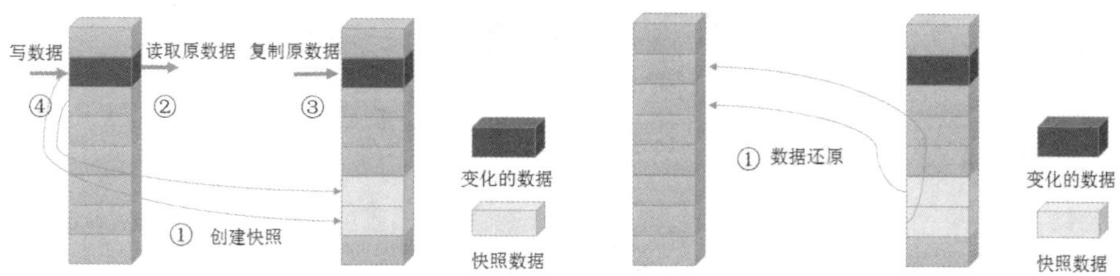

图 5-2　创建快照后写入数据过程　　　图 5-3　快照还原过程

（3）磁盘快照功能不仅支持手动创建，还可以通过计划任务自动创建。

（4）在创建快照的磁盘上创建共享，可以授权用户在客户端进行快照还原。

在服务器建立新用户作为客户端访问共享文件夹的 ID，并授权客户端访问共享，客户端即可以对共享目录的数据进行快照备份与还原（客户端直接管理），并且当客户端的数据发生故障时（无法读取数据）还可选择在服务器端进行快照还原。

项目实践

任务 5　存储服务器的数据快照计划

任务描述

创建磁盘并执行数据快照计划。

任务操作

（1）在存储服务器上创建存储池，并创建一个【存储数据布局】为【Simple】类型的虚拟磁盘【Simple_1】，【大小】分别为【1GB】，将其进行分区和格式化，并向 F 分区写入数据，如图 5-4 所示。

图 5-4　创建虚拟磁盘

（2）打开【这台电脑】在【F 分区】右键选择【配置卷影副本】，在弹出的对话框中选择【F

分区】并单击【启用】，如图 5-5 所示。

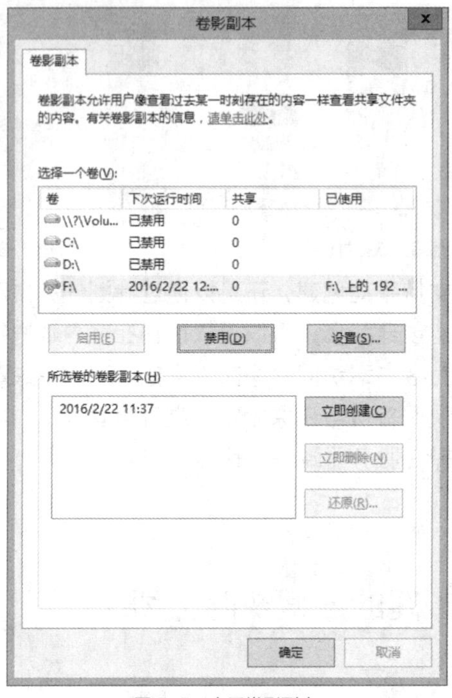

图 5-5　启用卷影副本

（3）在【卷影副本】选项卡下单击【设置】定义存储空间的大小和计划创建卷影副本的时间，单击【计划】创建自动快照计划，如图 5-6 所示。

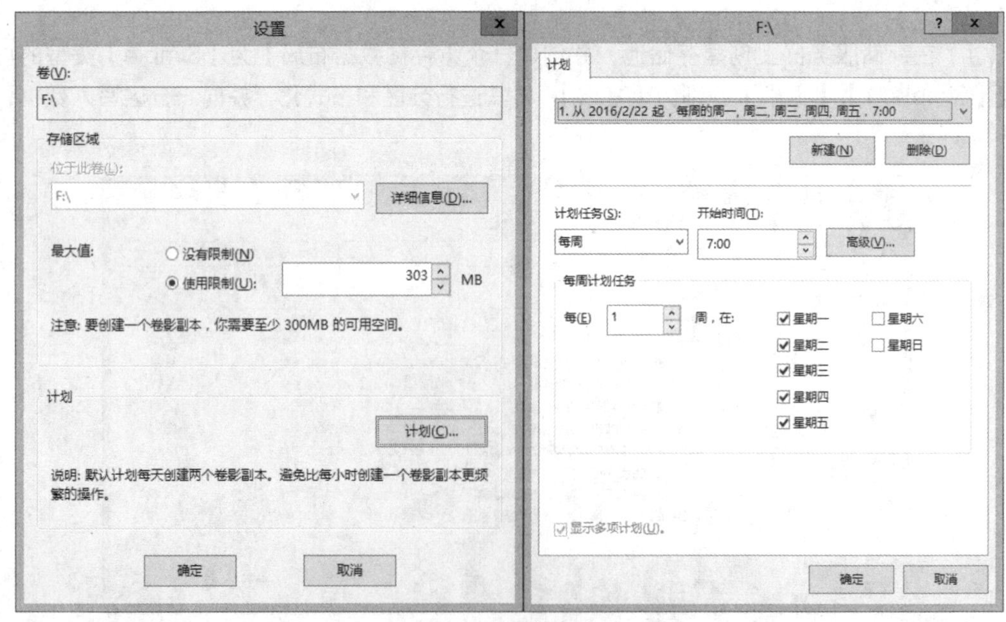

图 5-6　设置卷影副本

（4）除可定时计划创建【卷影副本】外，还可通过单击【立即创建】手动创建卷影副本，如

图 5-7 所示。

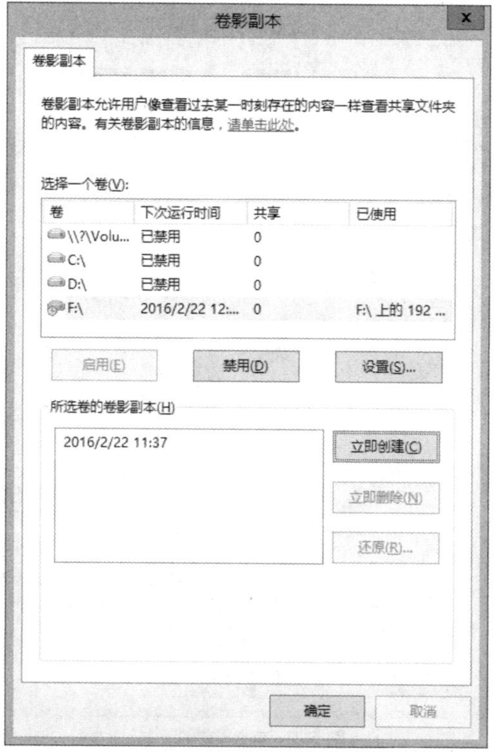

图 5-7　查看卷影副本

（5）将【F 分区】中某些数据删除，并写入一些新数据。如图 5-8 所示。

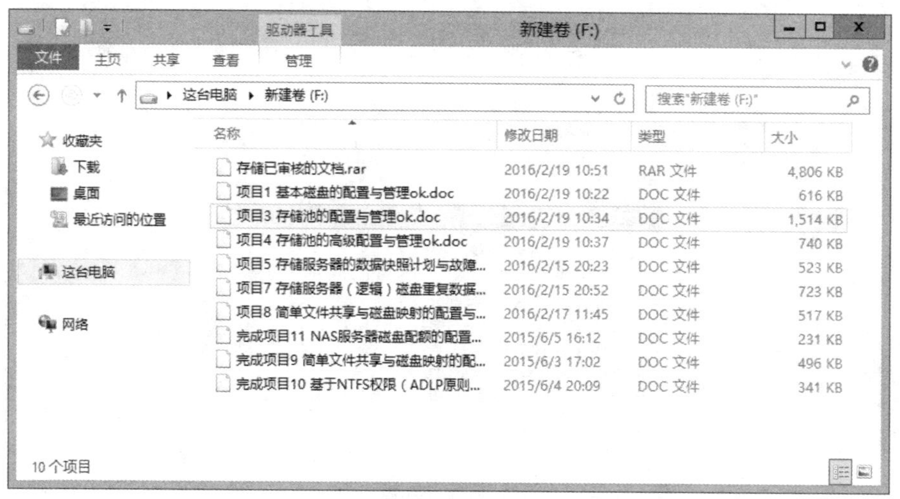

图 5-8　数据丢失

（6）在【F 分区】右键选择【还原以前的版本】可以查看之前创建的卷影副本，如图 5-9 所示。

图 5-9　查看以前的版本

（7）在图 5-9 对话框中单击【打开】按钮，可以查看该版本下详细的文件列表，如图 5-10 所示。

图 5-10　查看以前版本详细文件列表

（8）在图 5-5 对话框中单击【复制】按钮，在弹出的【复制项目】对话框中选择路径后，将该副本数据复制到其他分区位置，如图 5-11 所示。

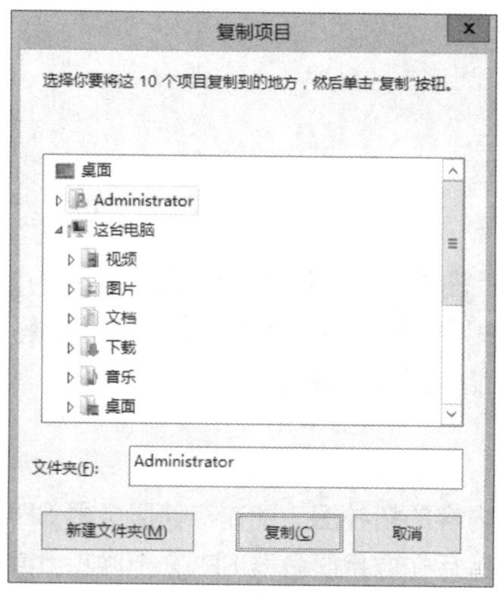

图 5-11　复制项目

（9）在图 5-9 对话框中单击【还原】按钮，在弹出的对话框中单击【还原(R)】可以还原 F 分区到该时间副本的位置，创建快照时的文件都会恢复到创建快照时的状态，新创建的文件则不受影响，如图 5-12 所示。

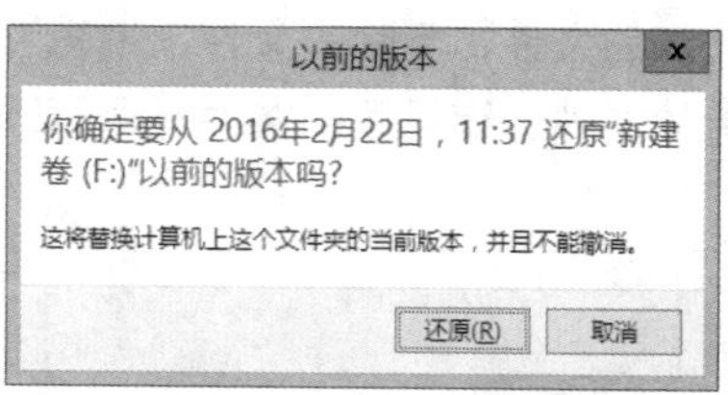

图 5-12　还原以前的版本

任务验证

查看还原卷影副本后的 F 分区，如图 5-13 所示。

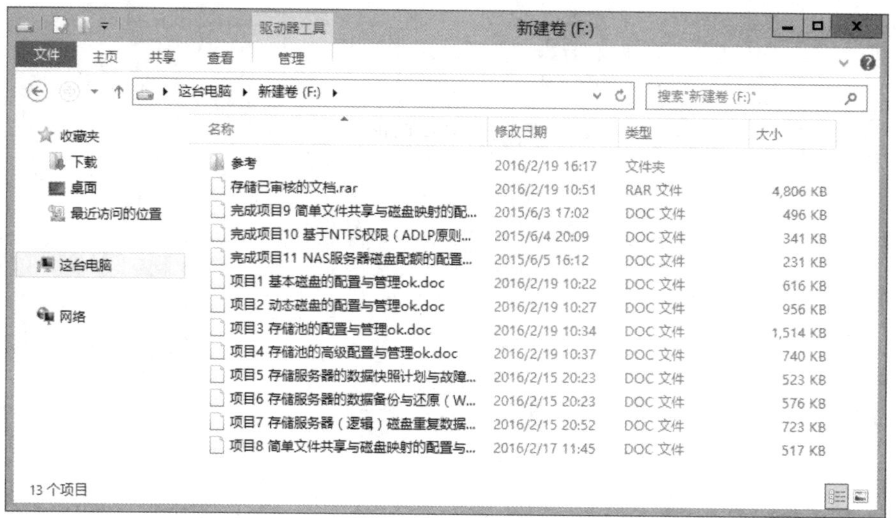

图 5-13　查看 F 分区

习题与上机

一、简答题

1. 使用磁盘快照功能能否将快照保存到另一个磁盘?
2. 恢复磁盘快照后，在快照时间点后新产生的数据还存在吗?
3. 在 FAT32 文件系统下能使用磁盘快照吗?

二、项目实训题

图 5-14 所示为项目实训内容的拓扑图。试在存储服务器 SRV1 上创建共享目录，并在共享目录所在磁盘启用磁盘快照，然后在应用服务器 SRV2 上映射共享目录为 Z 盘，并在 SRV2 上使用磁盘快照功能完成以下内容：

(1) 复制一些文件(包括一个文本文件 test.txt)到 Z 盘，然后创建快照；

(2) 删除 Z 盘的若干个文件(不包括 test.txt)，并复制另一些文件到 Z 盘；

(3) 编辑 test.txt，修改部分文本内容；

(4) 进行快照还原，查看添加的文件、删除的文件、编辑过的文件分别发生了什么变化；

(5) 查看添加的文件、删除的文件、编辑后的文件是否可以还原。

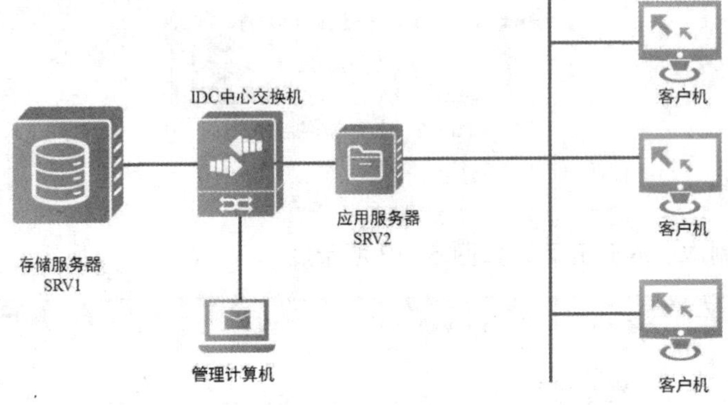

图 5-14 项目实训拓扑

项目 6 存储服务器的数据备份与还原（Windows Server Backup）

项目背景

由于公司流媒体服务的数据更新频度较低，所以比较适合使用磁盘快照功能进行备份与还原。

除了流媒体服务，公司还有门户网站、邮件服务器等业务系统，这些系统同样需要进行数据的备份，但是这些信息系统每日的数据更新量较大，如果采用数据快照功能，将因此产生大量的I/O操作。经观察，启用快照后会使业务系统响应时间增加，业务高峰时甚至导致宕机。因此，公司希望网络管理员尽快采取措施，对这类业务系统采取更为高效的备份方式进行数据备份，确保数据安全。

公司网络存储拓扑如图6-1所示。

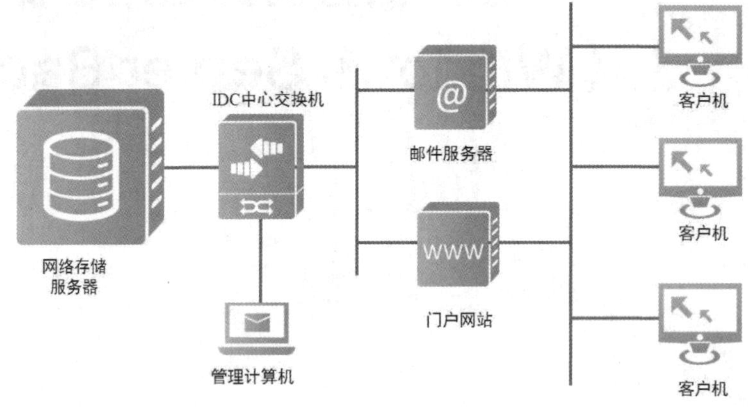

图6-1 公司网络存储拓扑

项目分析

实践证明，由于邮件服务和门户网站每日更新数据量较大，卷影副本功能启用后将会对磁盘I/O带来额外开销，加上邮件、门户网站等业务系统本身对磁盘I/O的大量消耗，将进一步加剧磁盘I/O的总开销，最终导致系统等待时间增加甚至宕机。因此，卷影副本功能并不适合用于数据更新频繁的业务系统的备份。对于这种数据更新量较大的业务系统，网络存储服务器有专门的数据备份软件用实现数据的备份与还原。在Windows Server 2012中，系统自带了Windows Server Backup软件实现数据的备份与还原，其主要功能如下。

（1）一次备份或按计划自动备份。

（2）系统备份或特定目录（磁盘）的备份。

（3）特定目录备份内容的过滤（基于文件类型）。

Windows Server Backup的备份是非实时的，可以选择系统不繁忙时段（如1:00~4:00）进行在线实时备份，非常适合用于实时性和I/O要求很高的业务系统的数据备份与还原。

因此，在本项目中，可以采用Windows Server Backup将存储关键业务的目录或磁盘备份到另一个物理磁盘来实现，具体涉及以下两个任务：

任务6-1 存储服务器的数据备份

任务6-2 存储服务器的数据还原

相关知识

1. 本地备份

本地备份就是将数据备份到本地，这种备份方式的优点是备份及还原的效率高，因为是备份在本地，因此备份的速率不会受到 链路带宽的影响。磁盘快照就属于本地备份的一种。另外，由于备份是保存在本地，因此一旦磁盘受损，将会影响备份的数据而导致无法还原。

2. 异地备份

顾名思义，异地备份就是将数据备份到另外一个地方，另外一个地方既可以是另 1 个磁盘，也可以是备份到移动磁盘，甚至是备份到网络位置。这种备份的好处就是备份不与原数据在同一位置，因此，即使是原数据所在磁盘损坏，换个磁盘后依旧可以将数据恢复，不影响使用。缺点则是备份时需要将数据重新写入到其他位置，受到磁盘写入速率、网络链路带宽等客观条件影响。

3. 完整备份

完全备份是指对某一个时间点上的所有数据或应用进行的完全拷贝。实际应用中对整个系统进行的完全备份，包括其中的系统和所有数据。这种备份方式最大的好处就是只要用 1 个硬盘（通常采用性价比较高的磁带），就可以恢复丢失的数据，大大缩短了系统或数据的恢复时间。完整备份的不足之处在于，各个全备份硬盘的备份数据中存在大量的重复信息；另外，由于每次需要备份的数据量相当大，因此备份需要较大的备份空间和较长的备份时长。

4. 增量备份

增量备份是指在 1 次全备份或上 1 次备份后，以后每次的备份只需备份与前 1 次相比增加或者被修改的数据。这就意味着，第 1 次增量备份的对象是进行全备后所产生的增加和修改的数据；第 2 次增量备份的对象是进行第 1 次增量备份后所产生的增加和修改的数据，依此类推。这种备份方式最显著的优点是：由于没有重复的备份数据，因此备份的数据量不大，备份所需的时间很短。但增量备份的数据恢复是比较麻烦的：必须具有上次全备份和还原点之前的所有增量数据（一旦丢失或损坏其中的任一数据将无法恢复），且增量备份过程只能从全备份到依次增量备份的时间顺序逐个反推恢复，因此需要耗费较长的数据恢复时间。

5. 差异备份

差异备份是指在一次全备份后到进行差异备份的这段时间内，对那些增加或者修改数据的备份。在数据恢复时，只需对第 1 次全备份和最后 1 次差异备份进行恢复。差异备份在避免了另外两种备份策略缺陷的同时，又保留了各自的优点。也就是既具有增量备份需要时间短、节省磁盘空间的优势，又具有全备份恢复所需备份数据少、恢复时间短的特点。系统管理员只需使用全备数据和还原点备份数据就可以将系统恢复。

全备、增量备份和差异备份 3 者备份示意图如图 6-2 所示，备份还原示意图如图 6-3 所示。

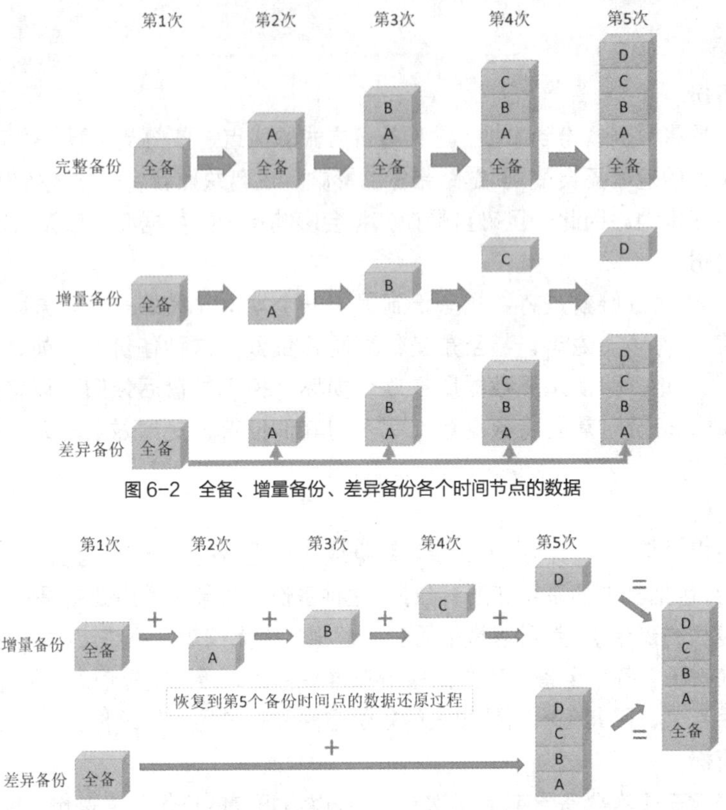

图 6-2 全备、增量备份、差异备份各个时间节点的数据

图 6-3 增量备份和差异备份恢复到第 5 个备份时间点的数据还原过程示意图

6. Windows Server Backup 的特点

Windows Server Backup 由 Microsoft 管理控制台(MMC)管理单元、命令行工具和 Windows PowerShell cmdlet 组成，可为数据的日常备份和恢复提供完整解决方案。使用 Windows Server Backup 可以备份整个服务器（所有卷）、选定卷、系统状态或者特定的文件或文件夹，也可以创建用于进行裸机恢复的备份，还可以恢复卷、文件夹、文件、应用程序和系统状态。此外，在发生诸如硬盘故障之类的灾难时，可以实现裸机恢复。

在 Windows Server 2012 中，除上述采用 Windows Server Backup 创建和管理本地计算机或远程计算机的备份外，还可以通过计划任务自动运行备份。

（1）使用 VSS（卷影副本服务）从源卷创建备份，备份文件以微软虚拟磁盘（VHD）格式存储。第 1 次备份采用全备，从第 2 次开始采用增量备份，如果使用磁盘或卷存储备份，当存储空间占满后，Windows Server Backup 会自动删除较早的备份。

（2）支持整个卷备份，以及单个文件或文件夹、System Reserved、裸机恢复备份和图形状态下的系统状态备份。

（3）支持的备份目标也可以是 DVD 和网络共享。由于系统无法向一个网络共享或 DVD 执行卷影副本的快照，所以这两类目标类型不允许在同一个目标上存储多个备份版本。

（4）不能将除系统状态外的备份文件存储于备份对象所在的卷。另外，系统状态备份不能使用网络共享作为目标，仅能备份到 1 个本地卷。

Windows Server Backup 的计划备份方式分为增量备份和差异备份。

项目实践

任务 6-1　存储服务器的数据备份

任务描述

使用 Windows Server Backup 对磁盘进行备份。

任务操作

（1）创建 2 个存储池，在 2 个存储池分别创建 2 个【存储数据布局】为【Simple】类型的虚拟磁盘【Simple_1】和【Simple_2】，【大小】分别为【1GB】和【10GB】，将其进行分区和格式化，并向 F 分区写入数据，如图 6-4 所示。

图 6-4　创建虚拟磁盘

（2）在【服务器管理器】上单击【管理】选择【添加角色和功能】，在【功能】中勾选【Windows Server Backup】功能，如图 6-5 所示。

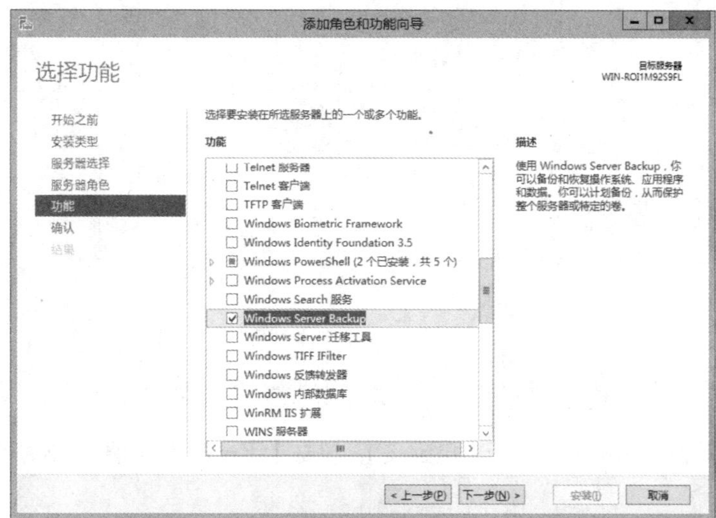

图 6-5　安装功能

（3）在【服务器管理器】主窗口下，单击【工具】，在下拉列表中选择【Windows Server Backup】选项，执行【备份计划】、【一次性备份】和【恢复】操作，如图6-6所示。

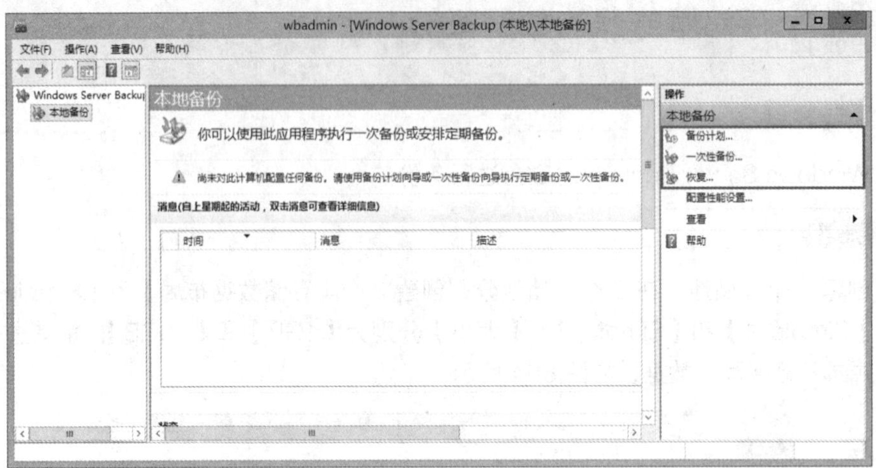

图6-6 Windows Server Backup

（4）单击【一次性备份】，弹出【一次性备份向导】，在【备份选项】中选择【其他选项】，单击【下一步】，如图6-7所示。

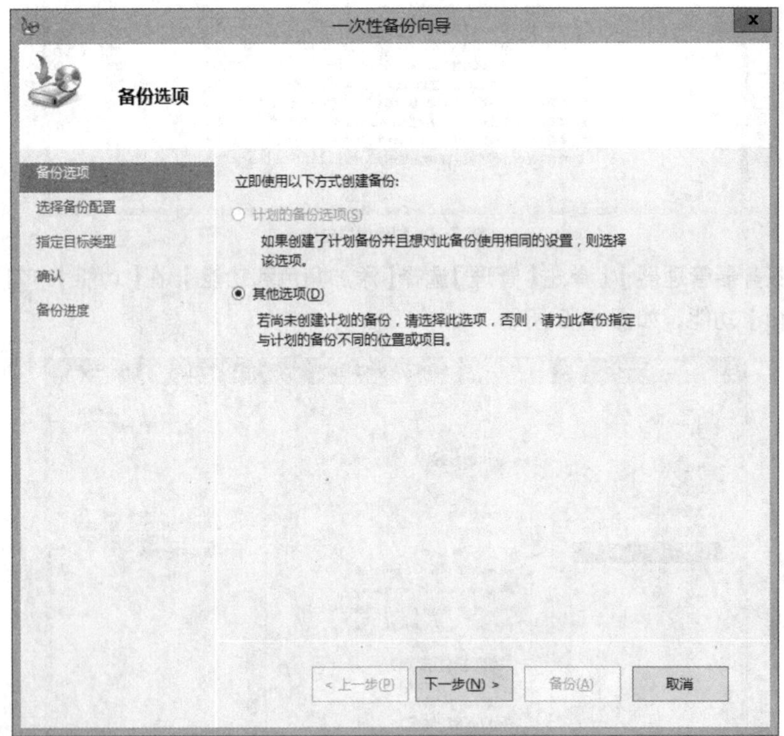

图6-7 备份选项

（5）在【选择备份配置】中选择【自定义】，单击【下一步】，如图6-8所示。

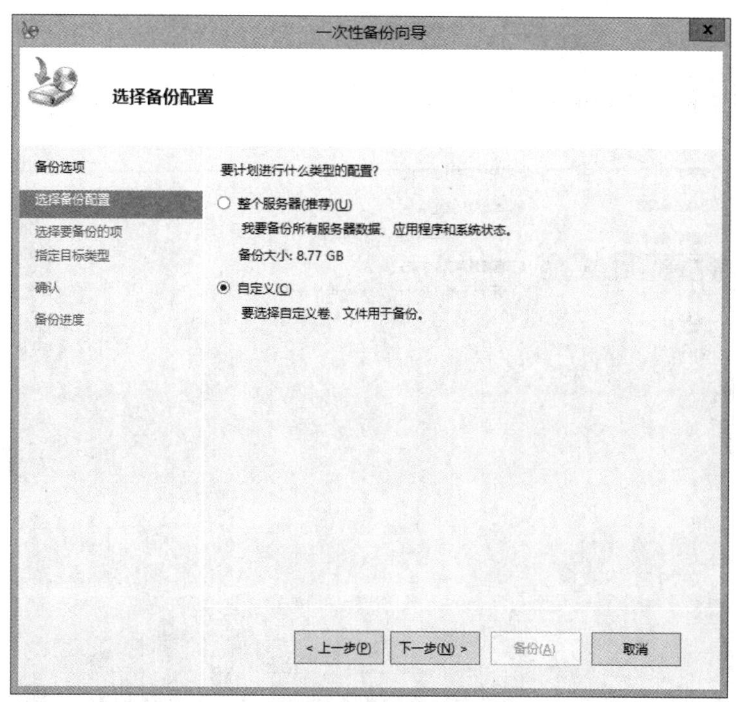

图 6-8　选择备份配置

（6）在【选择要备份的项】中单击【添加项目】，勾选【F 盘】，单击【下一步】，如图 6-9 所示。

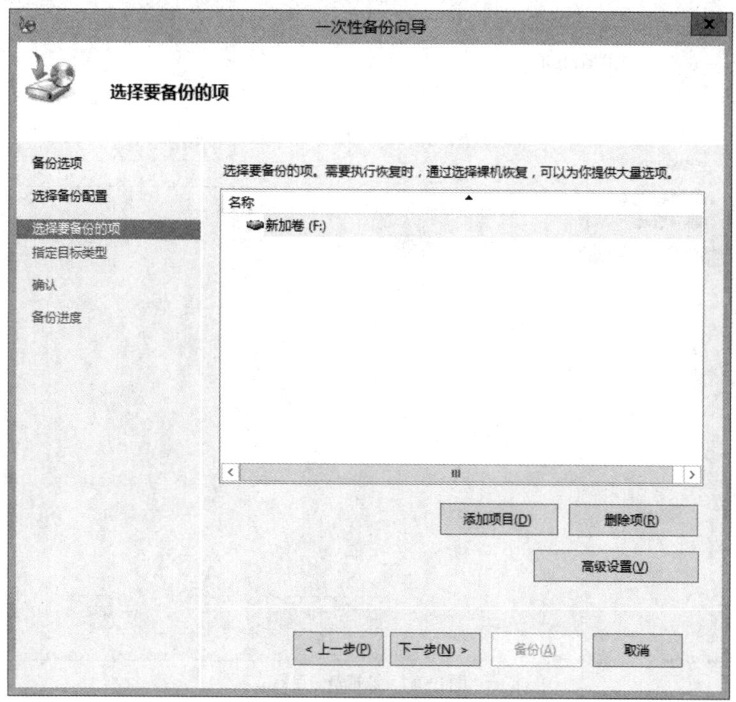

图 6-9　选择要备份的项

（7）在【指定目标类型】中选择【本地驱动器】，单击【下一步】，如图 6-10 所示。

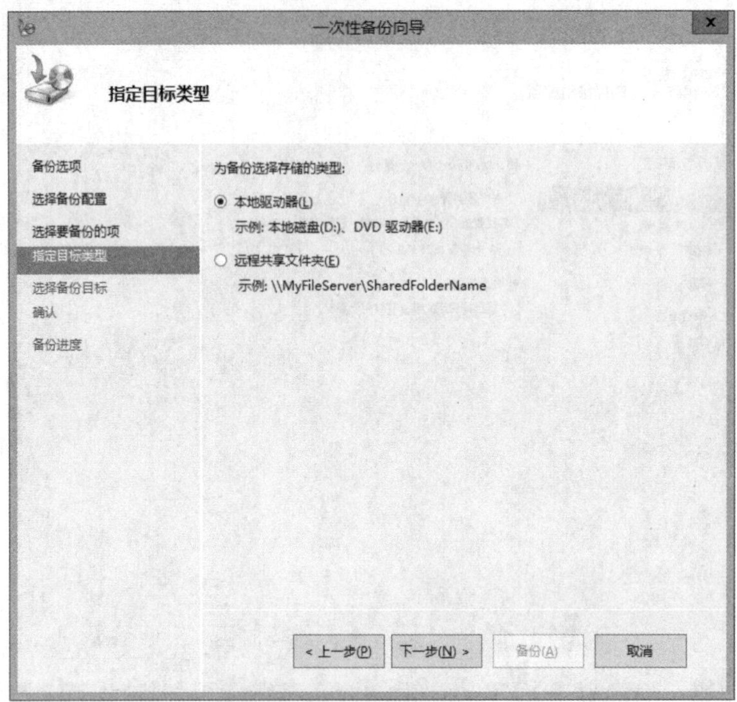

图 6-10 指定目标类型

（8）在【选择备份目标】中选择【G 盘】，单击【下一步】，如图 6-11 所示。

图 6-11 选择备份目标

（9）在【确认】页面确认无误后单击【备份】，开始执行【一次性备份】并显示【备份进度】，如图 6-12 所示。

图 6-12　备份进度

（10）备份计划的操作步骤与一次性备份步骤基本相同，只是增加了备份时间的设置，可根据实际情况设置备份时间和备份的次数以实现自动备份，如图 6-13 所示。

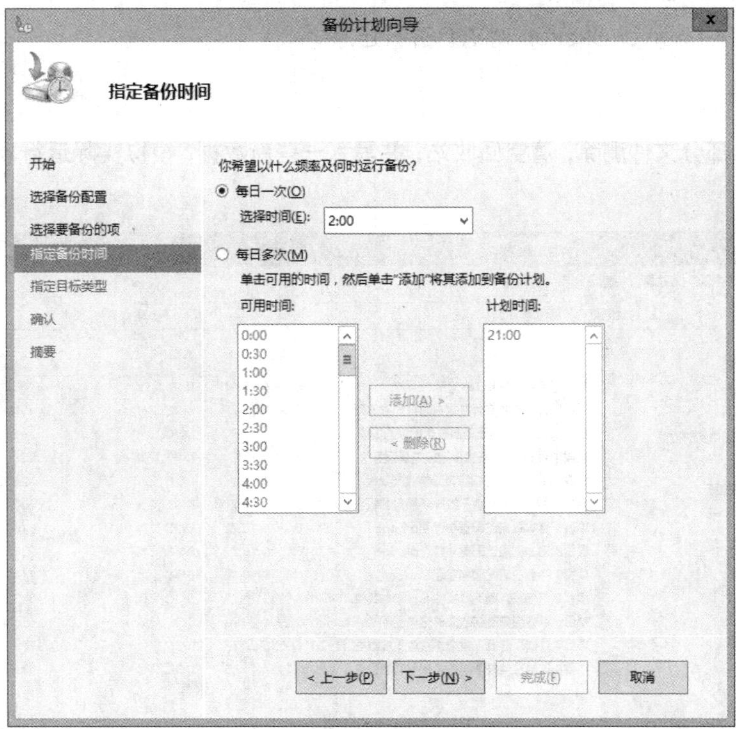

图 6-13　指定备份时间

任务验证

查看 F 分区数据恢复结果，如图 6–14 所示。

图 6–14　备份文件

任务 6–2　存储服务器的数据还原

任务描述

使用 Windows Server Backup 对磁盘进行还原。

任务操作

（1）将 F 盘部分文件删除，清空回收站，并写入一些新数据，模拟实际运行场景，如图 6–15 所示。

图 6–15　数据丢失

（2）单击【恢复】选择【备份日期】，在【选择恢复类型】中可以选择【文件和文件夹】恢复某个文件或文件夹，也可选择【卷】恢复某个分区，这里选择【文件和文件夹】，如图6-16所示。

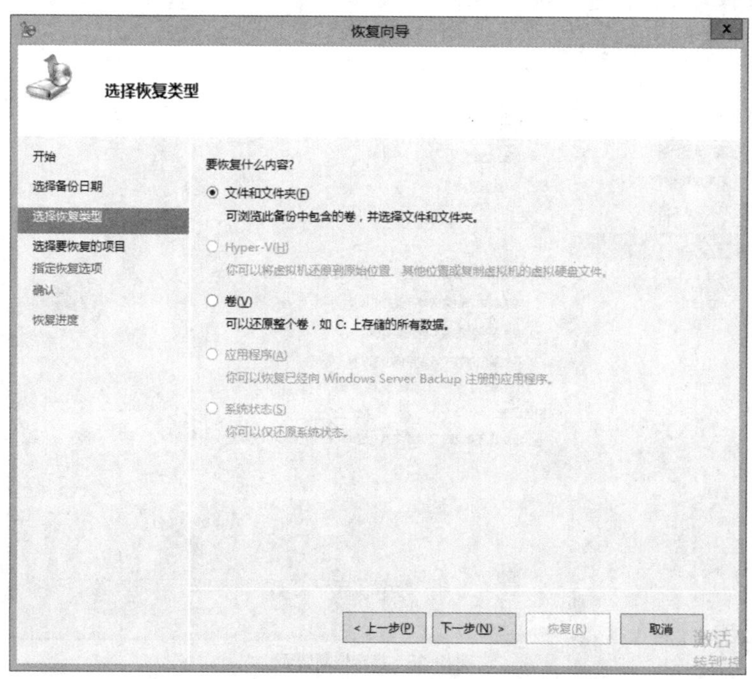

图6-16　选择恢复类型

（3）在【选择要恢复的项目】中选择相应项目，单击【下一步】，如图6-17所示。

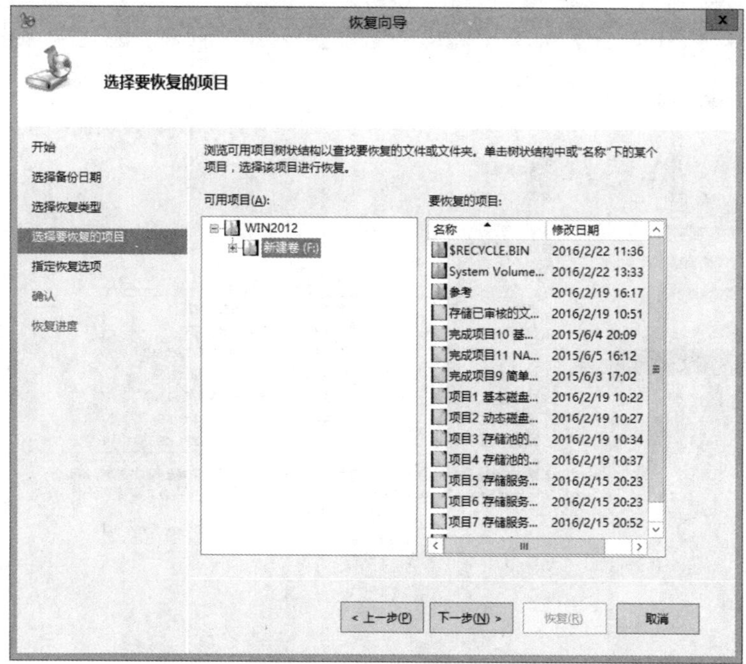

图6-17　选择要恢复的项目

（4）在【指定恢复选项】中选择【原始位置】，并选择【使用要恢复的版本覆盖现有版本】，单击【下一步】，如图 6-18 所示。

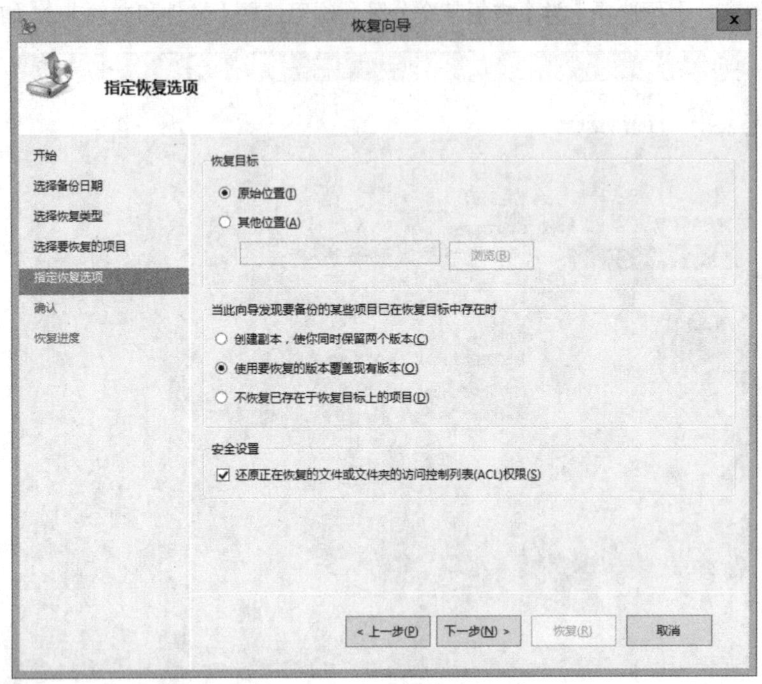

图 6-18　指定恢复选项

（5）在【确认】页面中确认无误后单击【恢复】，开始执行恢复，并显示【恢复进度】，如图 6-19 所示。

图 6-19　恢复进度

（6）从实验结果可以看到，利用备份工具的还原功能，可以将磁盘中的被误删除或因设备故障而损坏的文件还原，从而保证数据安全。通过数据的远程备份功能，保证当硬盘或系统损坏时，数据正常恢复。

任务验证

查看 F 分区数据恢复结果如图 6-20 所示。

图 6-20　查看 F 分区文件

习题与上机

一、简答题

1. 在多次使用差异备份后，能否仅保留当前的备份数据而删除之前的差异备份数据，简述理由。

2. 在多次使用增量备份后，能否仅保留当前的备份数据而删除之前的增量备份数据，简述理由。

二、项目实训题

项目实训内容拓扑图如图 6-21 所示。在存储服务器 SRV1 上创建共享文件夹 BackupforSRV2，将应用服务器 SRV2 的 F 盘数据备份到 SRV1 的共享文件夹中，具体要求如下：

（1）在 SRV1 创建共享目录 BackupforSRV2，并授权 SRV2 完全访问权限；

（2）复制一些文件（包括 test.txt）到 SRV1 的 F 盘中；

（3）使用 Windows Server Backup 服务备份 SRV2 的 F 盘到 SRV1 中；

（4）编辑 test.txt，修改文本内容；

（5）删除 SRV2 的一些文件（不包括 test.txt），并复制一些新文件到 SRV2 中；

（6）创建第 2 次备份；

（7）使用第一次备份文件进行还原，查看添加的文件、删除的文件、编辑过的文件分别发生了什么变化；

（8）通过执行相关操作，说明上述添加的文件、删除的文件、编辑后的文件能否还原。

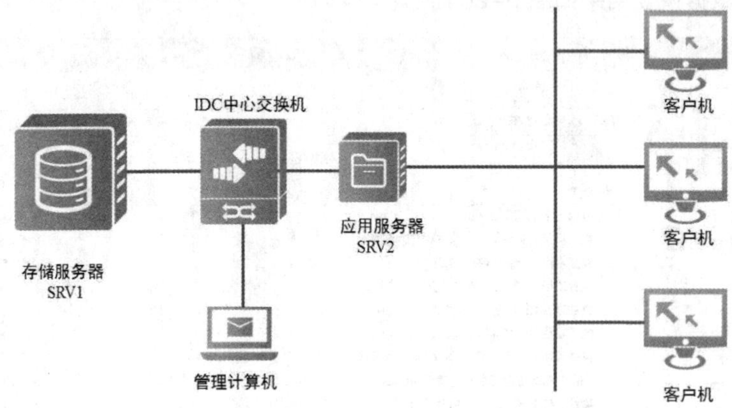

图 6-21　项目实训拓扑

项目 7
存储服务器重复数据删除的配置与管理

项目背景

为方便员工办公，公司在网络存储服务器上建立了一个共享目录供各部门存放数据，使用一段时间后，存储管理员发现存储空间告急。存储管理员在仔细分析磁盘空间使用情况后，发现在不同目录下存放着大量的相同文件，如公司产品视频、产品资料等。

为此，公司希望管理员能尽快采取措施解决以下两个问题：

（1）存储空间不足；

（2）尽量避免存储相同文件，提高存储空间的利用率。

公司网络存储拓扑如图 7-1 所示。

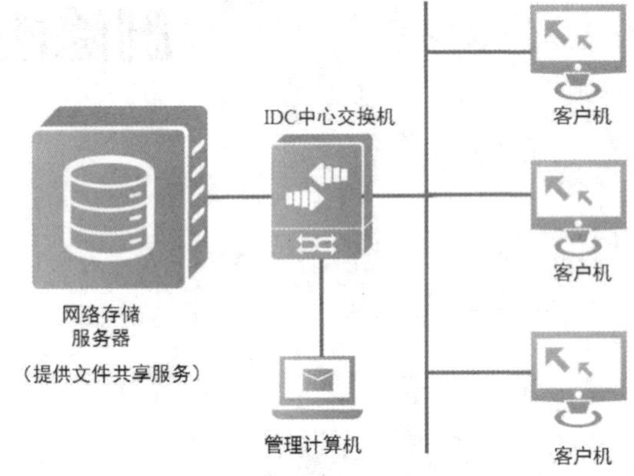

图 7-1 公司网络存储拓扑

项目分析

公司员工为方便工作，经常会在不同文件夹中存放大量的相同文件，这直接导致存储空间被大量的重复数据占用。在网络存储中，为解决大量的数据重复存储问题通常采用重复数据删除技术，该技术可以最大限度避免重复数据占用存储空间。

如果解决上述问题后，存储空间依然不足，则需要通过在线扩容以扩展磁盘空间，确保文件服务器的正常运行。

相关知识

在当前的“大数据”时代，尽管用于磁盘空间的成本越来越低，I/O 速度不断提高，但重复数据删除仍是存储管理员最为关注的技术之一，运用这项技术能够实现以更低的存储成本和管理成本，得到更高的存储效率。

在 Windows Server 2012 的重复数据删除功能中，可以实现块级和文件级的重复数据删除。

- 块级：如果磁盘的多个区块存放着相同的数据，则存储只需存放一份。
- 文件级：如果磁盘中存放着多个相同的文件（哈希值相同），则存储只需存放一份。

在 Windows Server 2012 中使用重复数据删除技术需要了解以下知识。

1. 重复数据删除默认不启用，需要手动部署

2. 重复数据删除对系统性能的影响

（1）磁盘不会立即对存放的数据内容进行重复数据删除处理，默认会在 5 天之后才进行删

除，这保证了数据写入和读取的性能不会受到重复数据删除功能的影响。

（2）重复数据删除允许对卷中的目录或文件类型进行排除，被排除的文件类型和目录将不会进行该功能的处理。

（3）管理员可以部署系统在空闲时间（如凌晨）进行重复数据删除处理，同时，重复数据删除进程能够实现自我调节，可以按照不同的优先级运行。例如，当设置重复数据删除进程运行在低优先级时，进程会在系统本身处在重负载的情况下暂停；当为进程设置好时间窗口时，进程则会在空闲时段全速运行。

3. 重复数据删除的卷是“原子单位”

“原子单位”是指卷的所有重复数据删除信息都存放在卷本身，因此当硬盘挂载到其他系统时，如果对方系统支持重复数据删除功能，则该卷保持不变；如果对方不支持该功能，则只能看到 nondeduplicated 文件。

4. 重复数据删除支持分支机构（BranchCache）

如果总公司和分公司的服务器同时运行重复数据删除技术，那么双方直接发送和接收文件时可以有效减少需要发送文件的数据量。

5. 备份重复数据删除卷可能遇到以下问题

（1）在基于块的备份解决方案中，如磁盘映像备份的方式，备份将会保留所有的由重复数据删除功能删除的数据。

（2）一般情况下，在基于文件的备份解决方案中，如果方案具有重复数据感知功能，则备份系统不会存储重复的文件，磁盘将以没有重复数据的形式存储文件。Windows Server Backup 解决方案是基于重复数据删除感知的，而其他第三方产品需要预先进行测试，以确定是否支持重复数据删除感知功能。

6. 重复数据删除的效果评估

如果想评估启用重复数据删除功能对系统带来的效果，用户可以先在一个备用服务器上临时启用该功能，查看数据存储空间实际节省了多少。

项目实践

任务 7 配置磁盘重复数据删除

任务描述

创建虚拟磁盘并写入重复文件，开启并配置重复数据删除。

任务操作

（1）将 60GB、70GB 和 80GB 的新硬盘安装到【存储服务器】中。

（2）在【存储服务器】的【服务器管理器】主窗口下，依次单击【文件和存储服务】、【存储池】，在【存储池】中右键选择【新建存储池】，输入存储池名称【server_disk】，并勾选 60GB、70GB 和 80GB 的物理磁盘，确认无误后单击【创建】，如图 7-2 所示。

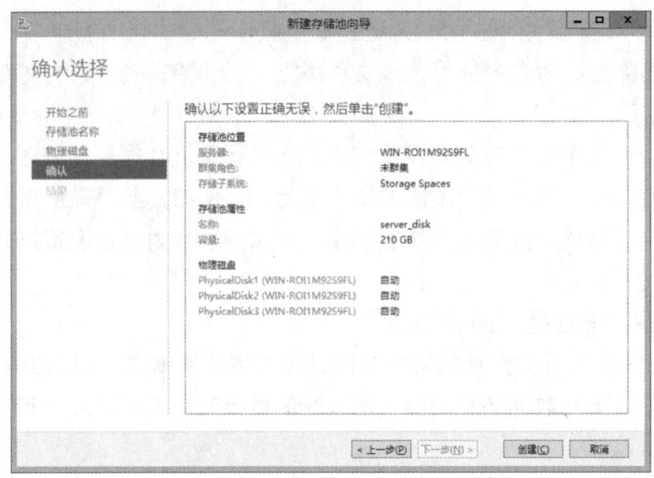

图 7-2　新建存储池

（3）创建一个【存储数据布局】为【Simple】类型的虚拟磁盘【Simple_1】,【大小】为【3G】, 如图 7-3 所示。

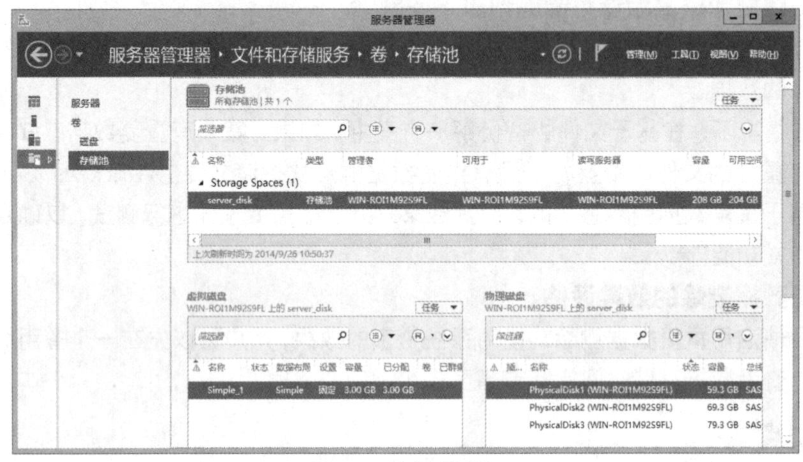

图 7-3　创建虚拟磁盘

（4）虚拟磁盘创建成功之后，在 上右键选择【磁盘管理】，可以看到刚刚创建的虚拟磁盘，并将其格式化，如图 7-4 所示。

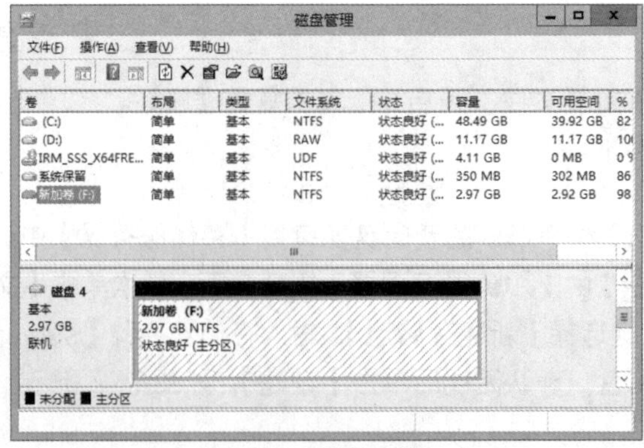

图 7-4　查看磁盘管理

（5）在F分区中写入几个重复文件，如图7-5所示。

图7-5　查看F分区重复文件

（6）未启用【重复数据删除】功能时，当出现文件重复、文件名不重复时仍向磁盘中写入重复文件，查看F盘的空间使用情况，如图7-6所示。

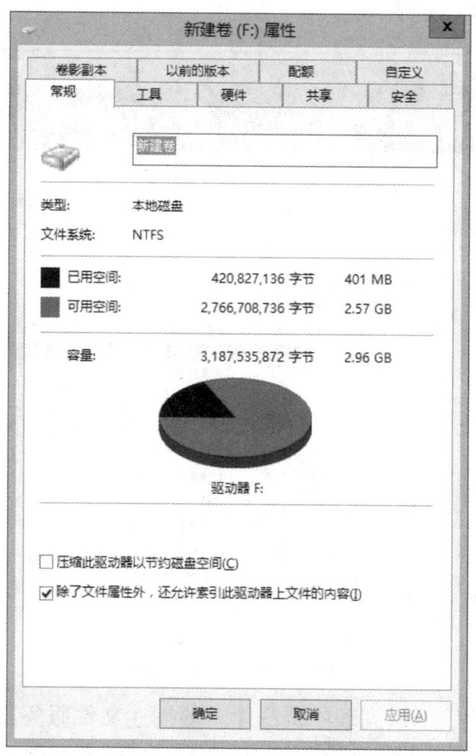

图7-6　查看F盘空间使用情况

（7）在【服务器管理器】中单击【管理】选择【添加角色和功能】，在【服务器角色】中勾选【重复数据删除】，如图7-7所示。

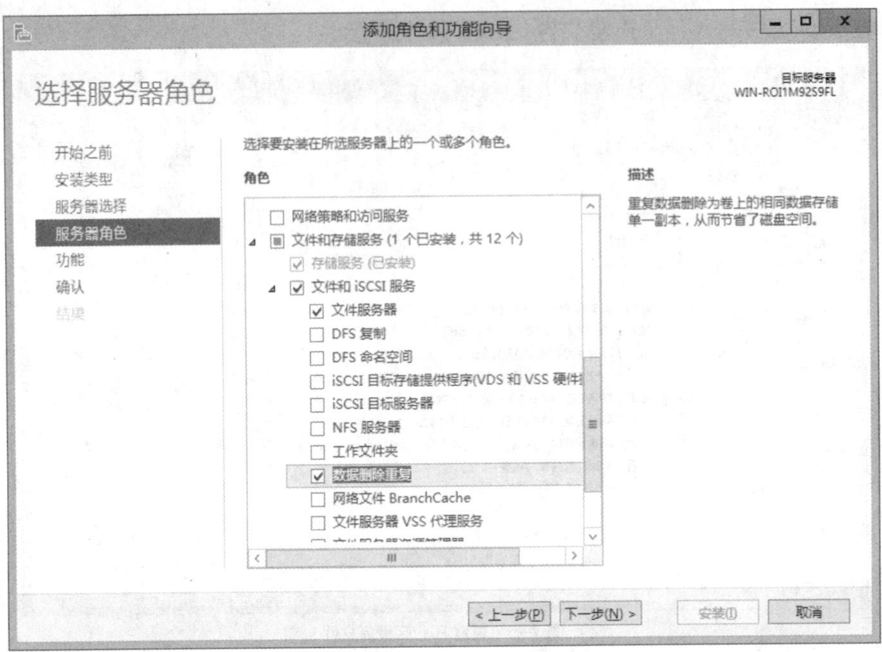

图 7-7　安装【重复数据删除】角色

（8）在【服务器管理器】窗口中选择【文件和存储服务】→【卷】，右键单击【F】盘选择【配置重复数据删除】，如图 7-8 所示。

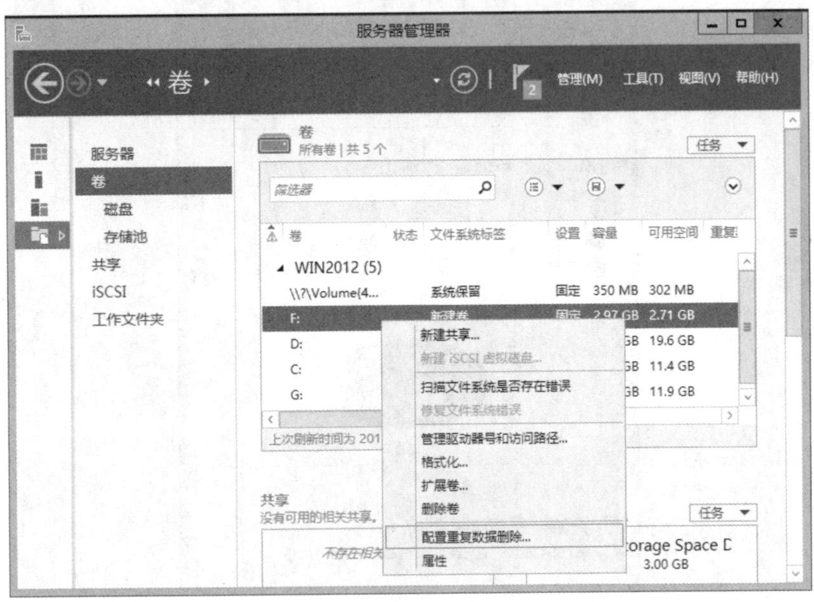

图 7-8　配置重复数据删除

（9）在【重复数据删除】下拉列表中选择【一般用途文件服务器】，在【对早于一下是假的文件进行删除重复】保持默认数值【3】，则只对创建时长超过 3 天的文件进行数据删除，需要即时对文件进行重复数据删除则输入【0】，单击【设置删除重复计划】，如图 7-9 所示。

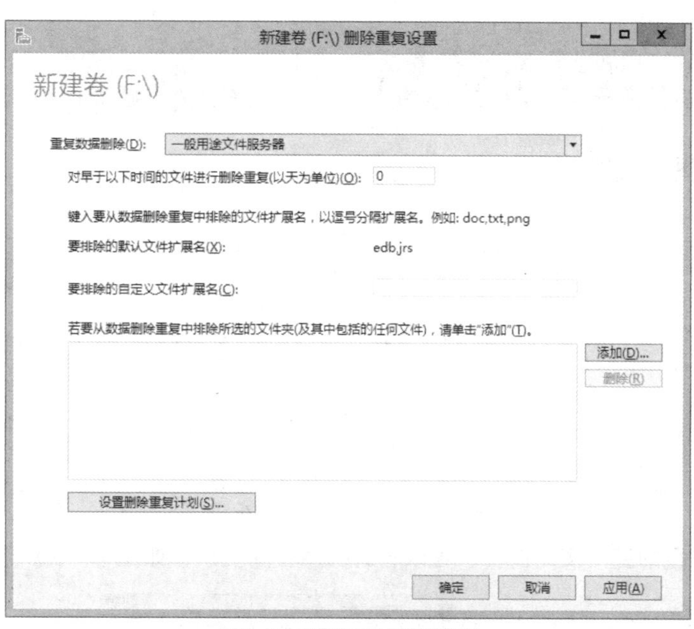

图 7-9　设置重复数据删除选项

（10）在弹出的【删除重复计划】选项卡中勾选【启用后台优化】和【启用吞量优化】，并根据实际情况设置【开始时间】，如图 7-10 所示。

图 7-10　设置删除重复计划

（11）启用【重复数据删除】功能后，可以看到【重复数据删除率】和【删除重复保存】已经发生了变化，如图 7-11 所示。

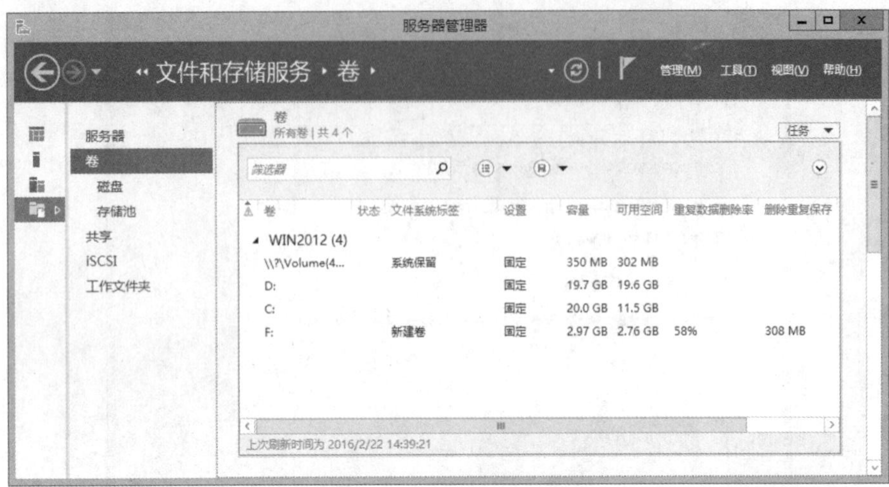

图 7-11 查看重复数据删除信息

（12）查看 F 盘的空间使用情况，可以看到已用空间变小，如图 7-12 所示。

图 7-12 查看 F 盘空间使用情况

任务验证

启用重复数据删除功能之后，查看 F 分区文件是否被删除，查看结果如图 7-13 所示。

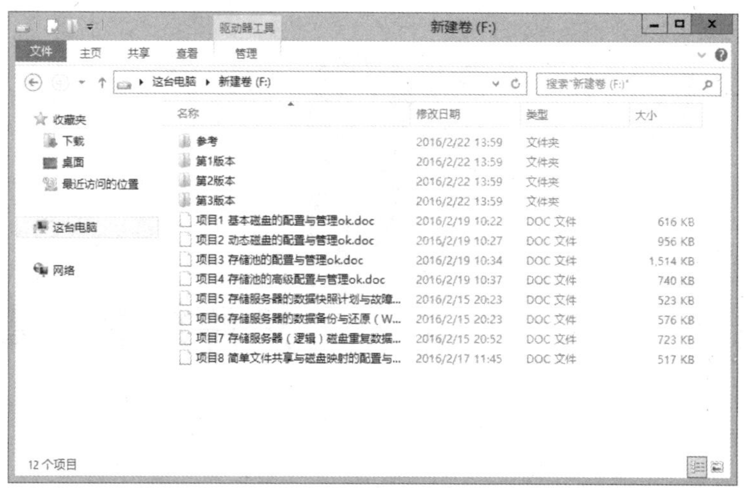

图 7-13　查看 F 分区文件

习题与上机

一、简答题

磁盘开启了块级重复数据删除，简要描述以下情况的结果。

（1）磁盘存储了两个完全相同的 100M 大小文件；

（2）针对业务系统的两次完整备份数据。

二、项目实训题

如图 7-14 所示为项目实训内容拓扑图，试完成以下内容。

（1）在 SRV1 创建一个 10GB 的逻辑硬盘，开启文件级重复数据删除。

（2）在 SRV2 创建一个 10GB 的逻辑硬盘，开启块级重复数据删除。

（3）在 SRV1、SRV2 的逻辑硬盘中存放相同的重复数据（两部电影和两个全备份文件），对比重复数据删除率，并简述删除率相同或不同的理由。

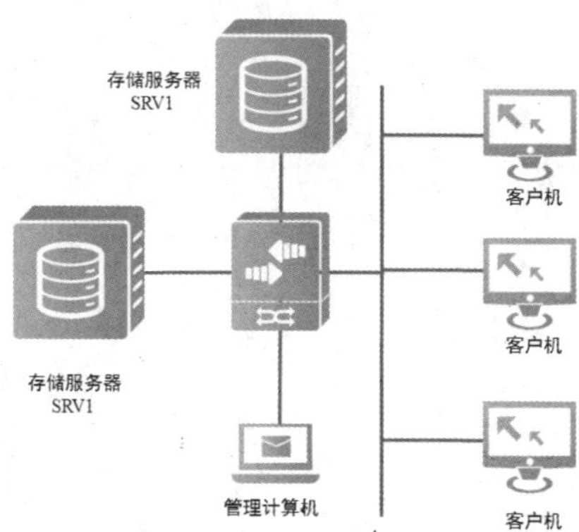

图 7-14　项目实训拓扑图

Chapter 8

项目 8 文件共享与磁盘映射

项目背景

公司网络部需要在存储服务器上创建网络共享目录——【公司常用软件库】，并将公司常用的软件放置于该共享目录中，以方便员工自行到该共享位置下载安装。

同时，网络部还需要建立一个部门专用共享文件夹——【网络部专属】，用于部门内部文件共享和业务协同，该文件夹不允许其他部门用户访问。

公司网络存储拓扑如图 8-1 所示。

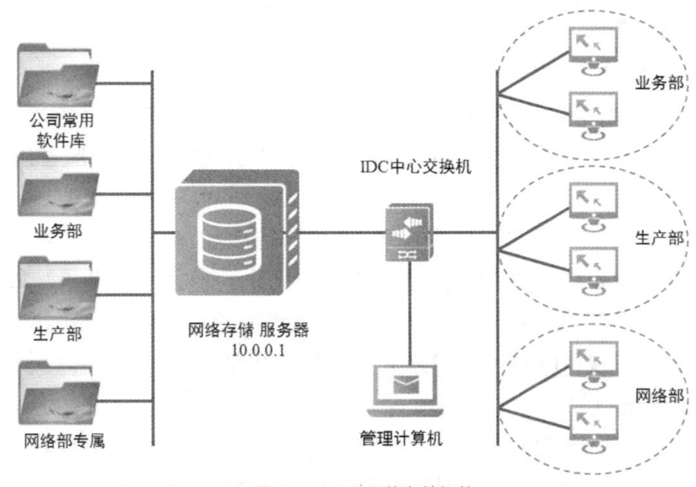

图 8-1　公司网络存储拓扑

项目分析

（1）网络存储服务器可以提供文件共享服务，网络管理员可以将常用的软件安装包全部放置在文件夹——【公司常用软件库】，同时通过创建共享目录——【公司常用软件库】，并授予匿名访问权限，这样，员工就可以通过访问“\\共享服务器主机名或 IP\共享目录路径名称”下载所需软件并进行安装。同时，为简化用户输入“\\共享服务器主机名或 IP\共享目录路径名称”访问网络共享路径，还可以将该网络路径映射为本地磁盘，这样，用户只需访问映射磁盘的盘符就可以读取共享目录的数据了。

（2）对于网络部私有共享目录——【网络部专属】，可配置为完全共享，允许任何人访问，并将 NTFS 权限配置为仅允许网络部员工访问。

本项目具体涉及以下任务。

（1）在网络存储服务器配置一个公共共享目录——【公司常用软件库】，允许任何人访问。

（2）在员工计算机上配置磁盘映射，以便员工能快捷访问存储服务器上的共享。

（3）在网络存储服务器配置一个网络部专属共享目录——【网络部专属】，仅允许网络部用户访问。

相关知识

1. 文件共享

文件共享是指在计算机上共享文件以供局域网其他计算机使用。在 Windows Server 2012

的文件夹单击右键的快捷菜单中提供了目录的共享设置链接，当配置用户共享时，系统会自动安装文件共享服务角色和功能。

2. 文件共享权限

在文件服务器上部署共享可以设置多种用户访问权限，常见的有读取和写入权限。

- 读取权限：允许用户浏览和下载共享目录及子目录的文件。
- 写入权限：用户除具备读取权限外，还可以新建、删除和修改共享目录及子目录的文件和文件夹。

3. 文件共享的访问账户类型

文件服务器针对访问用户账户设置了两种类型：匿名账户和实名账户。

- 匿名账户：在Windows系统中匿名账户一般指“guest”账户，但在对匿名共享目录授权时通常使用“everyone”账户进行授权。需要特别注意的是：部署匿名共享时要启用“guest”账户（该账户默认禁用）。
- 实名账户：顾名思义，用户在访问共享目录时需要输入特定的账户名称和密码。默认情况下，这些账户都是由文件服务器创建的，并用于共享目录的授权。如果文件服务器需对大量的账户进行授权，则需要创建组账户，然后将这些用户加入到该组账户中，最后在共享中对组账户授权即可（用户账户继承组的权限）。

4. 映射网络驱动器

“映射网络驱动器”是将局域网中的一台计算机上的共享文件夹，变为另一台计算机上的一个逻辑驱动器符，映射后的计算机就可以通过访问本地驱动器号来访问该共享目录，既方便用户访问网络共享文件夹又提高了访问效率。

5. 文件共享权限与 NTFS 权限

在文件服务器中可以通过文件共享权限配置用户对共享目录的访问权限，但是如果该共享目录所在磁盘为 NTFS 文件系统磁盘，则该目录的访问权限还会受到 NTFS 权限的限制。此时，用户对共享目录的访问权限为文件共享权限和NTFS权限的并集，例如：用户 user 对共享目录 share 具有写入权限，但 NTFS 权限限制 user 写入，则用户 user 将不具备该共享目录的写入权限，也就是只有文件共享权限和 NTFS 权限都允许写入，用户才能写入，其他情况为拒绝写入。

在实际应用中，常使用“文件共享权限最大化、NTFS 权限最小化”原则进行部署，即在文件共享权限中配置较大的权限，然后通过 NTFS 权限做权限限制来部署用户对共享目录的访问权限。

项目实践

任务 8-1 公司常用软件库共享与磁盘映射的配置

任务描述

（1）在存储服务器上创建一个虚拟磁盘，该磁盘专用于提供文件共享服务，在该磁盘创建文件夹【公司常用软件库】，并将相关软件拷贝到该目录。

（2）将文件夹【公司常用软件库】配置为文件共享，并在客户机上映射为网络驱动器。

任务操作

（1）在存储服务器的存储池中创建【存储数据布局】为【Simple】类型的虚拟磁盘【Simple_1】，【大小】为【1GB】，如图 8-2 所示。

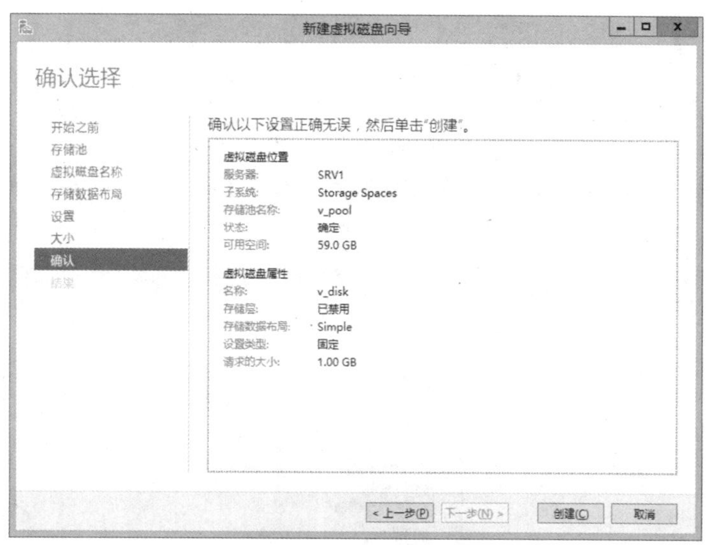

图 8-2 创建虚拟磁盘向导界面

（2）在【磁盘管理】中，选中新创建的虚拟磁盘，右键单击并选中【新建简单卷…】，创建【大小】为【1GB】，【盘符】为【F】的分区。如图 8-3 所示。

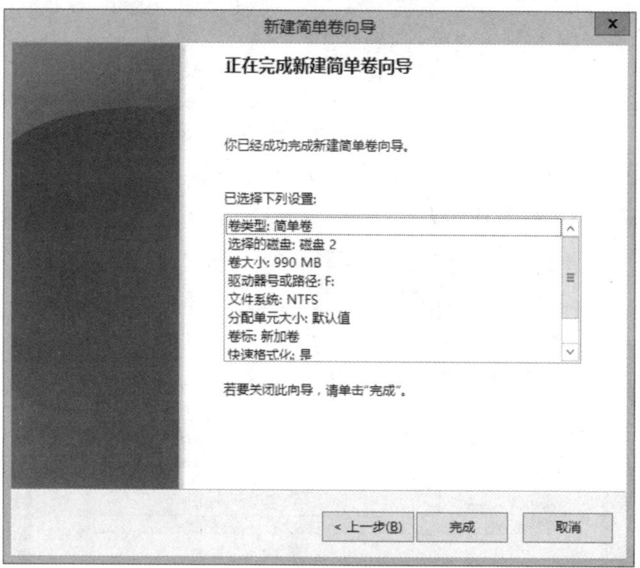

图 8-3 新建简单卷向导界面

（3）组合键【win】+【E】打开文件浏览器，可以看到刚刚创建的 F 盘，双击进入 F 盘，新建名为【公司常用软件库】的文件夹，并将常用的工具软件拷贝到该目录中，结果如图 8-4 所示。

图 8-4 文件夹【公司常用软件库】内容

（4）在文件夹【公司常用软件库】的右键菜单中选择【共享（H）】后再选择【特定用户】，如图 8-5 所示。

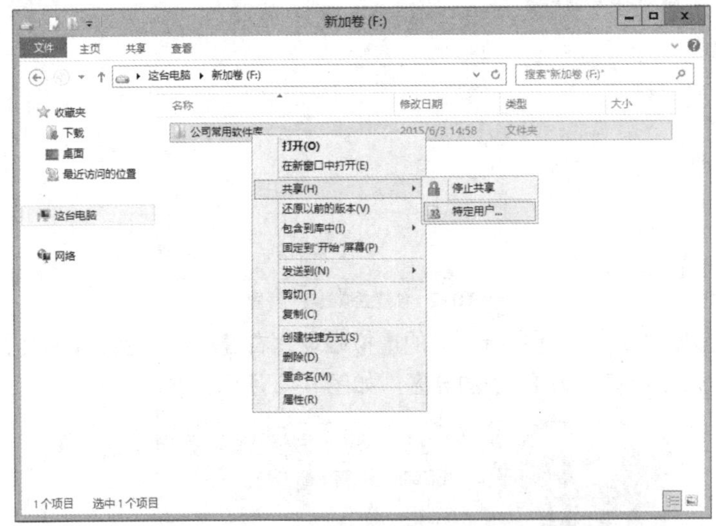

图 8-5 文件夹共享快捷菜单

（5）在下拉菜单中选中【Everyone】，然后选中【添加】，并将【Everyone】的权限级别改为【读取】，单击【共享】，如图 8-6 所示。

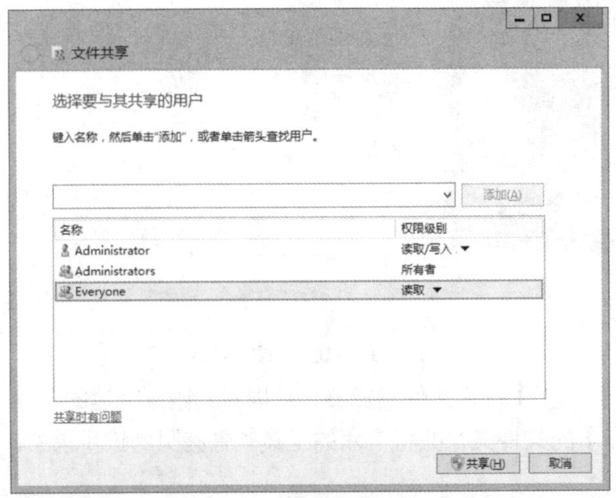

图 8-6 配置共享权限

（6）在弹出的【网络发现和文件共享】中选中【是】，如图 8–7 所示。

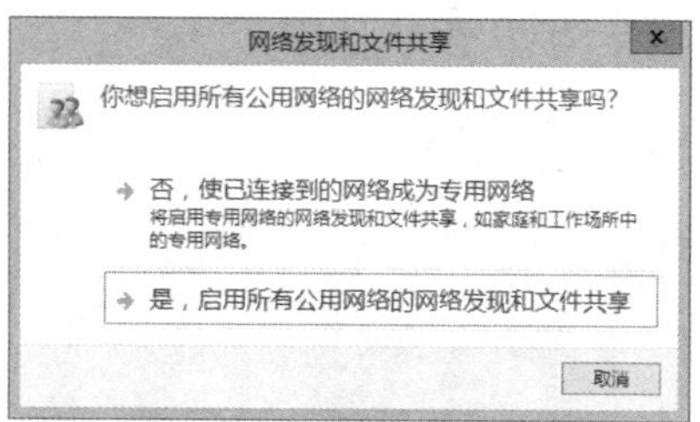

图 8–7　启用网络发现界面

（7）打开【网络和共享中心】，单击【更改高级共享设置】，如图 8–8 所示。

图 8–8　网络和共享中心对话框

（8）在【所有网络】中，【密码保护的共享】勾选【关闭密码保护共享】，单击【保存更改】，如图 8–9 所示。

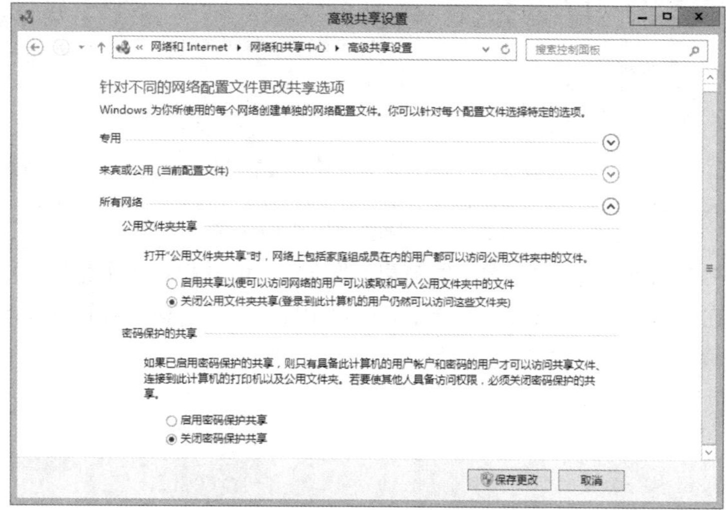

图 8–9　关闭密码保护共享配置界面

（9）打开计算机管理的用户管理界面，在用户【Guest】的属性对话框中取消【用户已禁用】复选框，启用 Guest 账户，如图 8-10 所示。

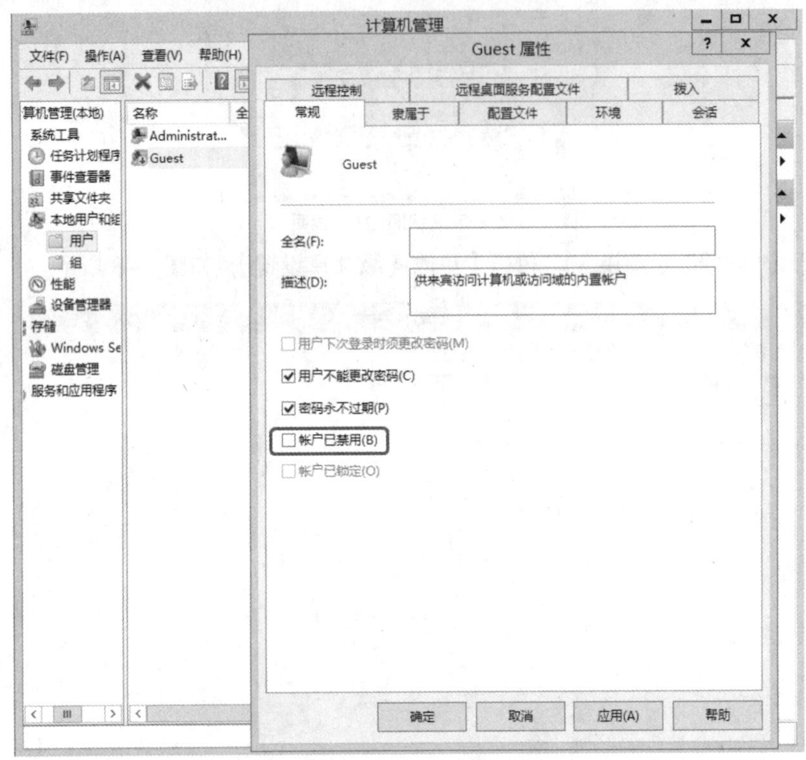

图 8-10 用户 Guest 属性对话框

（10）启用 Guest 账户后，Guest 图标从禁用变为启用状态，结果如图 8-11 所示。

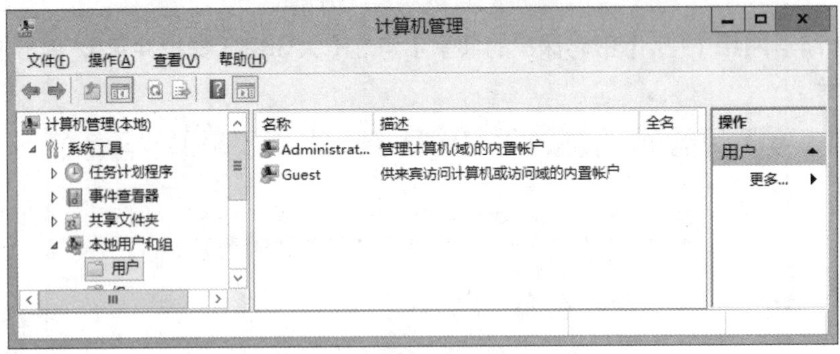

图 8-11 计算机管理的用户管理视图

（11）在客户端【win10】上打开文件资源管理器，在地址栏输入【\\10.0.0.1】，访问存储服务器上的共享，在弹出的【Windows 安全】对话框中输入用户【Guest】，密码为空，单击确定，如图 8-12 所示。

图 8-12　访问网络共享弹出的【Windows 安全】对话框

（12）单击【确定】按钮后，即可看到存储服务器上的【公司常用软件库】共享目录，结果如图 8-13 所示。

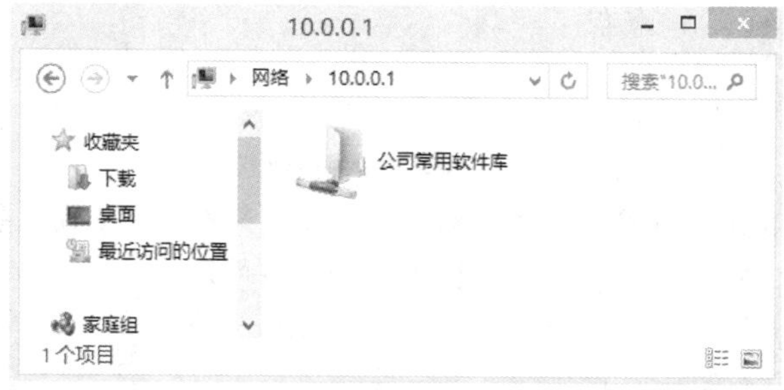

图 8-13　存储服务器 10.0.0.1 的共享目录对话框

（13）双击【公司常用软件库】共享目录即可看到该网络共享目录下的所有内容，结果如图 8-14 所示。

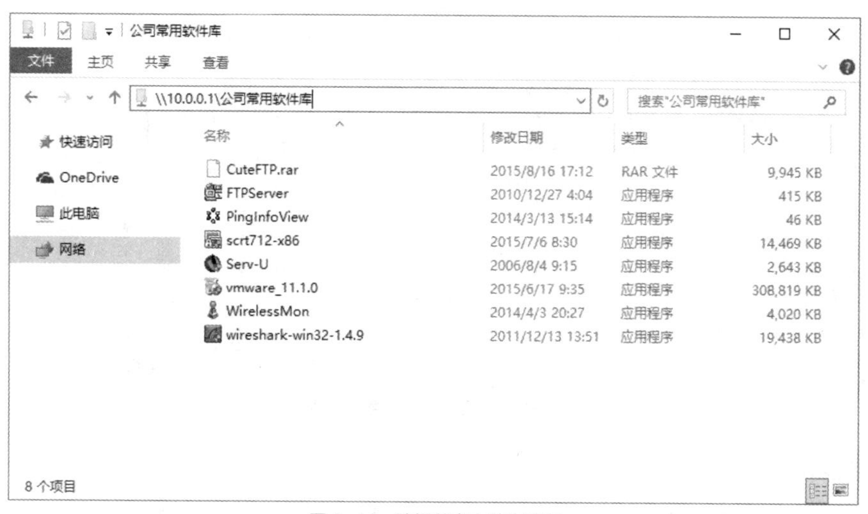

图 8-14　访问共享文件夹界面

（14）右键单击【计算机】图标，在弹出快捷菜单中选择【映射网络驱动器】，如图 8–15 所示。

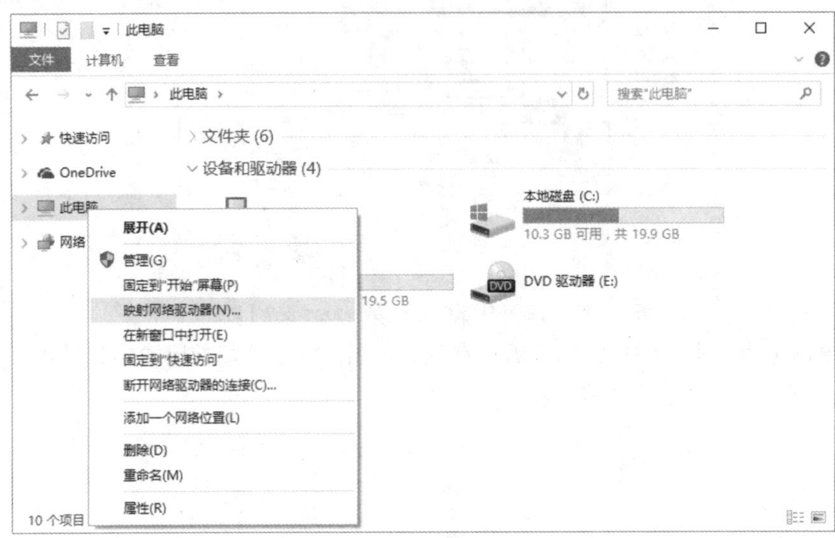

图 8–15　映射网络驱动器快捷菜单

（15）在【驱动器】上选择挂载的驱动器号，并在【文件夹】上输入共享文件夹的链接地址【\\10.0.0.1\公司常用软件库】，单击【完成】，如图 8–16 所示。

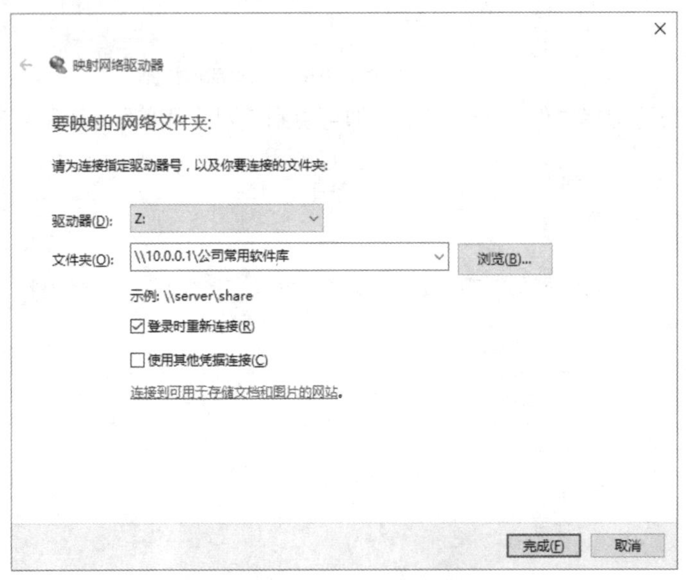

图 8–16　映射网络驱动器配置界面

任务验证

（1）打开【我的电脑】，在弹出的资源管理器中可以看到网络驱动器 Z 盘，结果如图 8–17 所示。

图 8-17　我的电脑对话框

（2）双击 Z 盘，可以快速进入存储服务器的【公司常用软件库】共享目录，结果如图 8-18 所示。

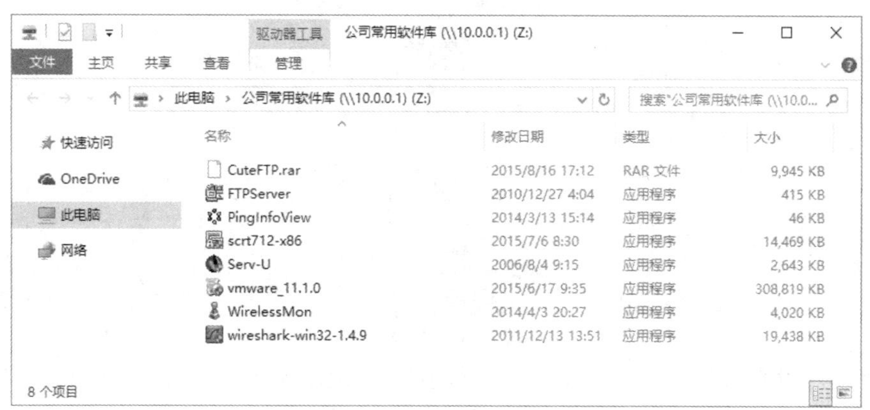

图 8-18　查看网络驱动器 Z 盘的内容

任务 8-2　网络部专属共享部署

任务描述

（1）在存储服务器中为网络部员工 tom 和 jack 创建账户【tom】和【jack】。

（2）根据“文件共享权限最大化、NTFS 权限最小化”原则，在 F 盘中创建网络部专属共享目录【网络部专属】，共享权限为允许任何人读取和写入，NTFS 权限为仅允许【tom】和【jack】读取和写入，实现该共享目录仅允许网络部用户访问。

任务操作

（1）在存储服务器上为网络部员工创建用户账号【tom】和【jack】，结果如图 8-19 所示。

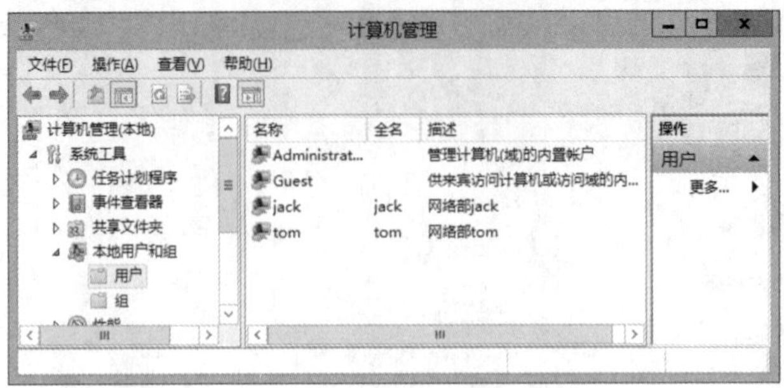

图 8-19 存储服务器上的用户管理界面

（2）在 F 盘中新建名为【网络部专属】的文件夹，并在该文件夹的右键菜单中选择【共享（H）】，选择【特定用户】，如图 8-20 所示。

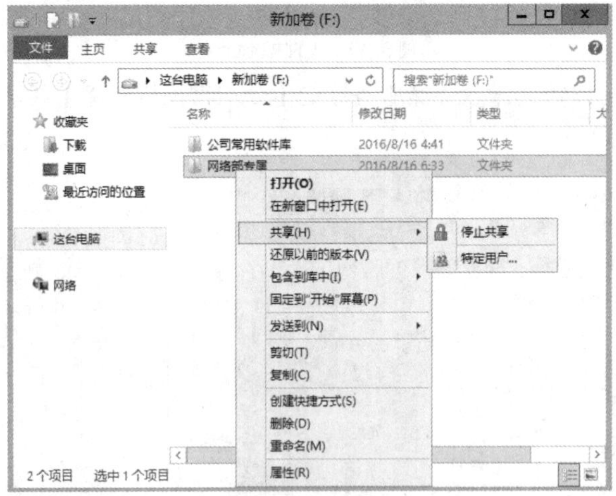

图 8-20 共享文件夹

（3）根据【共享权限最大化、NTFS 权限最小化】原则，配置本目录的共享权限为完全权限。在下拉菜单中选中【Everyone】，再选中【添加】，并将【Everyone】的权限级别改为【读取/写入】，然后单击【共享】，如图 8-21 所示。

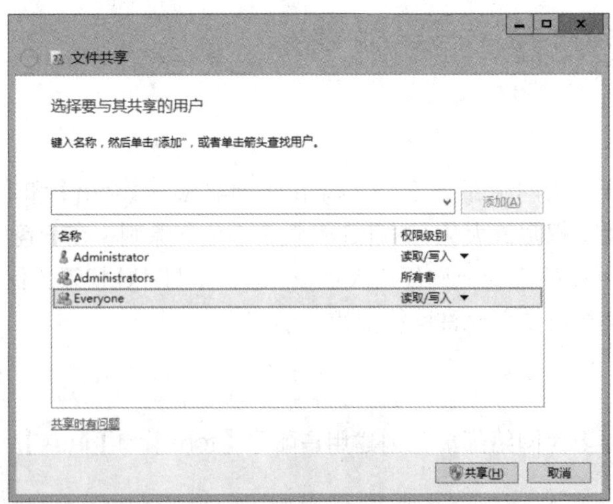

图 8-21 配置 Everyone 的共享权限

（4）在弹出的【网络发现和文件共享】中选中【是】，如图 8-22 所示。

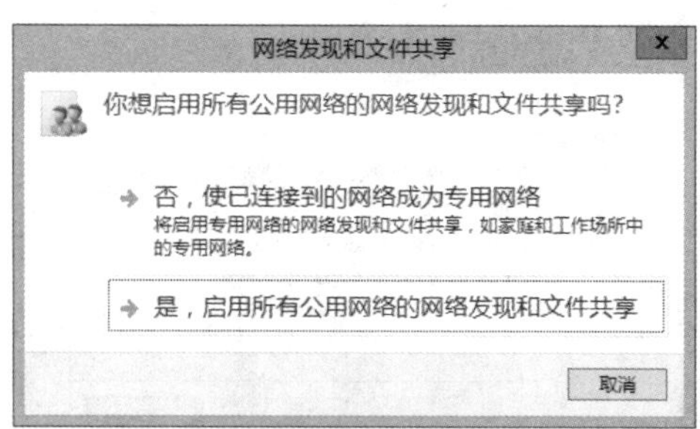

图 8-22 启用网络发现

通过文件共享配置，目前所有用户都可以访问【网络部专属】共享文件夹，并且具有读取和写入权限，接下来将根据“共享权限最大化、NTFS 权限最小化”原则，配置【网络部专属】文件夹的 NTFS 权限为仅允许网络部用户 tom 和 jack 访问。

（5）在【网络部专属】文件夹的右键菜单中选择【属性】打开【网络部专属】文件夹的属性对话框，打开【安全】选项卡，如图 8-23 所示。

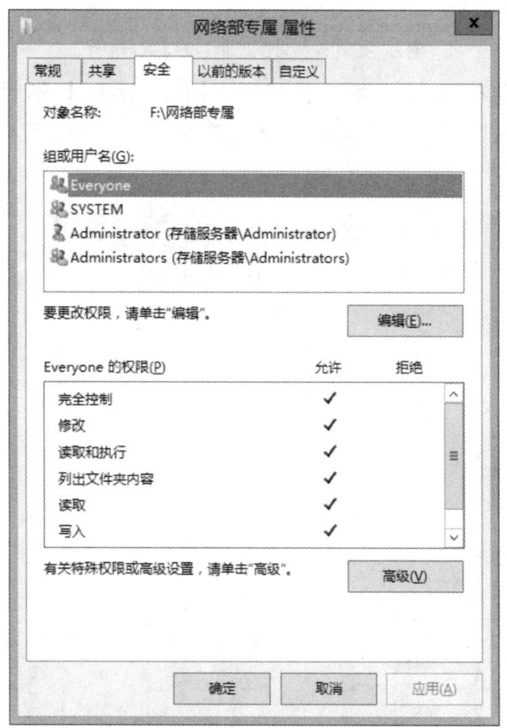

图 8-23 【网络部专属 属性】对话框 1

（6）在【网络部专属】文件夹的属性对话框中单击【编辑】按钮，打开【网络部专属 的权限】对话框，结果如图 8-24 所示。

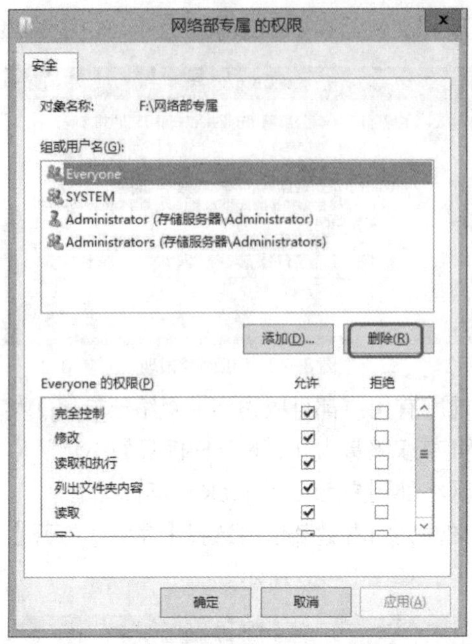

图 8-24 【网络部专属 的权限】对话框 1

（7）在【网络部专属 的权限】对话框中选择用户【Everyone】，然后单击删除，将【Everyone】用户的完全权限删除，这样除了网络存储服务器的管理员外，其他用户将不允许访问该目录，结果如图 8-25 所示。

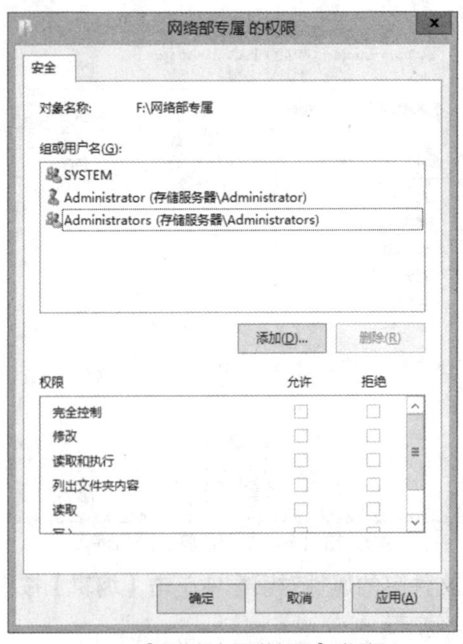

图 8-25 【网络部专属 的权限】对话框 2

（8）接下来需要添加网络部用户的 NTFS 访问权限，在【网络部专属 的权限】对话框中单击【添加(D)…】按钮，在弹出的【选择用户或组】对话框中输入【tom】，结果如图 8-26 所示，然后单击【检查名称(C)】按钮，系统将自动补充 tom 用户的完整信息，结果如图 8-27 所示。

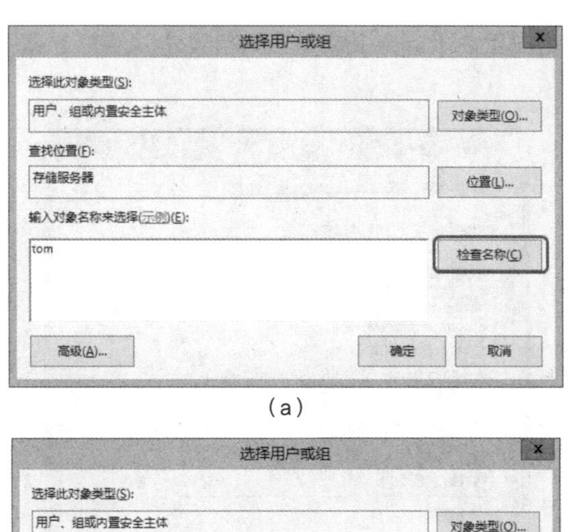

（a）

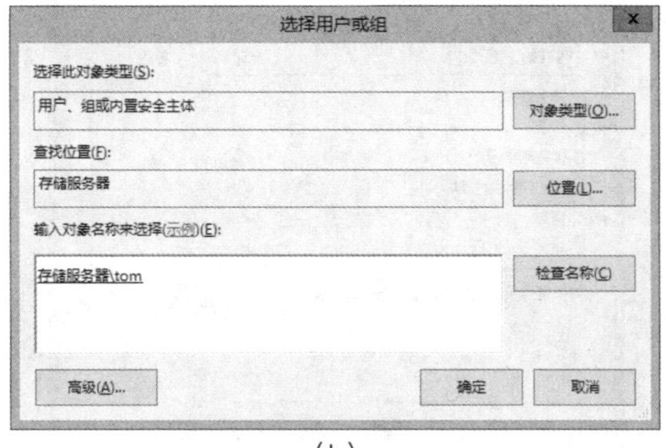

（b）

图 8-26 【选择用户或组】对话框

（9）在如图 8-26 所示对话框中单击【确定】按钮，完成 tom 用户的添加，然后在【tom 的权限(P)】列表中单击【完全控制】的【允许】复选框，完成网络部用户【tom】完全访问目录【网络部专属】的完全访问权限配置，结果如图 8-27 所示。

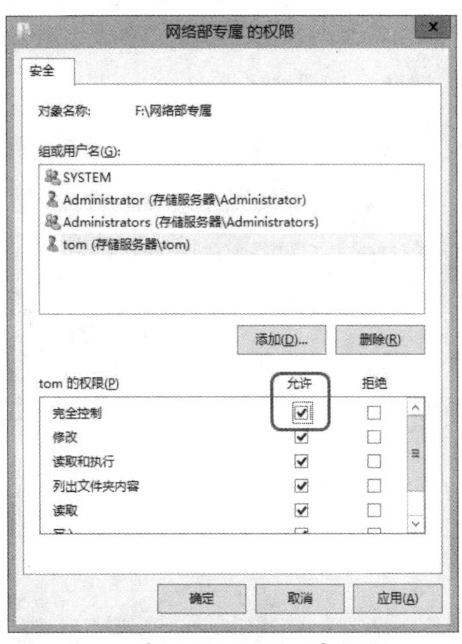

图 8-27 【网络部专属 的权限】对话框 3

（10）同理，完成网络部用户【jack】完全访问目录【网络部专属】的完全访问权限配置，结果如图 8-28 所示。

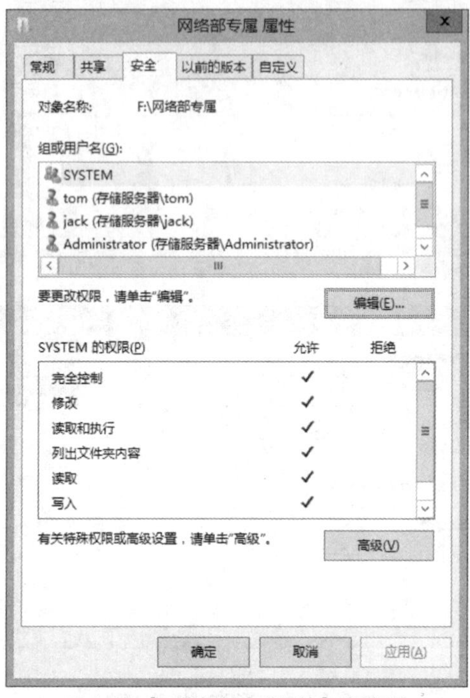

图 8-28 【网络部专属 的属性】对话框 3

（11）单击如图-28 所示对话框的确定按钮，返回【网络部专属 的权限】对话框，结果如图 8-29 所示，单击【确定】按钮，完成网络部用户【tom】和【jack】访问权限的配置。

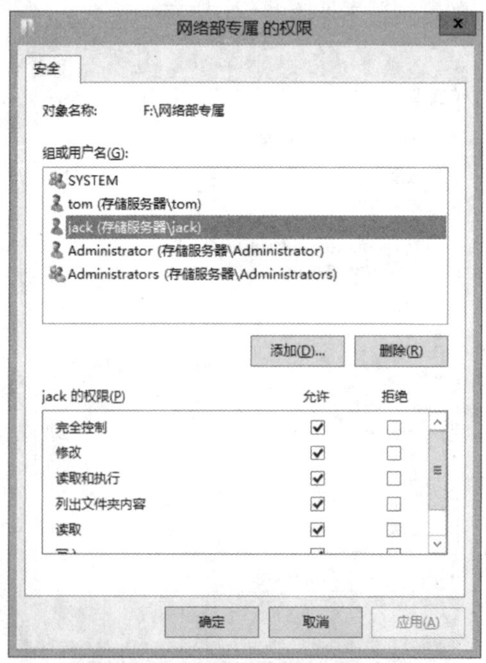

图 8-29 【网络部专属 的权限】对话框 3

（12）在客户端【win10】上打开文件资源管理器，在地址栏输入【\\10.0.0.1】，访问存储服务器上的共享，在弹出的【Windows 安全】对话框中输入【tom】的用户名和密码，如图 8-30 所示。

图 8-30　访问网络共享弹出的【Windows 安全】对话框

（13）单击【确定】按钮后，即可看到存储服务器上的【网络部专属】共享目录，结果如图 8-31 所示。

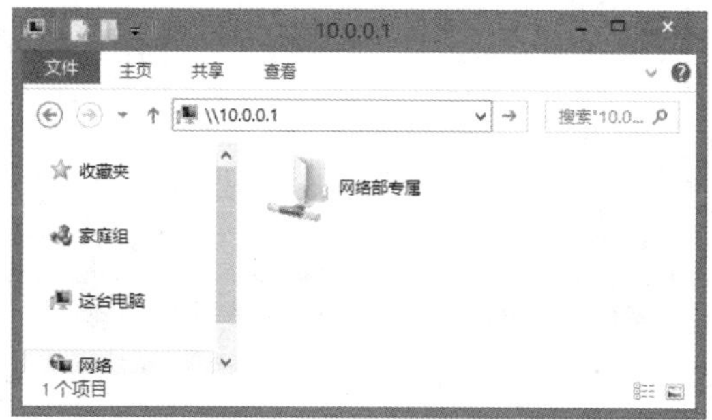

图 8-31　存储服务器 10.0.0.1 的共享目录对话框

（14）双击【网络部专属】共享目录即可看到该网络共享目录下的所有内容，结果如图 8-32 所示。

图 8-32　访问共享文件夹

任务验证

（1）在如图 8-32 所示的共享文件夹中，用户【tom】可以添加和删除【网络部专属】文件夹的内容，例如：新建文件夹【tom 的日志】，结果如图 8-33 所示。

同理，用户【jack】权限也为完全控制权限。

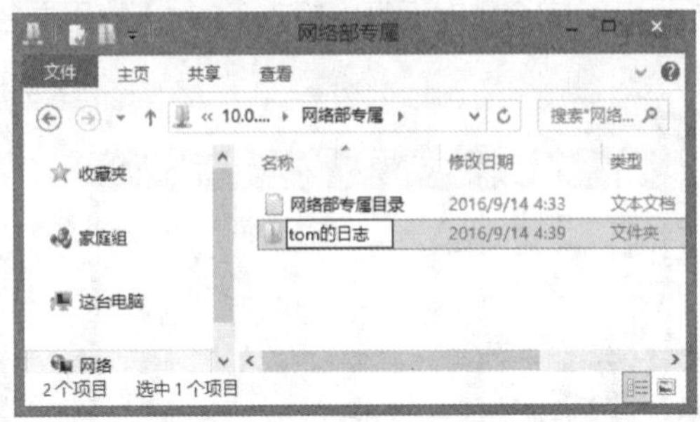

图 8-33 在【网络部专属】目录中新建文件夹——tom 的日志

（2）打开网络存储服务器的【计算机管理】对话框，在【共享文件夹】的【会话】对话框中可以看到 tom 用户的访问记录，其中【来宾】信息为【否】，结果如图 8-34 所示。

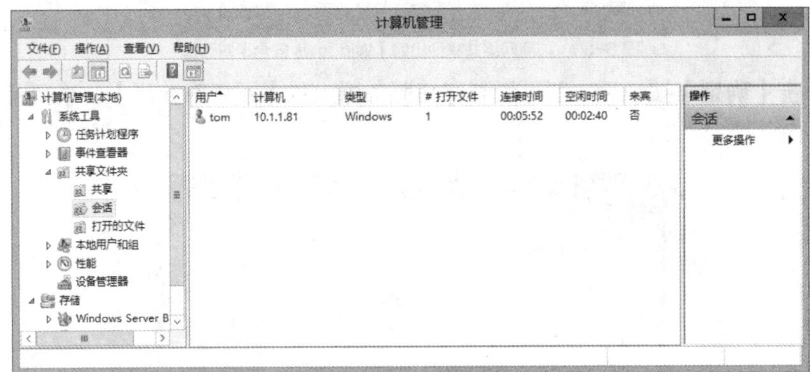

图 8-34 网络存储服务器上的【计算机管理】对话框

习题与上机

一、简答题

1. 文件共享权限与 NTFS 权限有何不同?

2. 如果用户对共享目录有读取权限，但是该共享目录的 NTFS 权限为禁止访问，那么用户是否能够访问该共享目录?

3. 如果文件服务器的 guest 用户是禁用状态，文件服务器的共享目录是否还能被访问?

二、项目实训题

1. 在文件服务器的上创建用户 tom 和 jack。

2. 在文件服务器的一个 NTFS 分区创建两个文件夹：A 和 B，其中，文件夹 A 允许 Everyone 读写，文件夹 B 仅允许 tom 写入，Everyone 读取。

3. 用户 tom 访问文件夹 A 和文件夹 B 的权限应该如何设置？请通过实际操作验证。

4. 用户 jack 访问文件夹 A 和文件夹 B 的权限应该如何设置？请通过实际操作验证。

第二部分

NAS 服务器的配置与管理

Computer

Chapter

9

项目 9

存储服务器文件的安全性配置与管理

项目背景

公司通过网络存储服务器部署了【公司常用软件库】、【个人网盘】和【网络部专属共享】等共享空间，较好地提高了网络管理与维护的效率。

在部署一段时间后，有2个问题需要优化。

（1）员工希望能加强个人网盘的安全性，确保个人文档的安全。存储管理员有必要针对用户个人文档的加密问题进行培训。

（2）用户对存储的要求较高，但对读取和写入无要求。通过数据分析，管理员发现共享空间的磁盘增长速度较快，并且空间中存储了较多的相同数据，管理员通过启用“重复数据删除”技术提高了存储效率，同时考虑到用户对空间数据存储的读取和写入要求不高，拟采用磁盘压缩技术，进一步提高存储效率。

公司网络拓扑如图9-1所示。

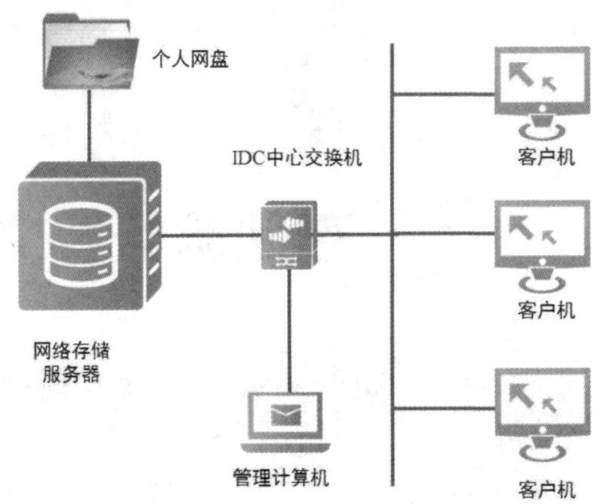

图9-1　公司网络存储拓扑

项目分析

随着云桌面和移动办公在公司的逐步推进，员工越来越依赖网络空间（如有道云、百度云等）协同办公。但互联网网盘服务耗费了较大的网络接入带宽，导致业务访问较慢。因此，公司可以通过网络存储服务器上开通个人空间服务，提高公司的协同办公效率。

启用员工的个人网盘服务后，存储服务器将需要更多的磁盘空间。为降低磁盘服务成本，可以采用磁盘压缩和重复数据删除技术提高磁盘空间的利用率。同时，可以基于NTFS配置用户访问权限和磁盘加密技术确保用户的数据安全。

本项目具体涉及以下任务。

（1）文件（夹）加密的配置与管理。

（2）用户密钥的备份。

（3）用户密钥的导入（授权）。

（4）磁盘压缩的配置。

相关知识

1. 文件加密系统

EFS（encrypting file system，EFS）是指文件加密系统。加密是一种采用数字加密算法的系统内置应用程序。用户使用时，系统首先会生成一个由伪随机数构成的密钥(file enctyption key，FEK)，然后系统会利用公钥加密该密钥，并将加密后的密钥存储在系统中。

用户在进行文件加密时，需要使用私钥解密，然后再使用公钥加密文件。如果用户还没有公钥/私钥对，则会首先生成密钥，然后加密数据。用户通过自己的（security identifier，安全标识符）匹配系统生成的密钥，密钥生成通常在用户第一次使用加密文件操作时自动生成。

在访问加密文件时，系统首先利用当前用户的私钥解密密钥，然后利用密钥解密该文件。EFS加密的用户验证过程是在登录 Windows 时进行的，只要登录到 Windows，就可以打开任何一个被授权的加密文件。

采用文件加密系统对敏感数据进行加密，可以加强数据的安全性。该解决方案可以有效减少数据失窃的隐患。文件加密系统对用户操作是透明的，这也就是说，如果用户加密了一些数据，那么该用户对这些数据的访问不会受到任何限制，而其他非授权用户试图访问加密的数据时，将会收到“拒绝访问”的错误提示。

2. 密钥的备份、授权

用户密钥是基于用户 SID 进行识别的，而用户 SID 具有全球唯一性特征，如果在删除用户前未备份密钥，那么文件将因密钥丢失永远无法被访问（系统删除用户将导致用户密钥无法导出）。

由于文件加密的密钥是基于用户的 SID 创建的，如果其他用户要访问则必须导入文件所有者的个人密钥，这就涉及密钥的备份与授权。

如果说对文件加密相当于给文件上锁，那么证书就是打开这把锁的钥匙。在 Windows 的证书管理中，可以查看该计算机获得的所有证书，以及用户自身的证书（不包括其他用户的私人证书），通过证书管理可以将该证书备份出来，形成一个可导入的证书文件，相当于配了一把相同的钥匙，如果需要其他用户能够访问这些加密文件，可以把这个证书文件也交给授权用户，授权用户导入该证书后就相当于拥有一把钥匙，就能够正常访问加密文件。

3. 磁盘压缩技术

NTFS 文件系统具有 NTFS 文件压缩功能，该功能用于压缩文件以节约磁盘空间，该功能默认不启用。访问 NTFS 文件压缩后的文件时，计算机需要耗费 CPU 进行解压缩，这将对系统带来额外的开销，导致文件访问效率降低。

NTFS 压缩适用于以下几种情况。

- 冷数据（很少被访问的文件）——如果将不经常访问的文件（如备份文档）进行压缩可以提高磁盘空间的利用率。
- 非压缩格式文件——Office文档，文本文档，PDF等类型的文件压缩率会比较显著。由于MP3、JPEG和视频文件本身就是压缩格式，因此再次进行压缩的意义不大，甚至可能毫无效果。
- CPU计算能力高但硬盘访问速度慢的计算机。

NTFS 压缩不适合以下场合使用：

- Windows系统文件和其他程序文件。这样会显著降低系统性能，还可能导致其他问题的出现。
- 高负荷的服务器系统。对于桌面电脑和笔记本电脑，由于CPU大部分时间都处于空闲状态，因此有能力快速进行解压缩。而对服务器而言，CPU工作负荷一直处于较高状态，使用压缩将会降低文件的访问速度。
- 压缩格式的文件。文件的压缩格式不仅仅包括ZIP、RAR等大家熟知的所谓“压缩文件”，大多数流行的多媒体格式文件如MP3、JPEG、各种视频文件等，本身就是采用压缩编码的。
- CPU运算能力不高的计算机，比如低电压版CPU的笔记本电脑。

项目实践

任务 9-1 文件（夹）加密的配置与管理

任务描述

在存储服务器上为 tom 和 jack 创建用户账号【tom】【jack】，使用 tom 登录到存储服务器，在 F 盘（NTFS 格式）创建个人目录，并设置文件夹属性为加密，然后在该目录中存放个人文档。

使用账户【jack】登录系统，查看用户【tom】的个人文档，验证是否有权限访问。

任务操作

（1）在上右键选择【计算机管理(G)】，依此选择【计算机管理】→【系统工具】→【本地用户和组】→【用户】，右键单击【用户】选择【新用户】，如图 9-2 所示。

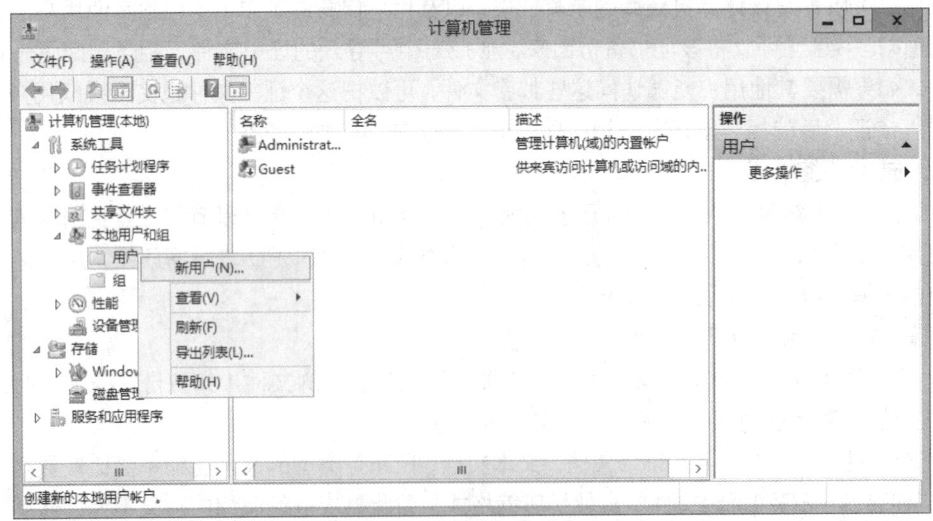

图 9-2 计算机管理

（2）在弹出的【新用户】对话框中，输入用户名和密码，并取消【用户下次登录时须更改密码】，单击【创建】，如图 9-3 所示。

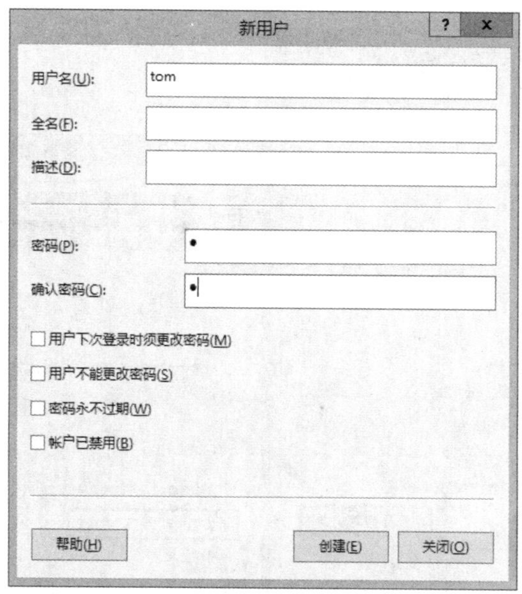

图 9-3　新用户

（3）再次创建用户，输入用户名为【jack】，创建成功后，如图 9-4 所示。

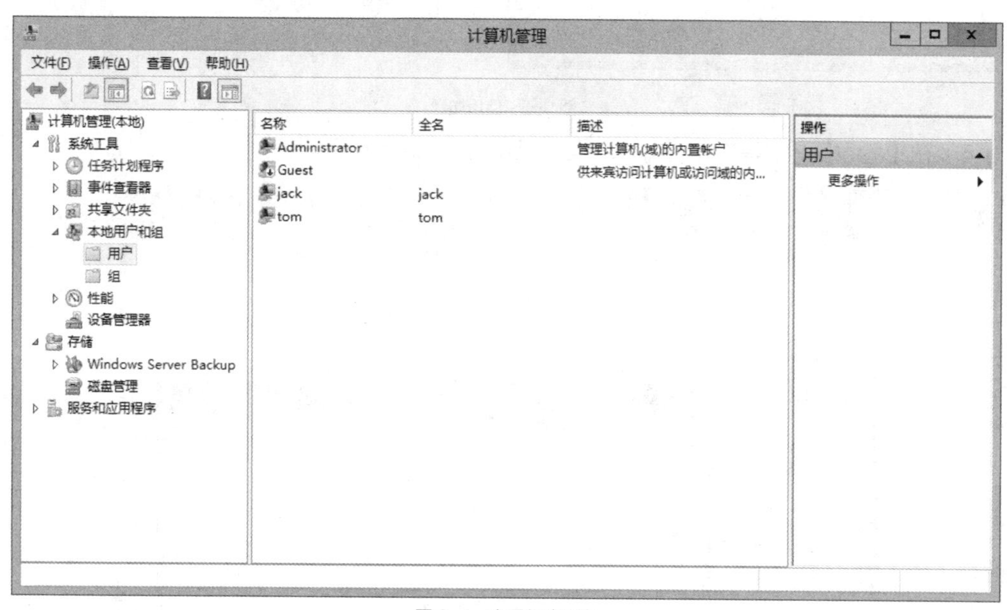

图 9-4　查看新建用户

（4）创建存储池，再创建一个【存储数据布局】为【Simple】类型的虚拟磁盘【Simple_1】,【大小】分别为【1GB】，并进行分区和格式化。

（5）使用【tom】用户登录，在 F 分区上创建【tom】文件夹，右键【属性】单击【高级】勾选【加密内容以便保护数据】，如图 9-5 所示。

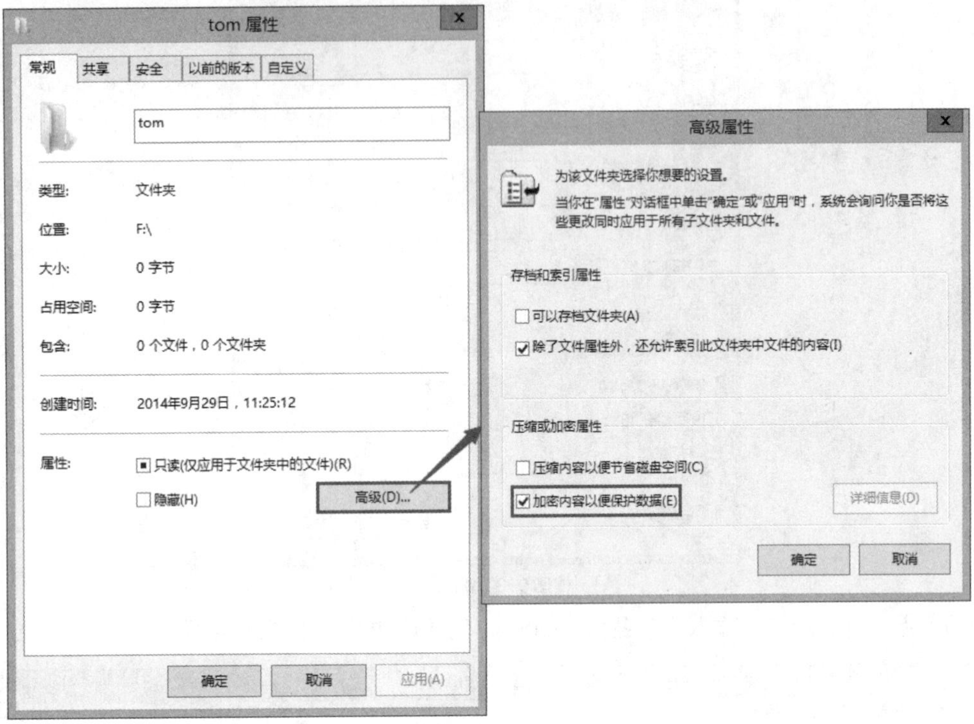

图 9-5　启用加密

（6）在【tom】下创建文本并输入一些内容，如图 9-6 所示。

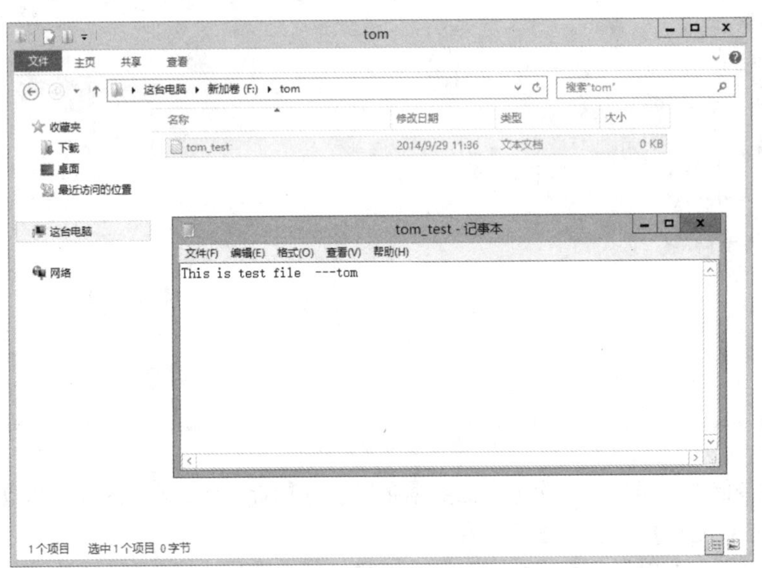

图 9-6　查看 tom 加密文件

任务验证

使用【jack】用户登录服务器，查看 tom 目录下的 tom_test.txt 文件，因为用户【jack】没有查看修改文件的授权密钥，所以被拒绝访问。结果如图 9-7 所示。

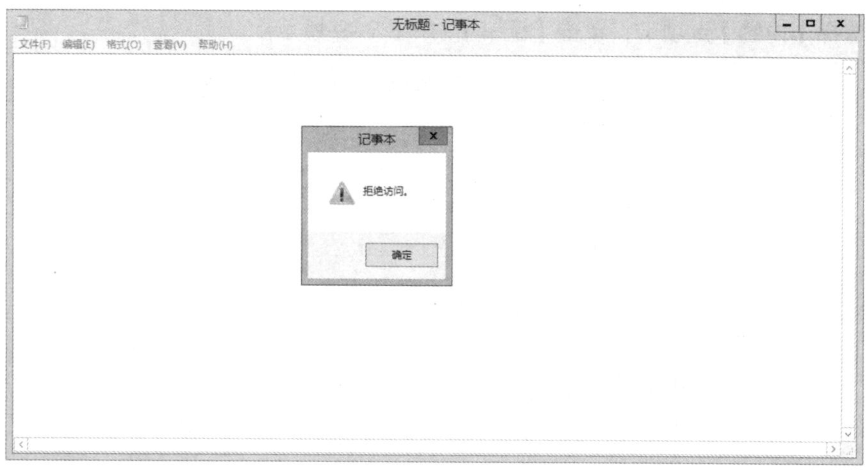

图 9-7　拒绝访问

任务 9-2　用户密钥的备份

任务描述

如果系统删除用户账户【tom】，那么 tom 的所有加密文档将因丢失密钥而无法打开。解决此类问题，可以通过将用户的密钥备份导出，在需要时再行导入。

本任务将演示如何查看和导入用户账户【tom】的密钥。

任务操作

（1）使用用户【tom】登录系统，打开【网络和共享中心】，单击左下角的【Internet 选项】，如图 9-8 所示。

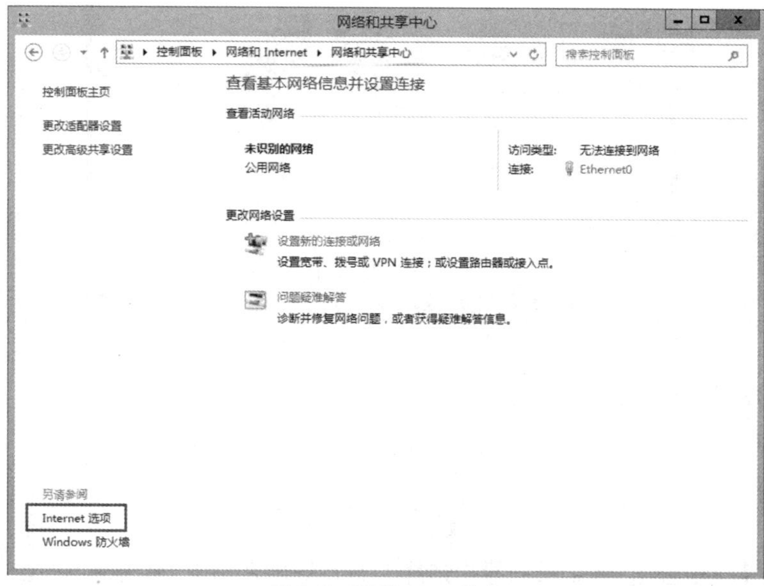

图 9-8　打开 Internet 选项

（2）选择【内容】选项卡，单击【证书】，如图 9-9 所示。

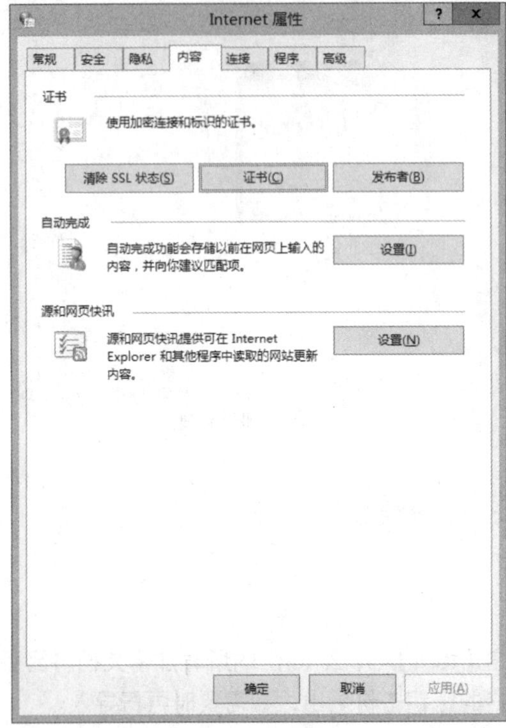

图 9-9　管理证书

（3）在弹出的【证书】对话框中，选择【tom】证书，单击【导出】，如图 9-10 所示。

图 9-10　导出证书

（4）单击【下一步】，在证书向导中选择【是，导出密钥】，单击【下一步】，如图 9-11

所示。

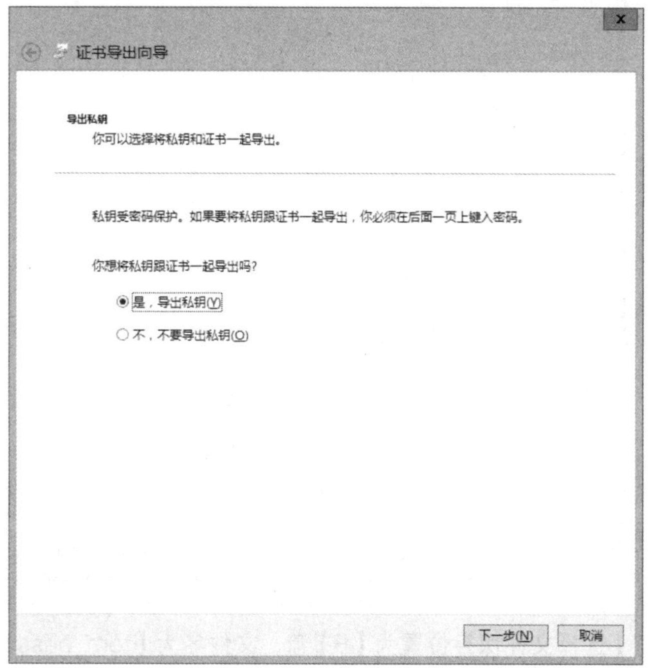

图 9-11　导出密钥

（5）在【导出文件格式】中选择【如果可能，则包括证书路径中的所有证书】，单击【下一步】，如图 9-12 所示。

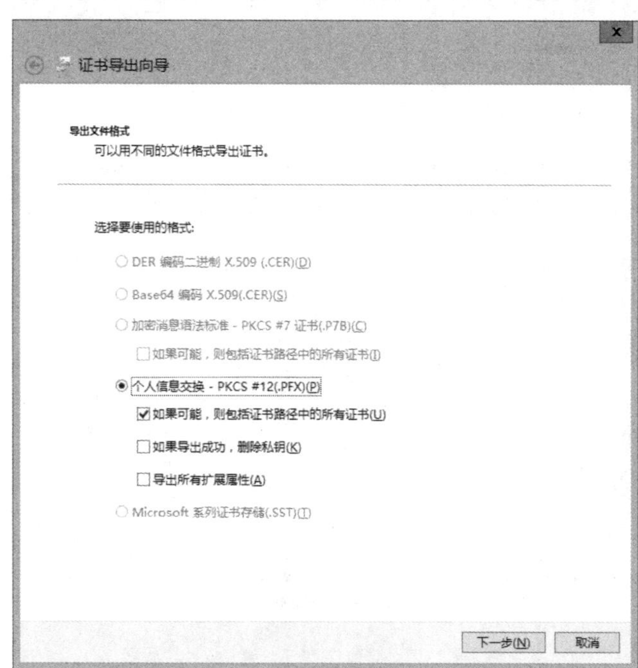

图 9-12　选择文件格式

（6）在【安全】中勾选【密码】，输入密码，单击【下一步】，如图 9-13 所示。

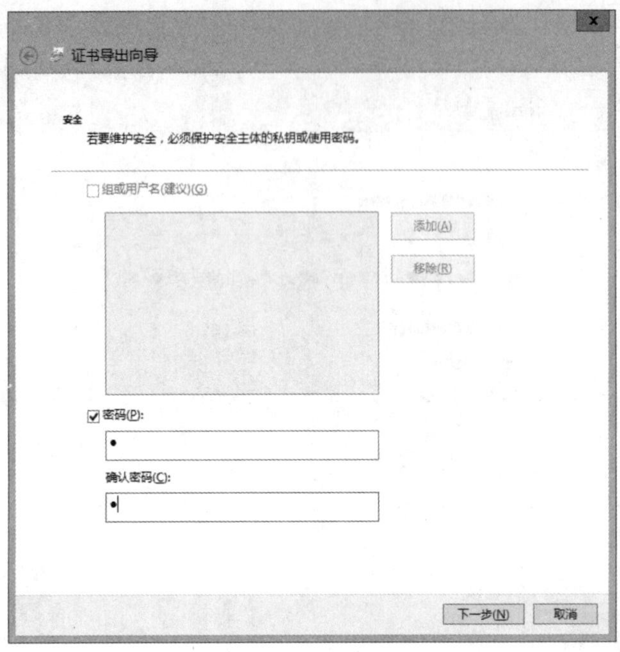

图 9-13 输入密码

（7）单击【浏览】选择文件保存位置为【F】盘，文件名为【tom_password.pfx】，单击【下一步】，确认无误后单击【完成】，如图 9-14 所示。

图 9-14 选择保存路径

任务验证

打开【F】盘，可以看到导出的证书文件，如图 9-15 所示。

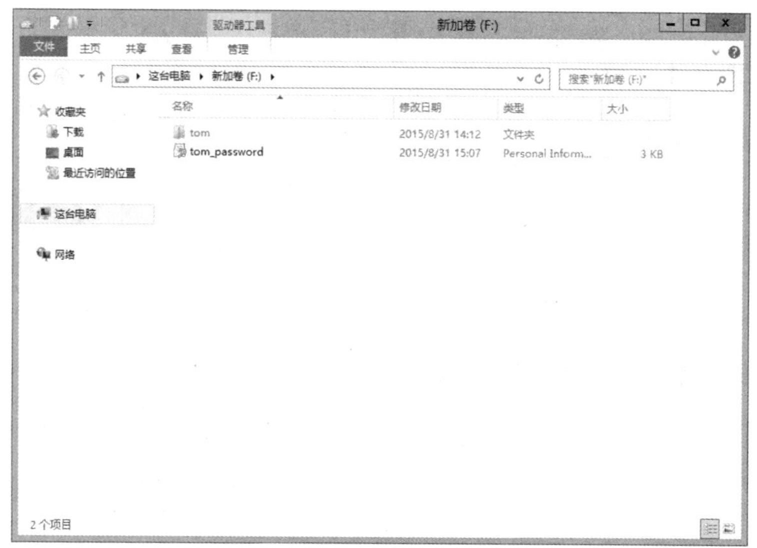

图 9-15　查看证书文件

任务 9-3　用户密钥的导入（授权）

任务描述

如果将其他服务器上的用户加密文件移至一台新的服务器，由于新服务器的用户没有访问该加密文件的密钥，为了访问这些加密文件，可以将任务 9-2 导出的用户密钥导入（授权）给当前服务器的用户，这样就可以访问这些加密文件了。同理，该方法也适用于服务器内部 A 用户授权 B 用户访问 A 用户加密文件的情况。

本任务将演示如果使用证书导入向导对用户证书进行导入，实现授权另一用户对加密文档的访问。

任务操作

（1）使用【jack】用户登录，打开【F:\tom\tom_test.txt】，显示【拒绝访问】，如图 9-16 所示。

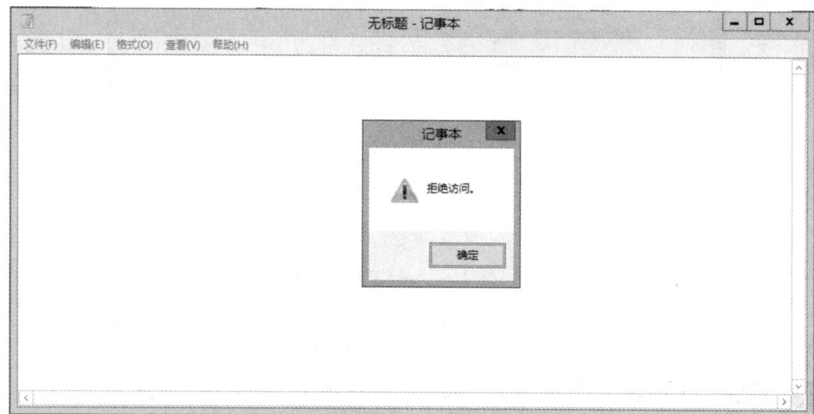

图 9-16　拒绝访问

（2）双击打开【F:\tom_password.pfx】，弹出【证书导入向导】对话框选择【存储位置】为【当前用户】，如图 9-17 所示。

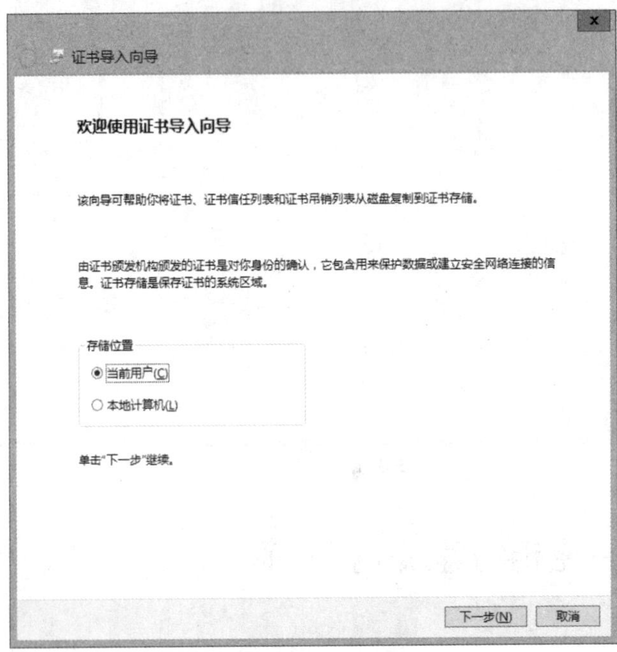

图 9-17　证书导入向导

（3）单击【浏览】，选择【F:\tom_password.pfx】文件，单击【下一步】，如图 9-18 所示。

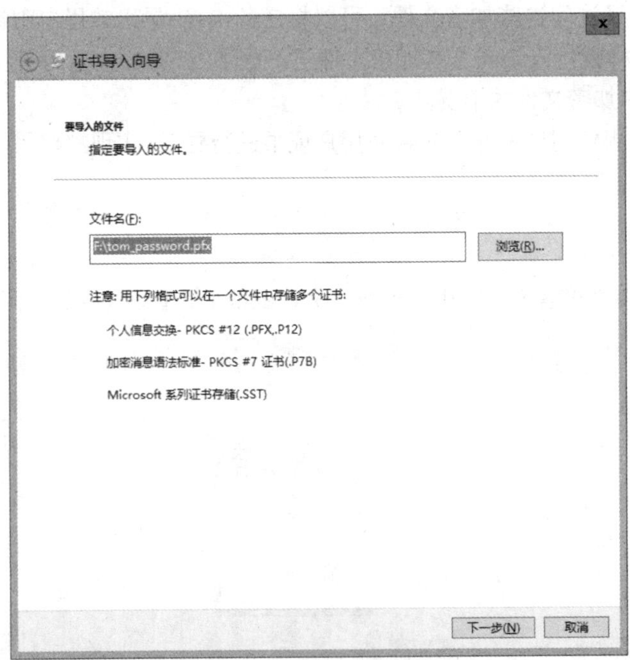

图 9-18　选择导入证书文件

（4）在【私钥保护】中键入【密码】，单击【下一步】，如图 9-19 所示。

图 9-19　键入密码

（5）在【证书存储】中，选择【根据证书类型，自动选择证书存储】，单击【下一步】，确认无误后，单击【完成】，如图 9-20 所示。

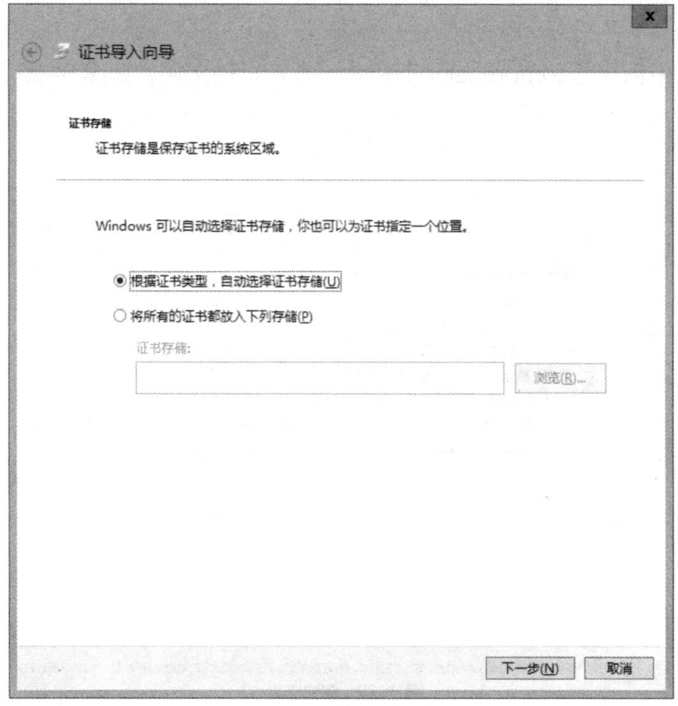

图 9-20　选择证书存储

任务验证

打开【F:\tom\tom_test.txt】，可以正常打开，如图 9-21 所示。

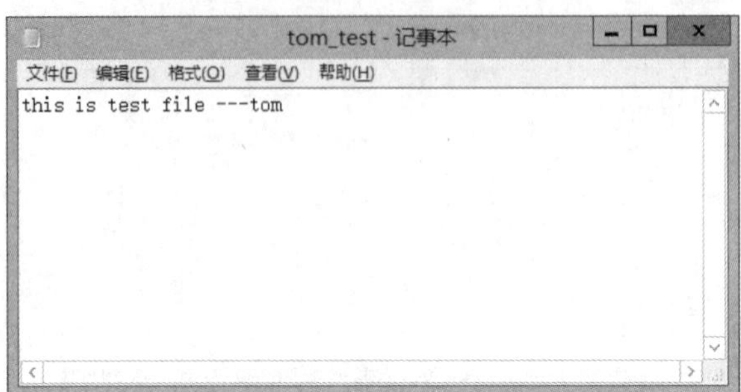

图 9-21 正常打开 tem_test.txt

任务 9-4 磁盘压缩的配置

任务描述

对于对磁盘 I/O 要求不高的应用，通过磁盘压缩技术可以提高磁盘空间的利用率，但磁盘压缩技术会增加服务器的 CPU 负载，同时降低文件访问的效率。

本任务演示如何对文件夹配置磁盘压缩属性。

任务操作

（1）在 F 分区中创建【compression】目录，写入一些文件，如图 9-22 所示。

图 9-22 创建文件

（2）右键单击【compression】选择【属性】，弹出【compression 属性】对话框，单击【高级】，如图 9-23 所示。

图 9-23　查看属性

（3）在【高级属性】中勾选【压缩内容以便节省磁盘空间】，单击【确定】，如图 9-24 所示。

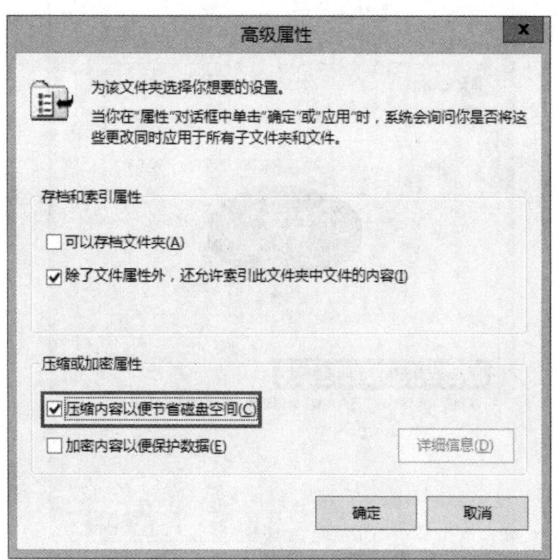

图 9-24　启用压缩功能

（4）在弹出的【确认属性更改】对话框中，有以下两个选项。

- 【仅将更改应用于此文件夹】：该文件夹内已有的文件不引用压缩，仅对之后创建的文件进行压缩；

- 【将更改应用于此文件夹、子文件夹和文件】：对以后的文件进行压缩，并对之后创建的文件夹、子文件夹和文件进行压缩。

由于文件夹中已写入文件，这里勾选【将更改应用于此文件夹、子文件夹和文件】，单击【确定】，如图 9-25 所示。

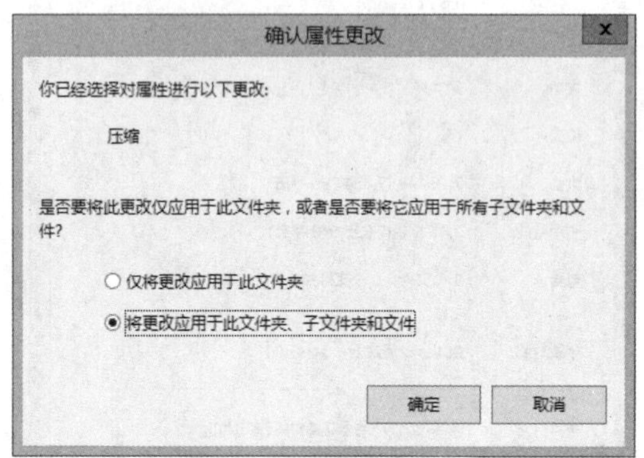

图 9-25 确认属性更改

（5）在文件夹下启用压缩功能只对该文件夹下的文件或文件夹起作用，若在分区中勾选压缩功能，则可以对整个分区内的文件和文件夹起作用，如图 9-26 所示。

图 9-26 分区启用压缩功能

任务验证

右键单击【compression】，选择属性，查看文件占用空间大小，可以看到占用空间已经变小，如图 9-27 所示。

图 9-27 查看占用空间大小

习题与上机

一、简答题

1. 将加密文件拷贝到其他 PC 时，加密属性是否仍然生效?
2. 将磁盘压缩目录内的文件拷贝到其他 PC 时，文件所占用的磁盘空间是否发生改变?

二、项目实训题

1. 在 SRV1 上创建用户 tom 并创建加密文件，并将加密文件拷贝到 SRV2。
2. 在 SRV2 上创建同名用户 tom，尝试打开加密文件，截取实验结果，并描述结果的缘由。

项目 10
基于 NTFS 权限（ADLP 原则）的文件共享服务的配置与管理

项目背景

EDU 公司对内部员工开设了共享目录，但由于有些员工出于恶意，将其他部门员工共享的文件随意更改或者删除，导致公司共享目录不能更好地为员工带来便利，公司希望能够基于部门划分共享文件夹，不同部门员工不能访问非本部门的共享，从而保证共享文件不被恶意破坏。

公司网络存储拓扑如图 10-1 所示。

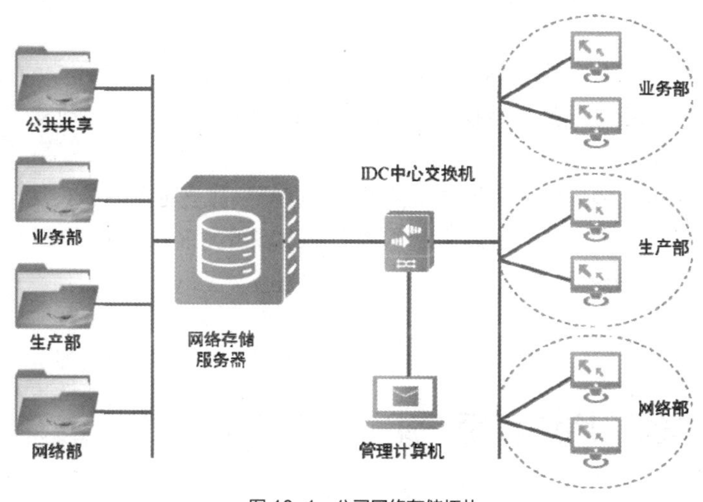

图 10-1　公司网络存储拓扑

项目分析

管理员将存储服务器的共享文件夹根据不同部门划分不同的权限，具体涉及以下工作任务。

（1）将所有员工添加到组中。

（2）将组添加到共享文件夹的权限中，并赋予不同的权限。

相关知识

ADLP 原则

资源的访问权限既可分配给用户，也可以分配给一个用户组。

假设某公司有 3 个部门（部门 A、B、C），存储管理员根据各部门的需求部署了相应的文件共享目录，并为每一个部门员工（用户）分配了共享目录的访问权限，这是共享目录在部署时的一种基于用户分配权限的解决方案。

文件共享部署完成后，后期维护时经常遇到资源权限的管理工作，如部门 A 有 1 个员工调到部门 B，那么就需要管理员在部门 A 对应共享目录的访问权限中删除该员工的相关权限，然后在部门 B 对应共享目录中添加相关权限。

再如：X 共享目录允许部门 A 读写、部门 B 读取、部门 C 写入，Y 共享目录允许部门 A 读取、部门 B 读写、不允许部门 C 读写，当用户更换部门时，资源的权限分配则需要重新配置用户对 X 和 Y 资源的访问权限。

以上两个案例中网络管理员对文件共享目录权限的管理都是以用户为单位，这种做法虽然可以解决用户变更（离职、入职、变更部门等）所带来的资源权限重新配置问题，但是，试想一下，如果用户变更很频繁，或者用户所涉及的资源很多，那么网络管理员就需要处理大量重复性的权限管理工作。既然是重复性的工作任务，那么有没有更为有效的解决方案呢?

在 ADLP 原则中，A 表示用户账号，DL 表示本地组，P 表示资源权限。该原则要求管理员首先为每个部门创建本地组（DL），然后根据用户的隶属关系，将用户加入到对应的部门组，最后将资源的访问权限授予各部门组。

基于 ADLP 原则部署后，再遇到用户变更时，网络管理员只需改变用户的隶属组关系即可，因为用户对资源的访问权限是通过组权限继承的，改变了用户的隶属组就改变了用户对资源的访问权限。

这样，上述两个例子的问题就变得非常简单，管理员只需变更用户的隶属组关系，对于资源权限则无需做任何改变，而用户变更本身就需要变更隶属组关系，因此，ADLP 原则有效提高了企业资源权限管理的工作效率。

项目实践

任务 10-1 创建用户和用户组

任务描述

创建用户并基于 ADLP 原则将用户加入到组中。

任务操作

（1）在⊞上右键选择【计算机管理(G)】，依次选择【计算机管理】→【系统工具】→【本地用户和组】→【用户】，右键单击【用户】选择【新用户】，如图 10-2 所示。

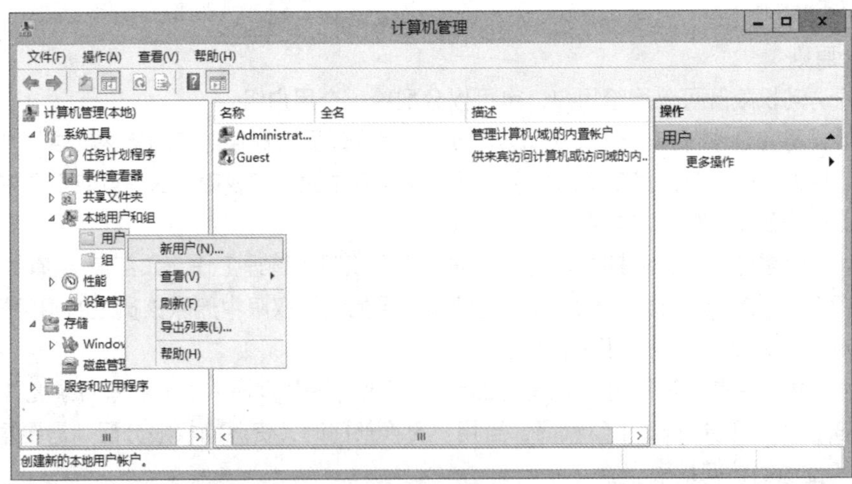

图 10-2 计算机管理

（2）在弹出的【新用户】对话框中，输入用户名和密码，并取消【用户下次登录时须更改密码】，单击【创建】，如图 10-3 所示。

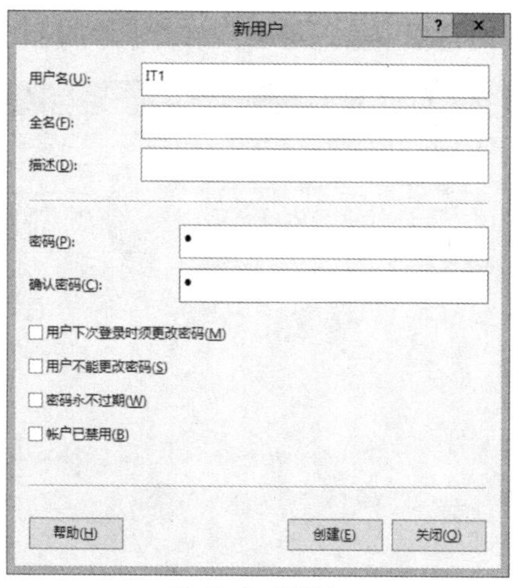

图 10-3　新用户

（3）再次创建用户，输入用户名为【HR1】，创建成功后，如图 10-4 所示。

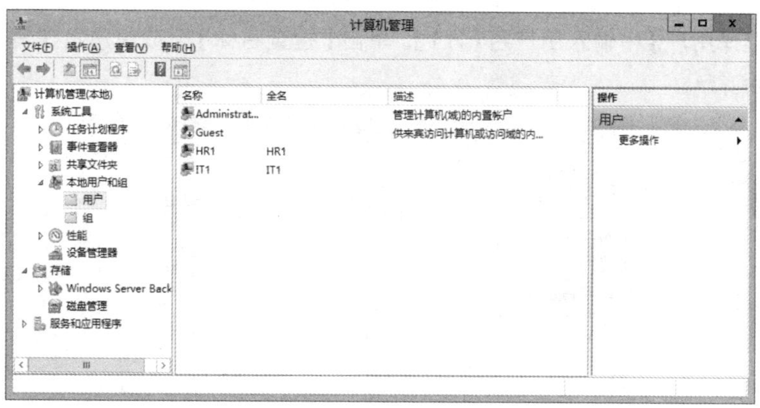

图 10-4　查看新建用户

（4）在【计算机管理】中依次选择【计算机管理】→【系统工具】→【本地用户和组】→【组】，右键单击【组】选择【新建组】，如图 10-5 所示。

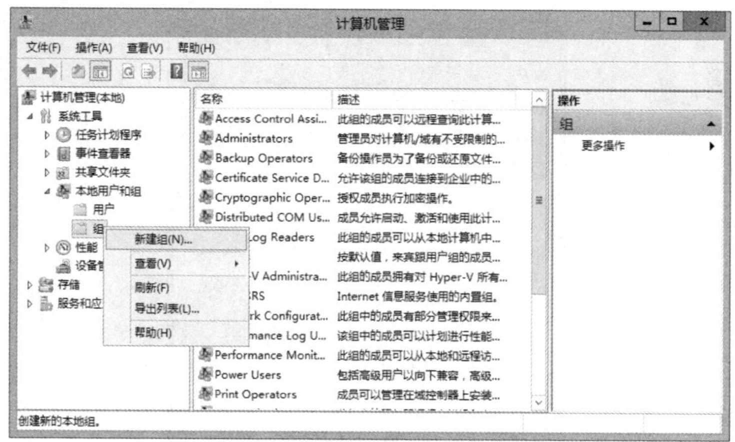

图 10-5　新建组

（5）在弹出的【新建组】对话框中输入组名，单击【添加】，如图 10-6 所示。

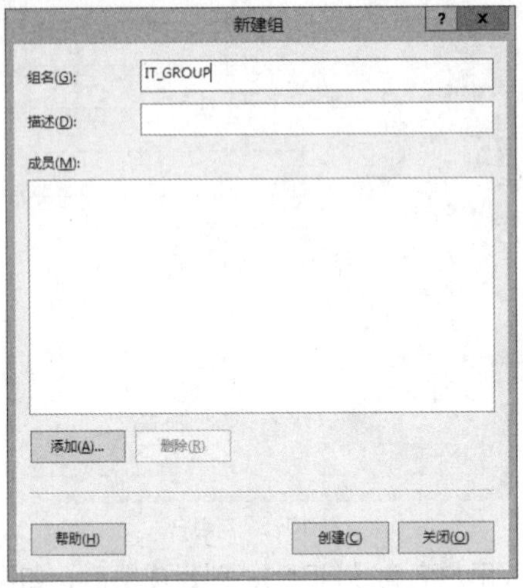

图 10-6 新建组

（6）在【选择用户】中输入用户名【IT1】，单击【检查名称】完成用户名拼写，单击【确定】，如图 10-7 所示。

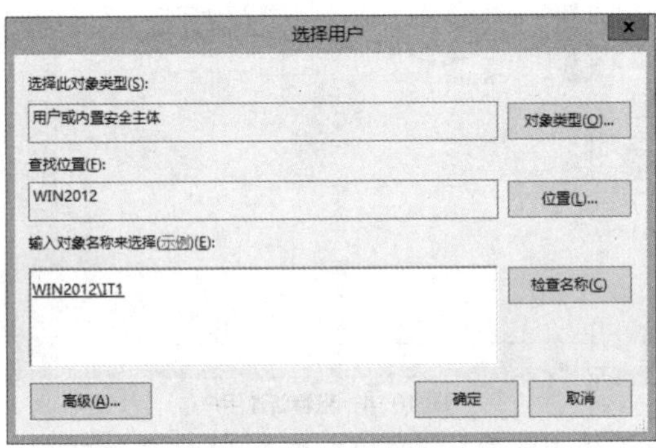

图 10-7 选择用户

（7）将用户【IT1】添加到用户组【IT_GROUP】后，单击【创建】，如图 10-8 所示。

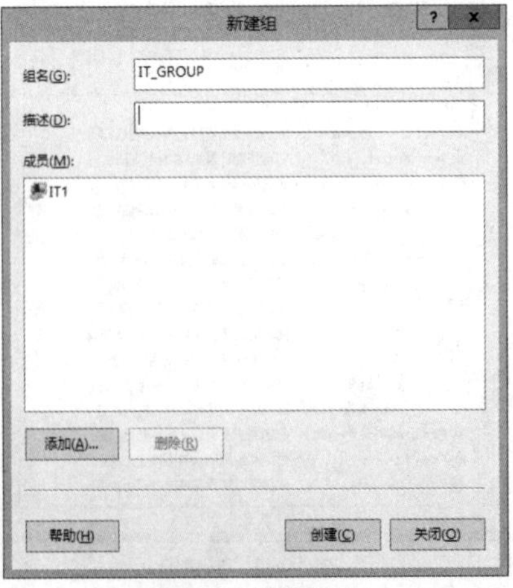

图 10-8 创建用户组

（8）创建用户组【HT_GROUP】，并将【HR1】添加到用户组【HR_GROUP】中，如图 10-9 所示。

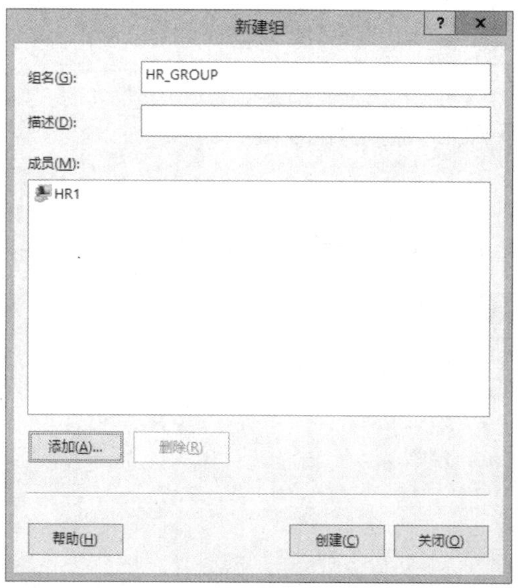

图 10-9　新建组

任务验证

在【计算机管理】→【本地用户和组】→【组】中查看【HR_Group】和【IT_Group】的属性，如图 10-10 所示。

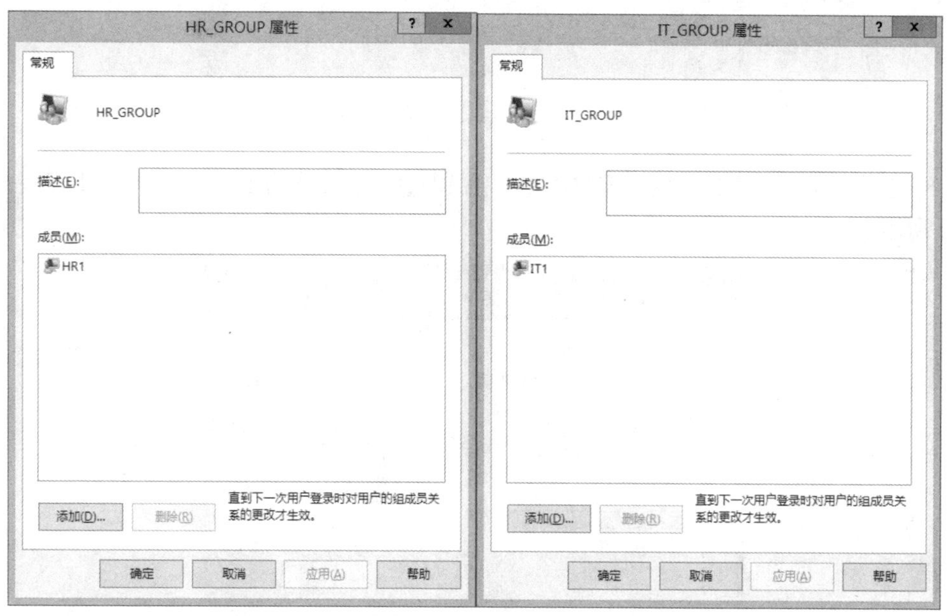

图 10-10　查看用户组属性

任务 10-2 创建共享文件夹和权限分配

任务描述

创建共享文件夹并基于 ADLP 原则分配权限。

任务操作

（1）创建【IT_FIle】和【HR_File】两个文件夹，如图 10-11 所示。

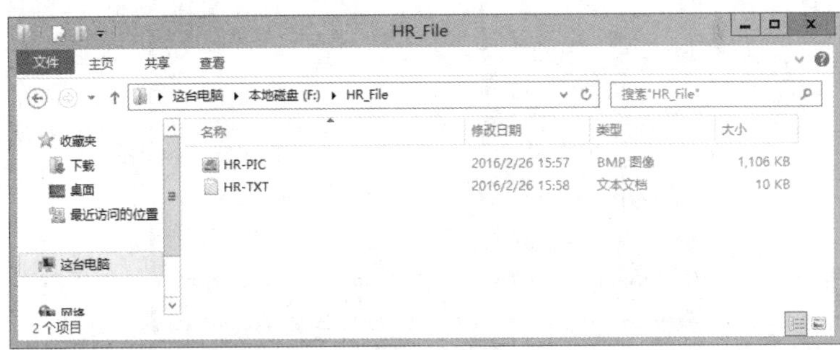

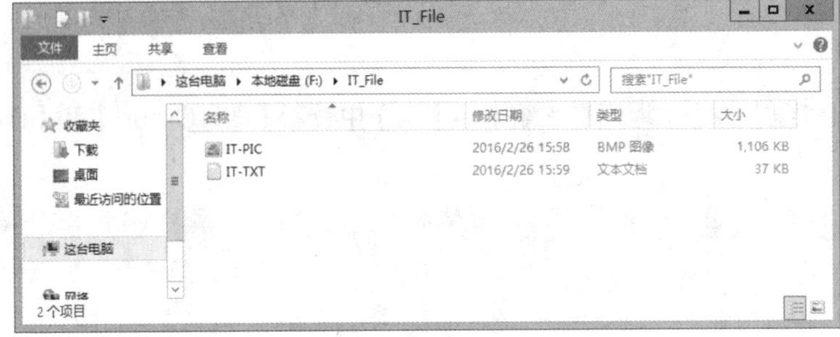

图 10-11 创建文件夹

（2）在【IT_File】文件夹的共享权限中，给【IT_GROUP】分配【读取/写入】权限，如图 10-12 所示。

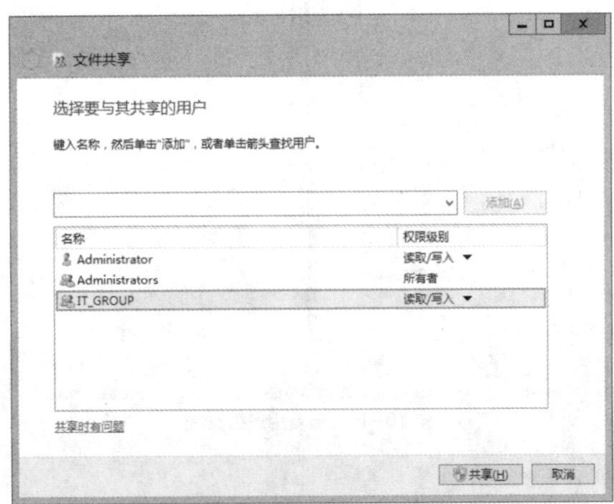

图 10-12 设置访问权限

（3）在【HR_File】文件夹的共享权限中，给【HR_GROUP】分配【读取/写入】权限，如图 10-13 所示。

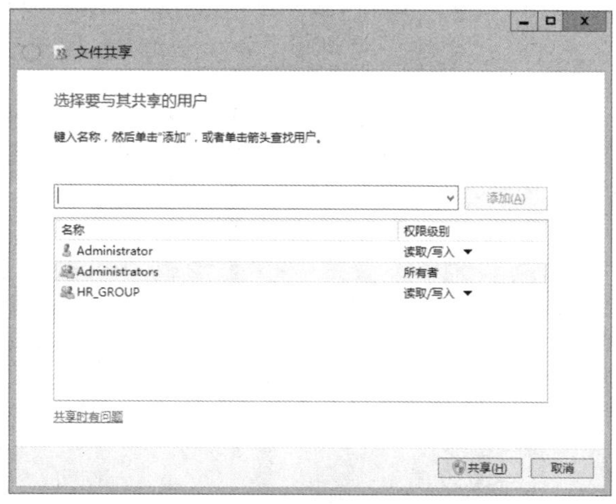

图 10-13　设置访问权限

（4）在客户端【WIN10】中访问【\\10.0.0.1】，弹出【Windows 安全】对话框，输入【HR1】的用户名和密码，单击【确定】，如图 10-14 所示。

图 10-14　登录

（5）在文件资源管理器中可以看到两个共享资源，如图 10-15 所示。

图 10-15　访问共享资源

任务验证

（1）双击打开【HR_File】，可以正常访问该共享目录，如图 10-16 所示。

图 10-16　访问共享目录

（2）双击打开【IT_File】，弹出【网络错误】提示没有权限访问该共享资源，如图 10-17 所示。

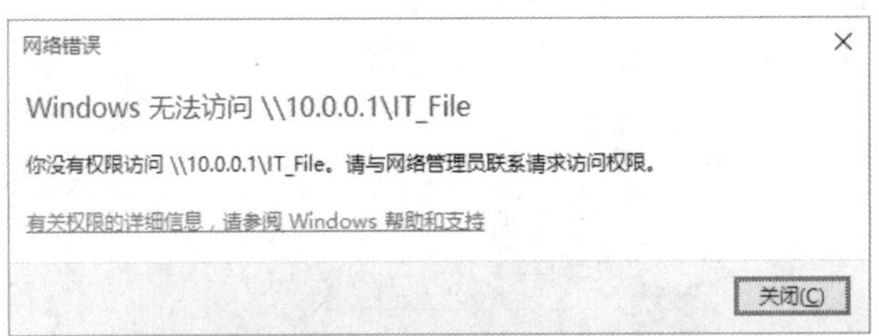

图 10-17　拒绝访问

习题与上机

一、简答题

共享文件夹允许 Everyone 读写，允许 IT1 用户读取，那么 IT1 用户的权限是什么?

二、项目实训题

1. 在新硬盘上创建一个分区，并在该计算机创建用户 IT1、IT2 和用户 IT_Master。
2. 将用户 IT1、IT2、IT_Master 加入到 IT_Group 组。
3. 创建共享文件夹【IT File】，并在该共享文件夹的共享权限中为 IT_Group 分配读取权限，为 IT_Master 分配读写权限。
4. 用户 IT1 和 IT2 对【IT File】目录具有什么权限? 通过操作截图进行验证。
5. 用户 IT_Master 对【IT File】目录具有什么权限? 通过操作截图进行验证。

Chapter

11

项目 11
NAS 服务器磁盘配额的配置与管理

项目背景

EDU 公司为满足移动办公用户日常办公需求，特在网络存储服务器上为这些员工分配了私有的共享目录，但使用了一段时间后，网络管理员发现由于部分员工将自己娱乐的视频文件上传至共享目录中，并且从不清理，所以很快就导致存储服务器磁盘空间趋于紧张。

为了提高磁盘空间的利用率，降低公司存储空间的投入成本，公司希望私有共享空间仅用于存放与公司业务相关的个人工作文件，首次拟先分配每一名员工 1GB 的网络存储空间。公司希望存储管理员能基于这一方案重新部署存储服务器配置，以提高公司存储服务器磁盘空间的使用效益。

公司网络存储拓扑如图 11-1 所示。

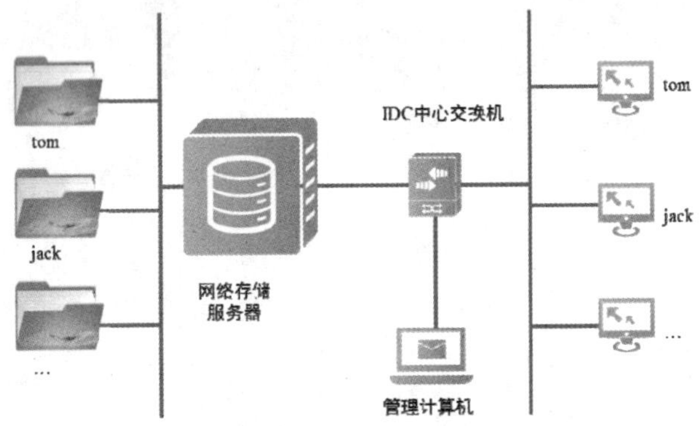

图 11-1　公司网络存储拓扑

项目分析

管理员将存储服务器的共享文件夹给每个用户分配一个固定的配额，具体涉及以下工作任务。

（1）给所有员工分配个人共享目录。

（2）在共享目录所在磁盘分区配置磁盘配额。

相关知识

磁盘配额

系统管理员可以为用户所能使用的磁盘空间进行配额限制，被限制的用户只能使用最大配额范围内的磁盘空间，这种限制用户使用磁盘空间容量的技术称为磁盘配额。磁盘配额可以避免因某个用户过度使用磁盘空间而降低磁盘空间利用率，也可以在空间租用服务中，用于限制用户的最大租用空间。

在 Windows 系统中，磁盘配额仅能在 NTFS 文件系统下实现，它通过 NTFS 卷的磁盘配额跟踪并控制磁盘空间的使用。启动磁盘配额时，可以设置两个值：磁盘配额限制和磁盘配额警告级别。例如，可以将用户的磁盘配额限制设为 500 MB，并把磁盘配额警告级别设为 450 MB。在这种情况下，用户可在卷上存储不超过 500 MB 的文件。如果用户在卷上存储的文件超过 450 MB，则磁盘配额系统会形成告警标识，并可通过事件记录通知管理员。

如果不想限制用户对磁盘空间的使用额度，但又希望记录每一个用户使用磁盘空间的情况，Windows 只需启用磁盘配额即可，系统会从启动磁盘配额的时间节点开始自动跟踪记录用户对磁盘空间的使用情况。

项目实践

任务 11-1　创建共享目录并设置共享权限

任务描述

创建存储池，创建用户，为每个用户创建共享空间，并仅允许用户自身访问。

任务操作

（1）创建存储池，并创建一个【存储数据布局】为【Simple】类型的虚拟磁盘【Simple_1】，【大小】分别为【1GB】，将其进行分区和格式化。

（2）在 上右键选择【计算机管理(G)】，在弹出的【计算机管理】界面中选择【本地用户和组】，新建用户【tom】，如图 11-2 所示。

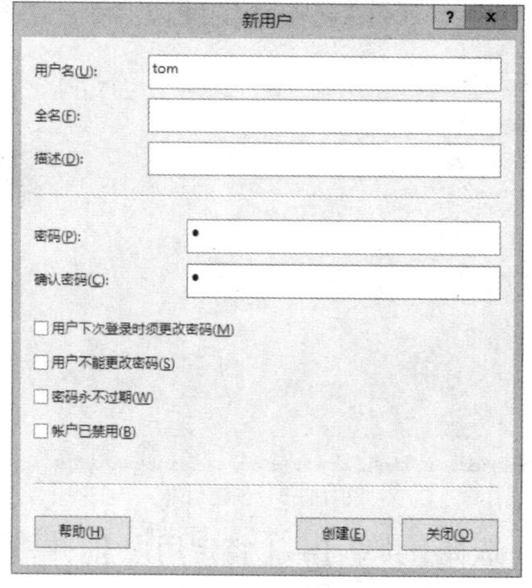

图 11-2　新用户

（3）再次选择【新用户】，新建用户【jack】，如图 11-3 所示。

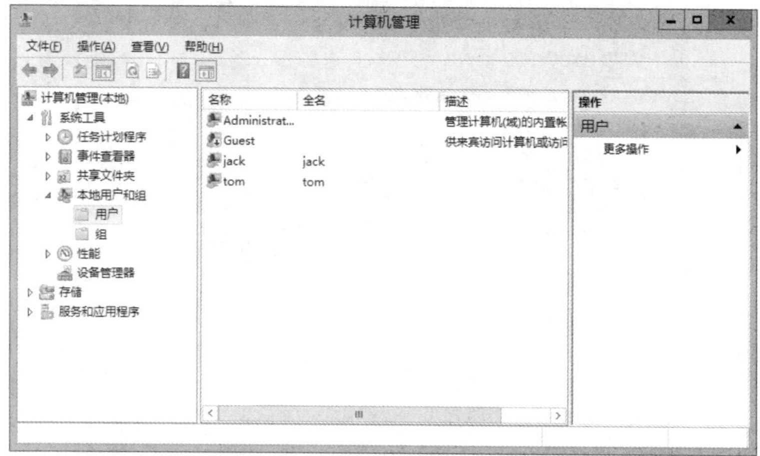

图 11-3　查看用户信息

（4）在【D 盘】创建【tom_file】文件夹，如图 11-4 所示。

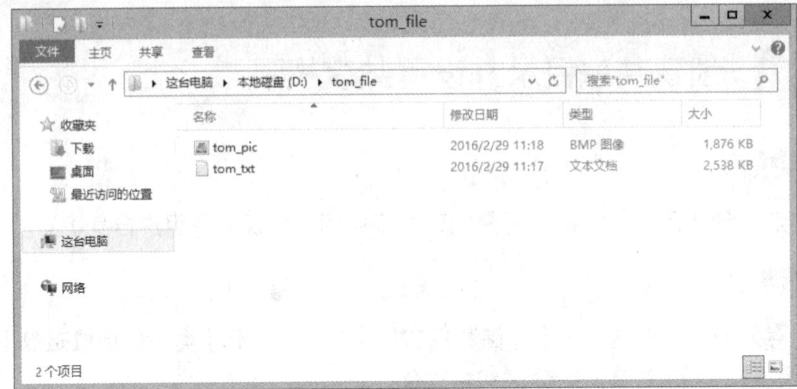

图 11-4　创建目录

（5）在【D 盘】创建【jack_file】文件夹，如图 11-5 所示。

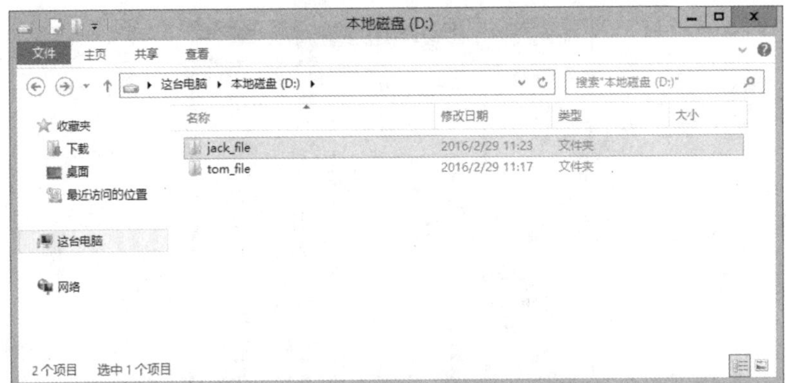

图 11-5　创建目录

（6）右键单击【tom_file】，选择【共享】→【特定用户】，并将【tom】的共享权限设置为【读取/写入】，如图 11-6 所示。

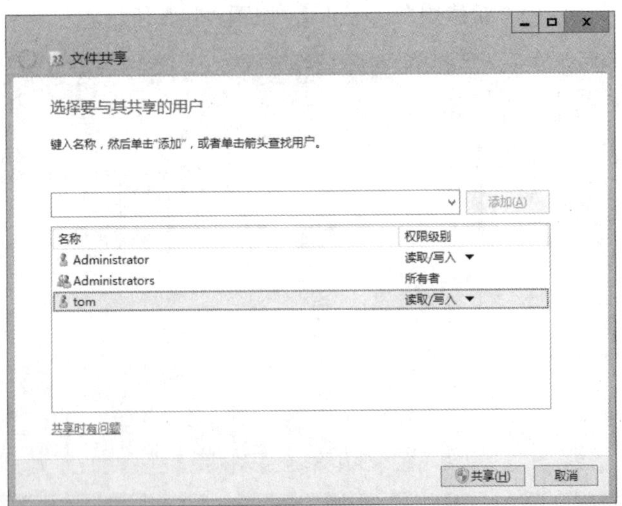

图 11-6　文件共享

（7）右键单击【jack_file】，选择【共享】→【特定用户】，并将【jack】的共享权限设置为【读取/写入】，如图 11-7 所示。

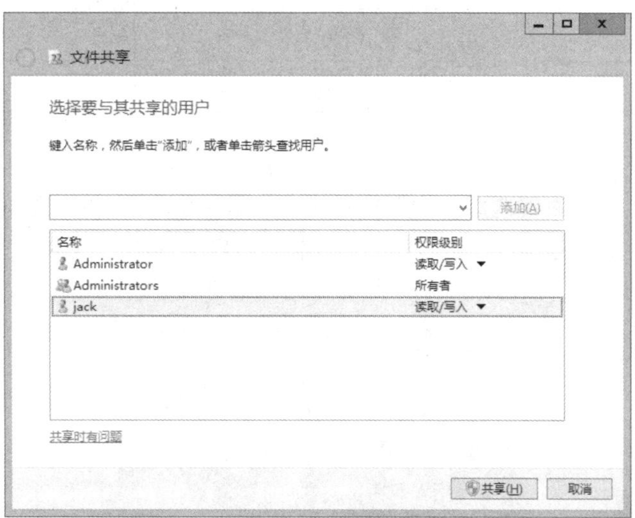

图 11-7　文件共享

任务验证

在客户端【win10】上使用【tom】用户访问共享目录【tom_file】，可以正常访问，如图 11-8 所示。

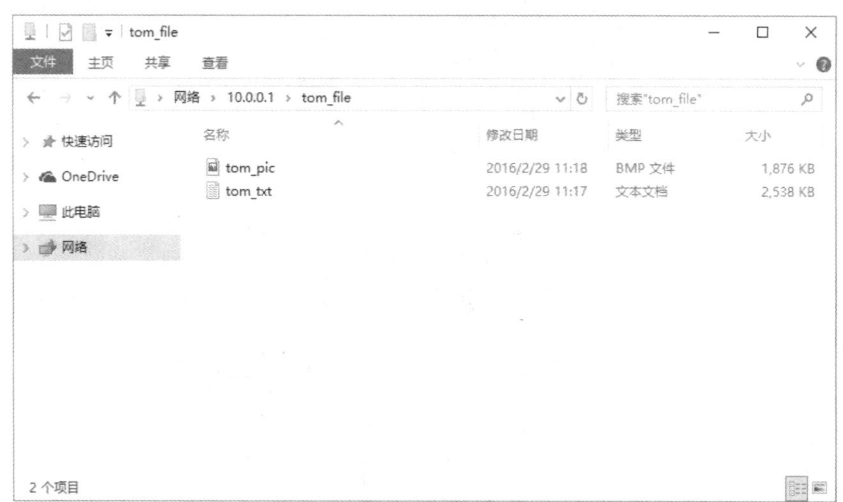

图 11-8　访问共享目录

任务 11-2　配置磁盘配额

任务描述

开启分区 D 的磁盘配额功能，并根据表 11-1 配置磁盘配额。

表 11-1 磁盘配额

对象	磁盘空间限制大小	磁盘空间告警大小
D 盘	1GB	800M
用户 tom	500M	400M

任务操作

（1）在 D 分区上单击右键选择【属性】，在弹出的属性菜单中选择【配额】选项卡，勾选【启用配额管理】和【拒绝将磁盘空间给超过配额限制的用户】，并将【将磁盘空间限制为】1GB 和【将警告等级设为】800M，然后单击【应用】，如图 11-9 所示。

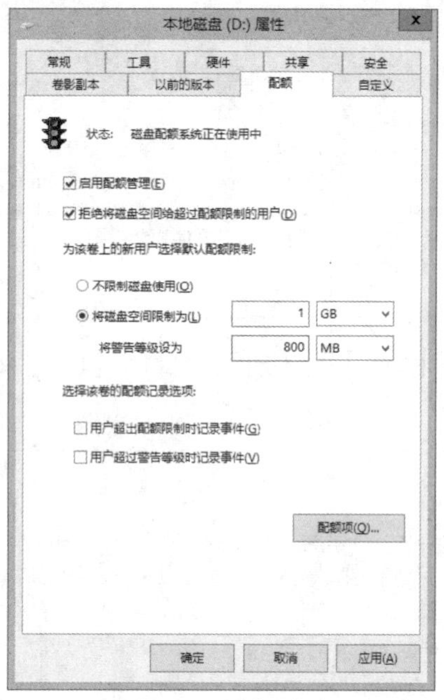

图 11-9 磁盘配额

（2）单击【配额项(Q)…】打开【(D:)的配额项】，在这里可以对每个用户的磁盘配额设置不同的值，如图 11-10 所示。

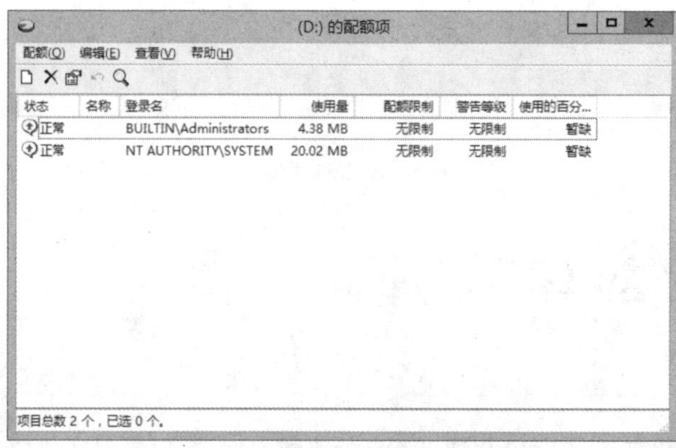

图 11-10 配额项

（3）单击【配额】选择【新建配额项】，如图 11-11 所示。

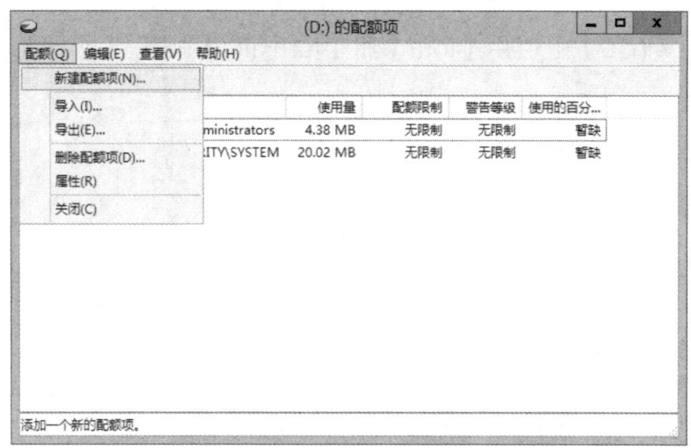

图 11-11　新建配额项

（4）在弹出的【选择用户】对话框中输入用户名称【tom】，单击【检查名称】，完成用户名的拼写，单击【确定】，如图 11-12 所示。

（5）在【添加新配额项】中设置用户【tom】的空间限制和警告等级，单击【确定】，如图 11-13 所示。

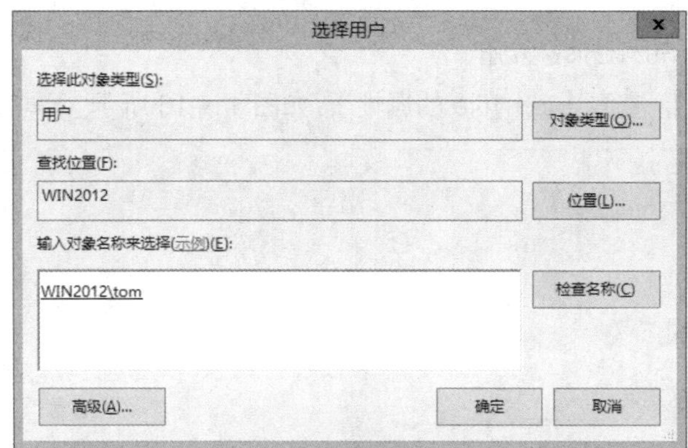

图 11-12　选择用户

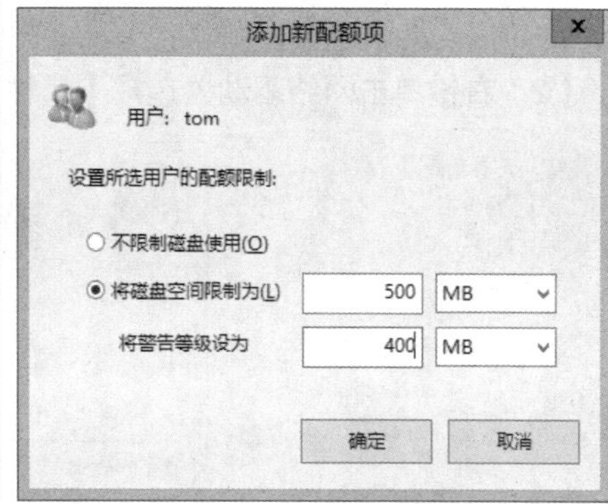

图 11-13　添加新配额项

（6）配置后【(D:)的配额项】多了用户【tom】的配额项，如图 11-14 所示。

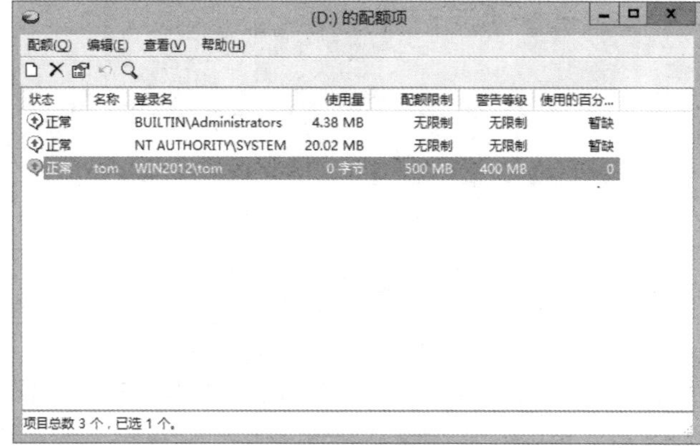

图 11-14　查看配额项

任务验证

（1）在客户端【win10】上使用【tom】将【tom_file】映射到网络驱动器上，如图 11-15 所示。

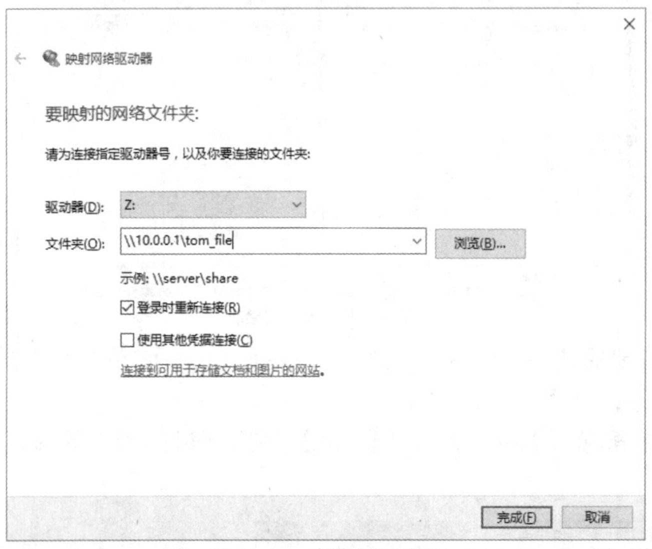

图 11-15　映射网络驱动器

（2）右键单击网络驱动器选择【属性】，查看【tom_file 的属性】，如图 11-16 所示。

图 11-16　查看属性

（3）拷贝超过 500M 的文件到网络驱动器上时，弹出错误提示，如图 11-17 所示。

图 11-17　错误提示

（4）使用【jack】将【jack_file】映射到网络驱动器上，查看属性，如图 11-18 所示。

图 11-18　查看属性

习题与上机

一、简答题

如果勾选了【启用配额管理】，而没有勾选【拒绝将磁盘空间给超过配额限制的用户】，当用户待写入的文件大小超过磁盘配额限制时，是否能成功存入磁盘?

二、项目实训题

1. 在 1 个新硬盘上创建 1 个分区，并在该计算机创建用户 IT1、IT2 和 IT_Master。

2. 在分区上为用户 IT1　、IT2 和 IT_Master 创建共享目录【IT1】、【IT2】和【ITDep】，通过【配额项】限制用户 IT1 和 IT2 仅允许使用 100M 的存储空间，用户 IT_Master 不受限制。

项目 12 为企业构建虚拟共享服务（工作组模式下的 DFS）

项目背景

为满足公司业务要求，网络管理员基于不同类型的资源建立了大量的共享目录，文件共享的应用有效解决了办公协同的问题，提高了项目的工作效率。

虽然大量的公司资源可以通过网络共享进行访问，但是由于共享目录较多，员工在访问那些不常用的目录时，还是需要向网络管理员查询共享路径，并输入对应的共享路径来访问。由于经常需要应对此类事务，因此网络管理员制作了一份共享目录与访问路径映射表，并分发给每一个员工，减少了自身的工作量。但对于表中的共享目录，由于需要频繁输入共享路径才能访问，所以还是感到不方便，希望网络管理员能提供类似收藏夹的快捷访问方式。

为此，公司希望网络管理员能够通过技术实现，将共享目录与访问路径映射表转换成一个收藏夹目录，每一个共享目录就是一个快捷方式，用户只需通过鼠标单击共享目录名称就可以进入相对应的共享文件夹。

公司网络存储的拓扑如图 12-1 所示。

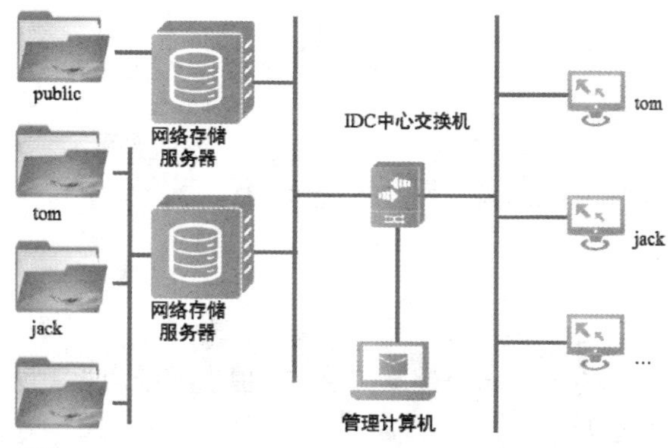

图 12-1 公司网络存储拓扑

项目分析

一、关于 DFS 的定义

在大多数环境中，共享资源驻留在多台服务器上的各个共享文件夹中。要访问资源，用户或程序必须将驱动器映射到共享资源的服务器，或直接访问共享资源的通用命名约定 UNC（universal naming convention）路径。例如：

\服务器 IP 地址\共享名　或　\服务器 IP 地址\共享名\路径\文件名

通过 DFS 分布式文件系统（distributed file system，DFS），一台 DFS 服务器上的某个共享点能够作为驻留在其他服务器上的共享资源的宿主。DFS 以透明方式链接 LAN（local area network）中的文件服务器和共享文件夹，然后将其映射到 DFS 服务器共享目录（如：\DfsServer\Dfsroot），以便从该位置对其进行访问，而实际上数据却分布在不同的网络位置。用户不必再转至网络上的多个位置以查找所需的信息，而只需连接到：\DfsServer\Dfsroot。用户在访问此共享中的文件夹时，将被重定向到对应共享资源的网络位置。这样，用户只需知道 DFS 根目录共享即可访问整个企业的共享资源。

因此，DFS 分布式文件系统提供了单个访问点和一个逻辑树结构，通过 DFS，可以将同一网络中的不同计算机上的共享文件夹组织起来，形成一个单独的、逻辑的、层次式的共享文件系统。用户在访问文件时不需要知道文件的实际物理位置，即分布在多个服务器上的文件在用户面前就如同在网络的同一个位置。

DFS 是一个树状结构（见图 12-2），包含一个根目录和一个或多个 DFS 链接。要建立 DFS 共享，必须首先建立 DFS 根，然后在每一个 DFS 根下，创建一个或多个 DFS 链接，每一个链接可以指向网络中的一个共享文件夹。

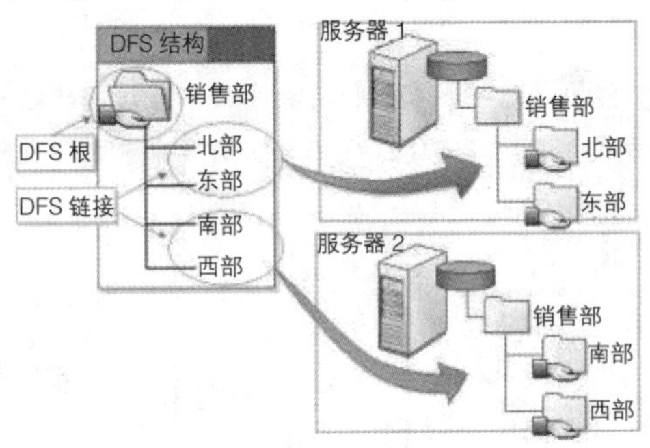

图 12-2 DFS 树状结构图

二、关于 DFS 的类型

DFS 有两种类型：独立 DFS 和域 DFS。

独立 DFS 的根和拓扑结构存储在单个计算机中，不提供容错功能，没有根目录级的 DFS 共享文件夹，只支持一级 DFS 链接。

基于域 DFS 的根驻留在多个域控或成员服务器上，由于 DFS 的拓扑结构存储在活动目录中，因而可以在活动目录的各主域控制器之间进行复制，提供容错功能，可以有根目录级的 DFS 共享文件夹和多级 DFS 链接。

相关知识

在本项目中，利用 DFS 技术，仅需在 DFS 服务器上建立公司所有文件共享服务器共享目录的逻辑链接，这样，员工只要访问这个逻辑链接就可以快速查看和访问到公司所有的共享目录。因此通过创建基于独立根目录的 DFS，将服务器的共享目录链接到一个公共目录下，即可完成本项目。

根据公司网络拓扑，完成本项目的步骤如下：

1. 在存储服务器上配置公共共享和用户共享；
2. 在 DFS 服务器上安装和配置 DFS 服务；
3. 在 DFS 服务器上创建 DFS 独立根目录，并在该根目录下链接局域网的所有文件共享；
4. 在客户机映射 DFS 独立根目录为网络驱动器，并测试。

项目实践

任务 12-1　创建公司共享目录

任务描述

在存储服务器 SRV1 上创建用户及用户个人共享目录，在存储服务器 SRV2 上创建公共共享目录。

任务操作

（1）在存储服务器【SRV1】上创建用户【tom】、【jack】，如图 12-3 所示。

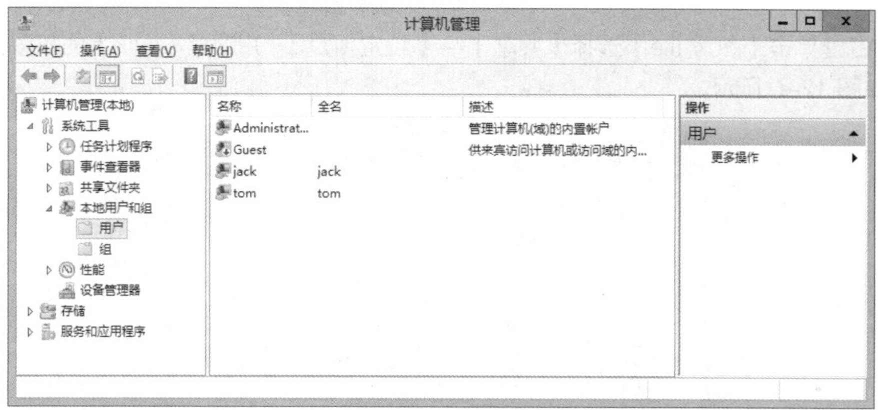

图 12-3　创建用户

（2）在存储服务器【SRV2】上的【D 盘】创建目录【tom_file】、【jack_file】，如图 12-4 所示。

图 12-4　写入数据

（3）右键单击【tom_file】选择【共享】→【特定用户】，并设置【tom】的权限为【读取/写入】，如图 12-5 所示。

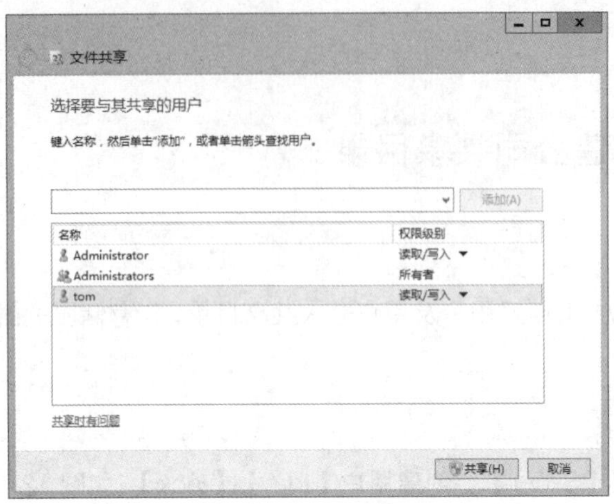

图 12-5　文件共享

（4）右键单击【jack_file】选择【共享】→【特定用户】，并设置【jack】的权限为【读取/写入】，如图 12-6 所示。

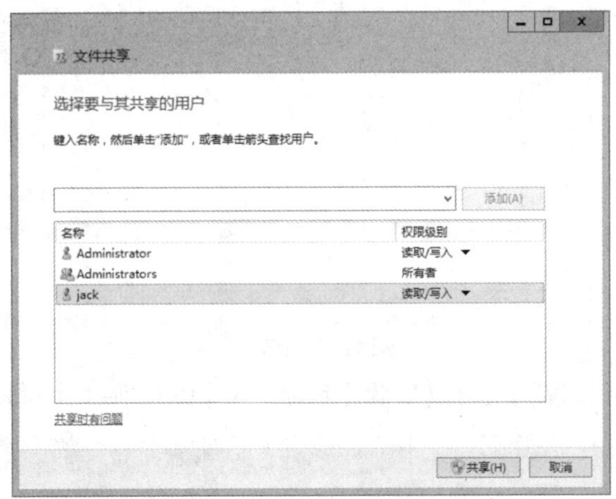

图 12-6　文件共享

（5）在存储服务器【SRV2】的 D 盘创建目录【public】，并写入一些数据，如图 12-7 所示。

图 12-7　创建共享目录

（6）右键单击【public】选择【共享】→【特定用户】，并设置【everyone】的权限为【读取】，如图 12-8 所示。

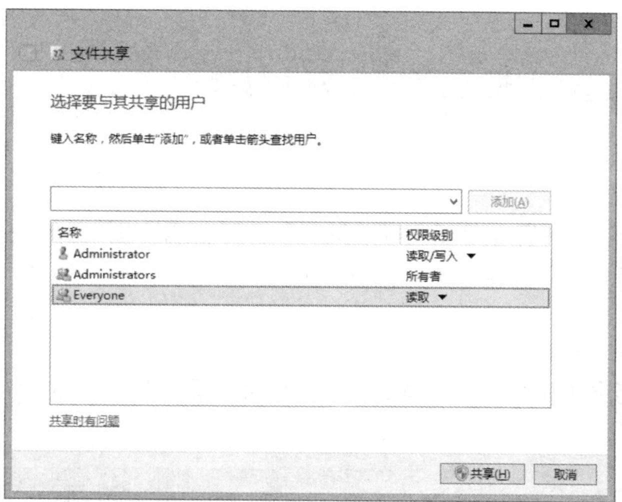

图 12-8　文件共享

任务验证

（1）在客户端【WIN10】上访问【SRV1】的共享目录，如图 12-9 所示。

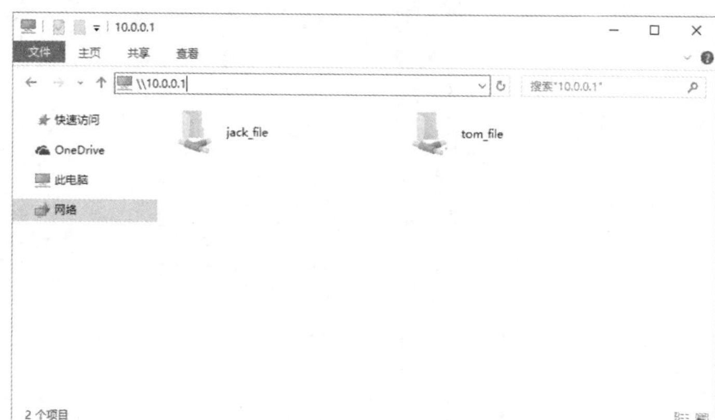

图 12-9　访问共享目录

（2）在客户端【WIN10】上访问【SRV2】的共享目录，如图 12-10 所示。

图 12-10　访问共享目录

任务 12-2 配置公司 DFS 独立根目录

任务描述

在存储服务器 SRV1 上安装 DFS 服务，然后在 DFS 服务中创建 DFS 独立根目录，并将公司所有共享链接到该根目录下。

任务操作

（1）在存储服务器的【服务器管理器】上，单击【管理】，选中【添加角色和功能】，如图 12-11 所示。

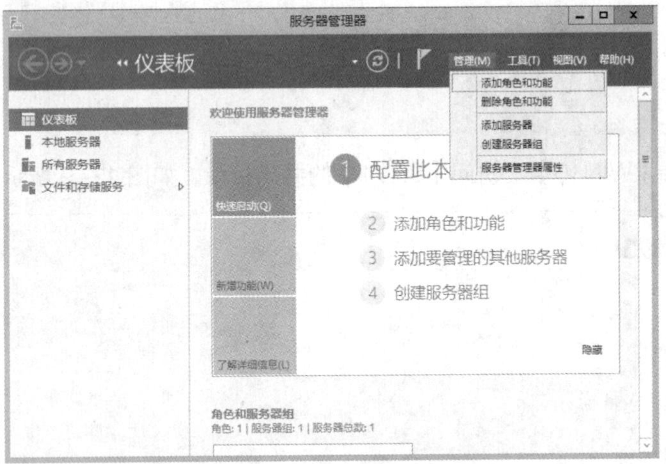

图 12-11 添加角色和功能

（2）在【添加角色和功能向导】中，勾选【DFS 命名空间】，单击【下一步】直到【确认】，单击【安装】，如图 12-12 所示。

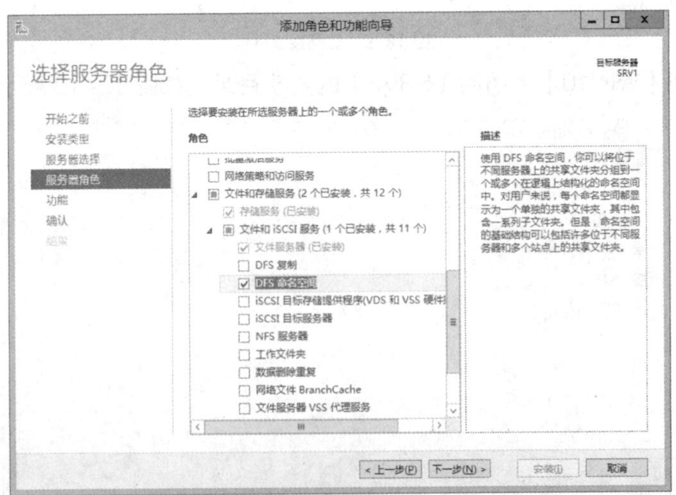

图 12-12 勾选 DFS 命名空间

（3）安装完成后，在【服务器管理器】单击【工具】选择【DFS Management】，弹出【DFS 管理】界面，如图 12-13 所示。

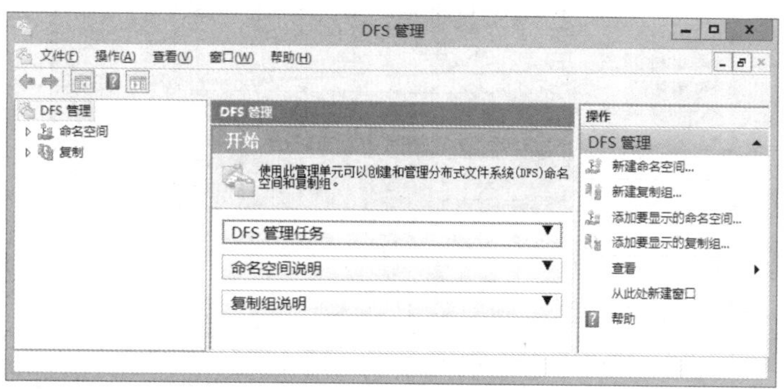

图 12-13　DFS 管理界面

（4）右键单击【命名空间】，选择【新建命名空间】，如图 12-14 所示。

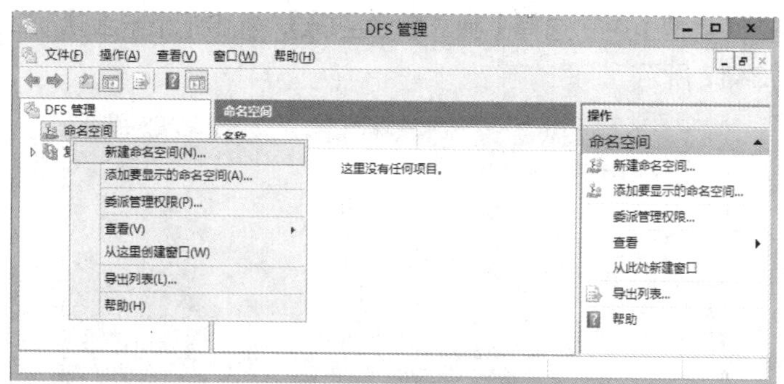

图 12-14　新建命名空间

（5）在【新建命名空间向导】中，在【服务器】一栏填写存储服务器的 IP 地址，单击【下一步】，如图 12-15 所示。

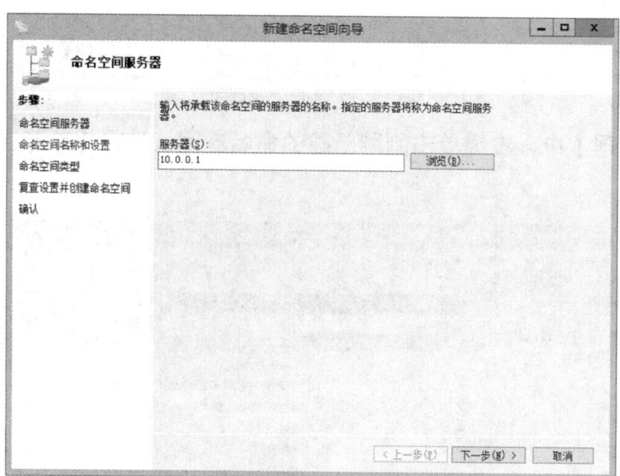

图 12-15　填写 IP 地址

（6）在【名称】一栏填写总共享目录的名称，如图 12-16 所示。

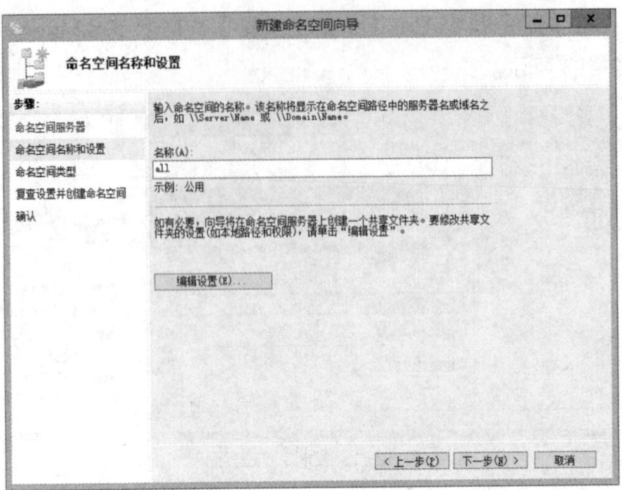

图 12-16 共享目录名称

(7) 在【命名空间类型】中，选择【独立命名空间】，单击【下一步】，在【确认】页面中单击【创建】，如图 12-17 所示。

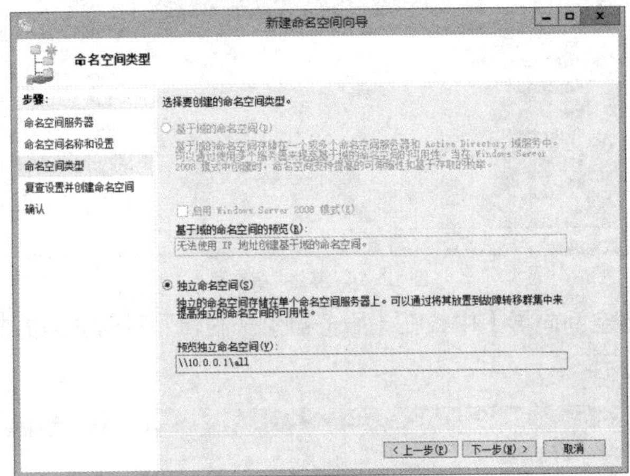

图 12-17 独立命名空间

(8) 在【DFS 管理】中，右键单击刚刚新建的命名空间，选择【新建文件夹】，如图 12-18 所示。

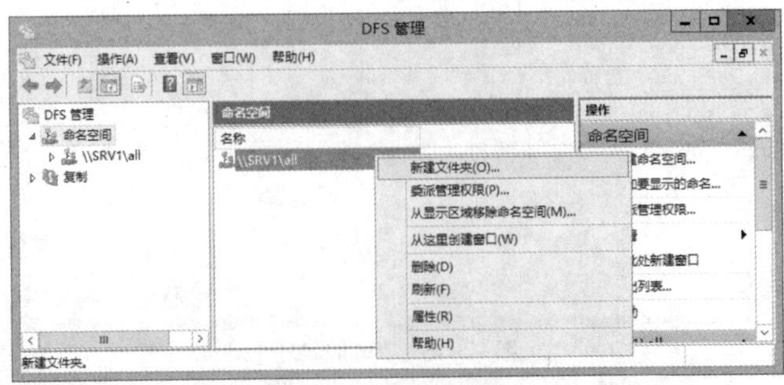

图 12-18 DFS 添加目录

(9) 在弹出的【新建文件夹】对话框中，在名称一栏输入【tom_file】，单击【添加】，如图

12–19 所示。

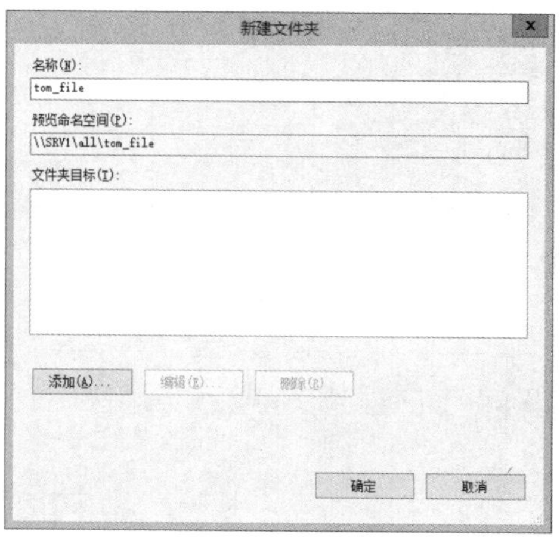

图 12-19　添加共享目录

（10）在【添加文件夹目标】中单击【浏览】，如图 12–20 所示。

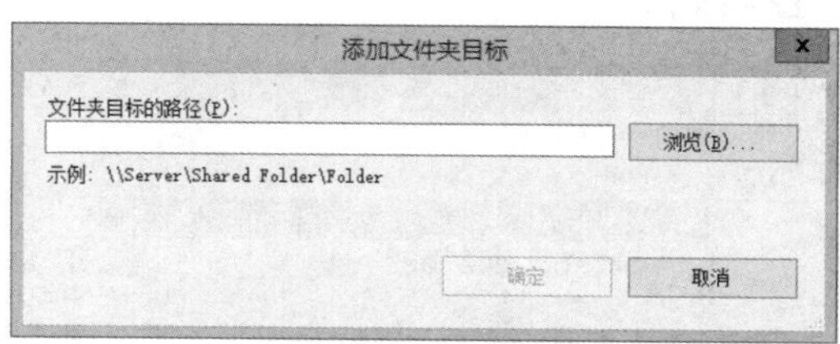

图 12-20　添加文件夹目标

（11）在【浏览共享文件夹】中，选择【tom_file】目录，单击【确定】，如图 12–21 所示。

（12）在【添加文件夹目标】中确认已添加文件夹目标的路径，单击【确定】，如图 12–22 所示。

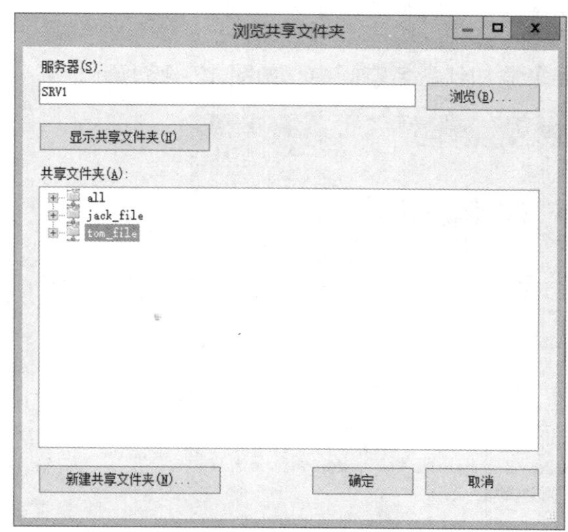

图 12-21　浏览共享文件夹

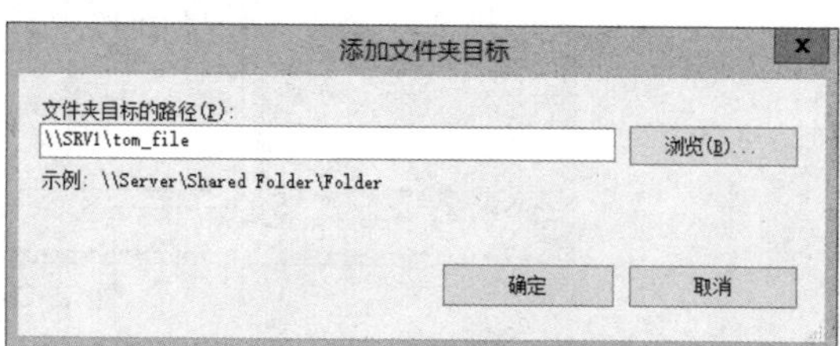

图 12-22　添加文件夹目标

（13）在【新建文件夹】对话框中，可以看到已经添加的【文件夹目标】，单击【编辑】可以修改文件夹目标的路径，单击【删除】可以删除选中的文件夹目标，这里直接单击【确定】，如

图 12-23 所示。

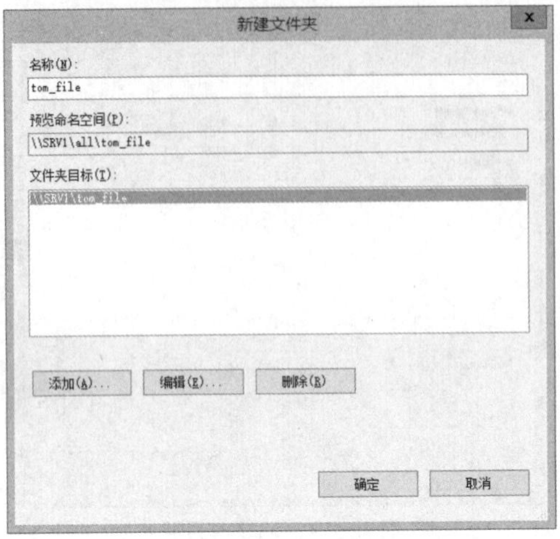

新建文件夹
名称(N):
tom_file
预览命名空间(P):
\\SRV1\all\tom_file
文件夹目标(T):
\\SRV1\tom_file
添加(A)... 编辑(E)... 删除(R)
确定 取消

图 12-23　新建文件夹

（14）添加完成，如图 12-24 所示。

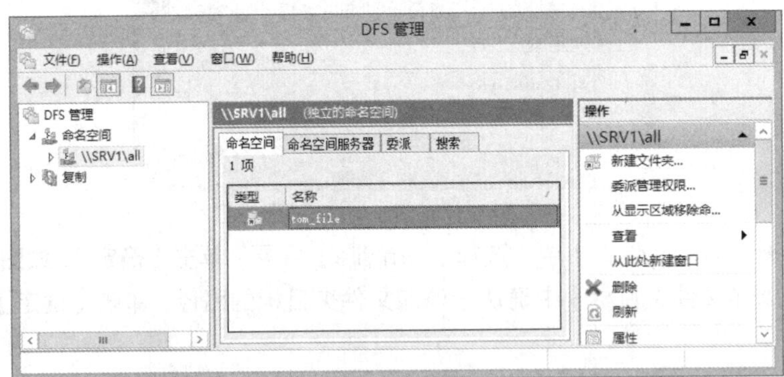

图 12-24　添加完成

（15）重复操作，将【tom_file】和【jack_file】添加到命名空间中，如图 12-25 所示。

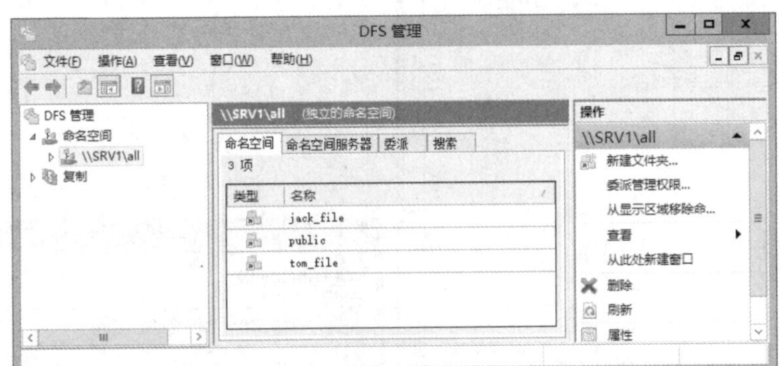

图 12-25　重复添加

任务验证

（1）在客户端【win10】上映射共享目录【all】，勾选【使用其他凭据登录】，使用【tom】

账号登录，如图 12-26 所示。

映射网络驱动器
要映射的网络文件夹:
请为连接指定驱动器号，以及你要连接的文件夹:
驱动器(D): Z:
文件夹(O): \\10.0.0.1\all 浏览(B)...
示例: \\server\share
登录时重新连接(R)
使用其他凭据连接(C)
连接到可用于存储文档和图片的网站。
完成(F) 取消

图 12-26 映射网络驱动器

（2）打开映射磁盘，可以看到所有的共享目录，如图 12-27 所示。

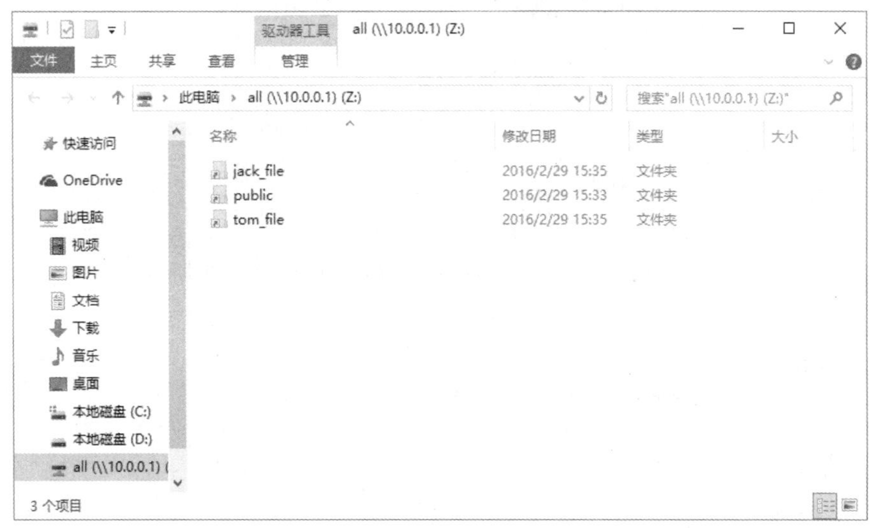

图 12-27 查看网络驱动器

（3）双击打开【jack_file】显示拒绝访问，如图 12-28 所示。

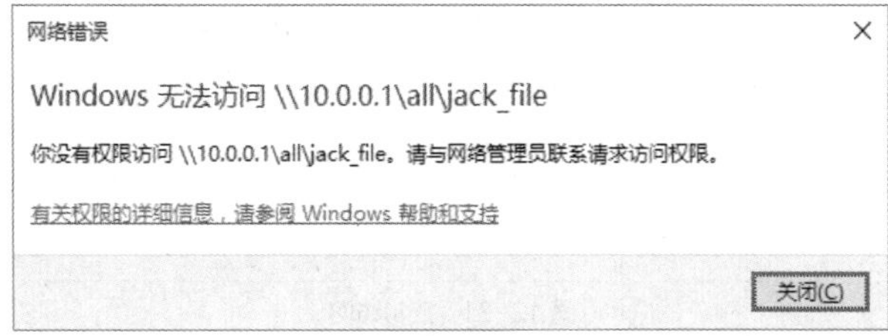

图 12-28 拒绝访问

（4）打开【public】共享目录，可以访问该目录，如图 12-29 所示。

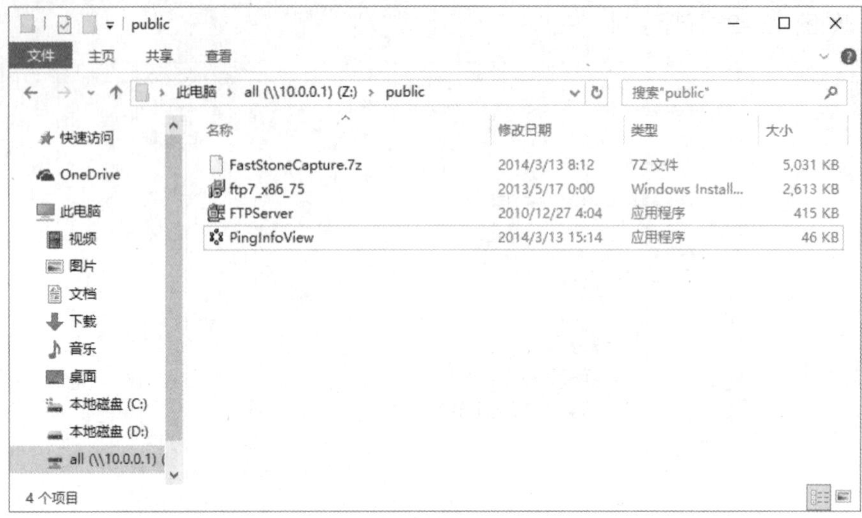

图 12-29　访问 public 目录

（5）向【public】目录写入文件时，弹出错误提示，如图 12-30 所示。

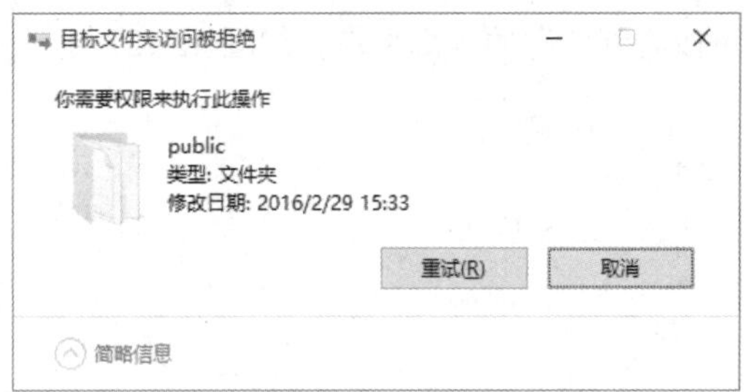

图 12-30　拒绝访问

（6）打开【tom_file】，可以访问，也可以写入文件，如图 12-31 所示。

图 12-31　正常访问

习题与上机

一、简答题

1. 请解释 DFS 的主要作用。
2. DFS 和共享目录最大的区别是什么？
3. DFS 和 FTP 的主要区别是什么？

二、项目实训题

1. 在存储服务器 SRV1 上创建共享目录【IT_public】，配置允许【Everyone】读写权限，在储存服务器 SRV2 上创建共享目录【IT_1】、【IT_2】，并创建用户 IT1、IT2，配置用户 IT1 对【IT_1】有读写权限，用户 IT2 对【IT_2】有读写权限。

2. 通过 DFS 创建独立根目录【DFS_root】，并将【IT_public】、【IT_1】、【IT_2】链接到命名空间上。

3. 在客户端分别使用 IT1、IT2 访问【DFS_root】，并记录测试效果。

Chapter 13

项目 13 NFS 共享的配置与管理

项目背景

随着 Linux 系统及其应用的日益成熟，公司综合考虑了成本和效益，决定在新购置的 PC 上统一安装 Linux，并使用 Linux 系统办公。

公司员工在日常工作中已经习惯了通过文件共享进行协同办公和资源共享，因此，公司希望网络管理员尽快配置现有的 Windows Server 2012 存储服务器，实现 NFS 文件共享，以便使用 Linux 系统的员工能访问原有共享资源。

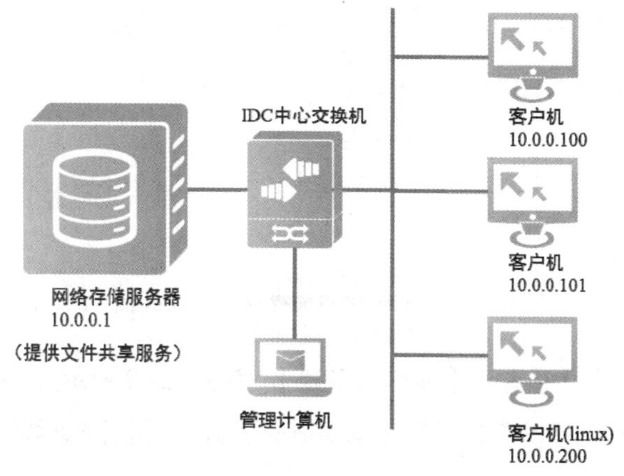

图 13-1　公司网络拓扑图

项目分析

本项目仅需要在 Windows Server 2012 存储服务器上安装 NFS 服务，并配置 NFS 共享服务，即可实现员工通过 Linux 系统访问服务器文件共享目录，并进行协同办公和资源访问了。

相关知识

NFS 即网络文件系统(network file system，NFS)，是使不同的计算机之间能通过网络进行文件共享的一种网络协议。NFS 广泛应用于 Linux/UNIX 系统，由于该系统与 Windows 文件共享但不兼容，因此 Windows 和 Linux 间通常通过安装 NFS 服务器和客户端来实现资源共享。也就是说，Windows 文件共享仅支持 Windows 客户端，如果要让 Linux 客户端访问 Windows 共享，则必须在 Windows 服务器上安装 NFS Server；反之，如果要让 Windows 系统访问 Linux 上的文件共享，则必须在 Windows 客户端上安装 NFS Client。

项目实践

任务 13-1　安装并配置 NFS 共享

任务描述

在存储服务器上安装 NFS 服务器并将共享目录设置为 NFS 共享。

任务操作

（1）在存储服务器的【服务器管理器】上，单击【管理】，选中【添加角色和功能】，如图 13-2 所示。

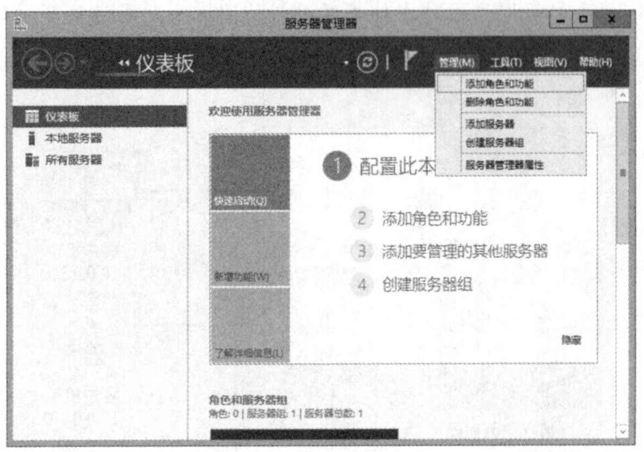

图 13-2 添加角色和功能

（2）在【服务器角色】中勾选【NFS 服务器】，如图 13-3 所示。

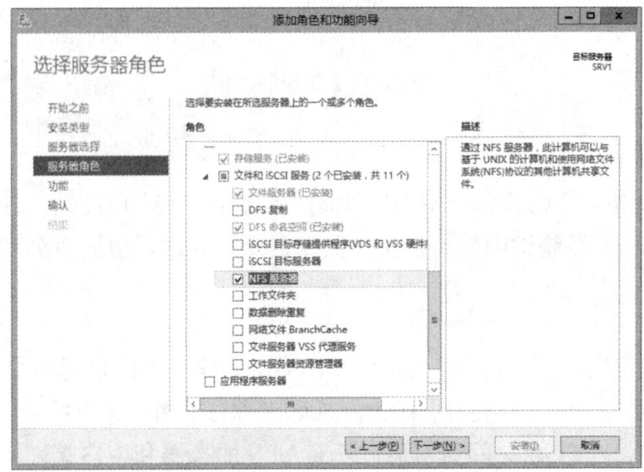

图 13-3 勾选 NFS 服务器

（3）在 F 盘新建文件夹【NFS】，并写入一些数据，如图 13-4 所示。

图 13-4 写入文件

（4）右键单击文件夹【NFS】，选择【属性】，在弹出的对话框中选择【NFS 共享】选项卡，如图 13-5 所示。

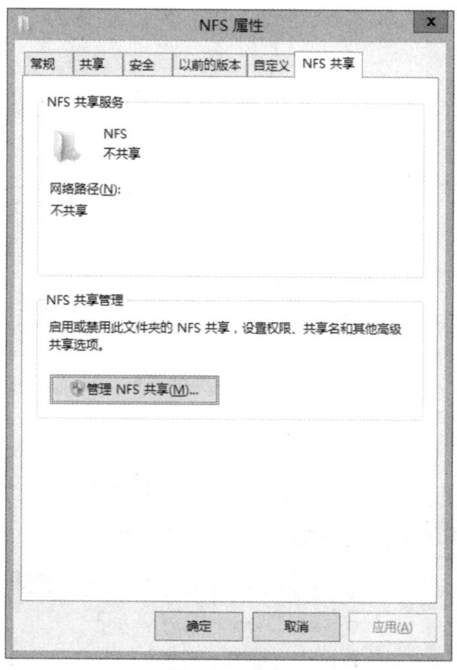

图 13-5 属性

（5）单击【管理 NFS 共享】，勾选【共享此文件夹】，如图 13-6 所示。

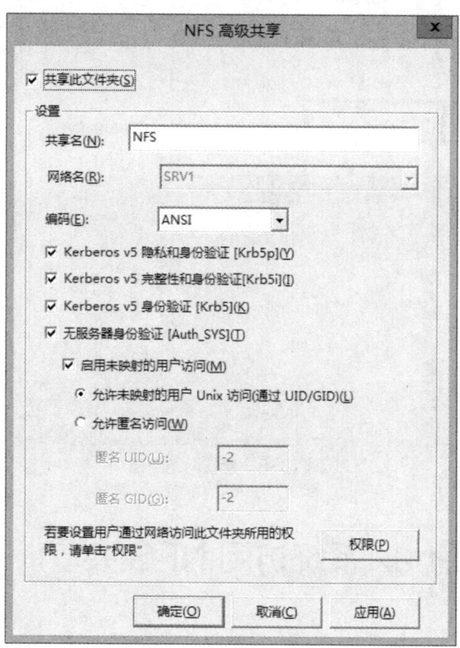

图 13-6 共享此文件夹

（6）单击【权限】，将访问类型设置为【读写】，单击【确定】，如图 13-7 所示。

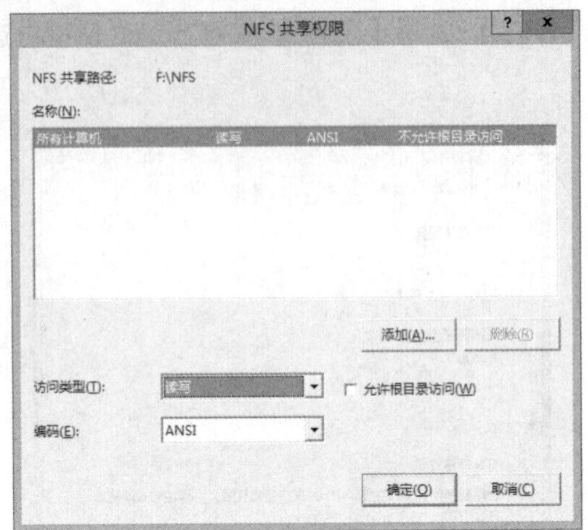

图 13-7 权限为读写

任务验证

查看共享目录【NFS】的【NFS 共享】属性,【网络路径】变为【SRV1:/NFS】,【SRV1】是服务器的名字,【NFS】是共享文件夹的名称，如图 13-8 所示。

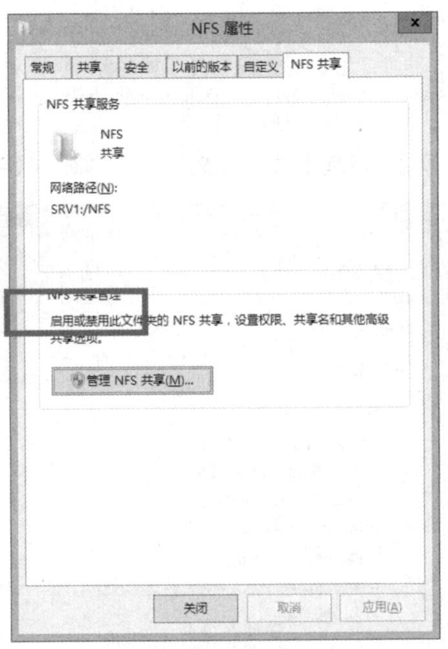

图 13-8 查看网络路径

任务 13-2 通过 Linux 系统访问 NFS 共享

任务描述

在 Linux 客户端上挂载 NFS 共享目录。

任务操作

（1）开启 Linux 客户端【RedHat6】，使用【ifconfig eth1 10.1.1.200】，将【RedHat6】的 IP 地址设置为 10.0.0.200，并使用【ifconfig】命令查看 IP 地址是否生效，如图 13-9 所示。

```
[root@RedHat6 ~]# ifconfig eth1 10.0.0.200
[root@RedHat6 ~]# ifconfig
eth1      Link encap:Ethernet  HWaddr 00:0C:29:D9:F2:CA
          inet addr:10.0.0.200  Bcast:10.255.255.255  Mask:255.0.0.0
          inet6 addr: fe80::20c:29ff:fed9:f2ca/64 Scope:Link
          UP BROADCAST RUNNING MULTICAST  MTU:1500  Metric:1
          RX packets:25 errors:0 dropped:0 overruns:0 frame:0
          TX packets:93 errors:0 dropped:0 overruns:0 carrier:0
          collisions:0 txqueuelen:1000
          RX bytes:5071 (4.9 KiB)  TX bytes:10830 (10.5 KiB)
          Interrupt:19 Base address:0x2024
```

图 13-9 设置 IP 地址

（2）输入【showmount –e 10.0.0.1】，其中，10.0.0.1 是储存服务器的 IP 地址，如图 13-10 所示。

```
[root@RedHat6 ~]# showmount -e 10.0.0.1
Export list for 10.0.0.1:
/NFS (everyone)
```

图 13-10 查看共享目录

（3）输入【mount 10.0.0.1:/NFS /mnt】，将共享目录挂载到【mnt】上，使用【ll】命令查看挂载是否成功，如图 13-11 所示。

```
[root@RedHat6 ~]# showmount -e 10.0.0.1
Export list for 10.0.0.1:
/NFS (everyone)
[root@RedHat6 ~]# mount 10.0.0.1:/NFS /mnt
[root@RedHat6 ~]# cd /mnt
[root@RedHat6 mnt]# ll
总用量 1877
-rwx------. 1 4294967294 4294967294 1921014 2月  29 17:08 jack_bmp.bmp
-rwx------. 1 4294967294 4294967294      21 2月  29 17:08 tom_txt.txt
```

图 13-11 挂载共享目录

任务验证

（1）在【/mnt】目录下使用【touch】命令创建文件，使用【mkdir】命令创建目录，能够正常写入，如图 13-12 所示。

```
[root@RedHat6 mnt]# touch Redhat.txt
[root@RedHat6 mnt]# mkdir Redhat
[root@RedHat6 mnt]# ll
总用量 1877
-rwx------. 1 4294967294 4294967294 1921014 2月  29 17:08 jack_bmp.bmp
drwxr-xr-x. 2 4294967294 4294967294      64 3月   1 08:50 Redhat
-rw-r--r--. 1 4294967294 4294967294       0 3月   1 08:50 Redhat.txt
-rwx------. 1 4294967294 4294967294      21 2月  29 17:08 tom_txt.txt
```

图 13-12 创建文件和目录

（2）使用【rm】命令删除【tom_txt.txt】，能够删除，如图 13-13 所示。

```
[root@RedHat6 mnt]# rm tom_txt.txt
rm：是否删除普通文件 "tom_txt.txt"？y
[root@RedHat6 mnt]# ll
总用量 1877
-rwx------. 1 4294967294 4294967294 1921014 2月  29 17:08 jack_bmp.bmp
drwxr-xr-x. 2 4294967294 4294967294      64 3月   1 08:50 Redhat
-rw-r--r--. 1 4294967294 4294967294       0 3月   1 08:50 Redhat.txt
```

图 13-13 删除文件

任务 13-3 Windows 系统访问 NFS 共享

任务描述

在 Windows 客户端上挂载 NFS 共享目录。

任务操作

（1）开启 Windows 服务器【SRV2】，单击【管理】，选中【添加角色和功能】，如图 13-14 所示。

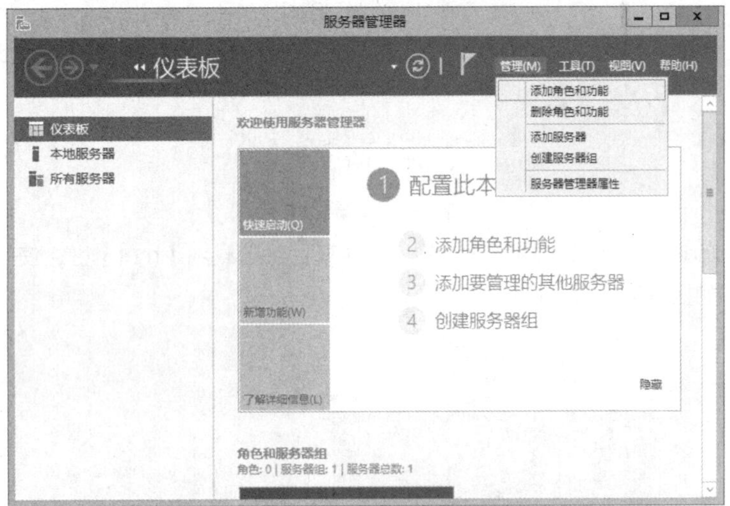

图 13-14 添加角色和功能

（2）在【功能】中勾选【NFS 客户端】，如图 13-15 所示。

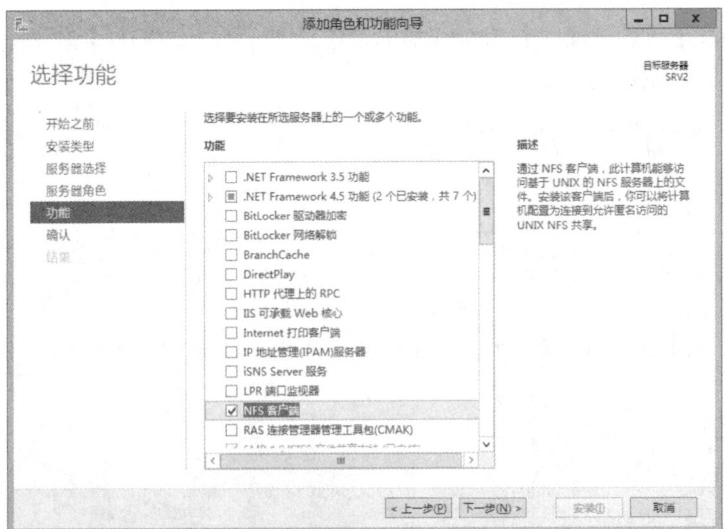

图 13-15 勾选 NFS 客户端

（3）打开命令提示符，使用【showmount –e 10.0.0.1】查看共享，如图 13–16 所示。

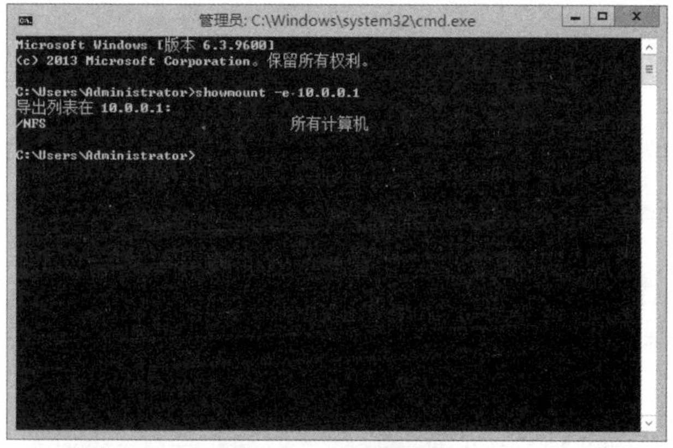

图 13–16 查看共享

（4）使用【mount \\10.0.0.1\NFS x:】将 NFS 挂载到 X 盘上，如图 13–17 所示。

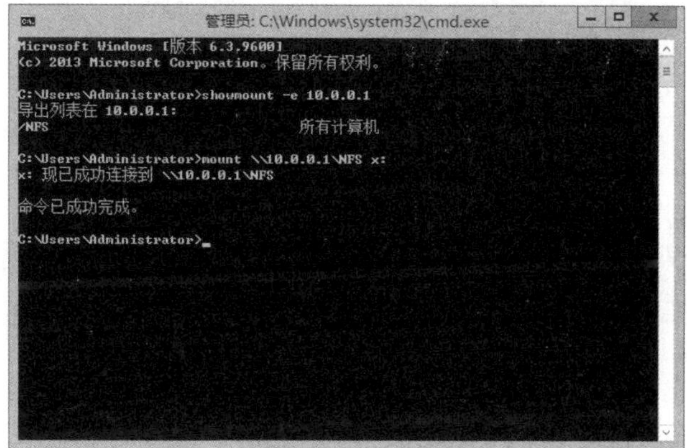

图 13–17 挂载共享目录

任务验证

（1）在服务器 SRV2 上打开【文件资源管理器】，可以看到网络位置中已经挂载了 X 盘，打开 X 盘可以看到 NFS 共享中的文件，如图 13–18 所示。

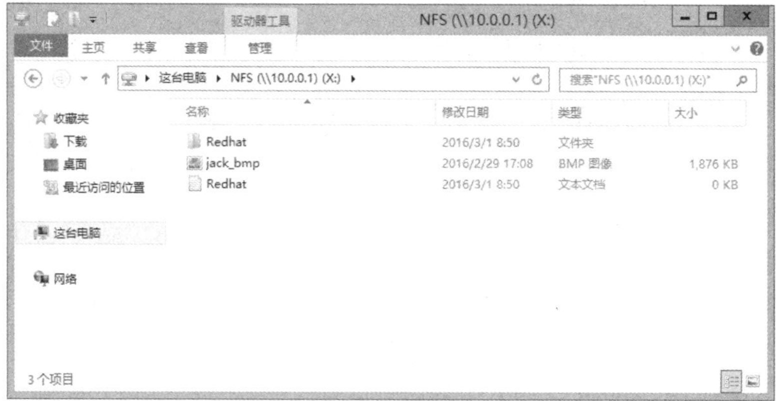

图 13–18 查看挂载的 NFS 共享

（2）在 NFS 共享中写入文件，能够正常写入，如图 13-19 所示。

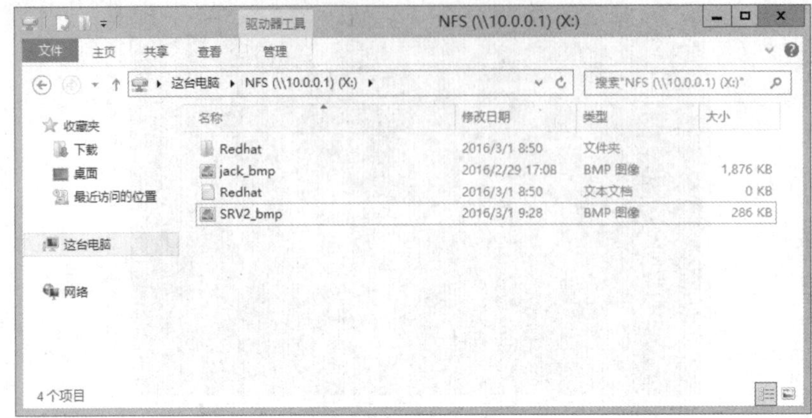

图 13-19　写入文件

习题与上机

一、简答题

1. NFS 共享与 Windows 文件共享有什么区别?
2. Windows 系统下能否访问 NFS 共享？如何访问?

二、项目实训题

1. 在存储服务器上创建 NFS 共享【read】、【write】，写入一些数据，并设置【read】的访问类型为【只读】，【write】的访问类型为【读写】。

2. 在 Linux 系统下挂载【read】、【write】，分别测试对两个共享的读写权限。

Chapter

14

项目 14
AD 环境下的 NAS 服务器权限部署（AGUDLP 原则）

Computer

项目背景

公司管理部为实现全公司用户和计算机的统一管理，搭建了 edu.cn 域，并将公司所有的计算机及文件服务器加入到该域。文件服务器基于 ADLP 原则为每一个部门部署了公共共享目录。

文件服务器使用了相当长一段时间后，由于文件服务器的访问账户缺少维护，导致很多员工都知道其他部门的文件服务器访问账户信息，这为公司各部门文件共享目录带来安全隐患。

公司认为，既然已经部署了域，员工也有了域账号，就不应该再继续使用文件服务器的本地账户管理部门共享目录，而应该基于域账号，希望能够重新梳理各部门的共享目录，要求员工仅能以域账户登录这些共享目录，并且只能访问本部门的共享，确保共享文件不被恶意破坏。

公司网络拓扑图如图 14-1 所示。

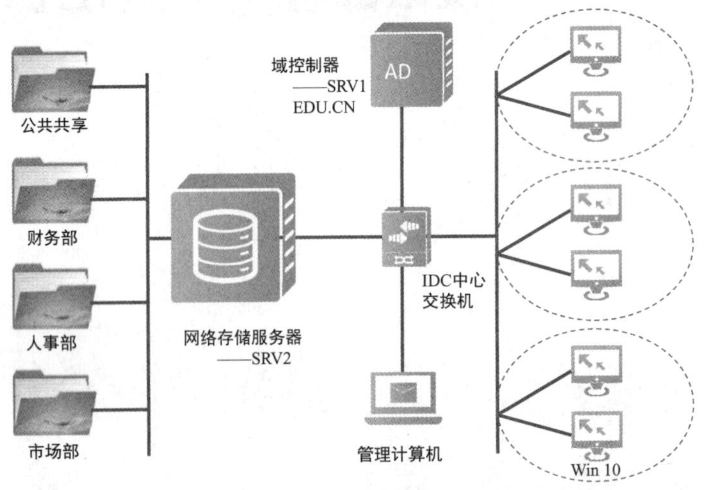

图 14-1 公司网络拓扑图

项目分析

管理员需要在文件服务器上给每个部门创建对应的共享文件夹，并将文件夹的访问权限设置为仅允许部门内部员工访问（员工以域账号身份访问），具体涉及以下工作任务。

（1）在域控制器上遵循 AGUDLP 原则部署相应的部门组。

（2）基于 AGUDLP 原则为各部门共享目录部署访问权限。

相关知识

一、组的类型

在活动目录中，有两种不同类型的组：通讯组和安全组。

- 通讯组：其存储了用户的联系方式，用来实现批量用户账号的通信，例如，群发邮件、视频会议等，改类型的组没有安全特性，不可用于授权。
- 安全组：具有通讯组的全部功能，并可用于为用户和计算机分配权限，是Windows Servre 2012标准的安全主体。

创建一个通讯组和一个安全组，并在域中创建一个共享目录，然后测试能否在该共享目录中给这两种类型的组授予访问权限。

二、组的工作范围

组的工作范围（见图 14-2）是用来限制组的作用域的。在域中，根据组的工作范围可分为 3 种类型：本地组（DL）、全局组（G）和通用组（U）。

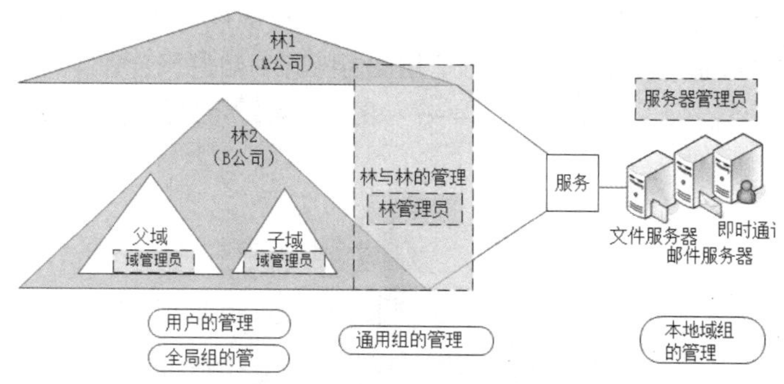

图 14-2　组的工作范围与管理者

1. 本地域组（DL）

作用范围：本域内。

管理者：域管理员或域内的服务器管理员。

成员范围：林中的所有用户/组账号。

2. 全局组（G）

作用范围：本域及信任域。

管理者：域管理员。

成员范围：本域中的所有用户/组账号。

3. 通用组（U）

作用范围：林中的所有域。

管理者：林管理员。

成员范围：林中的所有用户/组账号。

三、AGUDLP 原则

A 表示用户账号，G 表示全局组，U 表示通用组，DL 表示域本地组，P 表示资源权限。AGDLP 策略是将用户账号添加到全局组中，再将全局组添加到域本地组中，然后为域本地组分配资源权限。

假设，公司有两个域，A 和 B，A 中的 5 个财务人员和 B 中的 3 个财务人员都需要访问 B 中文件共享服务器的“FINA”文件夹，这时，可以在 B 中建一个 DL，因为 DL 的成员可以来自所有的域，然后将这 8 个人都加入这个 DL，并把 FINA 的访问权赋给 DL。这样做有什么缺陷呢？因为 DL 是在 B 域中，所以管理权也在 B 域，如果 A 域中的 5 个人变成 6 个人，那只能通知 B 域管理员，将 DL 的成员进行修改。事实上，实现过程远没有这么简单，因为需要两个公司的相互协调，落实到操作上还需要有具体的申请和审批流程，因此完成这件事情往往不可能是高效的。

如果改变策略，实现起来就简单多了。在 A 和 B 域中都各建立一个全局组（Ga 和 Gb），然后在 B 域中建立一个 DL，将 Ga 和 Gb 都加入 B 域中的 DL 中，然后再将 FINA 的访问权赋给 DL，这样，这两个 G 组就都有权访问 FINA 文件夹了（组嵌套与权限继承）。这种情况下，Ga 由域 A 的管理员管理，Gb 由域 B 的管理员管理，A 域管理员只需将 A 的 5 个财务人员加入到 Ga 组中，同理，B 域管理员将 B 的 3 个财务人员加入到 Gb 组中，就完成了。后续如果再有人员权限调整也只需 A、B 域管理员对自己的组成员用户进行管理就可以了。这就是 AGDLP。

对于多个相同权限的用户，只需将其添加到组中并给组授权就行了。或许每个网管都有自己独特的方法达到该目的，但微软推荐的 AGDLP 方案，已经被无数 成功的实践证明是一种最有效率的途径。不论单域还是多域，如能充分运用 G 组和 DL 组进行合理的用户添加、嵌套与权限的分配，日常管理工作将会十分高效。图 14-3 和图 14-4 所示分别为 AGUDL 和 AGUDLP 结构示意图。

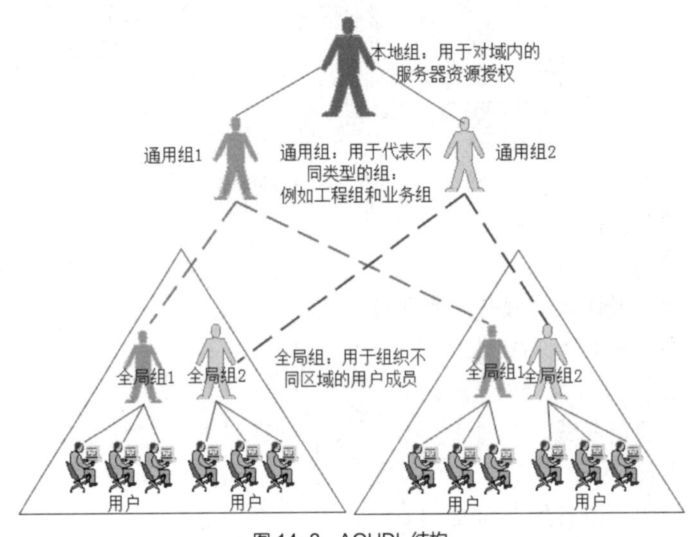

图 14-3 AGUDL 结构

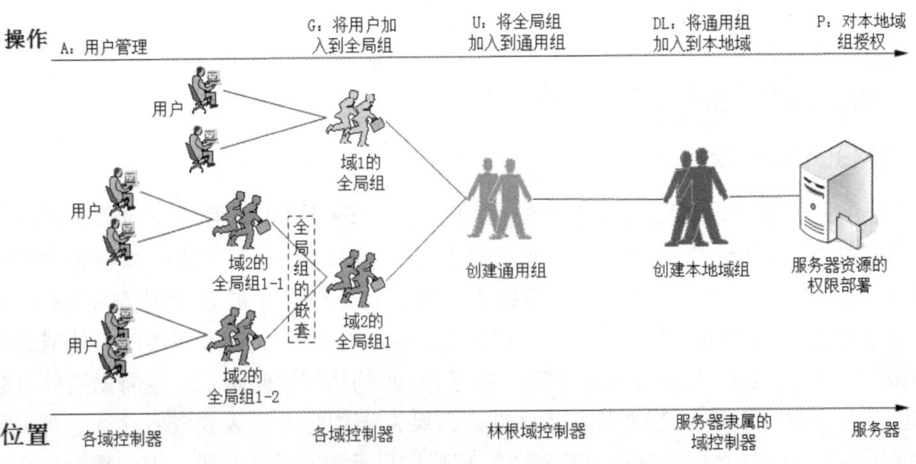

图 14-4 AGUDLP 结构

项目实践

任务 14-1　基于 AGUDLP 原则创建域用户和组

任务描述

（1）创建公司员工的域账号；

（2）基于 AGUDLP 原则，创建公司各部门用户组，并将用户加入组。

任务操作

（1）在域控制器【DC1】上打开【Active Directory 用户和计算机】，右键单击【edu.cn】指向【新建】选择【组织单位】，如图 14-5 所示。

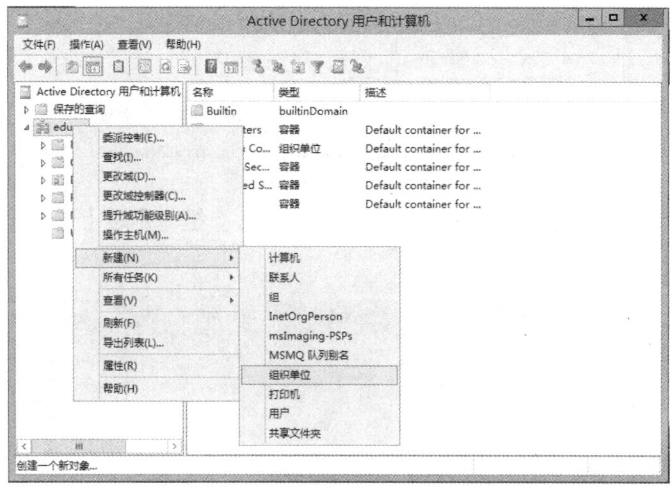

图 14-5　新建组织单位

（2）在名称一栏输入【总公司】，如图 14-6 所示。

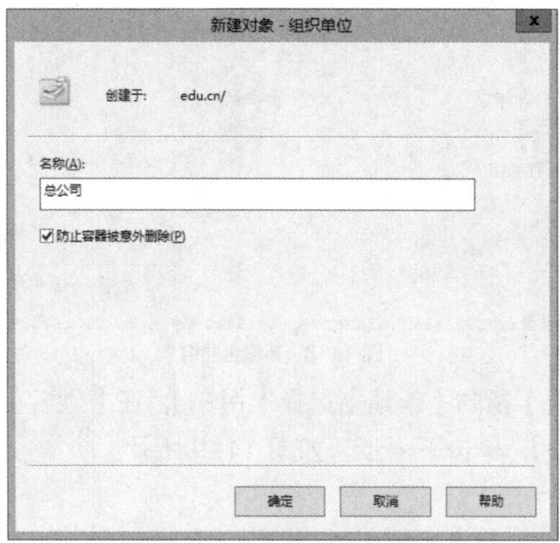

图 14-6　填写组织单位名称

（3）右键单击【总公司】指向【新建】选择【组】，在组名一栏输入【财务部本地域组】，【组作用域】选择【本地域】模式，如图 14-7 所示。

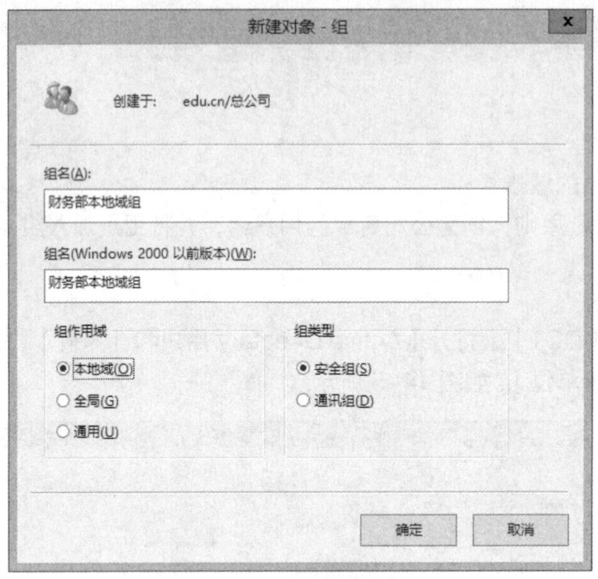

图 14-7　新建本地域组

（4）再新建一个组，组名一栏输入【财务部全局组】，【组作用域】选择【全局】模式，如图 14-8 所示。

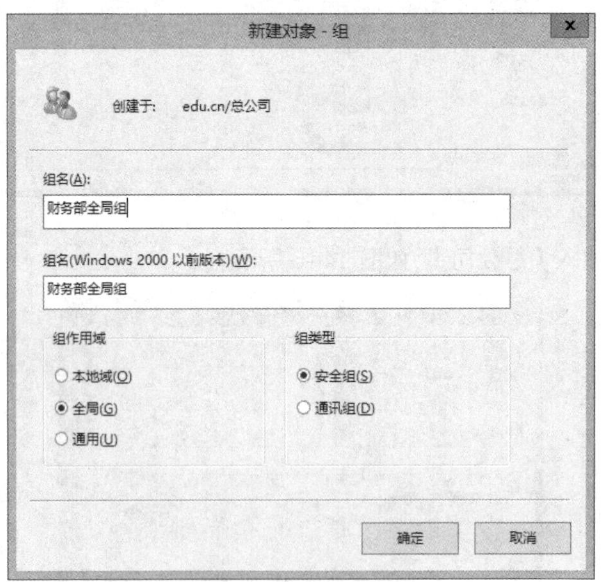

图 14-8　新建全局组

（5）右键单击【总公司】指向【新建】选择【用户】，在【姓名】一栏输入【cw1】，在【用户登录名】一栏输入【cw1】，单击下一步，如图 14-9 所示。

（6）输入两次密码，去掉【用户下次登录是必须修改密码】，单击【下一步】，再单击【完成】，完成对用户的创建，如图 14-10 所示。

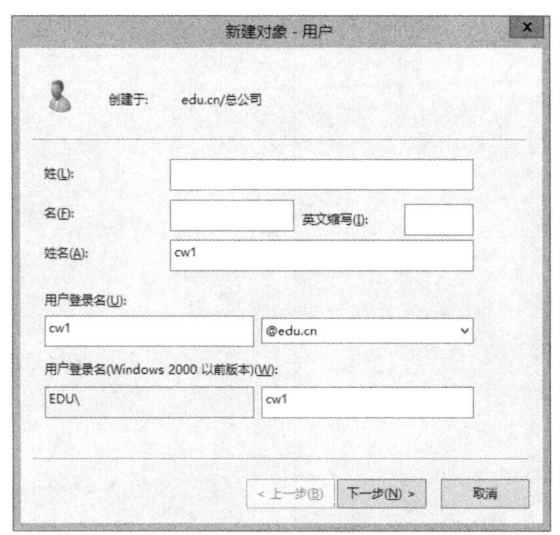

图 14-9　新建用户

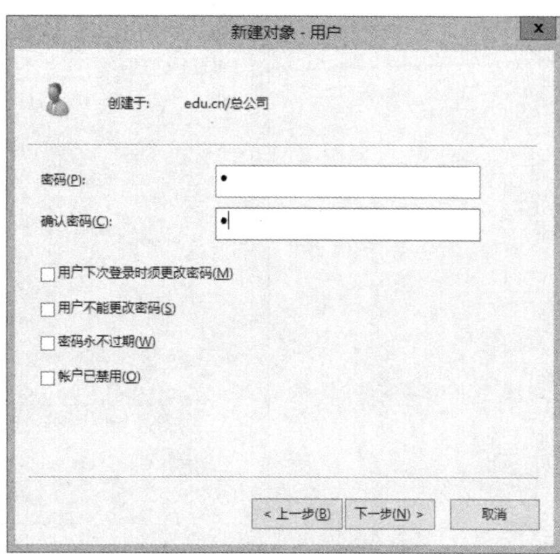

图 14-10　填写密码

（7）右键单击【财务部全局组】选择【属性】，选择【成员】选项卡，单击【添加】，将用户【cw1】添加到【财务部全局组】中，如图 14-11 所示。

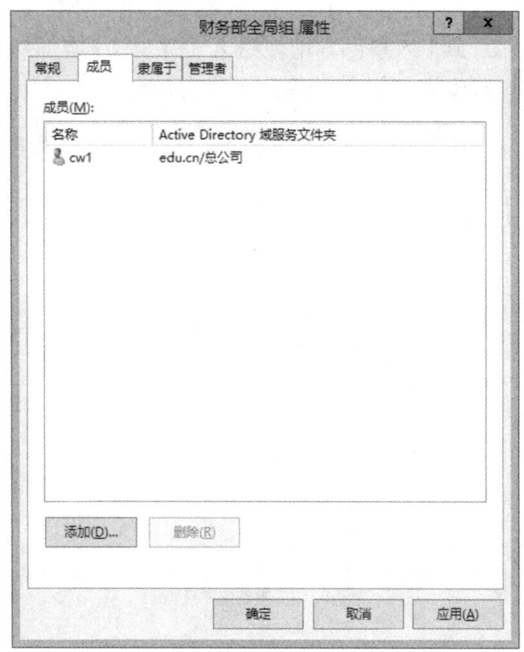

图 14-11　添加用户到全局组

（8）右键单击【财务部本地域组】，选择【成员】选项卡，单击【添加】，将【财务部全局组】添加到【财务部本地域组】中，如图 14-12 所示。

图 14-12　添加全局组到本地域组

（9）创建【人事部本地域组】、【市场部本地域组】两个本地域组，创建【人事部全局组】、【市场部全局组】两个全局组，创建【rs1】、【sc1】两个用户，并将【rs1】添加到【人事部全局组】，将【人事部全局组】添加到【人事部本地域组】，将【sc1】添加到【市场部全局组】，将【市场部全局组】添加到【市场部本地域组】，如图 14-13 所示。

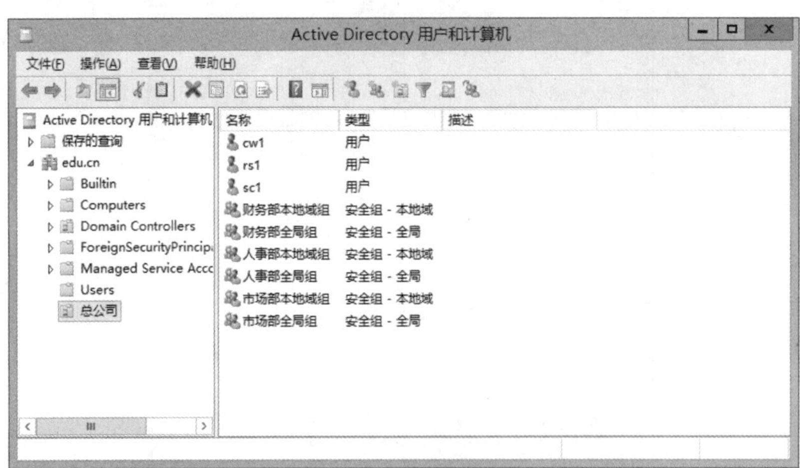

图 14-13　查看用户及组

任务 14-2　基于 AGUDLP 原则部署文件共享服务

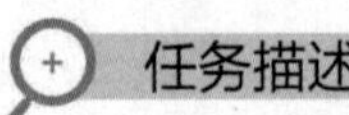

任务描述

1. 为各部门创建文件共享目录；

2. 基于 AGUDLP 原则为各部门分配共享目录的访问权限。

任务操作

（1）在文件服务器的开始按钮的右键菜单中选择【磁盘管理(K)】。在 60G 的硬盘上新建简单卷，如图 14-14 所示。

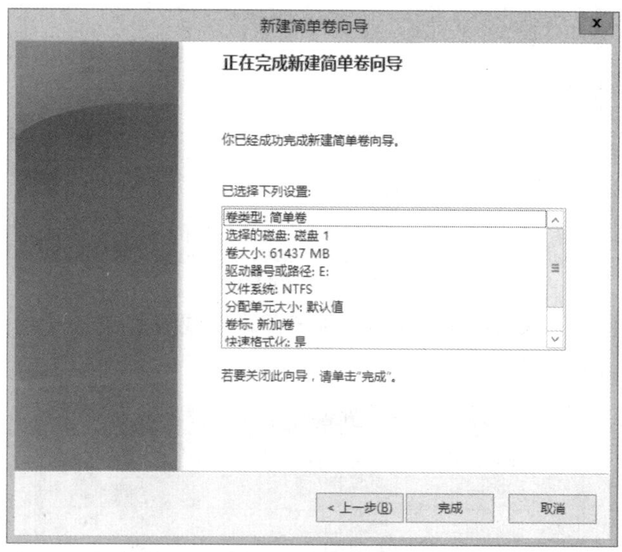

图 14-14　新建简单卷

（2）在 E 盘上创建各个部门相对应的文件夹，如图 14-15 所示。

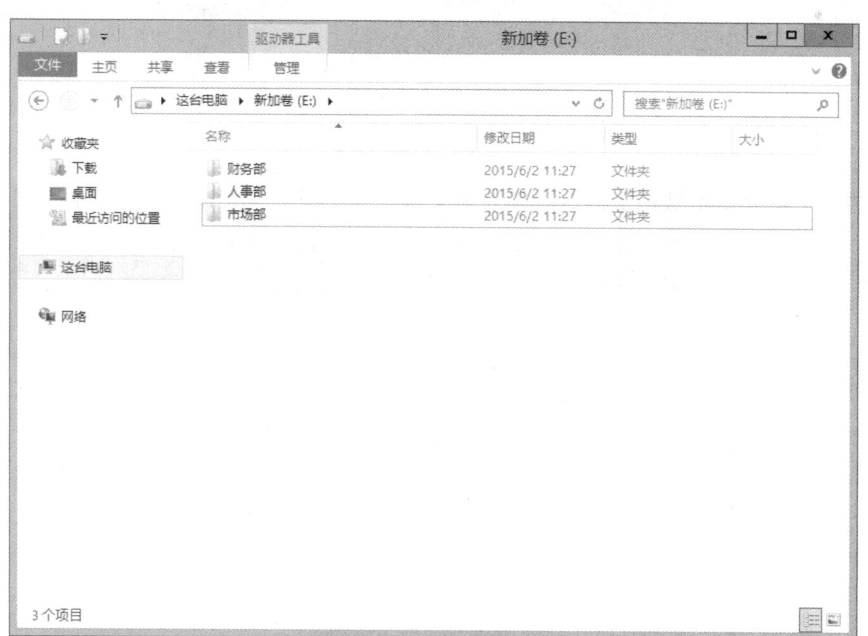

图 14-15　创建文件夹

（3）打开【文件资源管理器】，双击【E 盘】，右键单击【财务部】指向【共享】选择【特定用户】，在【文件共享】的下拉菜单中选择【查找个人】，如图 14-16 所示。

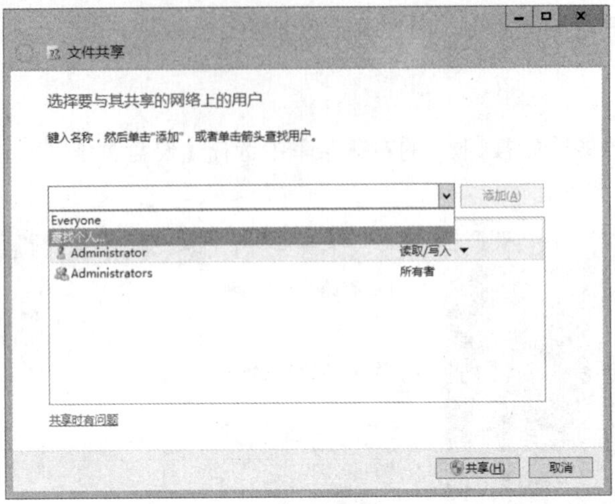

图 14-16　设置共享目录

（4）在【输入对象名称来选择】中输入【财务部本地域组】，单击【检查名称】，确定无误后单击【确定】，如图 14-17 所示。

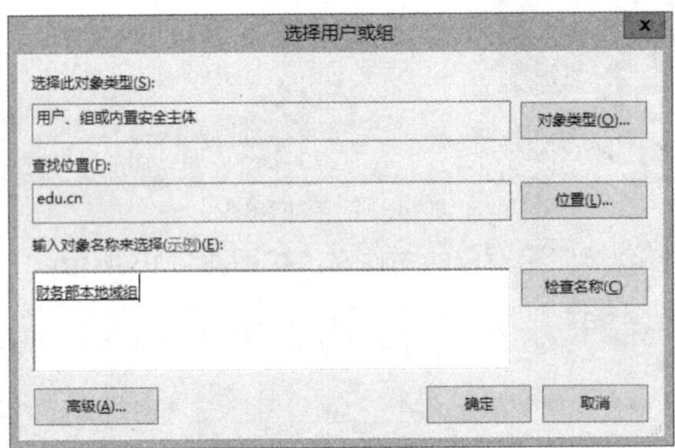

图 14-17　添加本地域组

（5）将【财务部本地域组】的权限设置为【读取/写入】，单击共享，如图 14-18 所示。

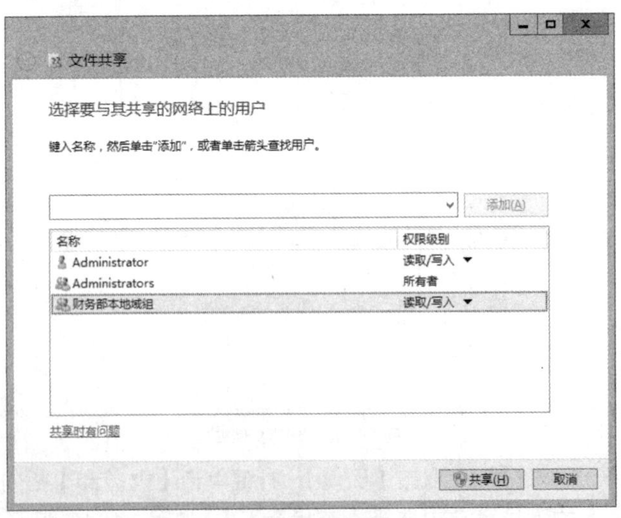

图 14-18　确定共享

（6）将【人事部】共享，设置【人事部本地域组】的【权限类型】为【读取/写入】，如图 14-19 所示。

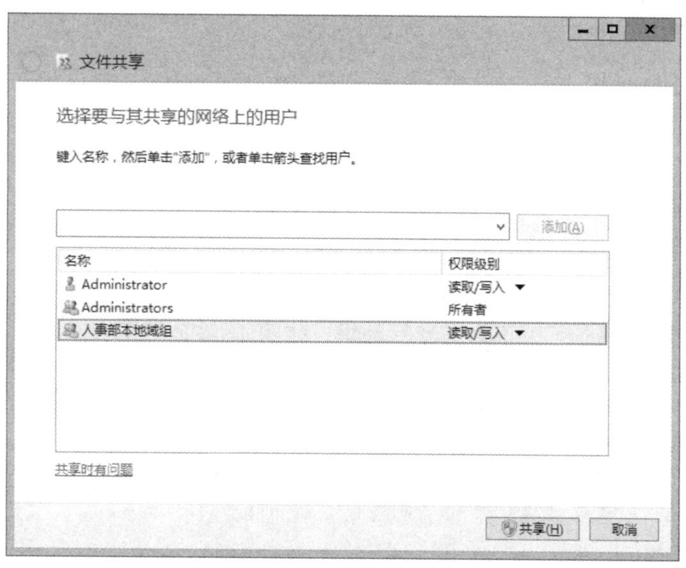

图 14-19　设置共享目录

（7）将【市场部】共享，设置【市场部本地域组】的【权限类型】为【读取/写入】，如图 14-20 所示。

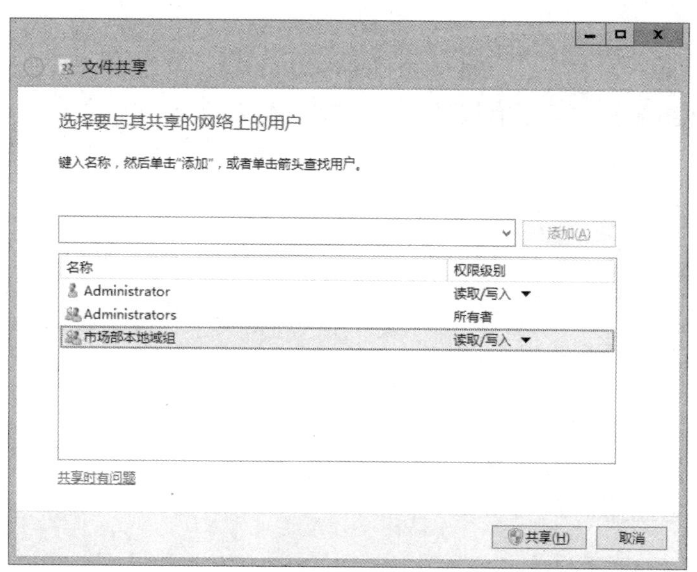

图 14-20　确定共享

任务验证

（1）将客户端【win10】加入到 edu.cn 域，使用用户【cw1】登录，访问【\\10.0.0.1】，可以看到所有共享目录，如图 14-21 所示。

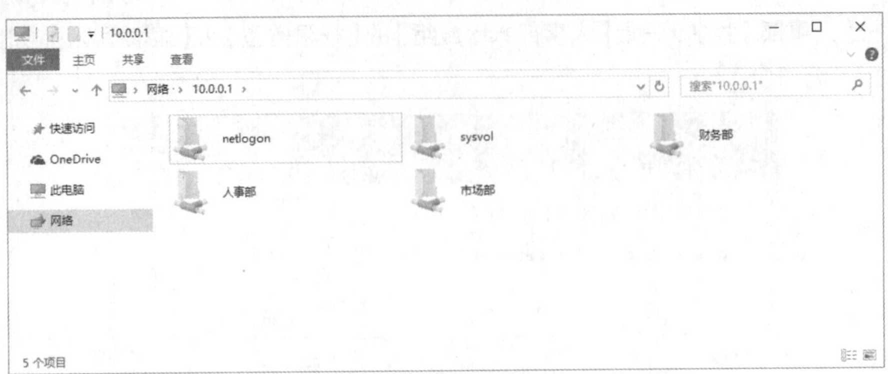

图 14-21　查看共享目录

（2）双击打开财务部，可以正常的读写数据，如图 14-22 所示。

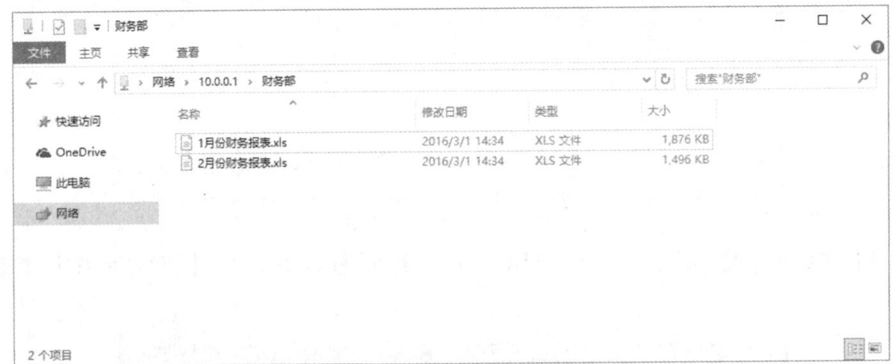

图 14-22　打开财务部共享目录

（3）双击【人事部】，显示没有权限访问，如图 14-23 所示

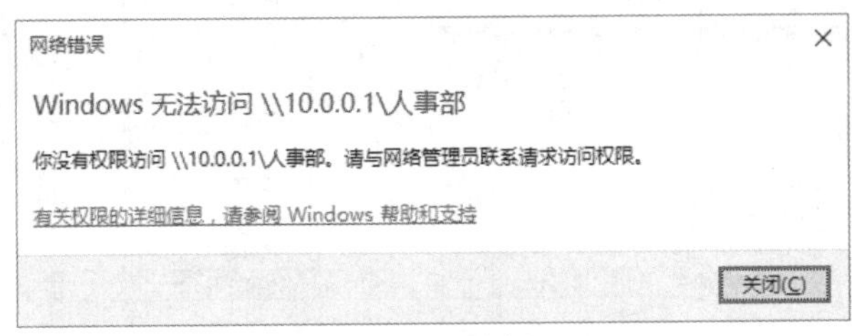

图 14-23　没有权限

习题与上机

一、简答题

1. 创建用户【cw2@edu.cn】并加入到【财务部全局组】，cw2 能否对【财务部】目录写入数据？

2. 用户 cw2 离职后，如何避免该用户继续访问【财务部】共享目录？

3. 用户 cw2 如果转入市场部工作，如何让 cw2 具备范围【市场部】的共享目录，同时拒绝访问【财务部】共享目录?

二、项目实训题

公司拥有网络部、生产部、业务部 3 个部门，公司在网络存储服务器 SRV2 上为各部门创建了独立共享目录，同时也创建了 1 个公共共享目录。公司网络拓扑图如图 14-24 所示。

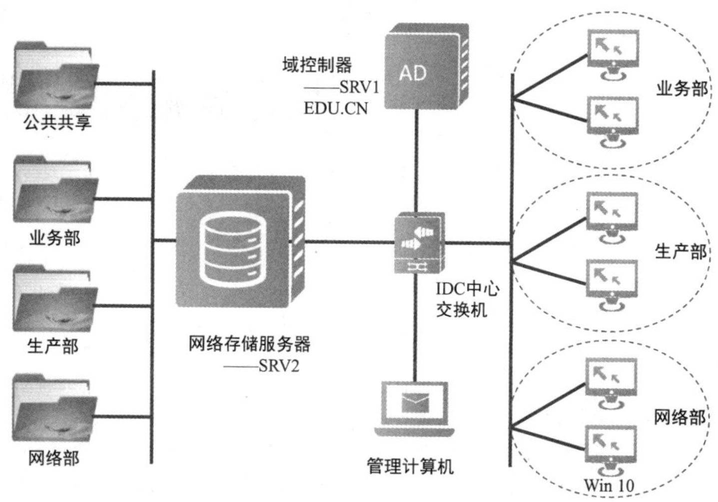

图 14-24　公司网络拓扑 2

1. 在域控制器上创建部门相对应用户 yw1、sc1、net1。
2. 遵循 AGUDLP 为各部门部署相应的组，并将各部门用户加入到对应的组。
3. 基于 AGUDLP 为各共享目录分配权限，要求各部门仅允许访问对应部门共享目录和公共共享目录。
4. 使用用户 yw1、sc1、net1 的账户登录文件共享目录，并测试访问权限。

Chapter 15

项目 15 存储服务间的数据同步

项目背景

随着公司网络规模不断扩大，公司员工频繁访问存储服务器上的【生产部】文件共享目录，员工抱怨该共享目录访问速率越来越慢，希望公司尽快优化该共享服务。

公司目前拥有 2 台网络存储服务器，公司要求网络管理员在这两台存储服务器上创建文件共享集群服务，实现存储服务器间共享目录的数据同步和客户共享访问的负载均衡，以解决员工访问【生产部】文件共享服务效率低下的问题。

网络管理员为确保本项目顺利实施，已经预先建立了公司的域控制器 DC1，两台存储服务器 SRV1 和 SRV2 均已加入到域。

公司网络拓扑如图 15-1 所示。

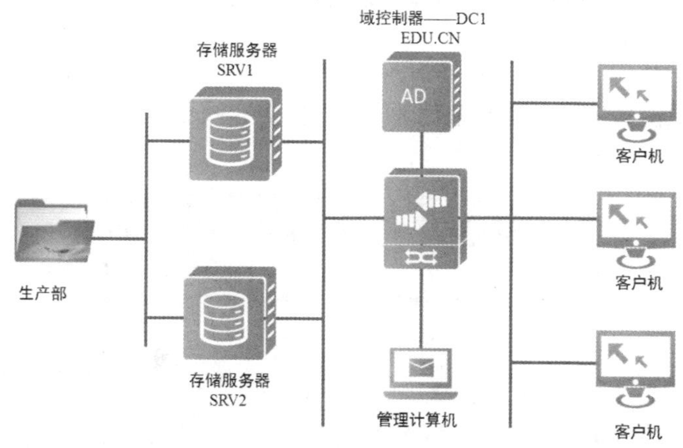

图 15-1 公司网络拓扑

项目分析

基于域的 DFS 可以让不同存储服务器上的共享目录以统一的界面——【DFS 共享目录】为用户提供服务，DFS 服务器会自动选择其中一台服务器上的共享目录为用户提供服务，这样既可实现多台共享目录统一为用户服务，解决单一共享服务的瓶颈，同时，域 DFS 还可以实现成员指定共享目录组内共享数据的自动同步，确保用户访问数据的一致性。

相关知识

一、域 DFS

1. 关于域 DFS 的数据同步

基于域 DFS 根驻留在多个域控或成员服务器上，DFS 的拓扑结构存储在活动目录中，因而可以在活动目录的各主域控制器之间进行复制，提供容错功能。

2. 关于域 DFS 共享目录的负载均衡

域 DFS 复制的各个成员服务器的共享目录将以 DFS 根目录方式统一为用户提供文件共享访问服务，DFS 服务器基于轮询方式选择其中 1 台文件服务器为用户提供文件共享访问服务。

项目实践

任务 15 基于域 DFS 实现存储服务器间共享目录的数据同步

任务描述

（1）在 2 台存储服务器上部署共享目录【生产部】。

（2）在 2 台存储服务器上安装 DFS 服务。

（3）在存储服务器 SRV1 上创建域 DFS 复制组，将两台存储上的【生产部】共享目录加入到复制组，实现用户访问的负载均衡和共享目录的数据同步。

任务操作

（1）在两台存储服务器上创建共享目录【生产部】，并设置共享让【everyone】有【读取/写入】权限，如图 15-2 所示。

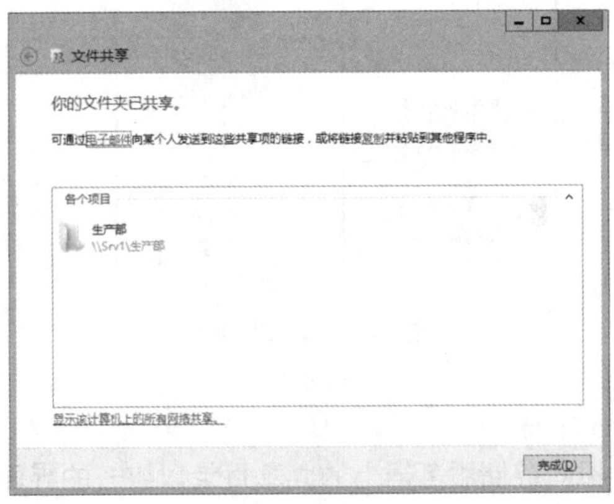

图 15-2 创建共享目录

（2）在两台存储服务器上打开【服务器管理器】，单击【管理】选择【添加角色和功能】，在【服务器角色】中勾选【DFS 复制】和【DFS 命名空间】，单击【下一步】，在确认页面单击【安装】完成安装，如图 15-3 所示。

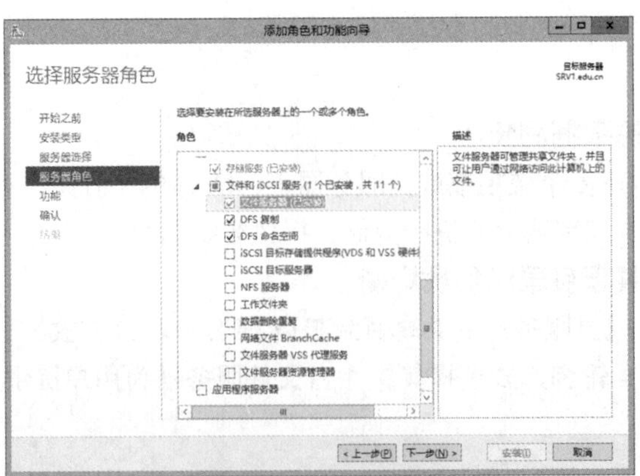

图 15-3 创建 DFS 复制

（3）在存储服务器【SRV1】上打开【服务器管理器】，单击【工具】选择【DFS Management】，右键单击【命名空间】选择【新建命名空间】，在【命名空间服务器】的【服务器】上输入存储服务器的主机名称，如图 15-4 所示。

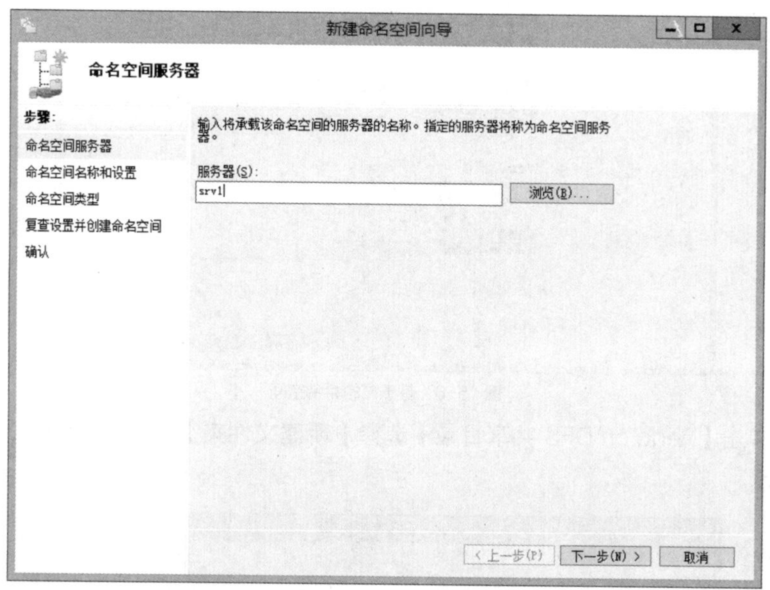

图 15-4 新建命名空间服务器

（4）在【命名空间名称和设置】的【名称】中输入【DFS 共享目录】，如图 15-5 所示。

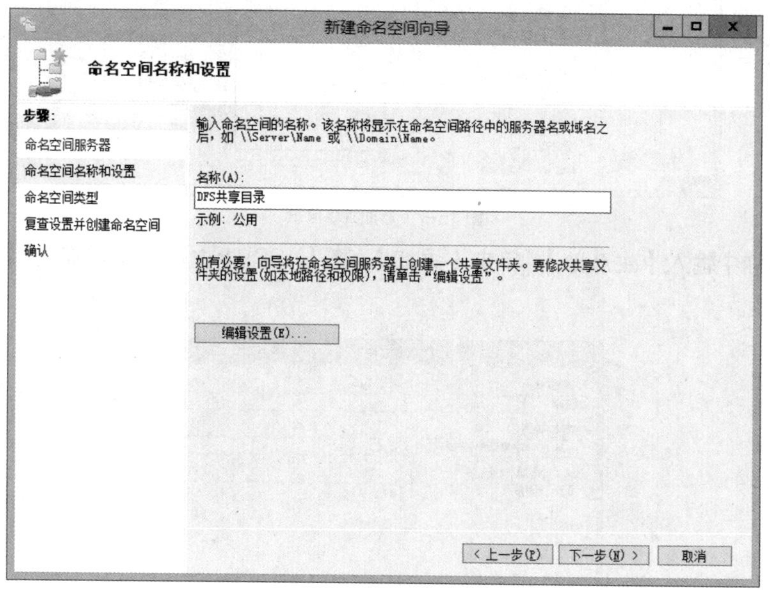

图 15-5 设置命名空间名称

（5）在【命名空间类型】中选择【基于域的命名空间】，单击【下一步】，在【确认】中单击【完成】，如图 15-6 所示。

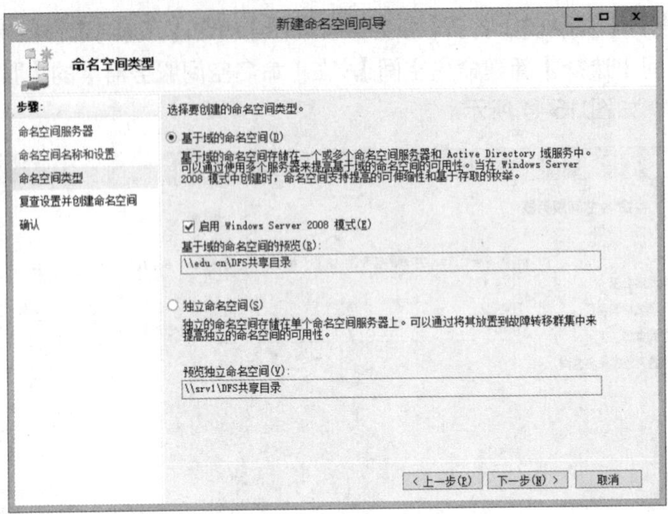

图 15-6　基于域的命名空间

（6）右键单击【\\edu.cn\DFS 共享目录】选择【新建文件夹】，弹出【新建文件夹】对话框，如图 15-7 所示。

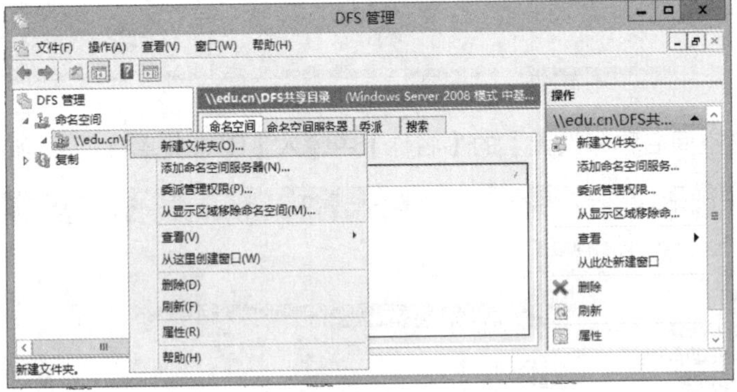

图 15-7　添加共享目录

（7）在名称中输入【生产部】，单击【添加】，将【\\SRV1\生产部】添加到【文件夹目标】，如图 15-8 所示。

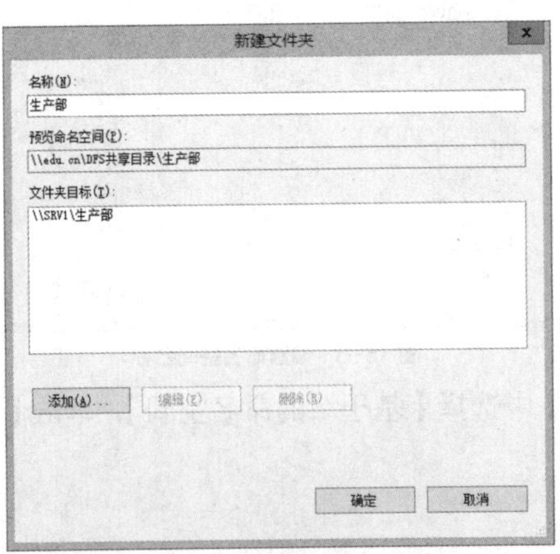

图 15-8　添加共享目录

（8）右键单击【生产部】，选择【添加文件夹目标】，如图 15-9 所示。

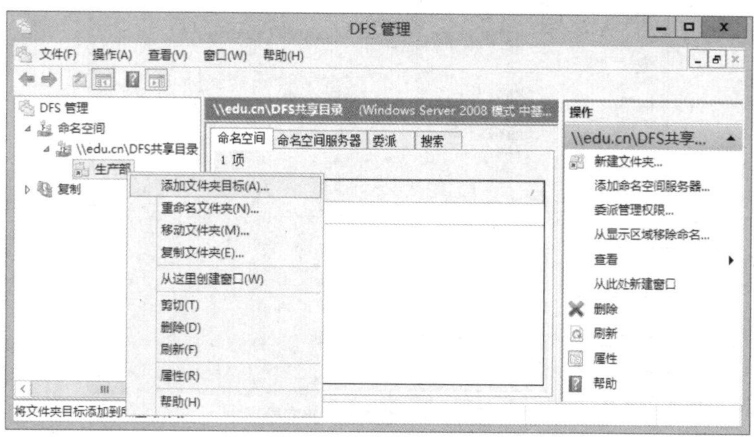

图 15-9　添加文件夹目标

（9）在【文件夹目标的路径】中输入【\\SRV2\生产部】，单击确定，如图 15-10 所示。

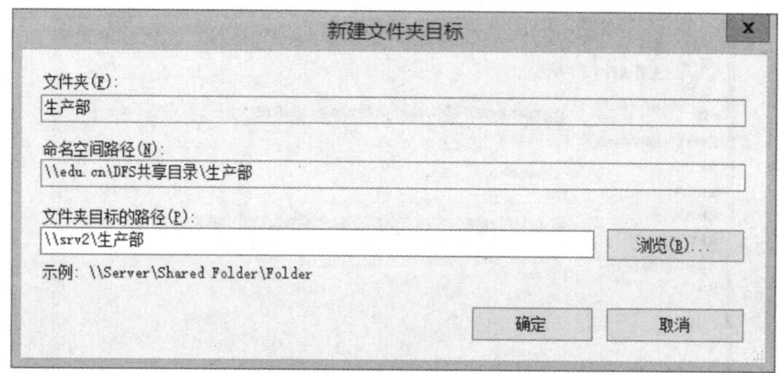

图 15-10　新建文件夹目标

（10）右键单击【生产部】，选择【复制文件夹】，如图 15-11 所示。

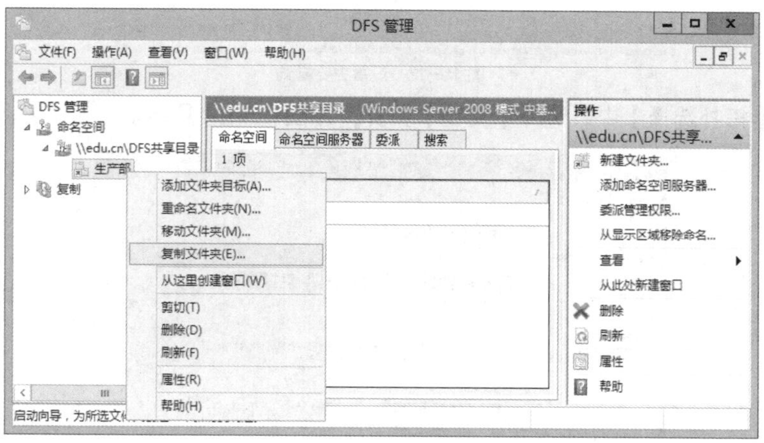

图 15-11　复制文件夹

（11）在【复制组和已复制文件夹名】中，在【复制组名】中输入【edu.cn\dfs 共享目录\生产部复制组】，如图 15-12 所示。

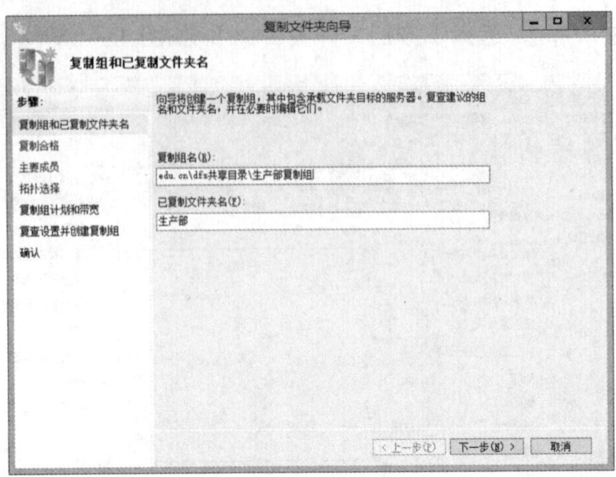

图 15-12 复制文件夹向导

（12）在【复制合格】中，确认【srv1】与【srv2】都在列表中，然后单击【下一步】进入如图 15-13 所示的【主要成员】界面，选择【srv1】作为主要成员，单击【下一步】。

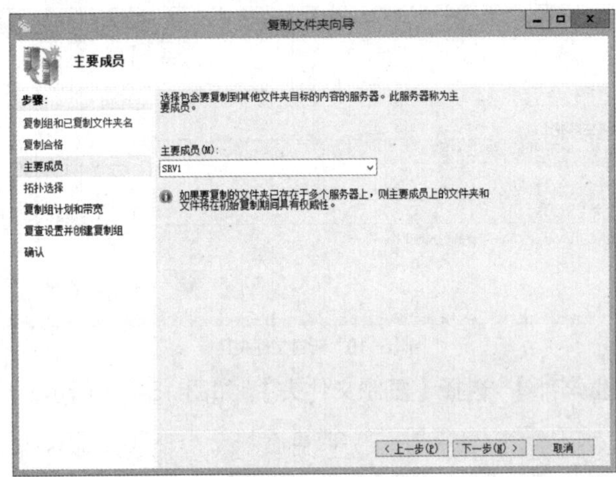

图 15-13 设置主要成员

（13）在【拓扑选择】中，选择【交错】拓扑，如图 15-14 所示。

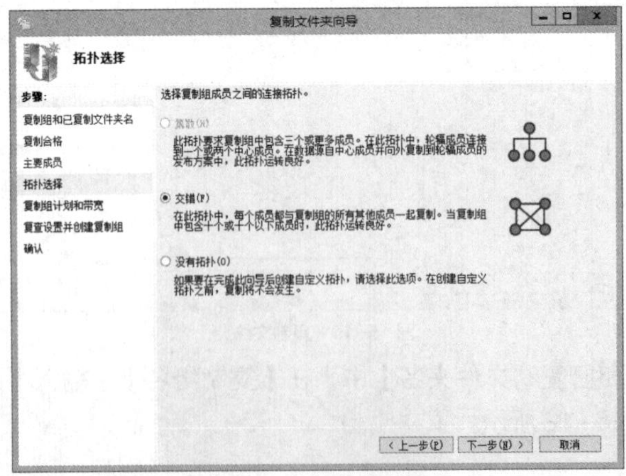

图 15-14 选择复制拓扑

- **集散**：要求复制组成员超过3个或3个以上，在此拓扑中，各成员首先将数据更新到中心成员，然后再由中心成员向其他成员复制更新，类似于星型拓扑。集散方式会导致成员数据同步有一定的延迟，适用于成员数量较多情况。
- **交错**：每个成员都建立与其他成员的联系，当有成员数据发生变化时，它将快速复制到各成员中。交错方式能提高成员服务器间的数据同步时间，但如果复制组成员过多，会导致网络拥堵和降低存储效率。

（14）在【复查设置并创建复制组】中确认配置无误后，单击【创建】，如图 15-15 所示。

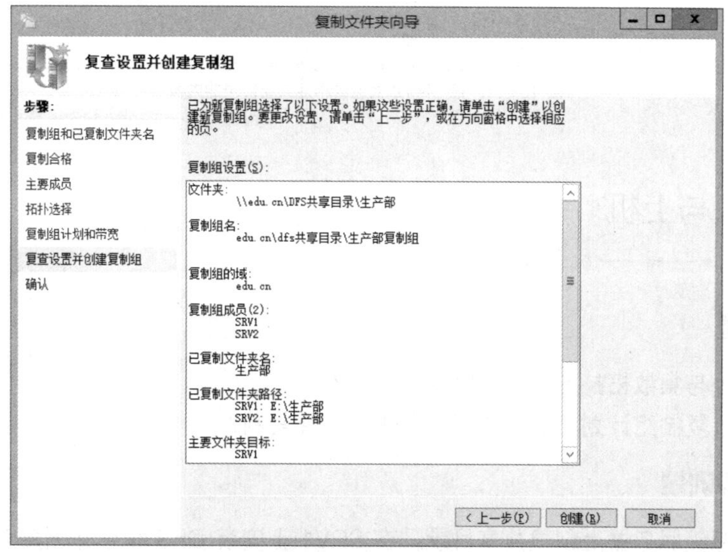

图 15-15 确认设置

任务验证

（1）在客户端 Win10 访问【\\srv1\dfs 共享目录\生产部】，写入一些数据，如图 15-16 所示。

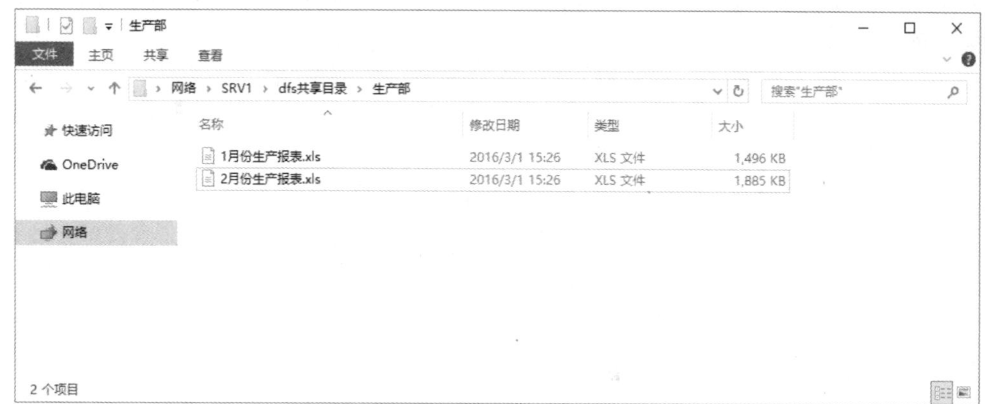

图 15-16 访问 SRV1 的共享目录

（2）在两台存储服务器打开共享目录的本地路径，均可看到数据已经写入，如图 15-17 所示。

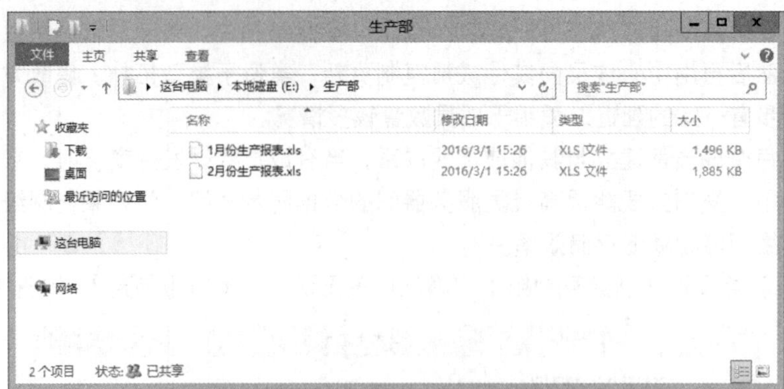

图 15-17 在 SRV2 上查看本地共享目录的内容

习题与上机

一、简答题

1. 交错拓扑与集散拓扑各有什么优点与缺陷?
2. 在创建了复制组计划之后，如何立即进行文件复制?

二、项目实训题

1. 在两台存储服务器上创建共享目录。在 SRV1 上安装 DFS 角色并创建 DFS 命名空间，将共享目录链接到命名空间并设置复制，指定 SRV1 存储服务器为主要角色。

2. 分别在两台存储服务器 SRV1 和 SRV2 上写入、删除、修改数据，在服务器观察并记录服务器间的同步结果。

3. 从不用的客户端访问 DFS 根目录，并写入、删除、修改数据，在客户端观察并记录它们的同步结果。

第三部分

SAN 服务的配置与管理

Chapter

16

项目 16

基于 iSCSI 传输的配置与管理

项目背景

公司 4 台服务器分别为财务系统服务器、FTP 服务器、Web 服务器、办公系统，各系统均采用了 SQL Server 2012 服务器存储数据。由于数据增长较快，各服务器都出现磁盘空间不足的问题，存储空间的升级已经列入近期计划。

由于服务器升级时需要关闭服务器并安装新硬盘，然后再将数据库迁移到新的磁盘空间上，因此会中断业务，只有完成迁移，业务才能重新运行。

考虑到磁盘空间增长速率和服务器有限的硬盘接口数量，而存储服务器拥有更多的磁盘盘位，可根据服务器磁盘空间需求来提供磁盘租用服务，存储工程师建议本次服务器的磁盘空间统一由网络存储服务器提供。而且，后续服务器磁盘空间的在线升级、数据的统一备份与管理都交由存储服务器完成，实训数据统一管理。

为确保公司各业务服务器升级顺利，本次拟尝试先在FTP服务器上做测试。公司网络存储拓扑如图 16-1 所示。

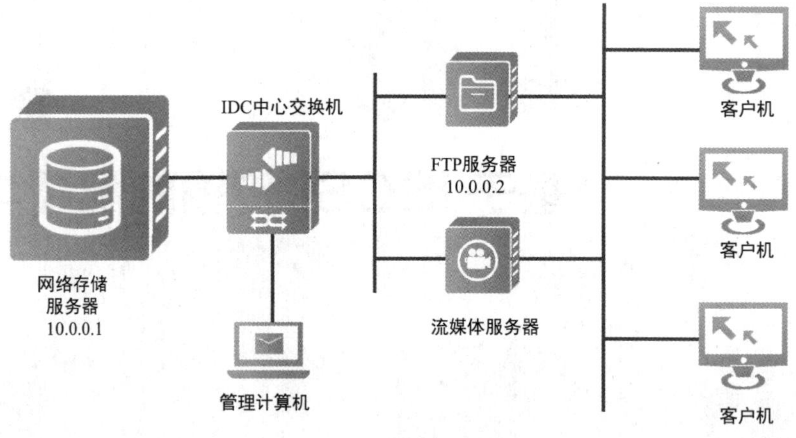

图 16-1 公司网络存储拓扑

项目分析

存储服务器的在线扩容、数据快照、NAS 等技术均可为应用服务器提供磁盘空间服务，但是一些关键应用需要服务器提供本地磁盘服务，这就需要使用存储提供的服务器本地磁盘空间服务——SAN（storage area network）服务。SAN 服务可以为应用服务器提供本地的磁盘服务，并支持在线扩容、容灾备份等功能。

SAN 服务有两种方式：FC SAN 和 IP SAN，考虑到公司成本和服务性能要求现状，本次升级可以采用 IP SAN 来实现。

相关知识

一、SAN

存储区域网络（SAN）是一种在服务器和存储服务器之间实现高速可靠访问的存储网络。

存储服务器基于 SCSI 协议将卷上的 1 个存储区块租赁给服务器，服务器通过 SCSI 客户端将这个区块识别为 1 个本地硬盘，然后初始化该硬盘后即可用于存取数据。

SCSI 的主要功能是在主机和存储设备之间传送命令、状态和块数据。SAN 基于 SCSI 提供两种磁盘服务：FC SAN 和 IP SAN。FC SAN 是基于光纤的存储网络服务，IP SAN 是基于 TCP/IP 的存储网络服务。

二、FC SAN

在 SAN 网络中，所有的数据传输需要在高速、高带宽的网络中进行，而光纤通道（fibre channel，FC）技术因能提供优质的传输带宽被广泛应用于 SAN。FC SAN 需要购置专门的 FC 光纤通道卡、FC SAN 光纤交换机等设备，成本较高，这种服务可以在服务器和存储间提供快速、高效、可靠传输的块级存储访问，被广泛应用于中高端存储网络中，但由于服务器和存储间需要采用专门的光纤链路连接，因此连接距离较短。

三、IP SAN 与 iSCSI

当多数企业由于 FC SAN 的高成本而对 SAN 敬而远之时，iSCSI（Internet SCSI）技术的出现，推动了 IP SAN 在企业中的应用。大多数中小企业都以 TCP/IP 协议为基础建立了网络环境，iSCSI 可以在 IP 网络上实现 SCSI 的功能，允许用户通过 TCP/IP 网络构建存储区域网，为众多要求经济合理和便于管理的中小企业的存储设备提供了直接访问的能力。

由此可见，IP SAN 实际上就是使用 IP 协议将服务器与存储设备连接起来的技术，基于 IP 网络实现数据块级别的存储。

在 IP SAN 的标准中，除了已获通过的 iSCSI，还有 FCIP、iFCP 等协议标准。其中，iSCSI 发展是最快的，它已经成为 IP 存储技术的一个典型代表。基于 iSCSI 的 SAN 的目的就是要使用本地 iSCSI 导向器（Initiator）和 iSCSI 目标（Target）之间来建立 SAN。iSCSI 的两个组件如下：

- 目标（Target，服务端）：存储设备上的iSCSI服务，用于转换TCP/IP包中的SCSI命令和数据，服务端的端口号默认为3260；
- 发起方（Initiator，客户端）：iSCSI客户端软件，一般安装在应用服务器上，它接收应用层的SCSI请求，并将SCSI命令和数据封装到TCP/IP包中发送到IP网络中。

项目实践

任务 16-1　iSCSI 服务及客户端 iSCSI 硬盘的配置

任务描述

在存储服务器上安装 iSCSI 服务，并为 FTP 服务器创建一块 30GB 的 iSCSI 虚拟磁盘。

任务操作

（1）安装 iSCSI 目标服务器。在【服务器管理器】主窗口下，单击【添加角色和功能】。在弹出的对话框中选择【下一步】，直到【选择服务器角色】，勾选【iSCSI 目标服务器】并添加其所需要的功能，如图 16-2 所示。

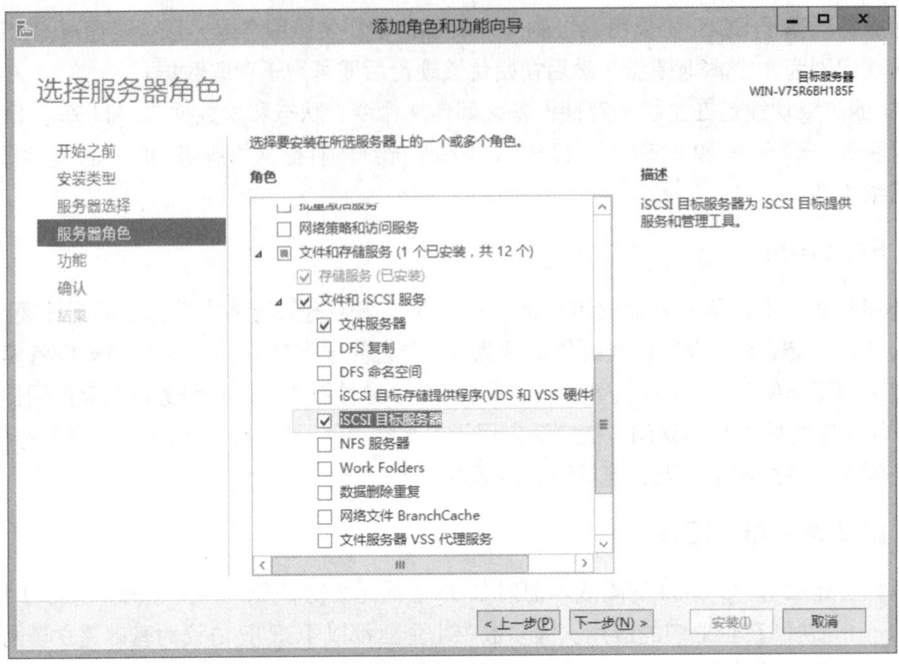

图 16-2 添加角色

（2）创建一块 ISCSI 虚拟磁盘。在【服务器管理器】主窗口下，单击【文件和存储服务】，然后单击【iSCSI】，进入 iSCSI 虚拟磁盘管理界面。单击 iSCSI 管理界面中的【任务】，在【任务】下拉式菜单中选择【新建 iSCSI 虚拟磁盘…】，打开新建 iSCSI 虚拟磁盘向导。如图 16-3 所示。

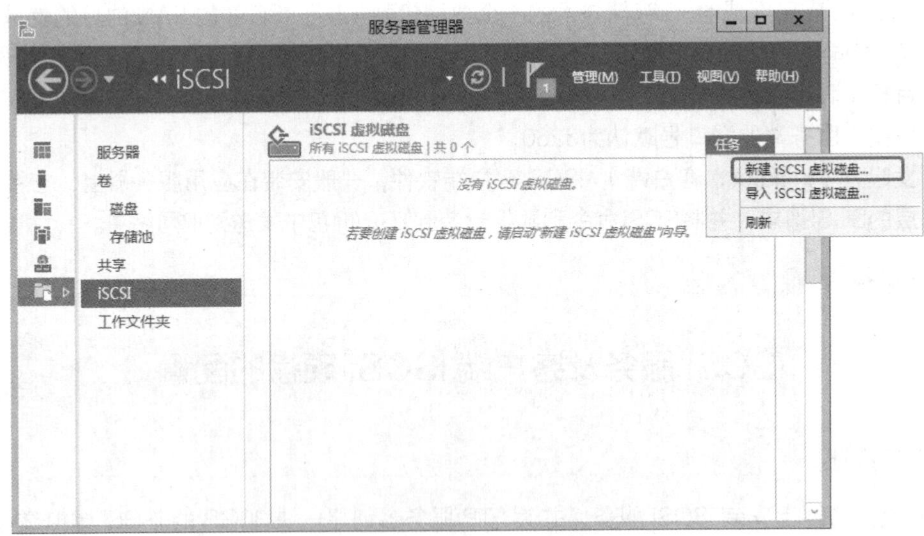

图 16-3 单击创建 ISCSI 虚拟磁盘

（3）打开新建 iSCSI 虚拟磁盘的向导，这里选择将虚拟磁盘保存在 F 盘上，如图 16-4 所示。

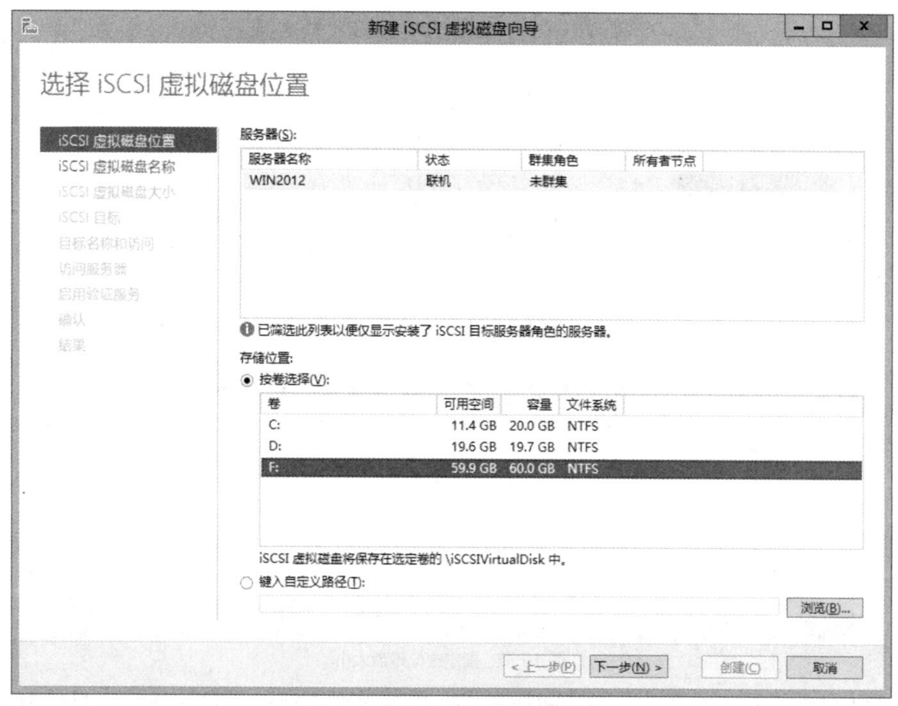

图 16-4　选择 ISCSI 磁盘的存储位置

（4）在【指定 iSCSI 虚拟磁盘名称】中输入【ftp_iSCSI】，如图 16-5 所示。

新建 iSCSI 虚拟磁盘向导
指定 iSCSI 虚拟磁盘名称
iSCSI 虚拟磁盘位置
iSCSI 虚拟磁盘名称
iSCSI 虚拟磁盘大小
iSCSI 目标
目标名称和访问
访问服务器
启用验证服务
确认
结果
名称(A):　ftp-iSCSI
描述(D):
路径(T):　D:\iSCSIVirtualDisks\ftp-iSCSI.vhdx
< 上一步(P)　下一步(N) >　创建(C)　取消

图 16-5　指定虚拟磁盘大小

（5）在【指定 iSCSI 虚拟磁盘的大小】中输入【30GB】，如图 16-6 所示。

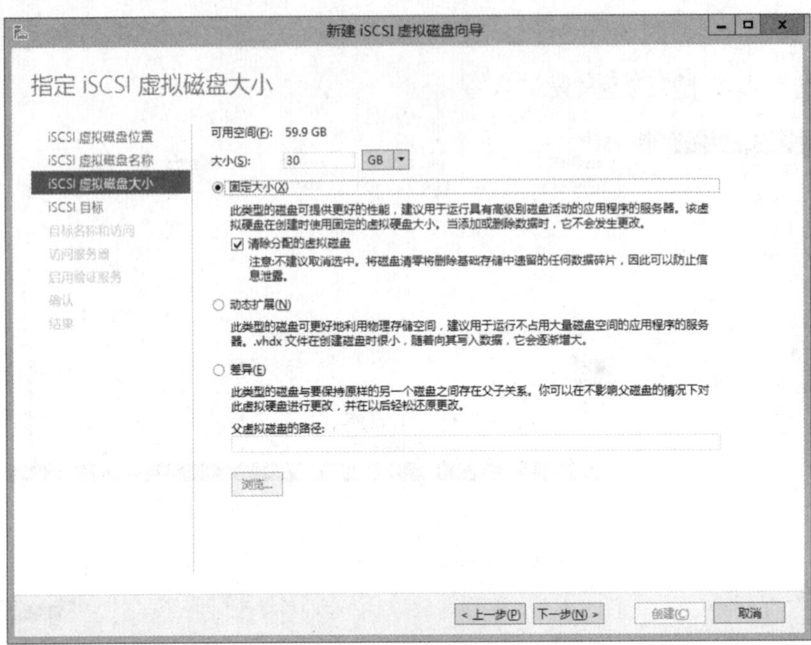

图 16-6 指定虚拟磁盘大小

(6)在【分配 ISCSI 目标】页面中可以看到，目前没有存在的 iSCSI 目标，如图 16-7 所示。

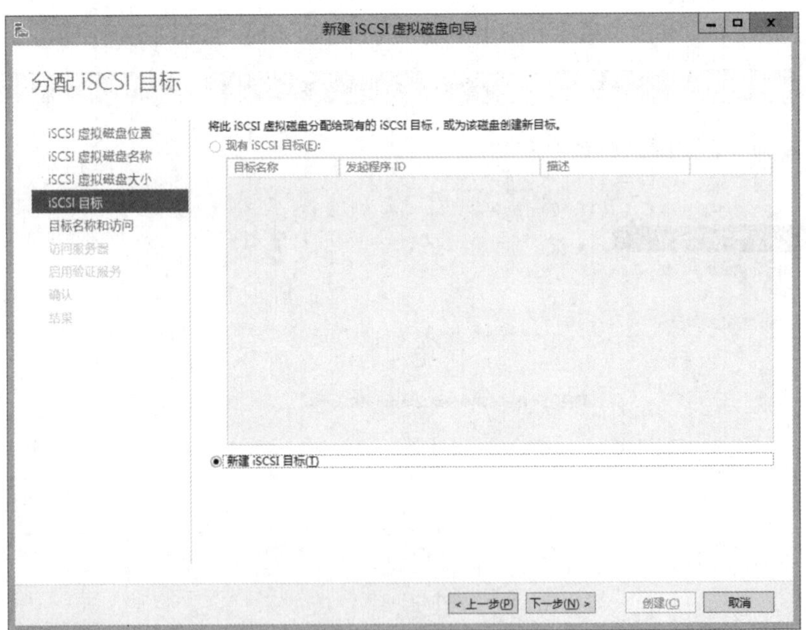

图 16-7 分配 iSCSI 目标

(7)选择【新建 iSCSI 目标】并单击【下一步】，在【指定目标名称】中输入【ftp】，在【指定访问服务器】，单击【添加】，在【添加发起程序 ID】中选择访问 iSCSI Target 的控制方式，这里有 4 种选择：IQN、DNS 域名、IP 地址和 MAC 地址。最常用的是 IP 地址和 IQN(iscsI qualified name，IQN)这两种方式。这里选择 IP 地址，并填入 FTP 服务器的 IP 地址：10.0.0.2，如图 16-8 所示。

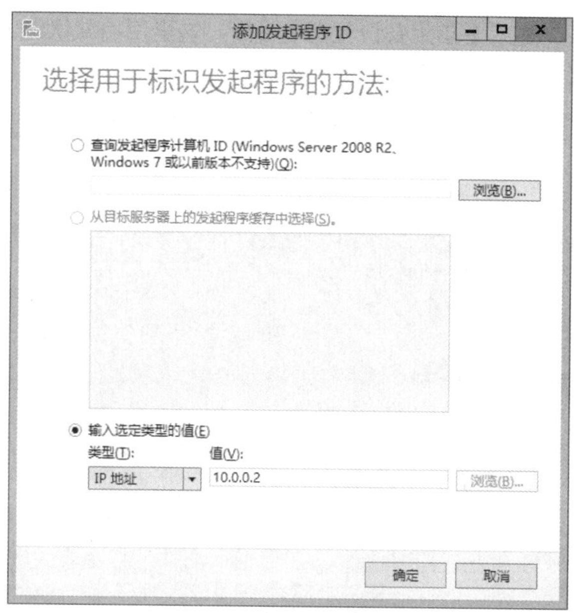

图 16-8　添加发起程序 ID

说明：IQN 用于标识 iSCSI 客户端，格式如下：

“iqn” + “年月” + “.” + “域名的倒序” + “:” + “设备的具体名称”

IQN 采用了颠倒域名，这是为了避免可能的冲突，一般客户端软件都会自动生成 IQN，也可以自定义 IQN，一个合法的 IQN 如下：

“iqn.2016-06.cn.edu.ftp:ftp_server”

（8）添加完访问服务器后的结果如图 16-9 所示。

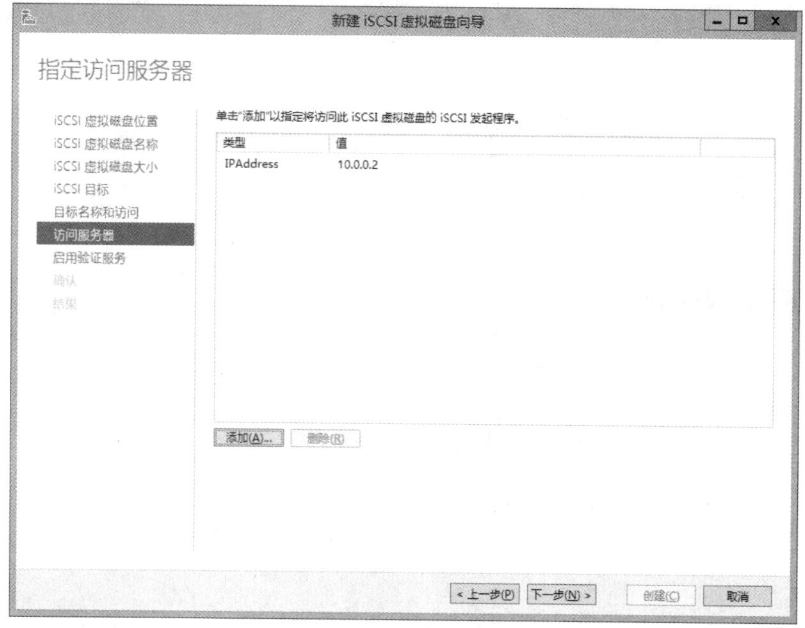

图 16-9　添加指定访问服务器

（9）单击【下一步】，进入【启用身份验证】页面，这里使用默认值（不启用身份验证），如图 16-10 所示。

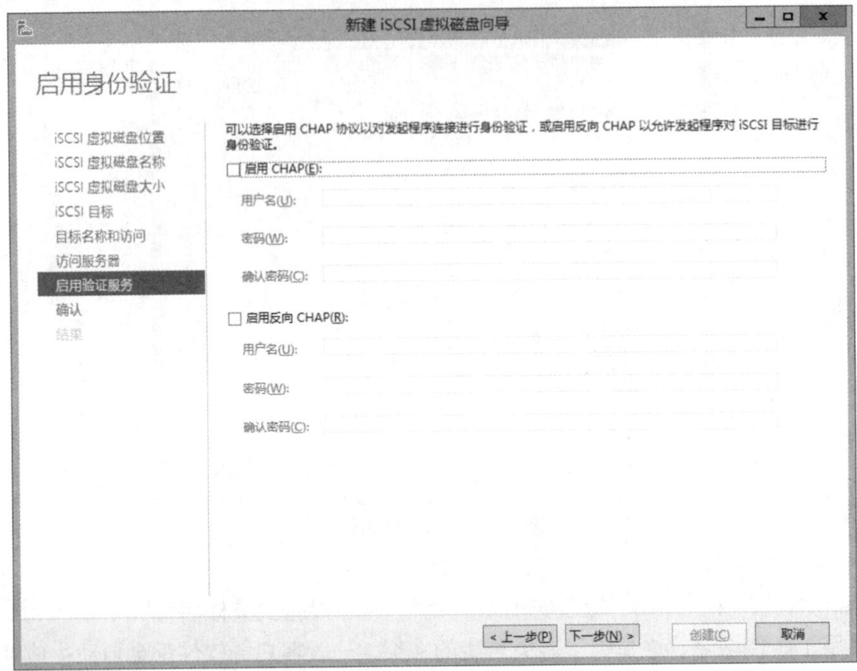

图 16-10　选择是否启用身份验证

（10）单击【下一步】，进入【确认】界面，在确认配置信息无误后单击【创建】，即可按向导完成 iSCSI 磁盘和指定客户端的配置，结果如图 16-11 所示。

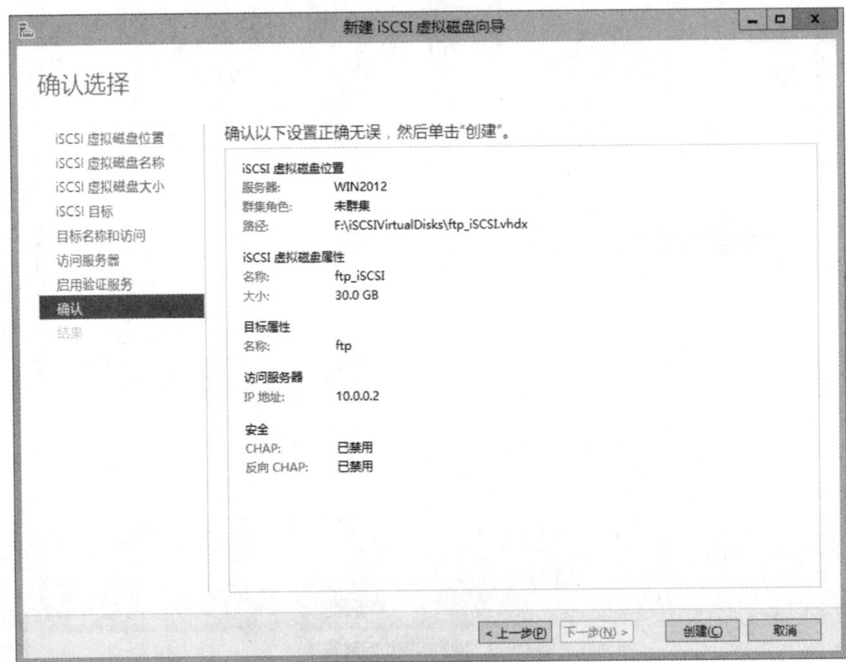

图 16-11　确认配置信息

任务验证

查看创建的 iSCSI 虚拟磁盘，如图 16-12 所示。

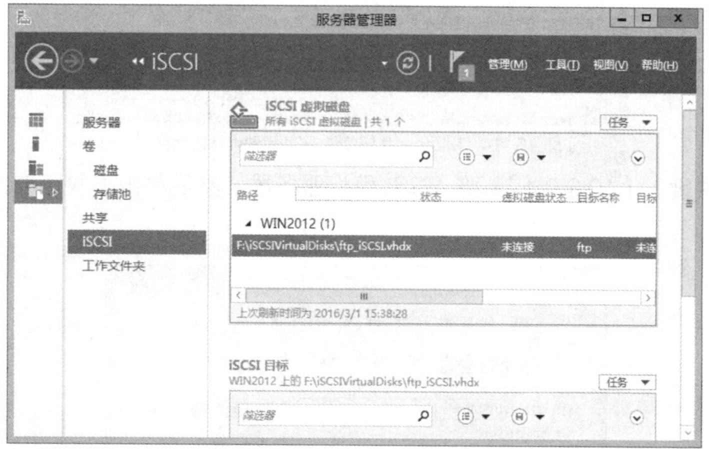

图 16-12　查看创建的虚拟磁盘

任务 16-2　客户端 iSCSI 硬盘的连接与使用

任务描述

在 FTP 服务器上通过 iSCSI 发起程序连接 iSCSI 虚拟磁盘，并对连接的虚拟磁盘进行分区及格式化。

任务操作

（1）在 FTP 服务器（IP 为 10.0.0.2）上连接虚拟磁盘。在【服务器管理器】主窗口下，单击【工具】，在下列列表中选择【iSCSI 发起程序】，结果如图 16-13 所示。

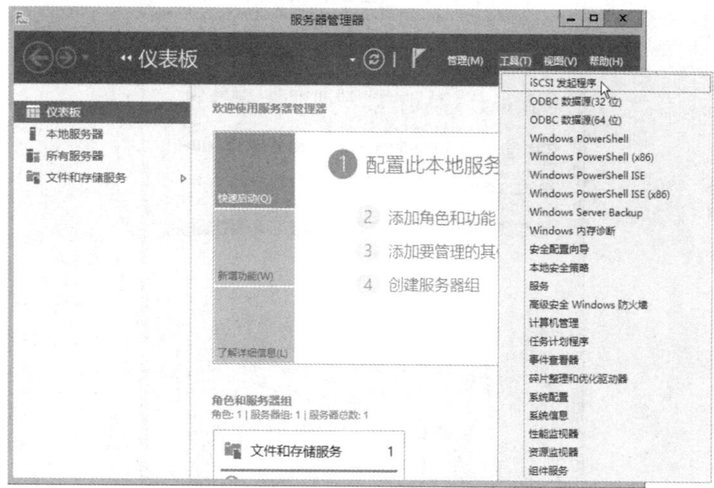

图 16-13　服务器管理器的【工具】下拉式菜单

（2）单击【iSCSI 发起程序】，在弹出的提示对话框中单击【是（Y）】，如图 16-14 所示。

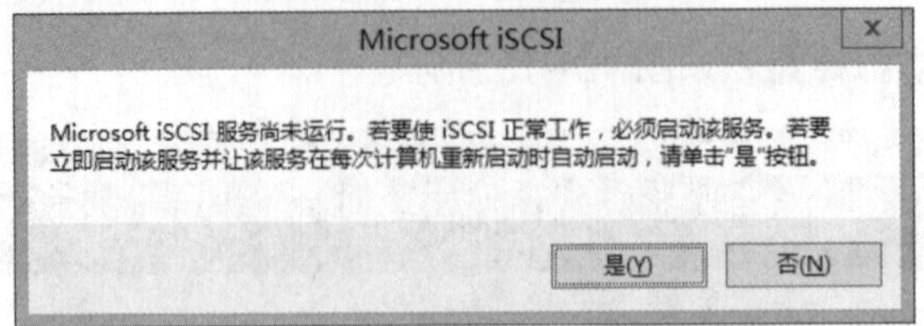

图 16-14　Microsoft iSCSI 服务启动确认对话框

（3）在目标中输入【10.0.0.1】，即 iSCSI 目标服务器，然后单击【快速连接】，如图 16-15 所示。

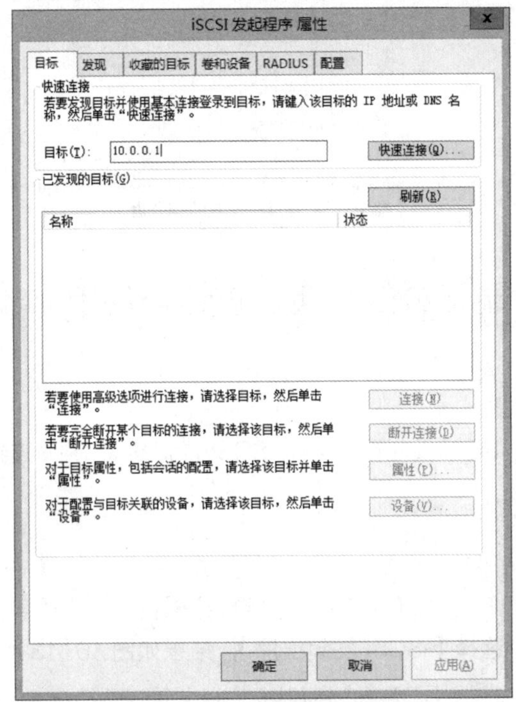

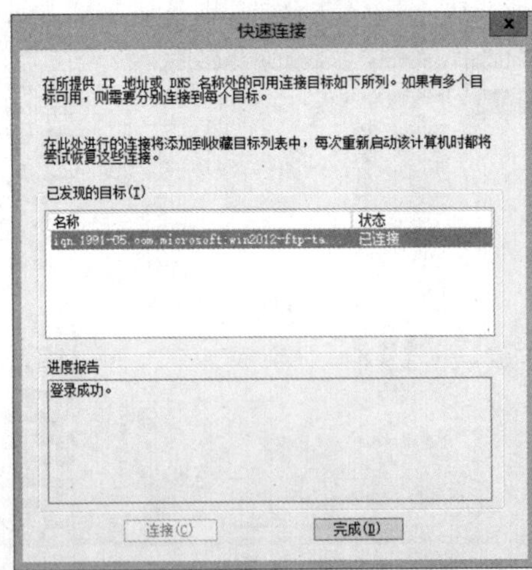

图 16-15　连接 iSCSI 目标服务器

（4）iSCSI 目标服务器如果连接成功，状态会显示为“已连接”，结果如图 16-16 所示。

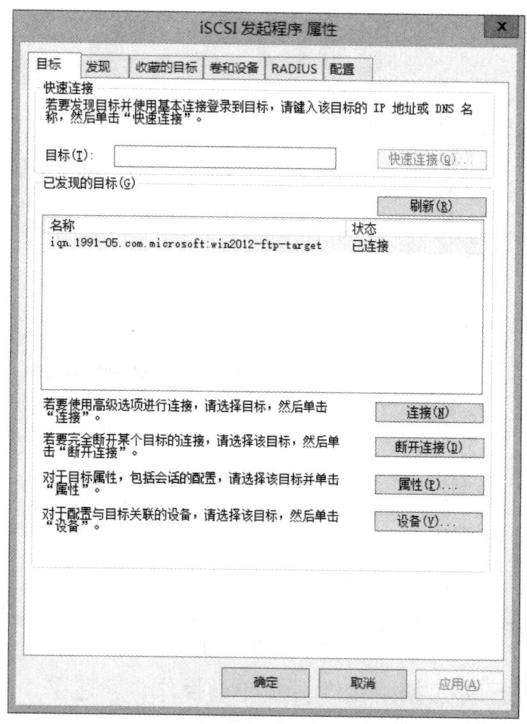

图 16-16　连接 iSCSI 目标服务器成功

（5）单击【卷和设备】选项卡，单击【自动配置】，如图 16-17 所示。

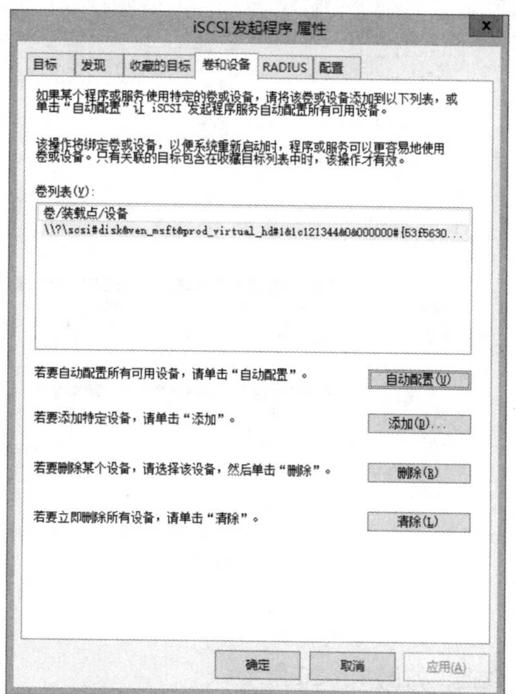

图 16-17　自动配置 iSCSI 虚拟磁盘

（6）打开本地磁盘管理工具，查看 FTP 服务器的本地磁盘，在图 16-18 所示的磁盘窗口中可以看到系统已经识别到该 iSCSI 硬盘，大小为 30GB。

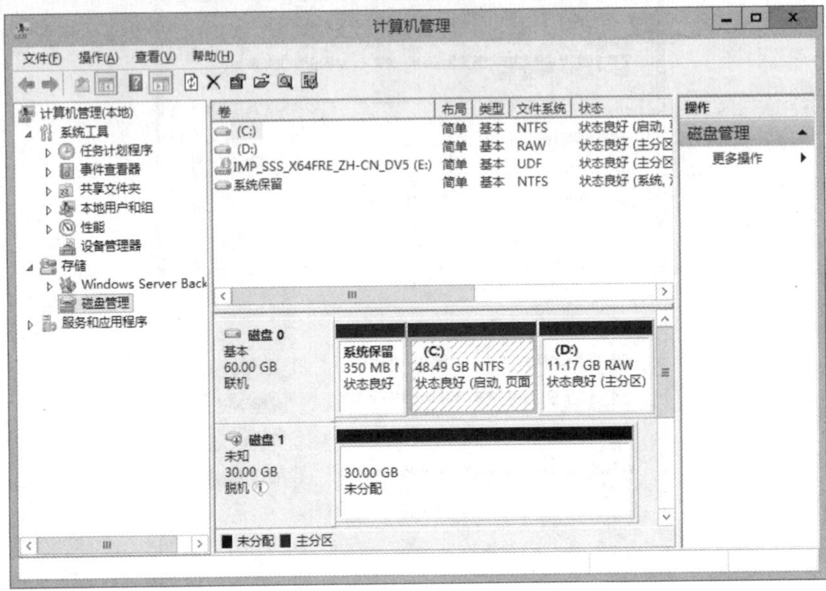

图 16-18 查看本机磁盘

（7）对连接的磁盘进行联机/初始化/新建简单卷操作，新建了 1 个简单卷 F 盘，结果如图 16-19 所示。

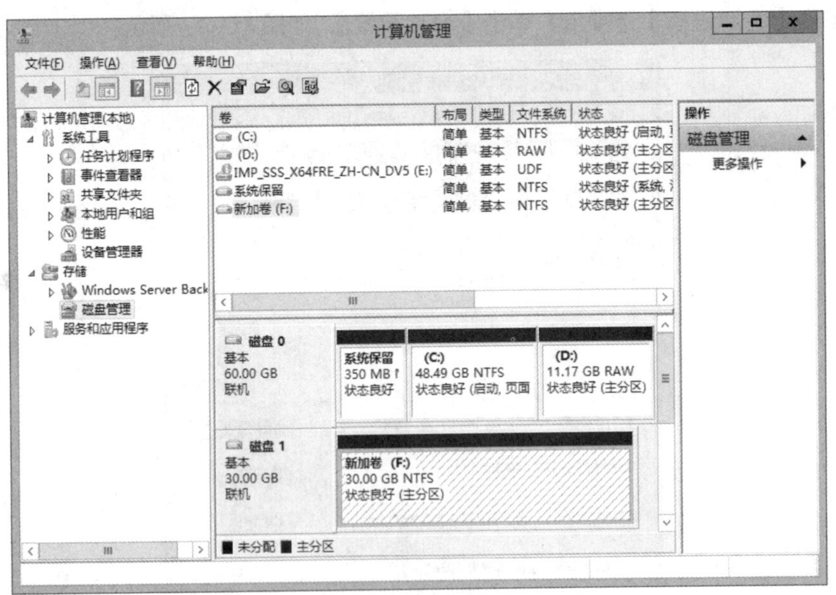

图 16-19 对磁盘进行初始化

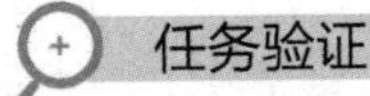

任务验证

在 F 分区中写入一些数据，如图 16-20 所示。

图 16-20　对连接成功的虚拟磁盘进行写操作

习题与上机

一、简答题

1. iSCSI 目标服务器（存储）和 iSCSI 客户端在不同网段，客户端还能使用 iSCSI 硬盘吗?
2. 在目标服务器（存储）中能不能查看到客户端所创建的文件?

二、项目实训题

1. 在存储中的任意分区上创建 1 个 50GB 的 iSCSI 虚拟磁盘。
2. 在应用服务器中使用 IQN 连接到 iSCSI 虚拟磁盘，并对该虚拟磁盘进行初始化操作。

Chapter 17

项目 17 配置 iSCSI 传输的安全性

项目背景

公司部署了 iSCSI 虚拟磁盘之后有效解决了公司业务服务器存储空间的统一分配与管理问题，但是 LUN 卷和存储之间的连接没有配置身份验证，存在安全隐患，为防止内部员工伪造公司服务器 IP 或 IQN 来连接并使用 LUN 卷，公司希望能加强服务器和存储连接的安全性。

公司网络存储拓扑如图 17-1 所示。

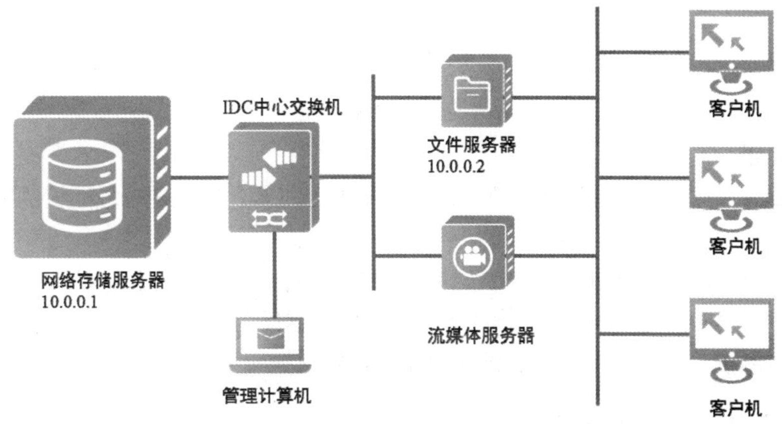

图 17-1　公司网络存储拓扑

项目分析

在 IP SAN 的连接中，可以有以下几种方式来提高服务端与客户端连接的安全性：

（1）要求客户端尽量避免使用 IP 地址，而是使用 IQN、MAC 或计算机 ID 等作为客户端标识；

（2）启用身份验证。

SQN 和计算机 ID 具有唯一性特征，相对而言，IP 地址较不容易被员工获取；而启用身份验证后的安全性更高。iSCSI 基于 CHAP 协议进行身份验证。

因此，为提高 iSCSI 传输的安全性，本项目中将演示如何基于 CHAP 协议来实现 iSCSI 传输的安全性，具体涉及以下工作任务：

（1）在网络存储服务器和客户端上配置验证服务；

（2）在应用服务器上连接 LUN 磁盘。

相关知识

CHAP

挑战握手后验证协议（challenge hannd authentication protocol，CHAP），是通过 3 次握手机制与远程节点建立一条可信连接。

在 iSCSI 客户端需要连接网络存储的 iSCSI 逻辑硬盘时，客户端会向服务端发起 iSCSI 连接请求，双方通过协商后将采用 CHAP 进行身份验证，验证报文将使用 MD5 进行加密后发送。

CHAP 验证过程如图 17-2 所示。

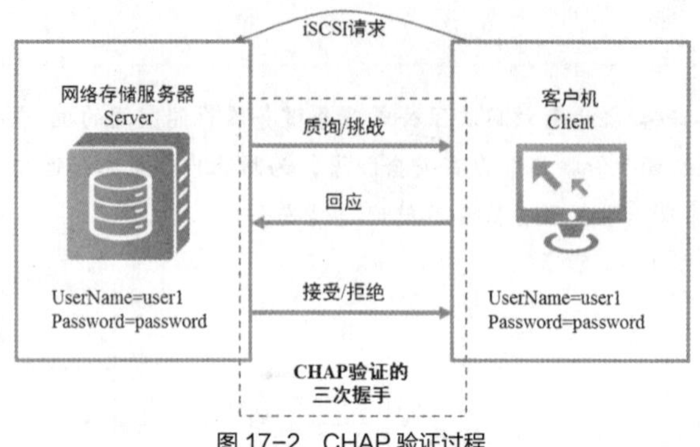

图 17-2　CHAP 验证过程

1. 挑战阶级

服务端收到客户端的 CHAP 验证请求后，服务端会向客户端发送一段随机的报文，并加上用户名 user1，这个过程称为“挑战”。

如图 17-3 所示，Server 向 Client 发送的挑战报文包含：挑战分组类型标识符（01）、标识该挑战分组的序列号（ID）、随机数、挑战方的用户名（这里为 user1）。

服务端发送的挑战报文数据将会保留在存储服务器数据库中。

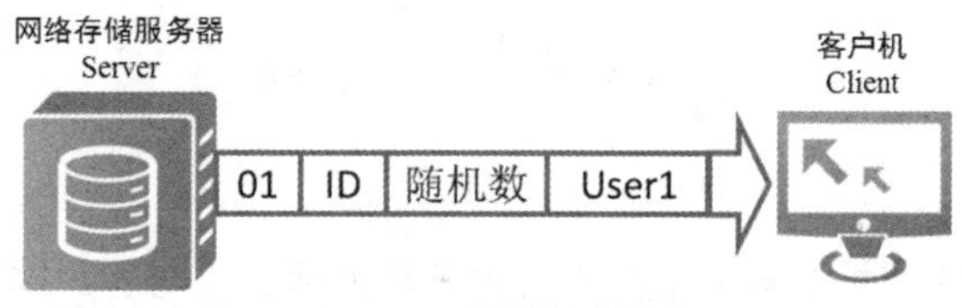

图 17-3　CHAP 身份验证挑战阶段

2. 回应阶级

当 Client 收到 Server 的挑战报文后，将从中提取出 Server 发送过来的用户名，然后在后台数据库中查找用户名为 user1 的记录，并获取对应的密码，这里为 passowrd。再将用户名、密码、报文 ID 和随机报文用 MD5 加密算法进行加密，并获得密文的哈希值。最后把这个哈希值放到 CHAP 回应报文中发送给服务端，回应报文如图 17-4 所示。

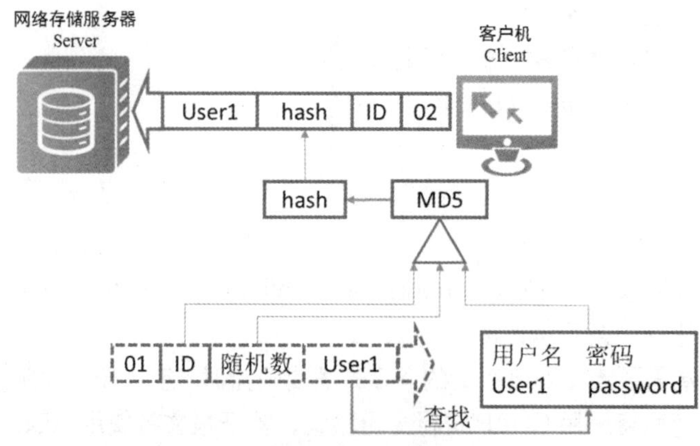

图 17-4　CHAP 身份验证回应阶段

3. 接受/拒绝阶级

服务端收到客户端的回应报文后，同样去提取报文中的用户名，查找本地数据库中对应的密码、保留报文 ID 和随机报文，并用 MD5 加密算法加密，最终获得该密文的哈希值。服务器将自己的哈希值和客户端报文的哈希值进行比较，如果相同则表示验证成功，将返回 ACK（验证成功），报文如图 17-5 所示。

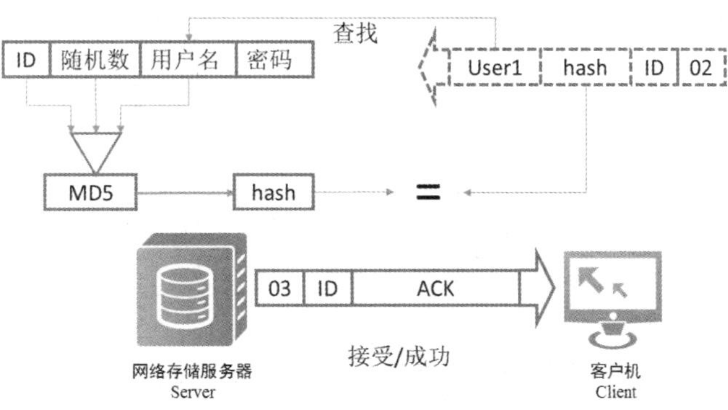

图 17-5 CHAP 身份验证成功报文

如果比对失败，表示验证失败，将返回 NAK（验证失败），报文如图 17-6 所示。

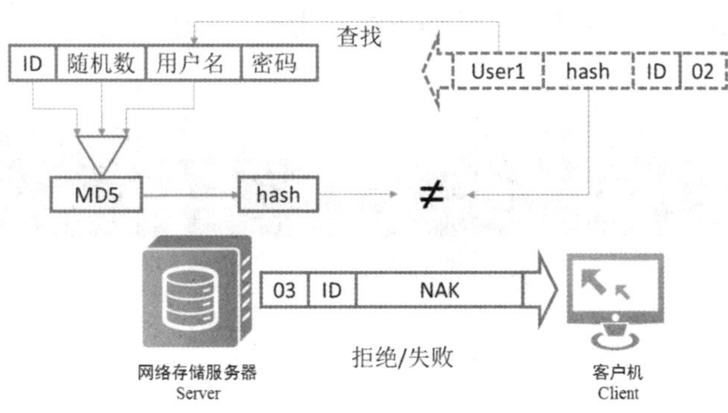

图 17-6 CHAP 身份验证失败报文

项目实践

任务 17-1 iSCSI 传输的安全性配置

任务描述

在存储服务器上创建 30GB 的 iSCSI 虚拟磁盘并启用 CHAP 认证（用户名为 user1，密码为 password1234），客户端基于 CHAP 协议连接 LUN。

任务操作

（1）安装 iSCSI 目标服务器。在【服务器管理器】主窗口下，单击【添加角色和功能】，在弹出的对话框中单击【下一步】，直到【选择服务器角色】勾选【iSCSI 目标服务器】并添加其所需要的功能，如图 17-7 所示。

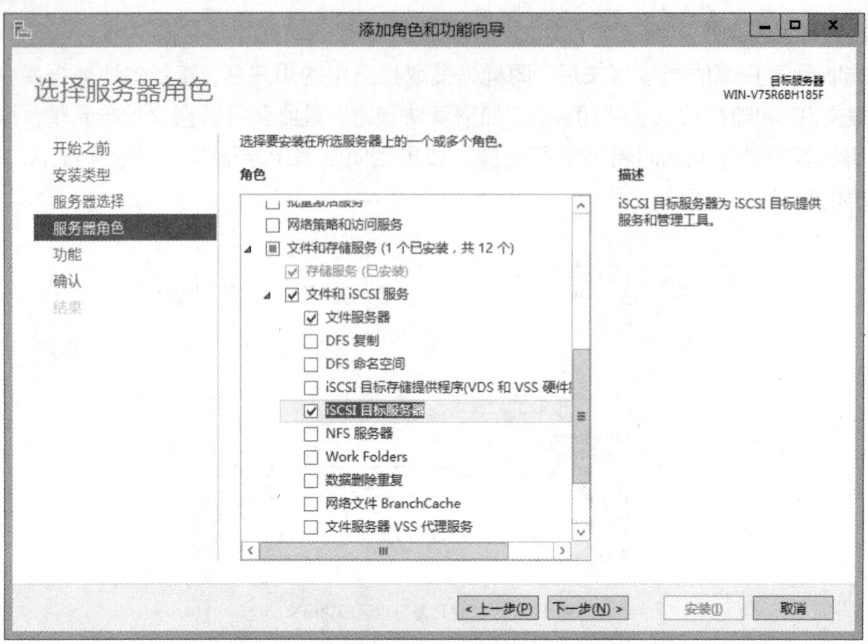

图 17-7 添加角色

（2）创建一块 ISCSI 虚拟磁盘。在【服务器管理器】主窗口下，单击【文件和存储服务】，再单击【iSCSI】，单击中间那行蓝色的快捷方式，如图 17-8 所示。

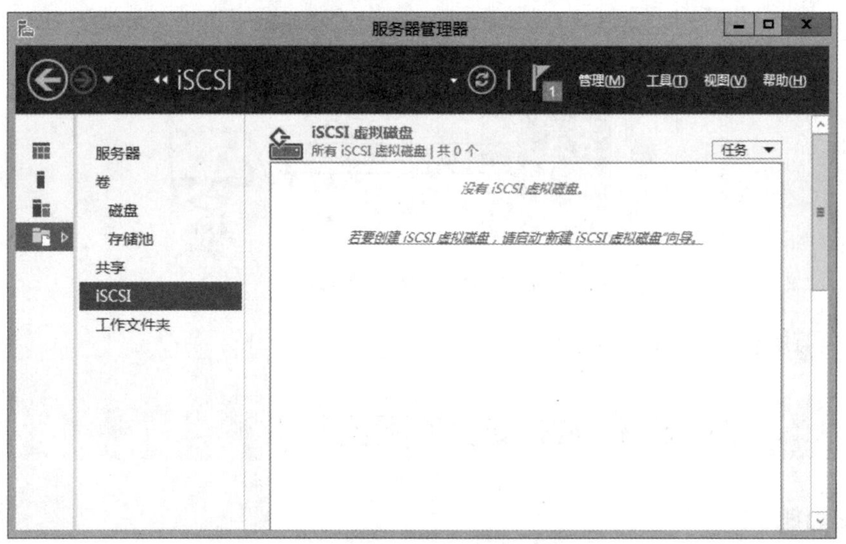

图 17-8 单击创建 iSCSI 虚拟磁盘

（3）在【新建 iSCSI 虚拟磁盘向导】中配置虚拟磁盘基本信息，在【启用身份验证】窗口中勾选【启用 CHAP】，并填入用户名【user1】，密码【password1234】，需要注意的是，密码要求长度在 12 位 ~ 16 位，验证服务配置如图 17-9 所示。

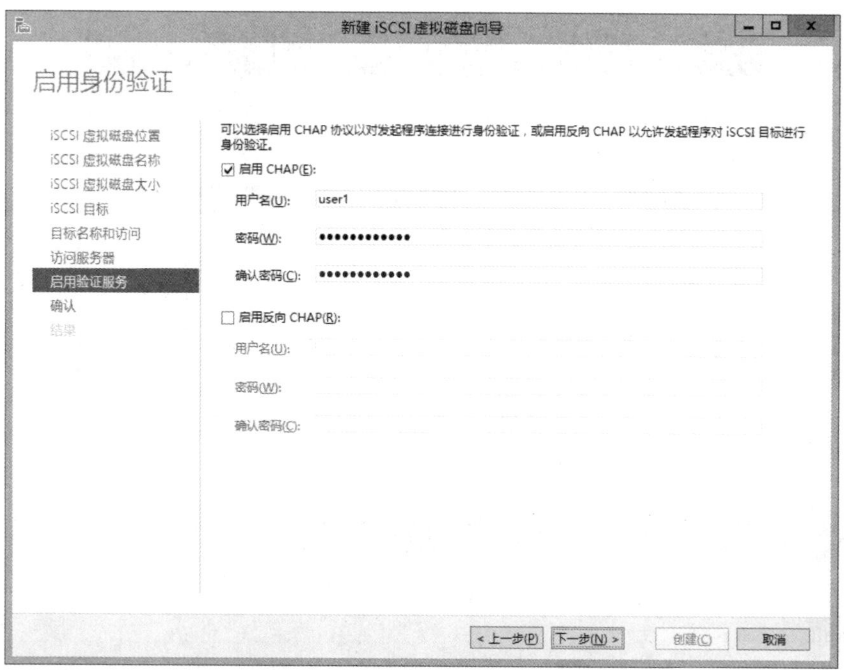

图 17-9　启用 CHAP 身份验证

（4）确认配置信息，确认无误后单击【创建】，如图 17-10 所示。

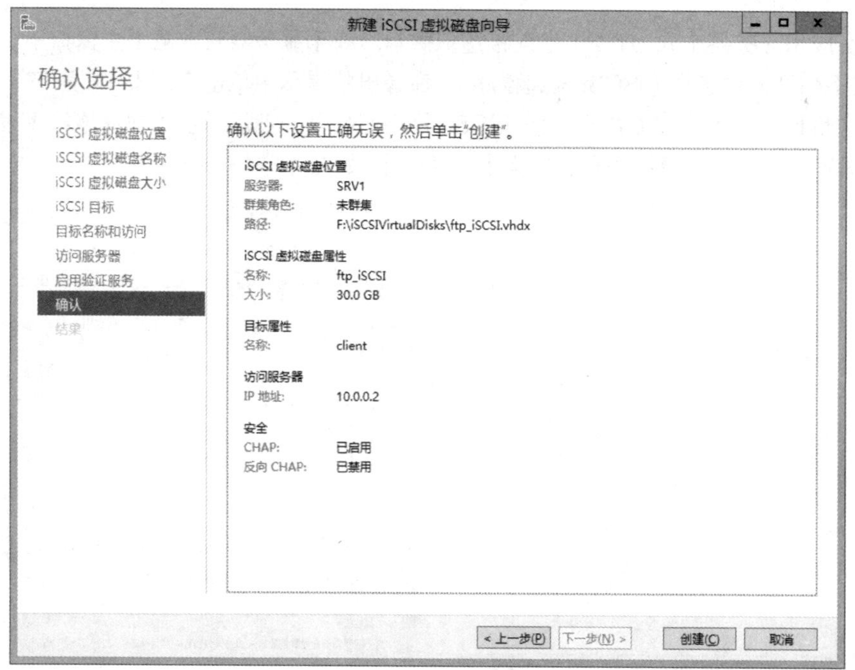

图 17-10　确认配置信息

任务验证

查看创建的 iSCSI 虚拟磁盘，如图 17-11 所示。

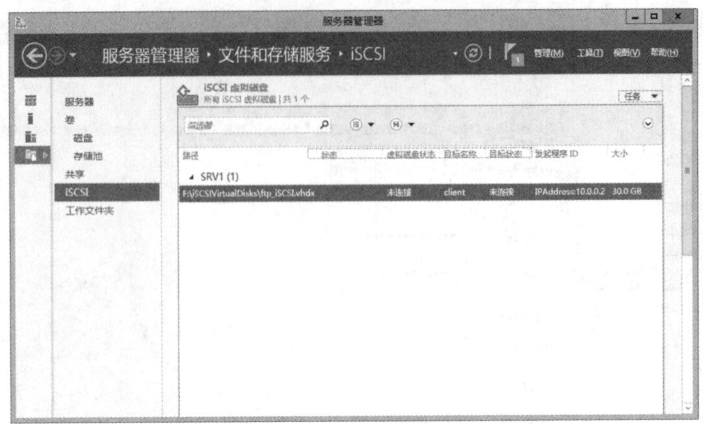

图 17-11 查看创建的虚拟磁盘

任务 17-2 iSCSI 虚拟磁盘的连接与使用

任务描述

在应用服务器上通过iSCSI发起程序连接iSCSI虚拟磁盘，在连接的虚拟磁盘新建分区并格式化。

任务操作

（1）在应用服务器（10.0.0.2）上连接虚拟磁盘。在【服务器管理器】主窗口下，单击【工具】，并在下列列表中选择【iSCSI 发起程序】，在弹出的提示中单击【是】，如图 17-12 所示。

（2）在目标中输入【10.0.0.1】，即 iSCSI 目标服务器，然后单击【快速连接】发现 iSCSI 目标服务器连接不成功，虚拟磁盘状态为【不活动】，如图 17-13 所示。

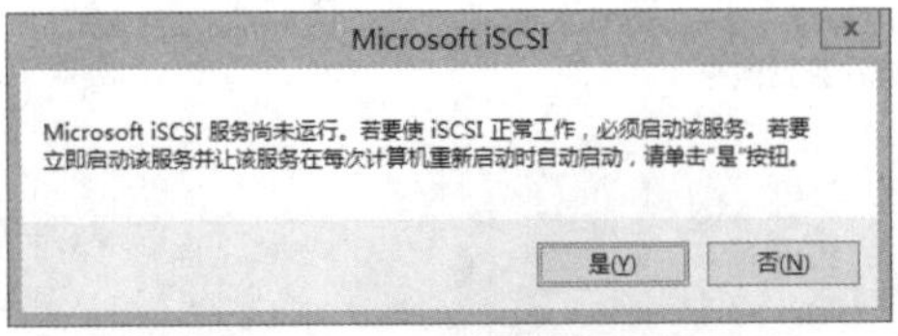

Microsoft iSCSI

Microsoft iSCSI 服务尚未运行。若要使 iSCSI 正常工作，必须启动该服务。若要立即启动该服务并让该服务在每次计算机重新启动时自动启动，请单击"是"按钮。

是(Y) 否(N)

图 17-12 iSCSI 发起程序

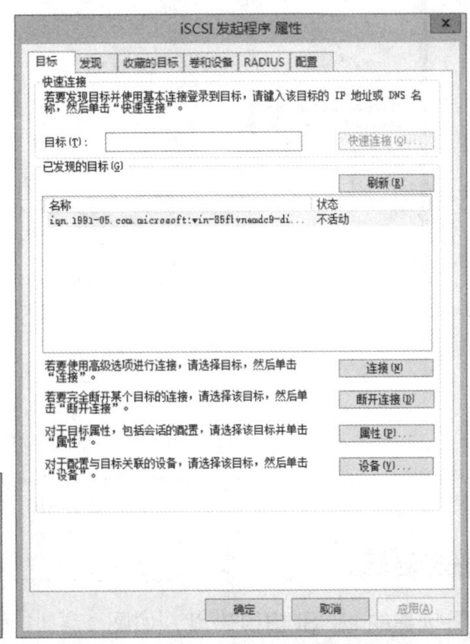

图 17-13 连接 iSCSI 目标服务器不成功

（3）单击【连接】、【高级】，勾选【启用 CHAP 登录】，输入【名称】和【目标机密】，如图 17-14 所示。

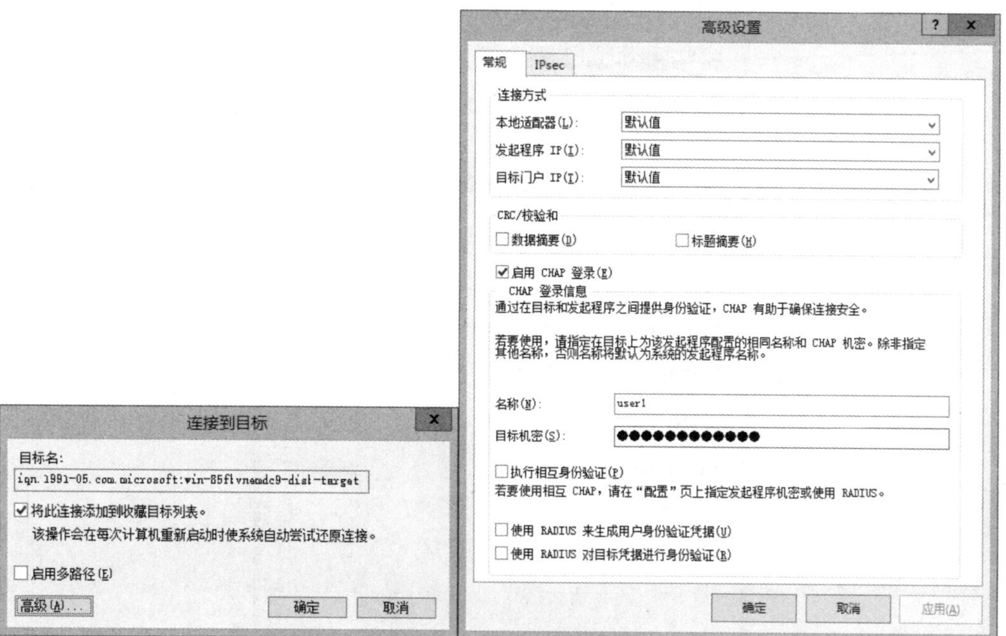

图 17-14　输入用户名和密码

（4）验证成功之后显示已连接，如图 17-15 所示。

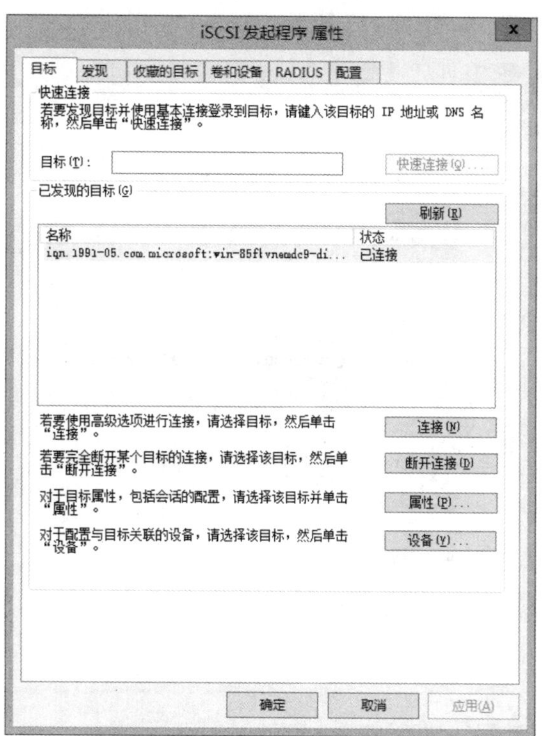

图 17-15　身份验证成功显示已连接

（5）切换到【卷和设备】选项卡，单击【自动配置】，结果如图 17-16 所示。

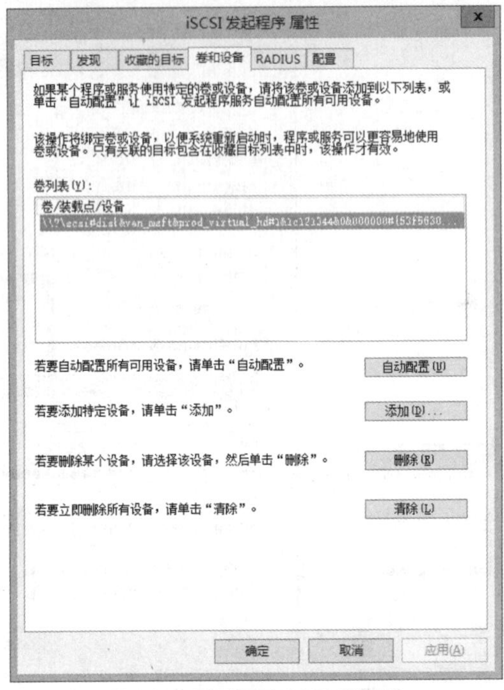

图 17-16　自动配置 iSCSI 虚拟磁盘

（6）打开本地磁盘管理工具，确认已连接到该虚拟磁盘，并对连接的磁盘进行联机/初始化/新建简单卷操作，创建 F 盘，如图 17-17 所示。

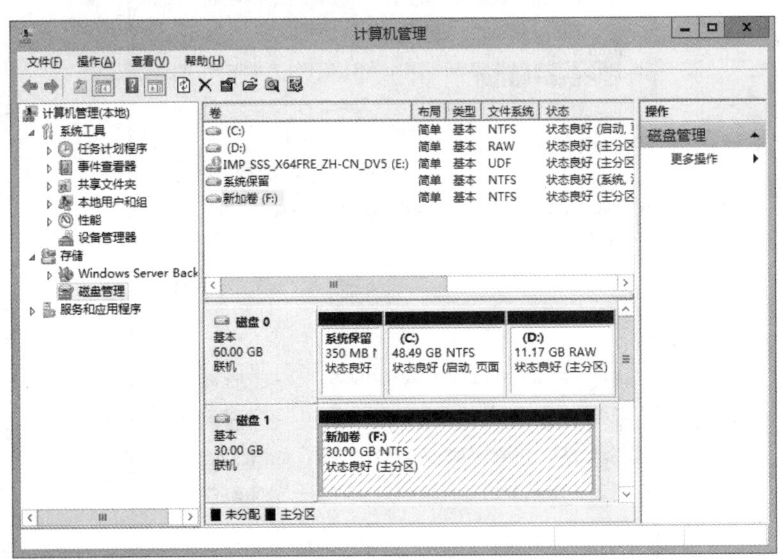

图 17-17　对磁盘进行初始化

任务验证

在 F 分区中写入一些数据，如图 17-18 所示。

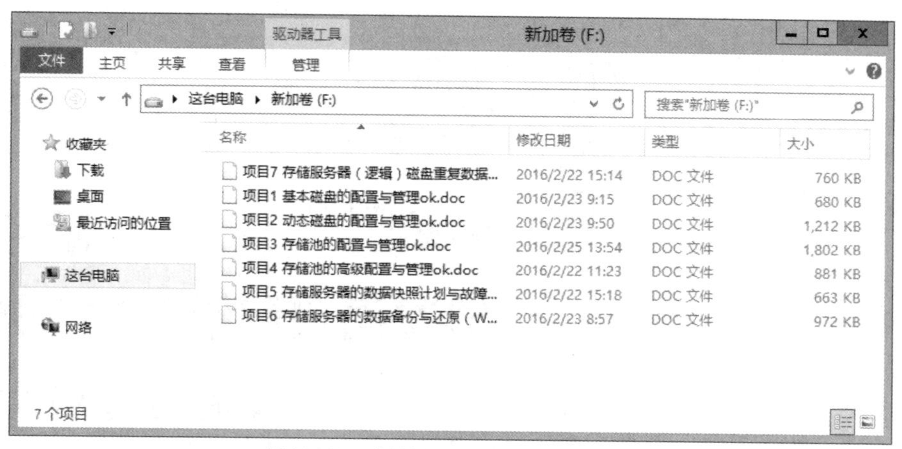

图 17-18 对连接成功的虚拟磁盘进行写操作

习题与上机

一、简答题

1. 1 个 iSCSI 硬盘能否同时被两台应用服务器连接?
2. iSCSI 正向 CHAP 和反正 CHAP 有什么区别?
3. iSCSI 启用认证和未启用认证有何区别?

二、项目实训题

1. 在存储服务器 SRV1 的存储池中创建 1 个 100GB【Mirror】类型的虚拟磁盘，并将【Mirror】类型虚拟磁盘初始化操作，最终创建为 X 盘。

2. 在 F 盘创建一个 5GB 的 iSCSI 虚拟磁盘并启用双向 CHAP 认证。

3. 在应用服务器 SRV2 使用发起程序连接 iSCSI 虚拟磁盘，并对该虚拟磁盘进行初始化操作，盘符为 Y 盘。

Chapter 18

项目 18 部署高可用链路的 iSCSI（基于 MPIO）

项目背景

EDU 公司有财务系统、FTP、Web 等服务器，公司希望网络管理员能确保这些应用服务器的可靠性。公司前期已经将这些服务器的业务数据全部迁移到存储 LUN 中，并且为保障前端业务系统的可靠性，所有业务系统都已经购置了备用机器，网络管理员担心连接服务器和后端存储的通信链路故障会导致公司业务的中断。

公司网络存储拓扑如图 18–1 所示。

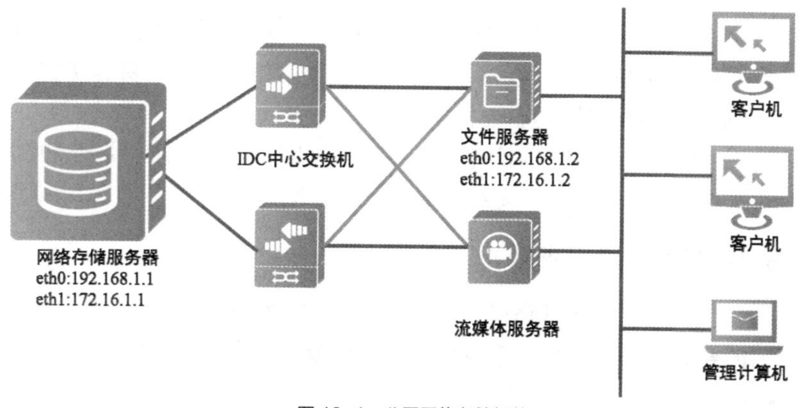

图 18–1 公司网络存储拓扑

项目分析

在园区交换网络中，为提高汇聚层和核心层网络连接的可靠性，通常会部署多条通信链路，并采用生成树或端口汇聚技术，确保在一条通信链路故障或交换机故障时汇聚层和核心层网络互联不中断。

如果公司服务器和存储采用单链路连接，则传输链路或交换机出现故障都会造成连接中断，而存储和服务器连接中断将直接导致公司业务中断。因此，管理员可以启用服务器和存储的冗余网卡，并通过类似生成树和端口汇聚技术，基于多条物理链路建立连接，以提高网络连接的可靠性。

网络存储服务器支持 MPIO（多路径 I/O）功能，即服务器通过 2 块网卡连接到存储设备上，实现服务器与存储设备之间的双链路连接，并且两条链路互为备份，负载均衡，当 1 条链路或互联交换机出现故障时，服务器和存储系统的连接不中断。

本项目实施需要涉及以下任务：

（1）通过 2 台物理交换机在存储和应用服务器间建立 2 条物理链路；

（2）在存储和应用服务器的 2 个网口配置不同网段 IP，建立 2 条逻辑链路；

（3）在存储创建 iSCSI 逻辑硬盘，目标为应用服务器的 2 个 IP；

（4）在应用服务器安装 MPIO 功能，并在 iSCSI 客户端配置链路负载均衡。

相关知识

一、MPIO

网络服务器通常都提供 2 个以上网口，并且均支持 MPIO 功能，它支持服务器和交换网络间建立多条物理链路，以实现以下功能：

- 提高接入带宽：如果服务器的2个网口都接入到同一台交换机，2个网口桥接为1个逻辑接口，则可基于端口汇聚技术提高服务器的接入带宽。
- 负载均衡：如果服务器的2个网口拥有独立IP（2个IP在同一网段），将2个IP分别接入不同交换机，启用服务器的MPIO功能后，服务器和交换网络间的通信将实现链路的负载均衡，并且在任一条链路出现故障时，通信不中断。

Windows Server 2012 支持 MPIO 功能，该功能常应用于 Windows 服务器和 SAN 存储的连接上，支持 iSCSI、光纤通道和串行连接的存储 (SAS) SAN 连接。

二、面向高可用性的多路径支持

多路径解决方案使用冗余的物理路径组件（适配器、电缆和交换机）在服务器与存储设备之间创建逻辑路径。如果这些组件中的 1 个或多个发生故障，导致路径无法使用，多路径逻辑就使用 I/O 的另一条路径以使应用程序仍然能够访问其数据。

Windows Server 2012 中的 MPIO 功能包含 1 个设备特定模块 (DSM)，该模块提供以下负载平衡策略。

- 故障转移：不执行负载平衡。应用程序需要指定1个主路径和1组备用路径，主路径用于处理设备请求，备用路径阻塞状态。如果主路径发生故障，服务器会自动启用其中备用路径。
- 故障恢复：故障恢复是指只要首选路径有效，所有I/O都指向首选路径。如果首选路径发生故障，I/O 将被定向到备用路径，直到首选路径功能恢复为止。
- 循环 ：DSM 以轮询方式使用 I/O 的所有可用路径。

项目实践

任务 18-1 基于多路径链路的 iSCSI 虚拟磁盘应用部署

任务描述

网络管理员已经基于网络拓扑，在网络存储服务器（SRV1）和 FTP 服务器（SRV2）间建立了 2 条物理链路，现在需要配置网络存储服务器和 FTP 服务器的基础网络，并在网络存储服务器上创建 iSCSI 硬盘，然后在 FTP 服务器上连接该 LUN 硬盘。

任务操作

（1）配置存储服务器【SRV1】网络接口。将【以太网 1】的 IP 地址配置为【192.168.1.1】，子网掩码为【255.255.255.0】，【以太网 2】的 IP 地址配置为【172.16.1.1】，子网掩码为

【255.255.255.0】，如图 18-2 所示。

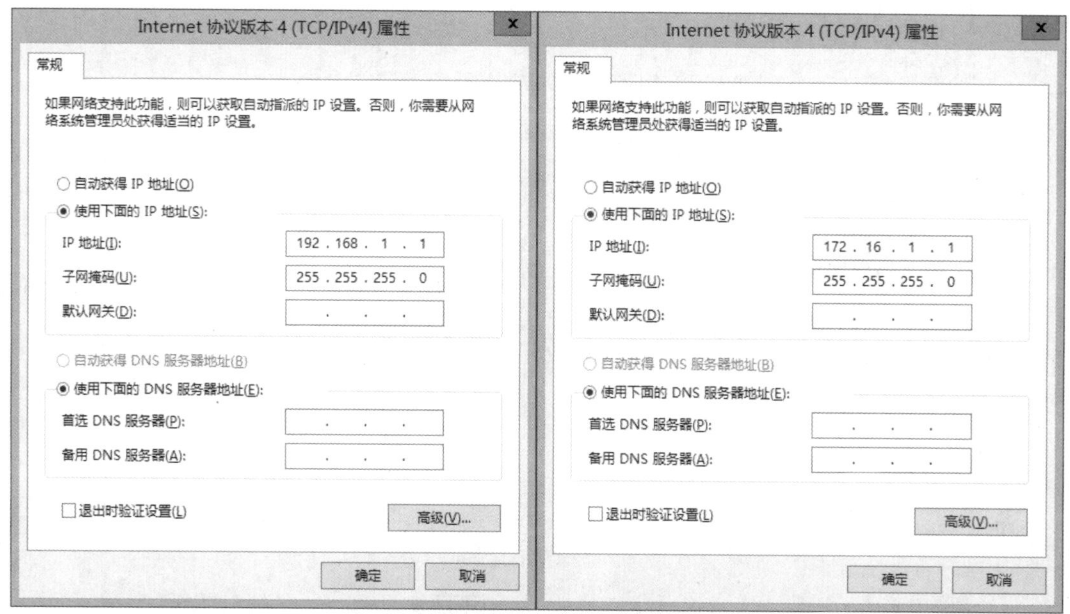

图 18-2　配置网络存储服务器 SRV1 的 IP 地址

（2）在存储服务器【SRV1】上安装 iSCSI 目标服务器。在【服务器管理器】主窗口下，单击【添加角色和功能】，在弹出的对话框中单击【下一步】，在【选择服务器角色】勾选【iSCSI 目标服务器】并添加其所需要的功能，如图 18-3 所示。

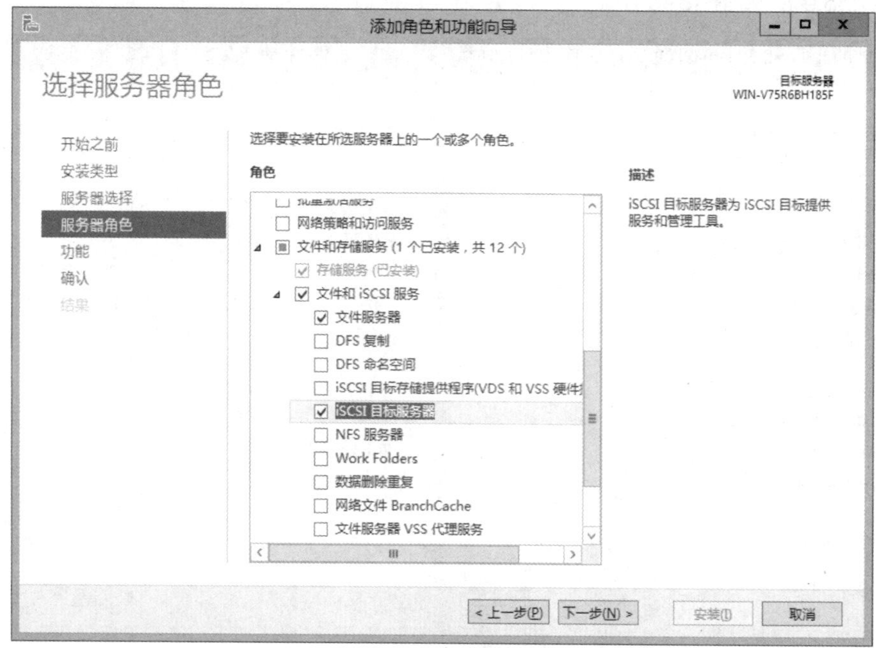

图 18-3　添加角色和功能

（3）创建 1 块 10GB 大小的 iSCSI 虚拟磁盘，如图 18-4 所示。

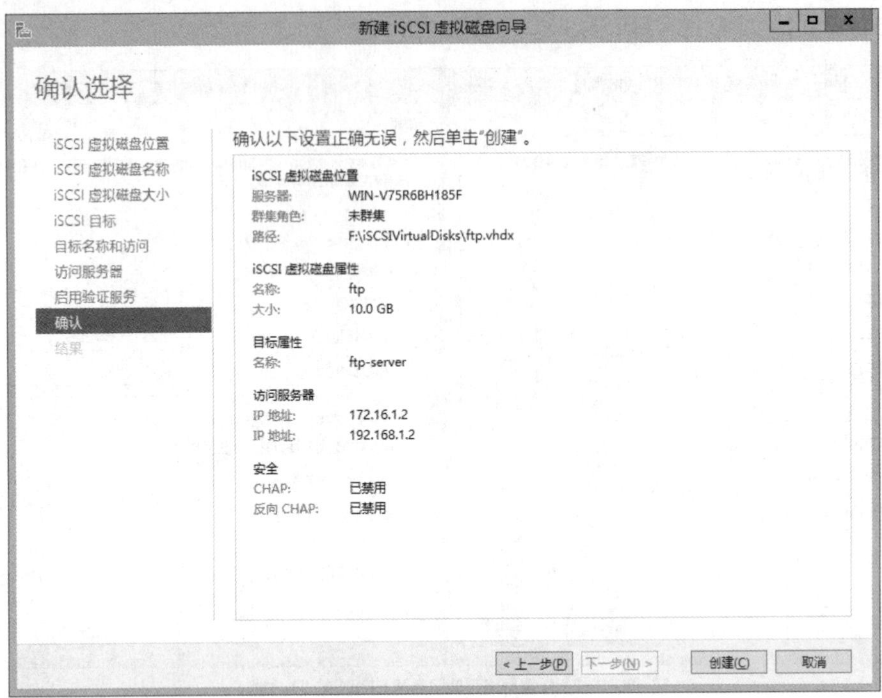

图 18-4 创建 iSCSI 虚拟磁盘

（4）配置 FTP 服务器【SRV2】网络接口。将【以太网 1】的 IP 地址配置为【192.168.1.2】，子网掩码为【255.255.255.0】，【以太网 2】的 IP 地址配置为【172.16.1.2】，子网掩码为【255.255.255.0】，如图 18-5 所示。

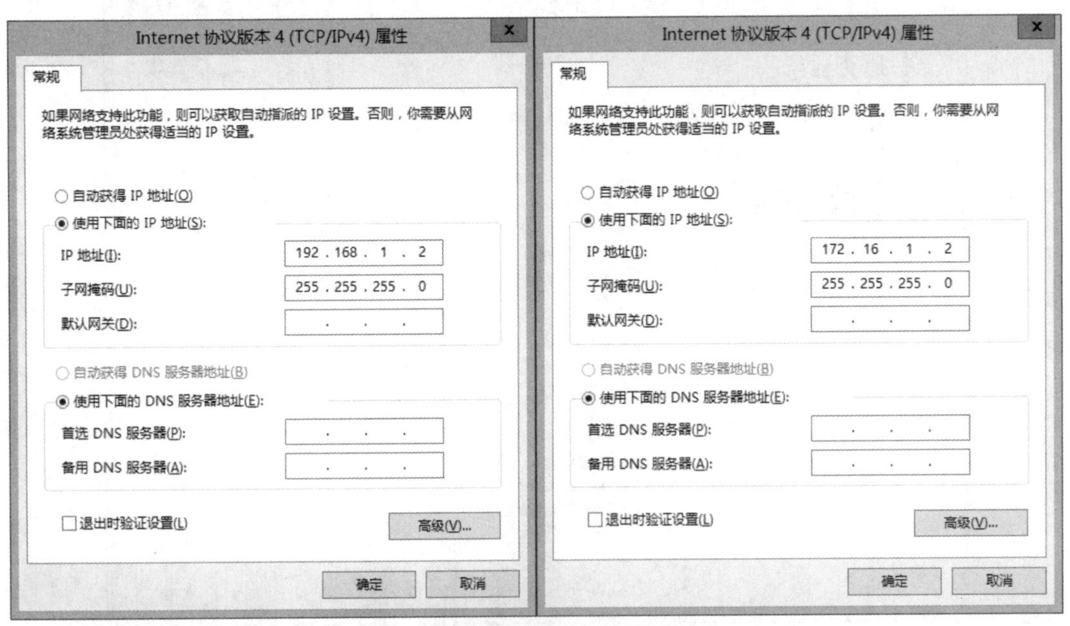

图 18-5 配置 FTP 服务器 SRV2 的 IP 地址

（5）在应用服务器 SRV2 打开【iSCSI 发起程序】，在目标中输入【172.16.1.1】，即 iSCSI 目标服务器，然后单击【快速连接】，连接成功后，结果如图 18-6 所示。

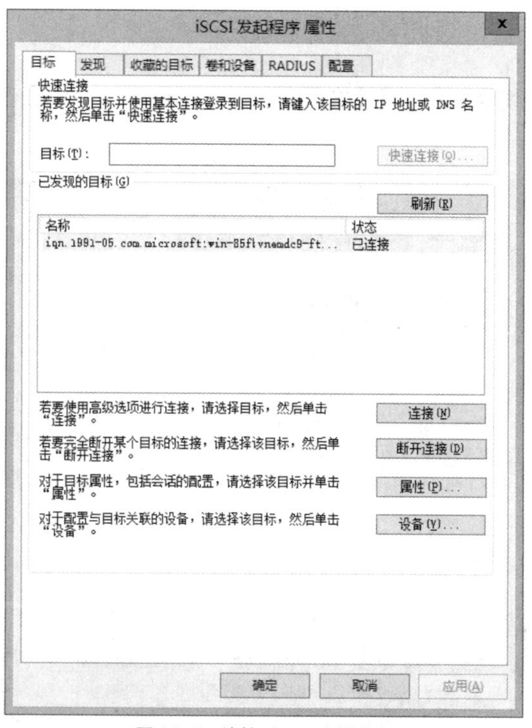

图 18-6　连接 iSCSI 虚拟磁盘

（6）切换到【发现】选项卡，单击【发现门户】，输入 iSCSI 目标服务器的另一个 IP 地址【192.168.1.1】，结果如图 18-7 所示。

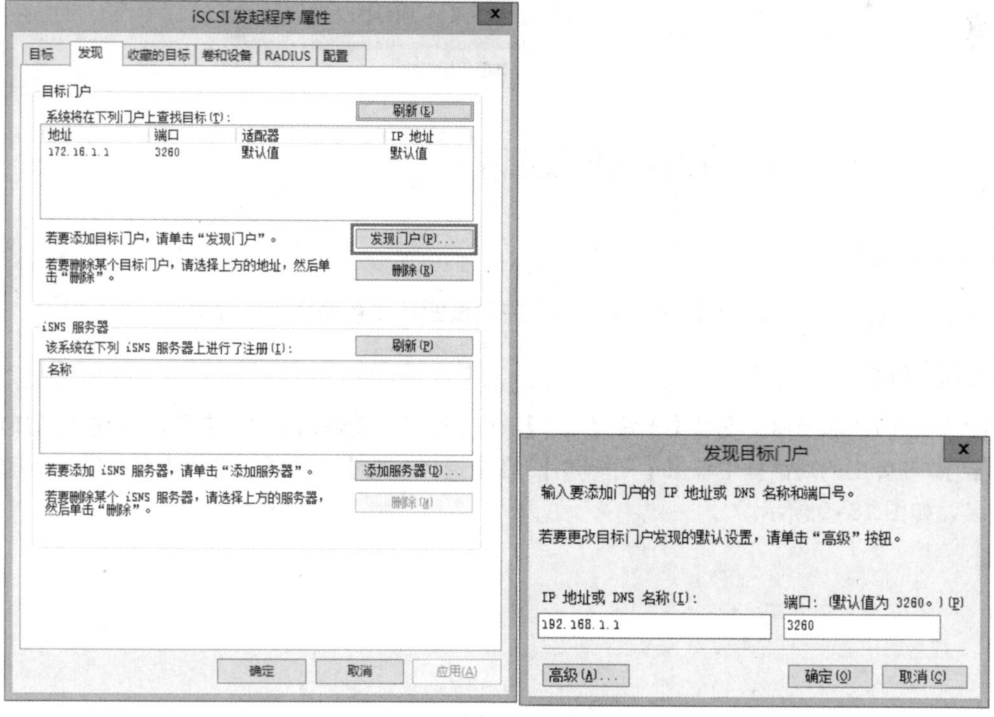

图 18-7　添加另一个目标门户

任务验证

在 iSCSI 发起程序中切换到【发现】选项卡，可以在目标门户中看到有 2 个目标，如图 18-8 所示。

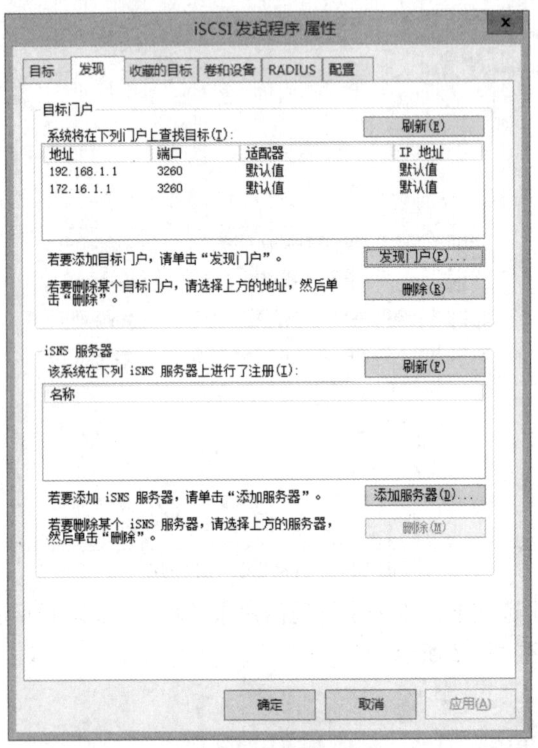

图 18-8　查看目标门户

任务 18-2　多路径数据访问的部署

任务描述

在 FTP 服务器上安装并配置多路径 I/O，并测试断开 1 条路径后的效果。

任务操作

（1）在 FTP 服务器上安装【多路径 I/O】。在【服务器管理器】主窗口下，单击【添加角色和功能】，在弹出的对话框中单击【下一步】，在【选择功能】对话框中选择【多路径 I/O】功能并安装，如图 18-9 所示。

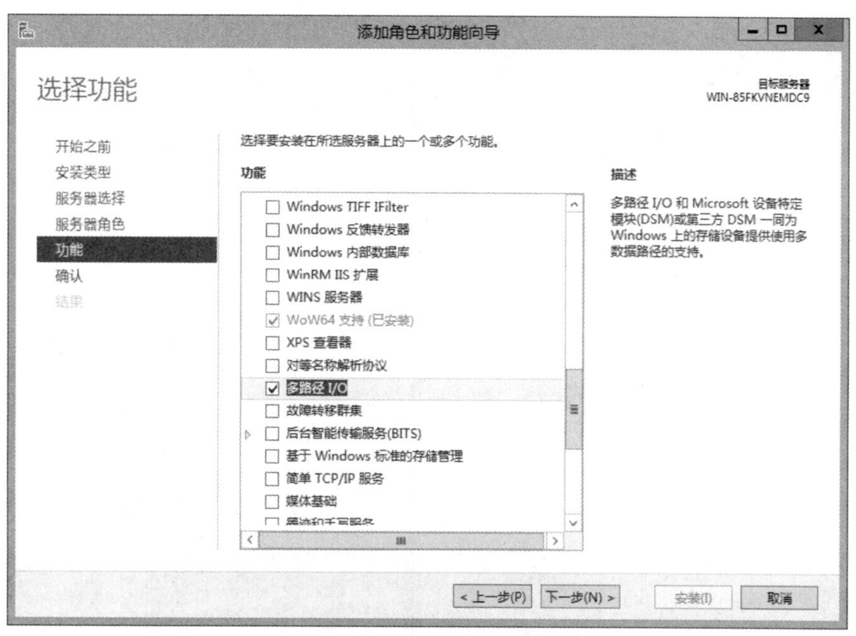

图 18-9　添加多路径 I/O 功能

（2）安装完成后，在【服务器管理器】主窗口下，单击【工具】在下拉列表中选择【多路径 I/O】，MPIO 属性对话框如图 18-10 所示。

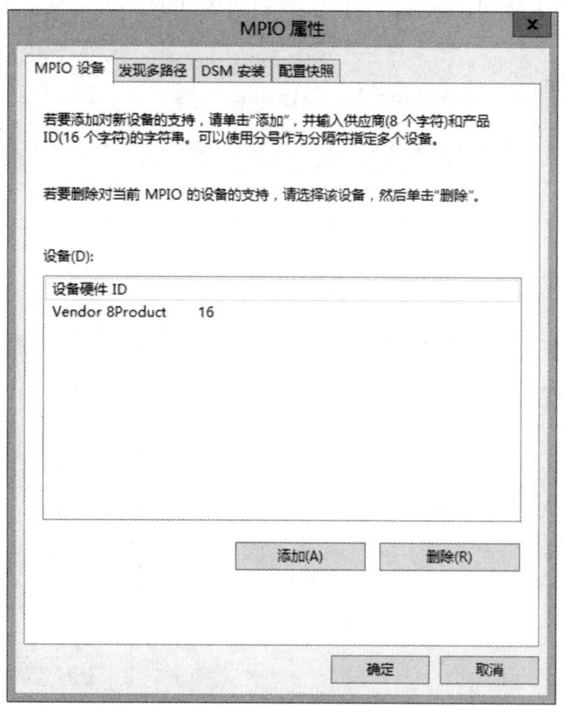

图 18-10　MPIO 属性

（3）单击【发现多路径】选项卡，勾选【添加对 iSCSI 设备的支持】，并单击添加，结果如图 18-11 所示。

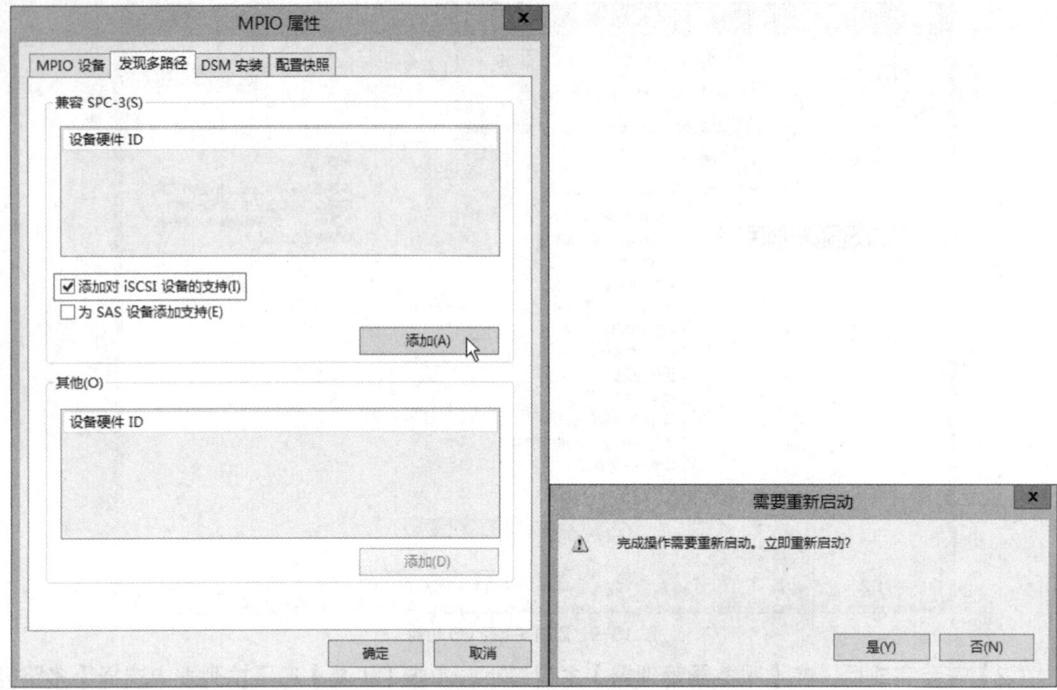

图 18-11　添加对 iSCSI 设备的支持

（4）重启完成后，在【MPIO 属性】中可以看到新增加的 iSCSI 设备信息，如图 18-12 所示。

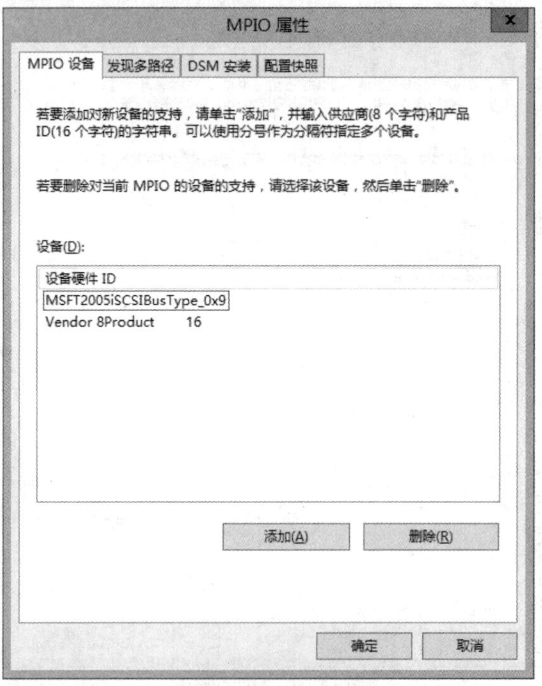

图 18-12　查看 MPIO 属性

（5）打开【iSCSI 发起程序】选择【连接】，在弹出的对话框中勾选【启用多路径】，结果如图 18-13 所示。

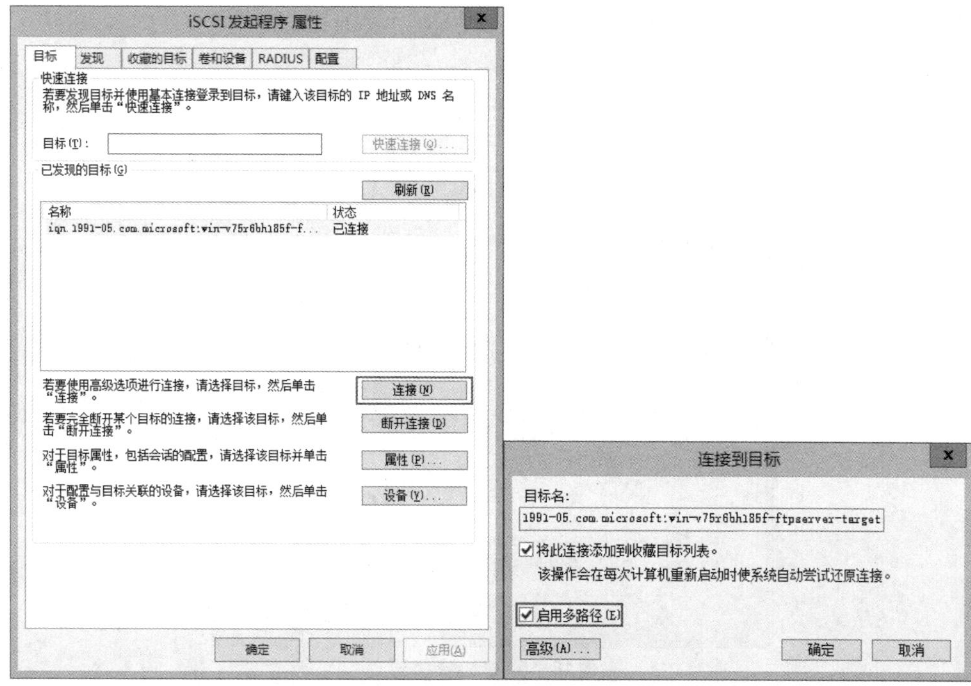

图 18-13　勾选启用多路径

（6）继续单击【高级(A)…】按钮，进入高级设置对话框，配置【本地适配器】为“Microsoft iSCSI Initiator”，选择发起程序 IP 为【172.16.1.2】，目标门户为【172.16.1.1/3260】，单击【确定】完成修改，如图 18-14 所示。

图 18-14　修改连接方式

（7）使用同样方式将【192.168.1.2】添加到会话中，启用多路径，如图 18-15 所示。

图 18-15 修改连接方式

（8）在【iSCSI 发起程序】中单击【属性】，如图 18-16 所示。

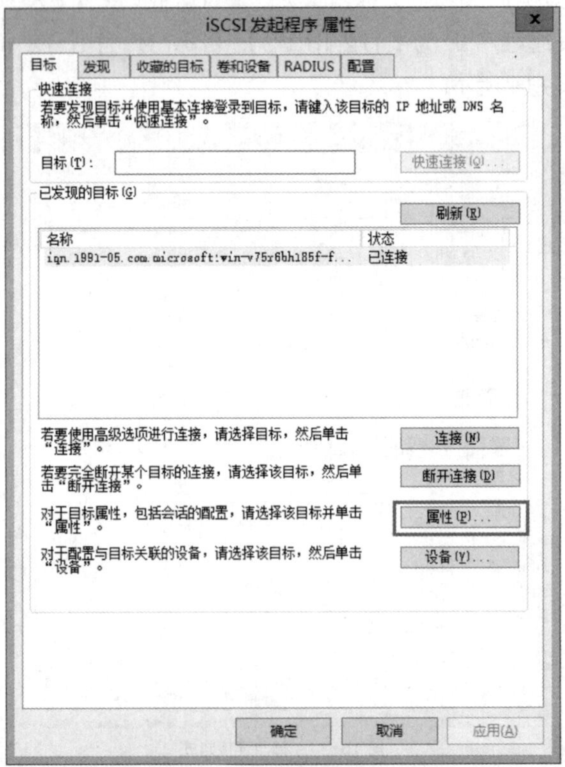

图 18-16 查看属性

（9）勾选 2 个【标识符】并单击【设备】，在【设备】对话框中单击【MPIO】，如图 18-17

所示。

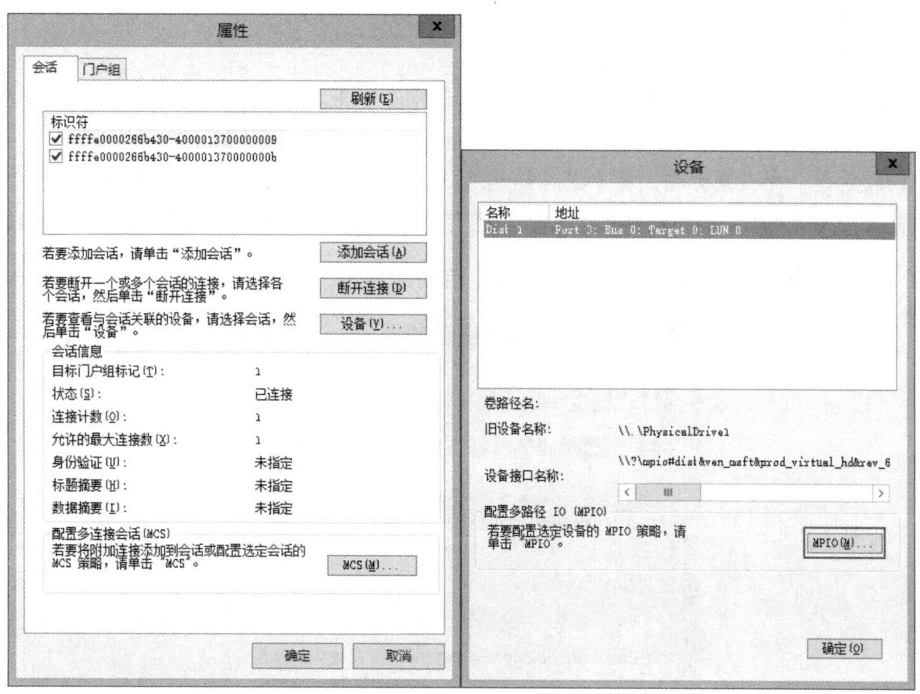

图 18-17　配置 MPIO

（10）将【MPIO】的【负载平衡策略】设置为【协商会议】，策略可根据实际需求设置，如图 18-18 所示。

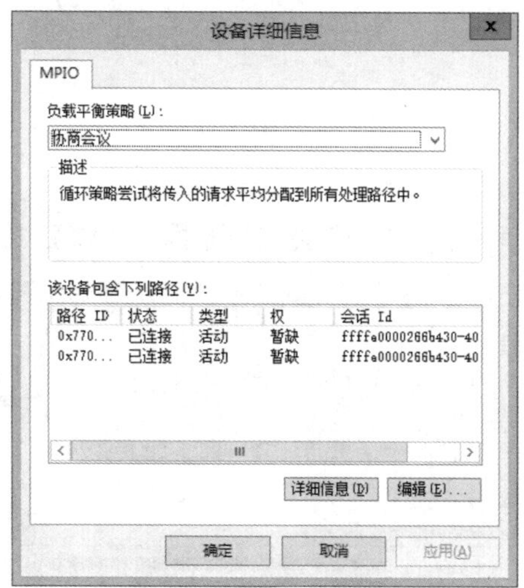

图 18-18　设置负载平衡策略

负载平衡策略有以下 6 种模式。

① 仅故障转移：使用1个活动路径并指定所有其他路径为待机状态，在活动路径出现故障时，将采用循环法尝试待机路径，直至找到可用的路径为止。

② 协商会议：将所有路径指定为活动路径，使用循环策略尝试将传入的请求平均分配到所

有活动路径中。

③ 带子集的协商会议：子集循环策略只对指定为活动的路径执行循环策略。在所有活动路径都出现故障时，将采用循环法尝试待机路径。

④ 最少队列深度：通过成比例地将更多的I/O请求分配到负载较轻的处理路径来补偿非均匀负载。

⑤ 加权路径：允许用户指定每个路径的相对处理负载。数字越大说明此路径的优先级越低。

⑥ 最少阻止次数：根据流量开放路径，流量越大，则越多的待机路径切换为活动路径。

（11）切换到【卷和设备】选项卡，单击【自动配置】，如图 18-19 所示。

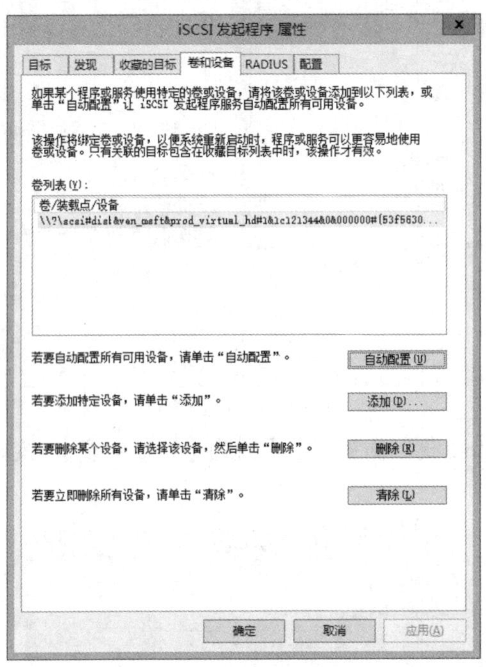

图 18-19　自动配置卷和设备

（12）对连接的磁盘进行联机/初始化/新建简单卷操作，如图 18-20 所示。

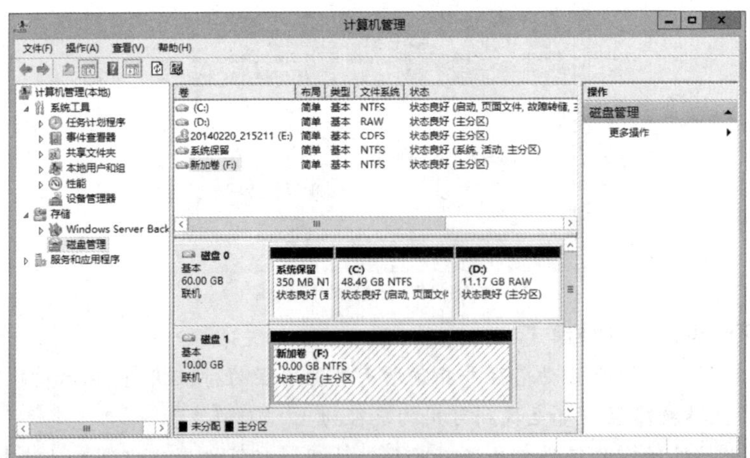

图 18-20　初始化磁盘

任务验证

（1）向 F 分区写入一个大文件，查看网卡的使用情况，如图 18-21 所示。

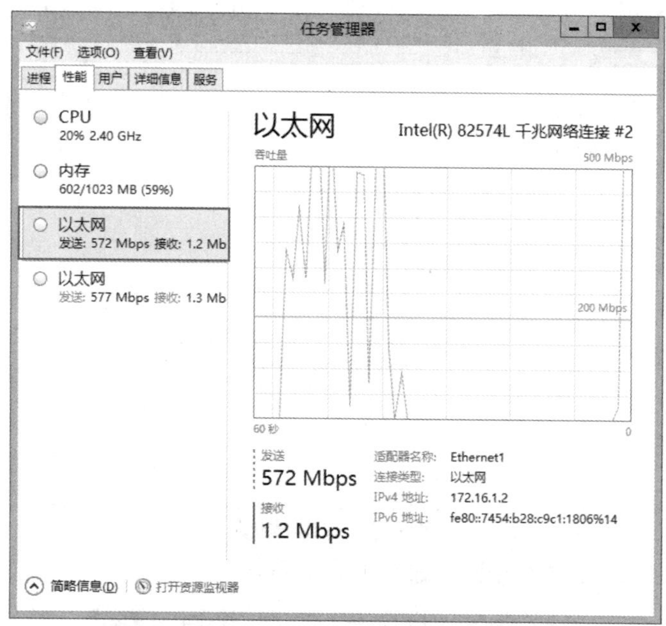

图 18-21　查看网卡状态

（2）禁用其中 1 个网卡，如图 18-22 所示。

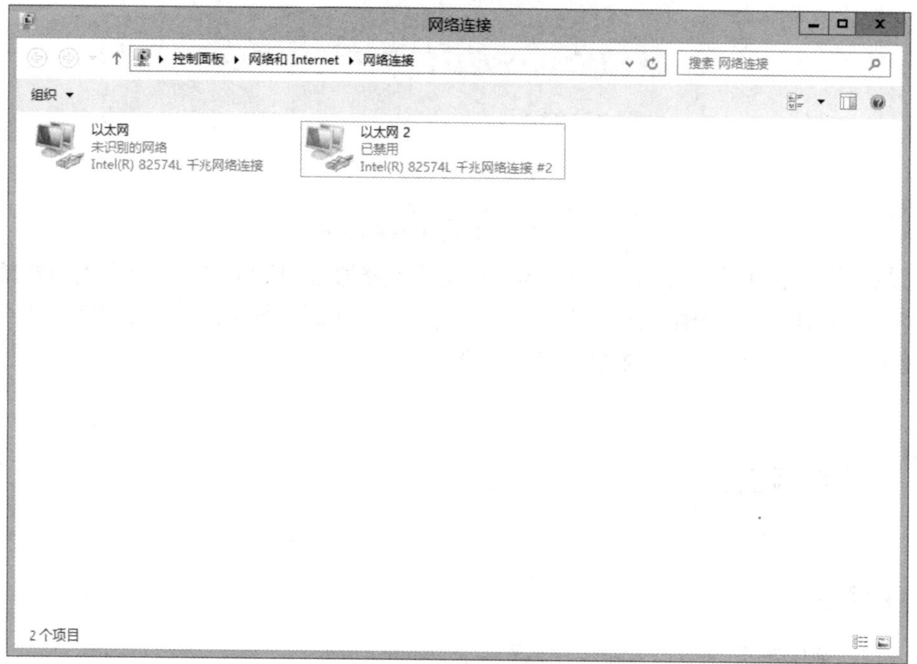

图 18-22　查看网卡状态

（3）查看到另 1 个网卡继续工作，如图 18-23 所示。

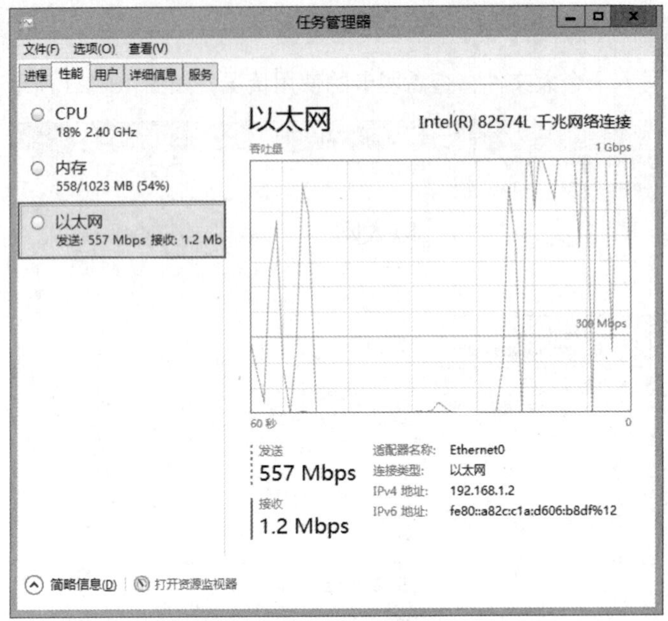

图 18-23　查看网卡状态

（4）正在传输的文件并不会中断，如图 18-24 所示。

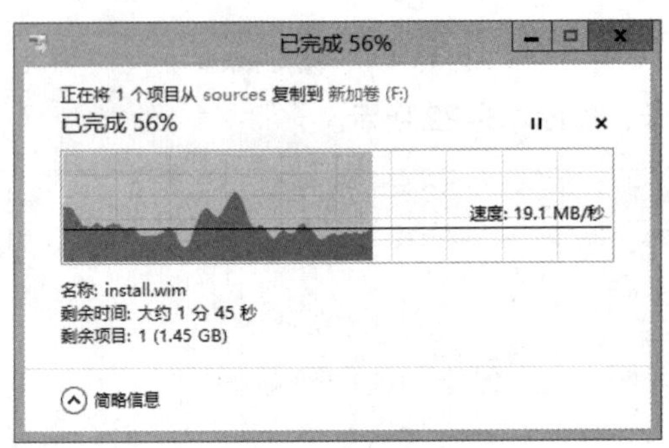

图 18-24　传输的文件并不会中断

（5）从实验结果可以看到，存储服务器和应用服务器通过 MPIO 技术在 2 条物理链路上实现了负载均衡，同时当 1 条链路出现故障时，文件的传输不中断。可见，通过 MPIO 技术可以提高存储网络和服务器传输链路的可靠性和传输效率。

习题与上机

一、简答题

1. MPIO 能够解决的核心问题是什么？
2. MPIO 的优势及不足是什么？
3. MPIO 和集群有什么相同之处？

二、项目实训题

1. 在存储池中创建 100GB【Parity】类型虚拟磁盘。
2. 对【Parity】类型虚拟磁盘执行初始化操作。
3. 创建 5GB 的 iSCSI 虚拟磁盘。
4. 启用 MPIO，上传大文件，并禁用某块网卡，查看 MPIO 能否正常工作。

Chapter 19

项目 19 iSCSI 磁盘的在线扩容

项目背景

存储管理员基于 IP SAN 技术先后在公司 FTP 服务器、Web 服务器等应用服务器上部署 iSCSI 存储，实现了应用服务器的统一存储、数据的统一备份，提高了工作效率，降低了管理成本。

FTP 服务器由于用户数据量增长较快，在使用半年后服务器磁盘剩余空间告警，为此，公司要求存储管理员尽快对 FTP 服务器的磁盘进行扩容，以保证公司业务正常运行。

公司网络存储拓扑如图 19-1 所示。

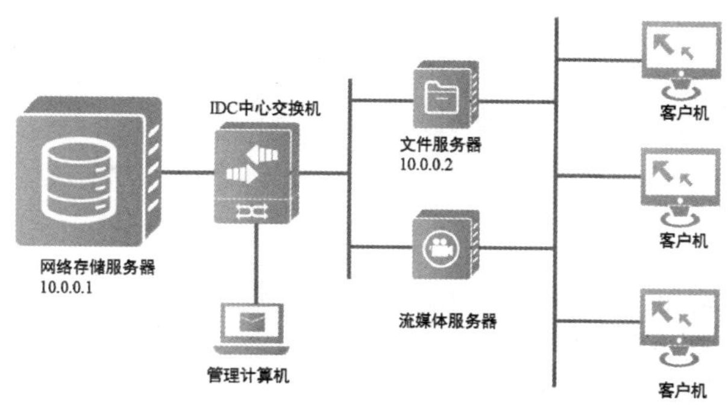

图 19-1 公司网络存储拓扑

项目分析

FTP 服务器基于 IP SAN 向存储服务器租用硬盘空间，该磁盘空间实际为一个 LUN 卷，存储技术支持 LUN 卷的在线扩容，通过在线扩容技术可以使存储池的富余空间在线扩展 LUN 卷。LUN 卷扩容后，应用服务器的本地磁盘将相应出现未分配的空间，应用服务器管理员只需通过“扩展卷”功能扩展卷空间即可提高 FTP 服务器的可用磁盘空间。

LUN 卷的在线扩容涉及以下任务：

（1）在存储服务器扩展 LUN 卷；

（2）在应用服务器本地磁盘管理器中扩展卷。

相关知识

在线扩容技术

扩容是指增加存储空间容量，如图 19-2 所示，存储空间扩容涉及网络存储服务器和应用服务器的多个环节，主要应用场景如图 19-2 所示。

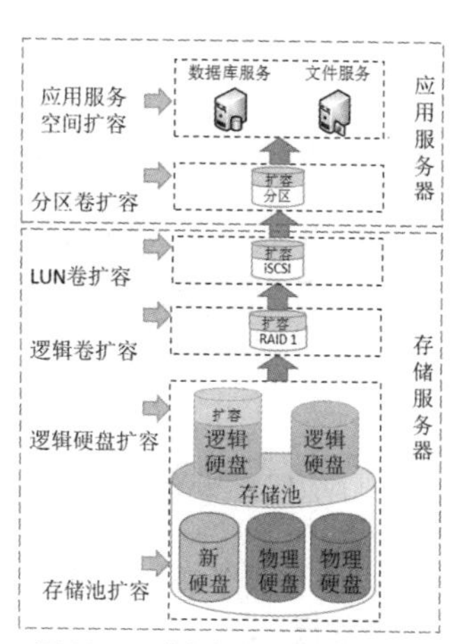

图 19-2 磁盘在线扩容的各个环节

（1）存储服务器的容量扩展：通过增加物理硬盘来扩展存储资源池的容量，存储服务器支持物理硬盘的热拔插，热拔插技术能够确保存储服务器在增加硬盘时还能提供不间断的存储空间服务。

（2）存储服务器的逻辑卷空间扩展：存储池可以在线扩展逻辑硬盘的空间，逻辑卷再通过扩展卷功能增加自身容量，这一技术确保逻辑卷在扩展容量过程中，数据存储业务不中断。

（3）LUN 卷的空间扩展：IP SAN 技术提供了 LUN 卷的空间扩展功能，存储服务器增加 LUN 卷的大小后，iSCSI 客户端的本地磁盘管理器会自动更新磁盘空间，并收到可用于扩展的未分配磁盘空间，通过扩展卷实现 iSCSI 客户端卷容量的增加。

在线是指服务器在配置过程中其承载的业务始终能正常运行。在磁盘扩容过程中，存储池的空间扩容、逻辑卷的空间扩容、LUN 卷的空间扩容、应用服务器的本地 iSCSI 硬盘扩容都可实现在业务不中断前提下磁盘空间的扩容。

项目实践

任务 19 iSCSI 磁盘的在线扩容

任务描述

通过添加物理硬盘增加存储服务器的磁盘容量，并依次通过扩展存储服务器的存储池、逻辑硬盘、逻辑卷、LUN 卷和应用服务器的分区卷磁盘容量，实现 FTP 服务器的磁盘空间扩容。

任务操作

（1）在存储服务器 SRV1 上添加 60GB、70GB、80GB 的 3 块物理硬盘，并使用 3 个硬盘新建 1 个存储池，如图 19-3 所示。

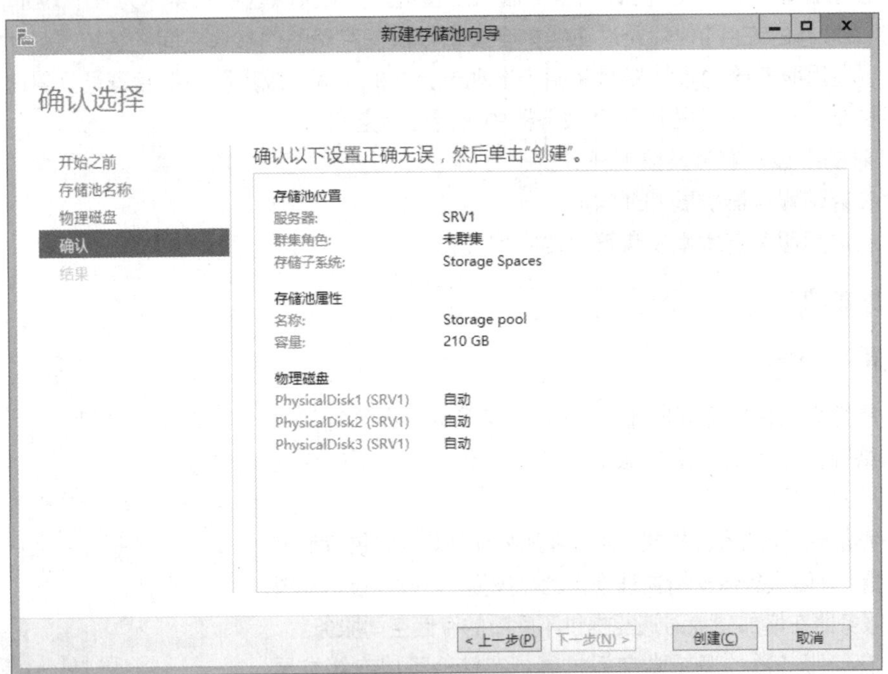

图 19-3 新建存储池

（2）在存储池中新建 1 个大小为【10GB】、存储布局为【Simple】的虚拟磁盘，结果如图 19-4 所示。

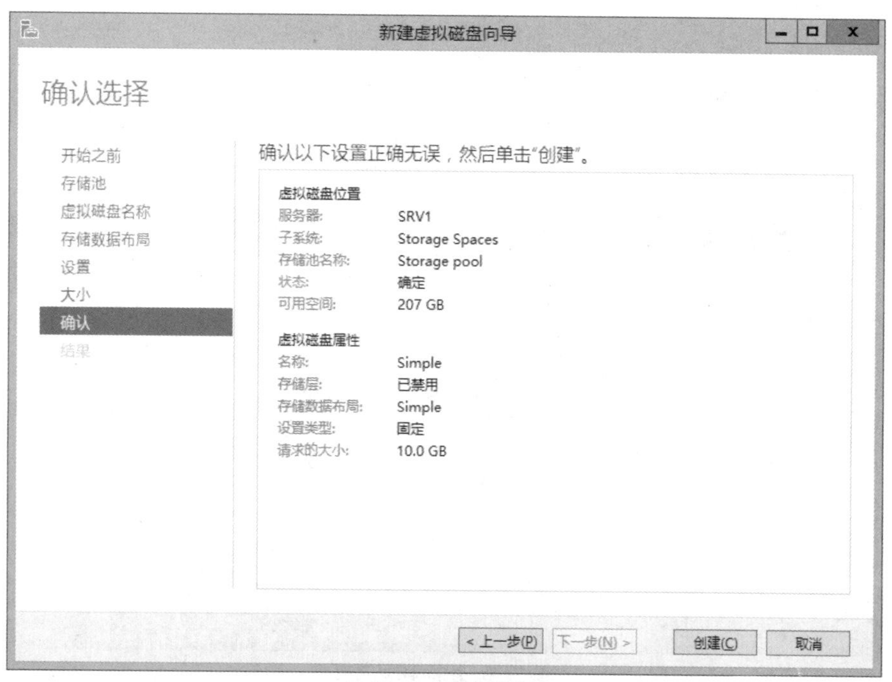

图 19-4　新建虚拟磁盘

（3）打开【磁盘管理】，在刚刚创建的虚拟磁盘上右键单击选择【新建简单卷】，新建 1 个大小为【10GB】，驱动器号为【F】的简单卷，结果如图 19-5 所示。

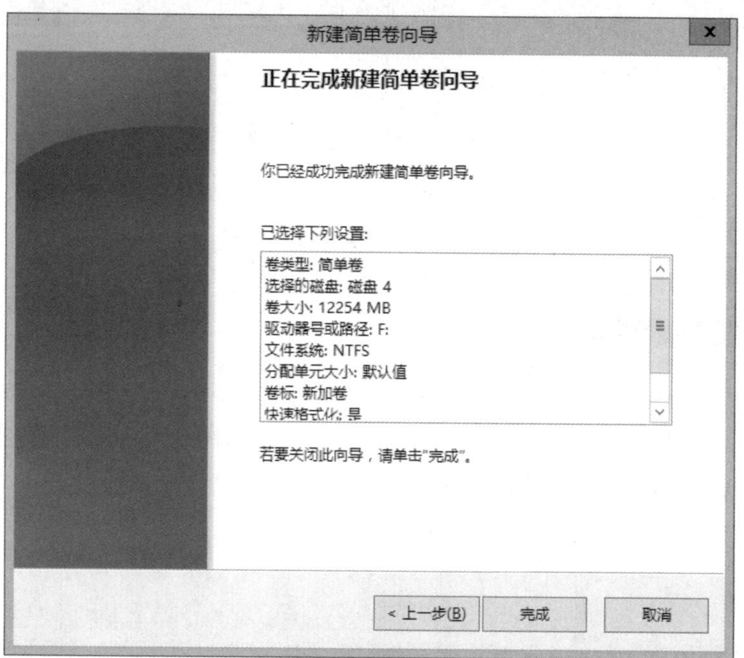

图 19-5　新建简单卷

（4）在【服务器管理器】主窗口下，单击【添加角色和功能】，在弹出的对话框中单击【下一步】，在【服务器角色】中勾选【iSCSI 目标服务器】并添加其所需要的功能，如图 19-6 所示。

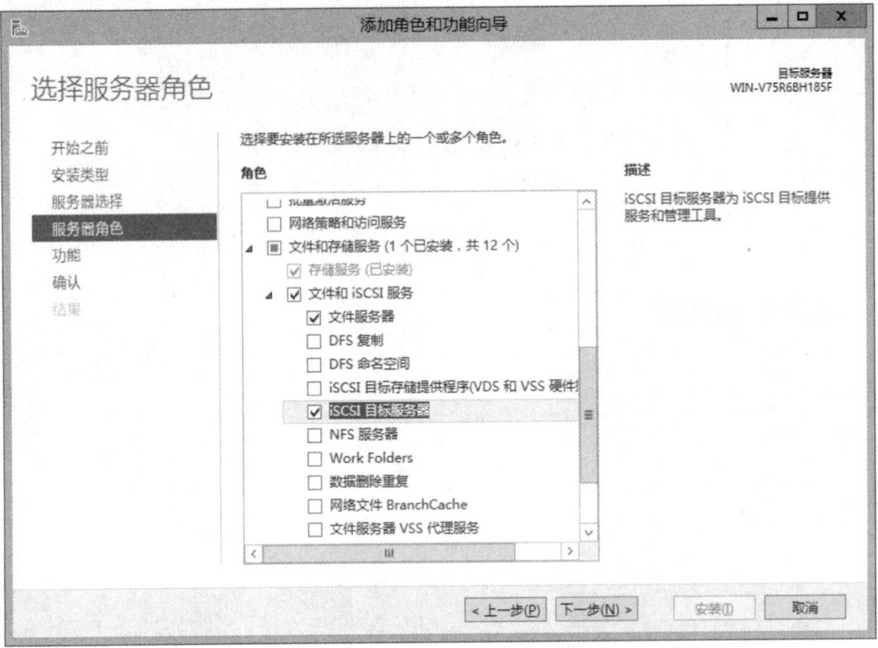

图 19-6 添加角色和功能

（5）在 iSCSI 管理界面中单击【新建 Iscsi 虚拟磁盘向导】，创建 1 块大小为【10GB】、访问目标名为【SRV2】、访问服务器 IP 为【10.0.0.2】的 iSCSI 虚拟磁盘，结果如图 19-7 所示。

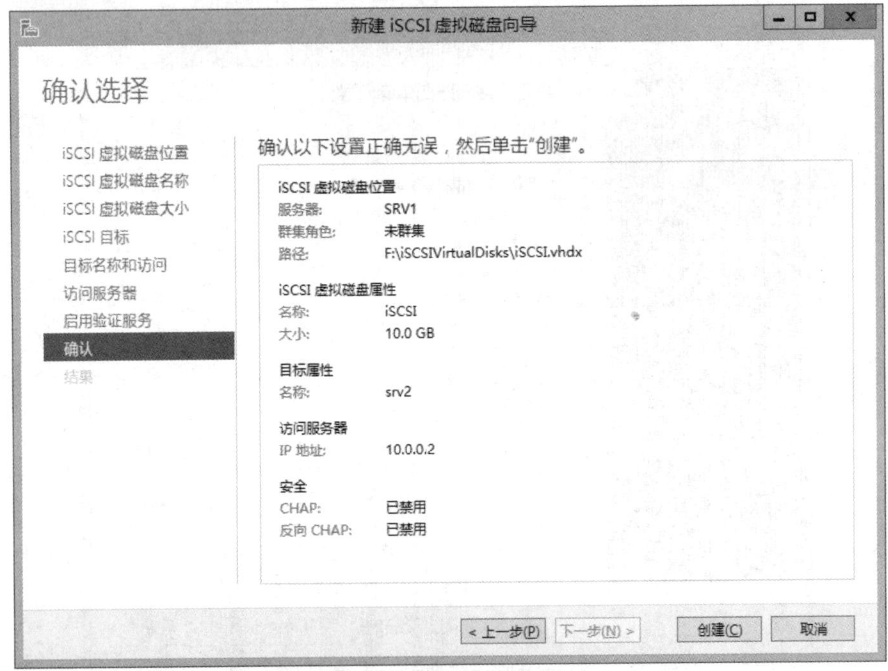

图 19-7 创建 iSCSI 虚拟磁盘

（6）在文件服务器 SRV2 打开【iSCSI 发起程序】，在目标中输入【10.0.0.1】，即 iSCSI 目标服务器，然后单击【快速连接】，连接成功如图 19-8 所示。

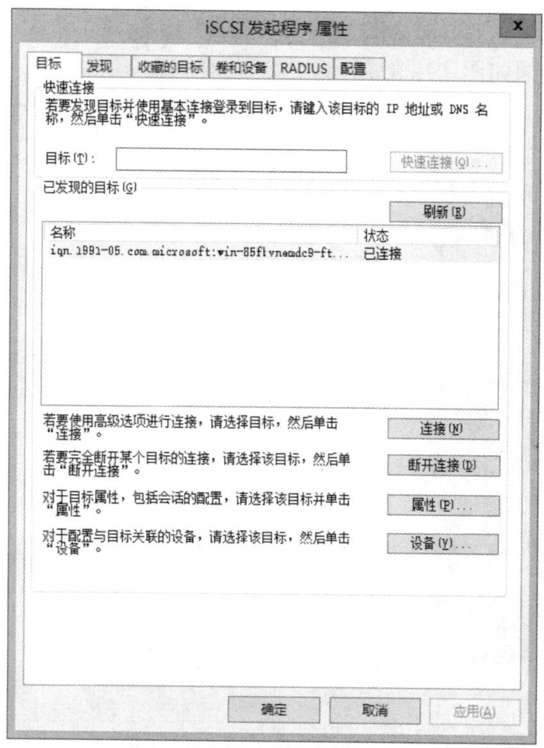

图 19-8　连接 iSCSI 虚拟磁盘

（7）切换到【卷和设备】选项卡，单击【自动配置】，如图 19-9 所示。

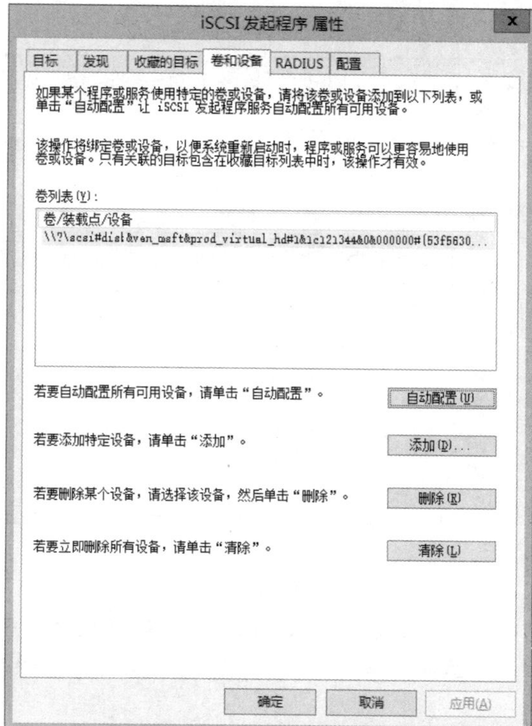

图 19-9　自动配置卷和设备

（8）对连接的磁盘进行联机/初始化/新建简单卷操作，新建 1 个大小为【10GB】、驱动器符号为【F】的简单卷，结果如图 19-10 所示。

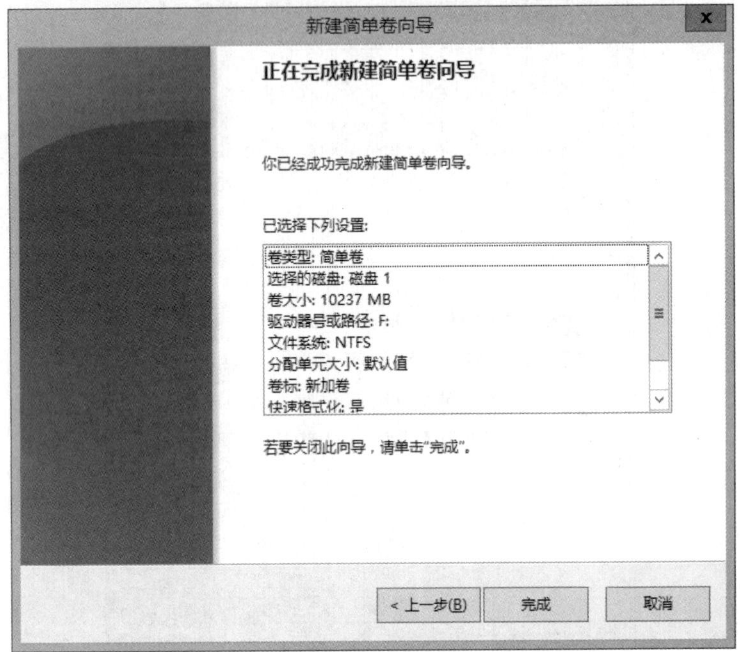

图 19-10 初始化磁盘

（9）打开【文件资源管理器】，在【F】盘中创建 1 个【iSCSI.txt】文件以验证磁盘扩容是否对文件有损坏，结果如图 19-11 所示。

图 19-11 对 F 分区进行写操作

（10）在存储服务器【SRV1】上添加 1 块【90GB】的物理磁盘，在存储池中【添加物理磁盘】，将【90GB】的物理磁盘添加到存储池中，如图 19-12 所示。添加完成后，存储池存储容量将增加约 90GB。

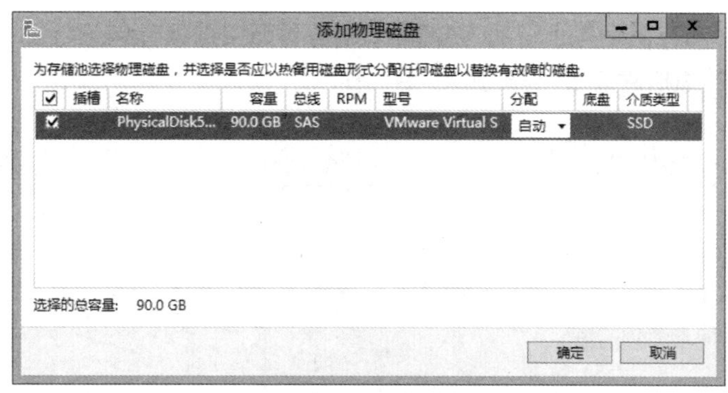

图 19-12　添加硬盘

（11）在存储池中右键单击【Simple】虚拟磁盘，选择【扩展虚拟磁盘】，对虚拟磁盘进行扩容，指定大小为【20GB】，如图 19-13 所示。

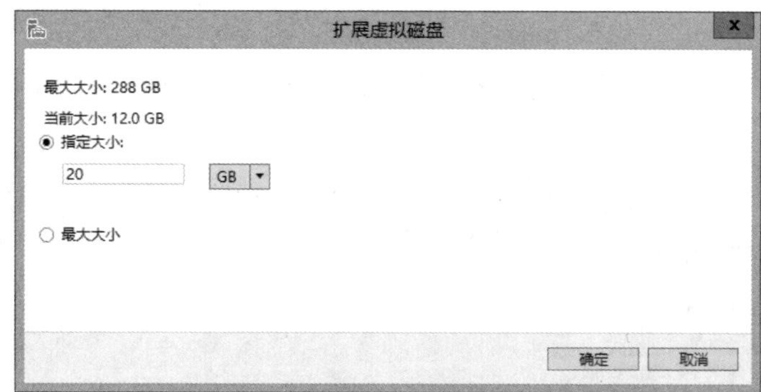

图 19-13　扩容虚拟磁盘

（12）打开【磁盘管理】，可以看到磁盘中增加了 10GB 未分配空间，右键单击简单卷【F】选择【扩展卷】，将【10GB】未分配空间添加到 F 卷中，F 卷空间将增加约 10G，结果如图 19-14 所示。

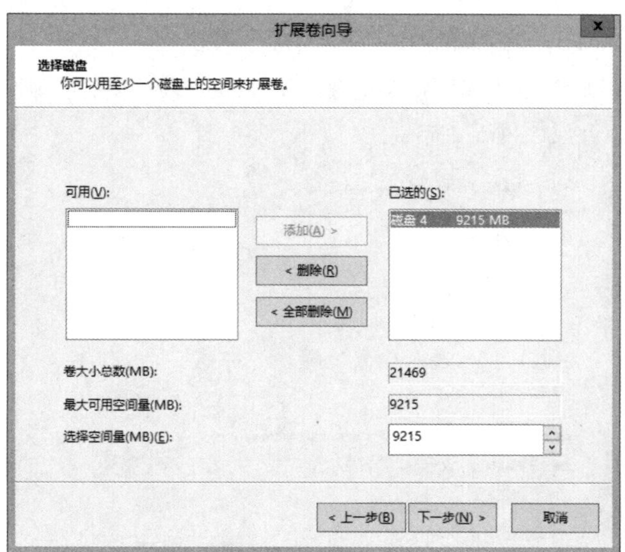

图 19-14　扩展卷

（13）在【文件和存储服务】下的【iSCSI】配置界面中选择目标 iSCSI，在弹出的右键菜单中选择【扩展 iSCSI 虚拟磁盘】，结果如图 19-15 所示。

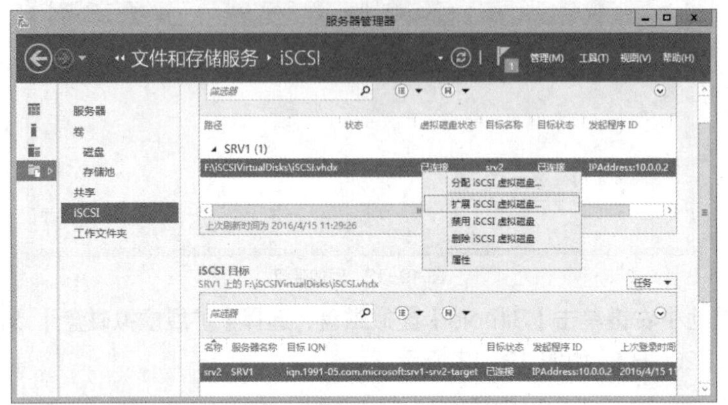

图 19-15　选择扩展 iSCSI 虚拟磁盘

（14）在弹出的【扩展 iSCSI 虚拟磁盘】对话框中输入新大小为【20】GB，配置界面如图 19-16 所示。

图 19-16　扩展 iSCSI 虚拟磁盘

（15）单击确认后完成 iSCSI 虚拟磁盘的扩容，在图 19-15 所示的【iSCSI】配置界面中选择目标 iSCSI，在弹出的右键菜单中选择【属性】选项，在弹出的 iSCSI 属性对话框中可以看到 iSCSI 磁盘大小变为 20GB，结果如图 19-17 所示。

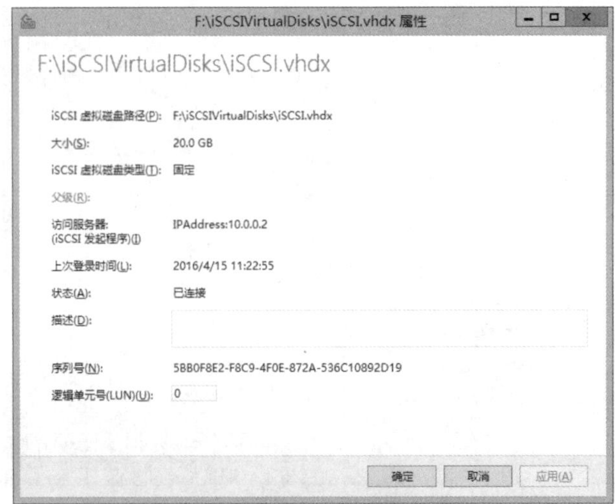

图 19-17　查看 iSCSI 虚拟磁盘

（16）在文件服务器【SRV2】上打开【磁盘管理】，可以看到磁盘 1 上多出了 10GB 未分配空间，结果如图 19-18 所示。

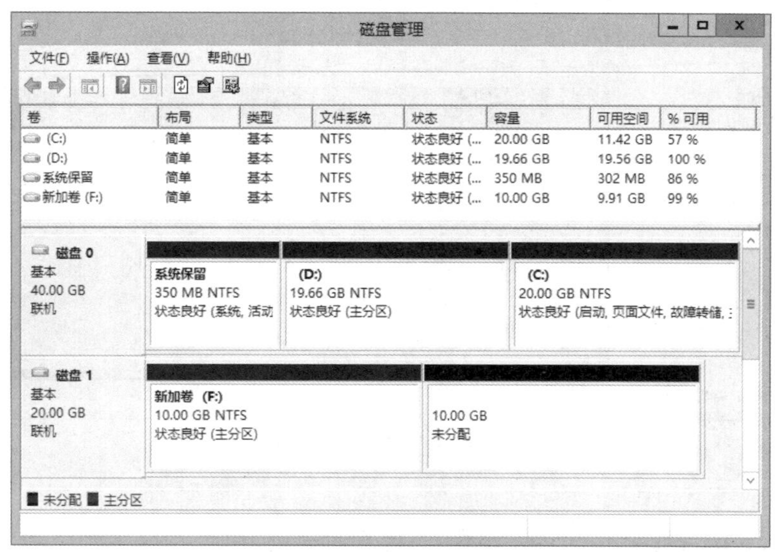

图 19-18　查看磁盘大小

（17）在【F】卷的右键菜单中选择【扩展卷】，将【10GB】未分配空间扩展到【F】卷中，完成卷扩展后，F 卷空间变为 20G，结果如图 19-19 所示。

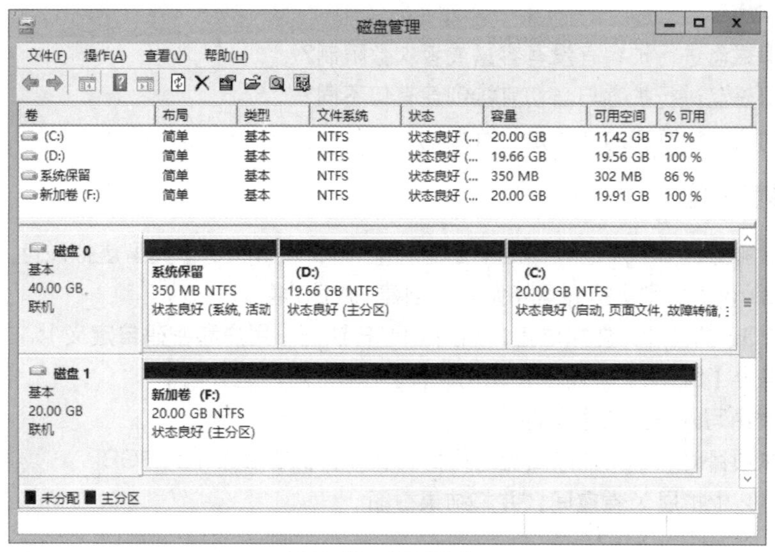

图 19-19　扩展磁盘分区

任务验证

在文件服务器【SRV2】上打开【F】盘，查看【iSCSI.txt】文件，文件可以正常访问，结果如图 19-20 所示。

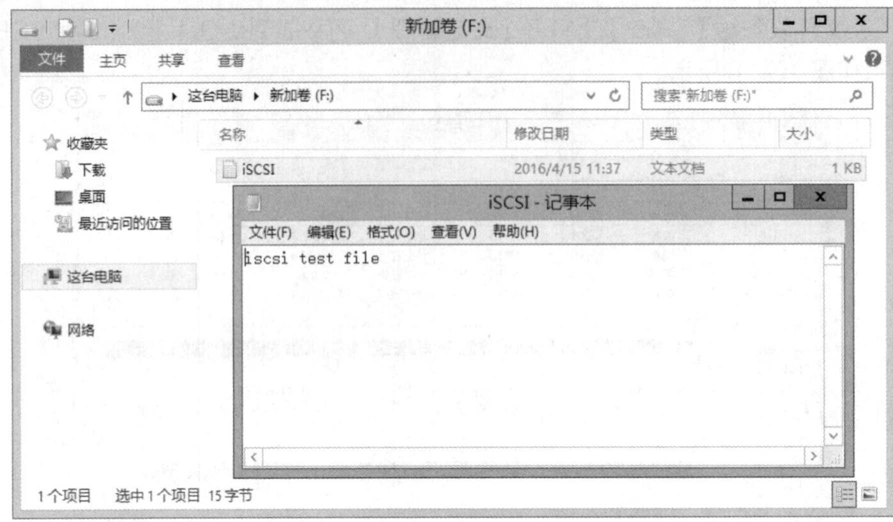

图 19-20 查看文件是否正常

习题与上机

一、简答题

1. 对虚拟磁盘进行扩容有没有容量或者次数限制?
2. 对虚拟磁盘进行扩容与当初直接创建有何不同?
3. 扩容对磁盘中存在的文件是否有影响?

二、项目实训题

1. 在存储服务器 SRV1 的存储池中创建 2 个 10GB【Mirror】类型虚拟磁盘。
2. 将【Mirror】类型虚拟磁盘初始化，创建 RAID0 卷。
3. 创建 2GB 的 iSCSI 虚拟磁盘，启用 CHAP 认证（用户和密码自定义）。
4. 在服务器【SRV2】中连接 iSCSI，并将全部空间创建 X 卷。
5. 在 X 卷中写入一些文本文件。
6. 参考本项目对 iSCSI 虚拟磁盘进行扩容操作，扩容后大小为 3GB。
7. 在 SRV2 中扩展 X 卷空间，并将结果截图。

第四部分　综合运用

Chapter

20

项目 20
基于 NLB 的企业 Web 站点服务部署

项目背景

随着公司业务的快速发展，客户在访问公司门户网站时常常抱怨等待时间过长，网络管理员对该网站服务器进行了一周的性能监测，发现服务器的 CPU 在工作时间平均使用率超过 80%，网络接口使用率超过 70%，Web 站点同时访问用户超过 3000 人，Web 服务器负载过大，急需改善。

鉴于当前 Web 服务器负载过大，公司决定新增 1 台 Web 服务器用于分担当前 Web 站点的负载，公司网络拓扑如图 20-1 所示。

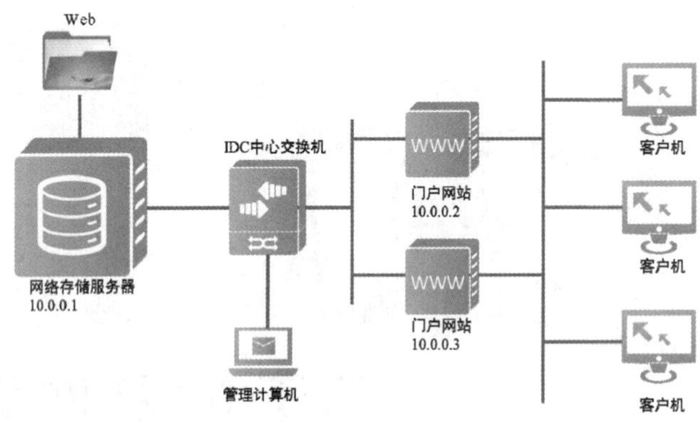

图 20-1 网络拓扑

项目分析

Web 服务器监测数据表明该服务器负载过大，同时，由于访问用户数量较大，1 台服务器已经无法满足业务需求。在网易、腾讯等门户网站中，通常基于网络负载均衡技术使用多台 Web 服务器同时为客户提供网站访问服务。使用多台服务器为客户提供 Web 服务需要解决以下问题。

（1）需要使用第三方存储，将 Web 站点内容存放在存储中，每一台 web 服务器的站点内容都是来自存储服务器，这样可以确保每一台 Web 站点的服务内容是一致的。

（2）多台 Web 服务器为客户提供 Web 服务需要有统一的访问接口，这个接口可以为 IP 或 DNS 地址。

（3）多台 Web 服务器提供服务时，如果其中 1 台服务器出现故障，则不能继续将用户的 Web 请求指向该故障服务器。

基于 Windows Server 2012 的网络负载均衡的服务器集群功能，可以实现基于 1 个集群 IP 对外提供服务，用户只需访问集群 IP，集群服务器再将用户的 Web 请求指向各成员服务器。同时，为确保各 Web 站点内容的一致性，可以由网络存储服务器提供 Web 数据存储空间，然后各 Web 服务器挂载该存储空间即可。

因此，可以通过存储和网络负载均衡群集来解决 Web 服务负载过大问题，具体涉及以下任务：

（1）在存储服务器上创建文件共享，并将 Web 站点文件迁移到该目录中。

（2）在 2 台 Web 服务器上搭建 IIS 服务并将站点目录指向共享路径。

（3）在 2 台 Web 服务器上创建网络负载均衡群集。

相关知识

网络负载均衡（network load balancing，NLB）是由多台服务器以对称的方式组成 1 个服务器集合，每台服务器都具有等价的地位，都可以单独对外提供服务而无需其他服务器的辅助。通过负载分担技术，将外部发送来的请求均匀分配到对称结构中的某一台服务器上，而接收到请求的服务器独立地回应客户的请求，解决大量并发访问服务的问题。

Windows Server 2012 的网络负载均衡服务可以实现多台 Web 服务器同时对外提供服务，用户访问 Web 服务时，NLB 服务器会自动选择其中 1 台 Web 服务器为其提供服务，当其中 1 台 Web 服务器宕机时，NLB 服务器能自动发现并且后续用户的访问将不再分配给这台故障的 Web 服务器，直到服务器重新修复并加入到 NLB 中。

可见，网络负载均衡服务可以实现本项目的 Web 服务负载均衡问题，但关键是如何实现 2 台 WEB 服务器提供的网站内容服务的一致性。

如果将 Web 站点的数据存放在存储服务器上，并且共享该 Web 站点目录，那么前端的 2 台 Web 服务器只需将 Web 服务的站点主目录指向该共享目录就可以确保 2 台 Web 服务器的站点内容是一致的。

网络负载均衡服务增强了 Web、FTP 等应用服务器的可用性和可伸缩性。网络负载均衡的工作模式采用轮询机制，当客户端 A 访问服务器时由一台服务器提供服务，当客户端 B 访问时则由另一台服务器提供服务。

项目实践

任务 20-1　多台 Web 应用服务的部署

任务描述

（1）在 2 台存储服务器上创建 Web 站点主目录并共享；

（2）在 2 台 Web 服务器上安装 IIS 管理器并将站点主目录指向存储服务器的共享目录。

任务操作

（1）在存储服务器【SRV1】上新建文件夹【Web】，在文件夹【Web】中创建文件【index.html】，如图 20-2 所示。

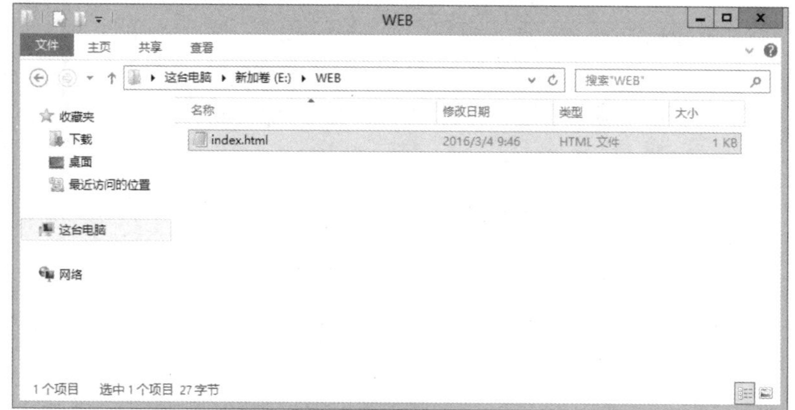

图 20-2　新建文件

（2）用【记事本】打开【index.html】，按图 20-3 所示编辑网页内容。

（3）在存储服务器 SRV1 及 Web 服务器 SRV2、SRV3 上创建用户【web_cluster】，如图 20-4 所示。

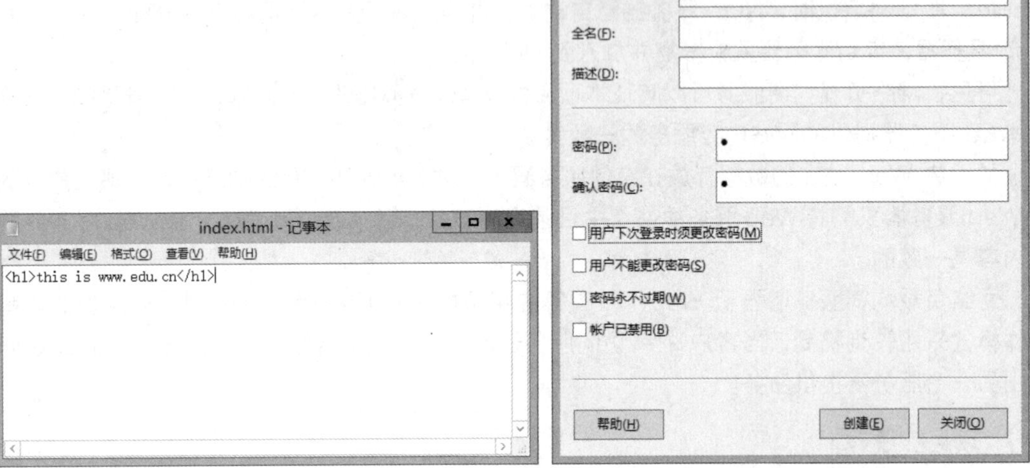

图 20-3 编辑网站首页内容

图 20-4 创建用户

注意：分别在网络存储服务器和2台Web服务器上创建用户web_cluster的目的：该用户用于授权Web服务器对共享目录的访问。

（4）右键单击文件夹【Web】选择【共享】→【特定用户】，对【web_cluster】设置【读取/写入】权限，如图 20-5 所示。

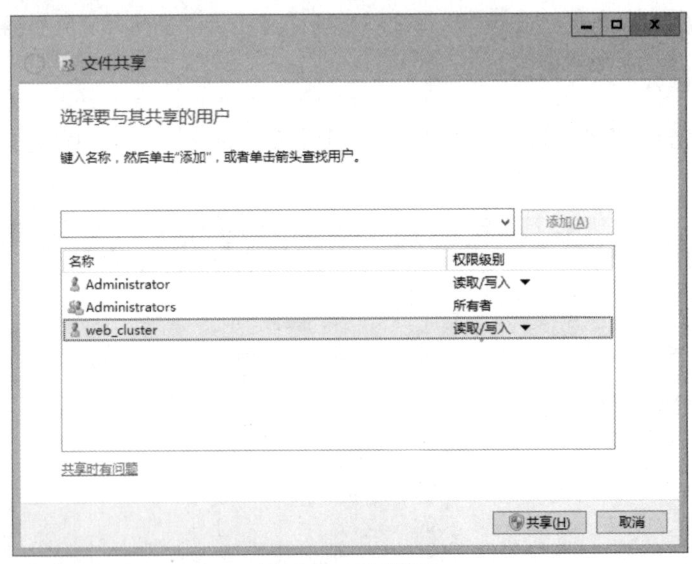

图 20-5 共享文件夹

（5）在 Web 服务器 SRV2 上打开【服务器管理器】，单击【管理】选择【添加角色和功能】，在【服务器角色】中勾选【Web 服务器(IIS)】，如图 20-6 所示。

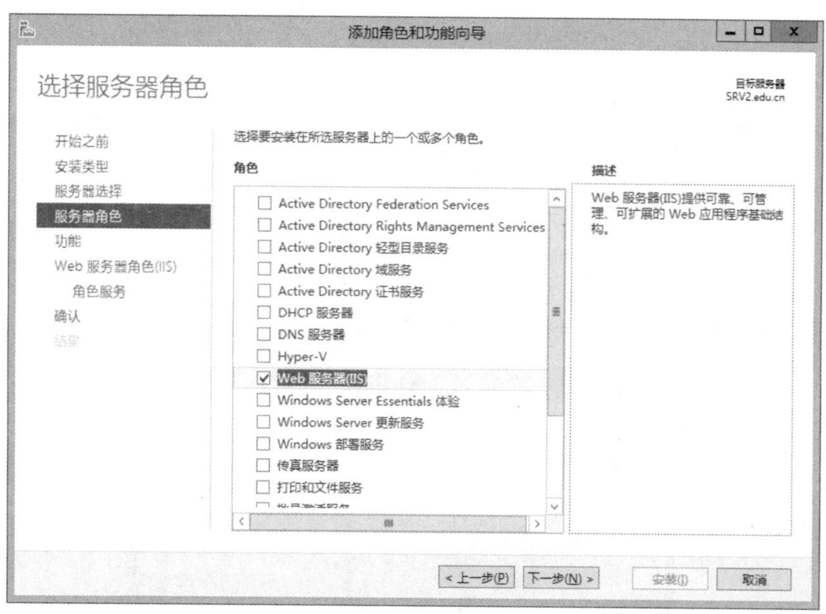

图 20-6 添加 IIS 服务器

（6）在【服务器管理器】上单击【工具】，选择【Internet Information Services (IIS)管理器】，找到【Default Web Site】，单击右列菜单中的【基本设置】，如图 20-7 所示。

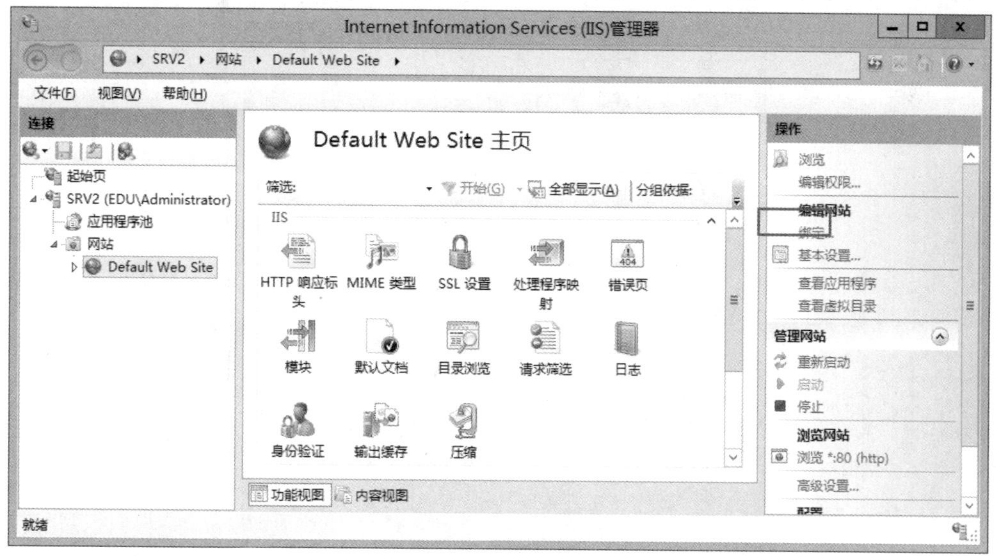

图 20-7 选择基本设置

（7）将物理路径改为【\\srv1\web】，单击【连接为】，如图 20-8 所示。

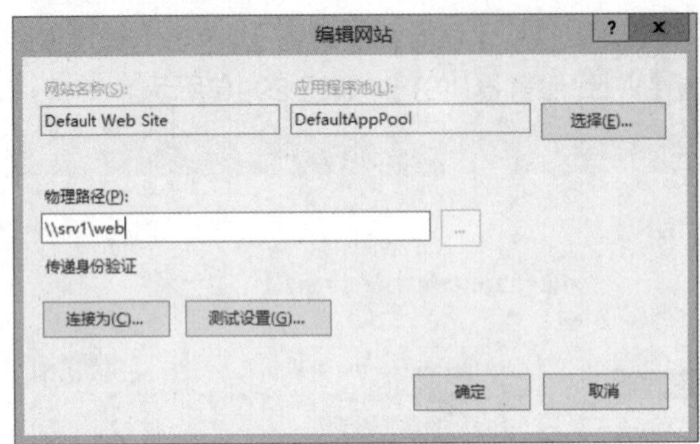

图 20-8　更改物理路径

（8）在【路径凭据】中选择【特定用户】，单击【设置】，如图 20-9 所示。

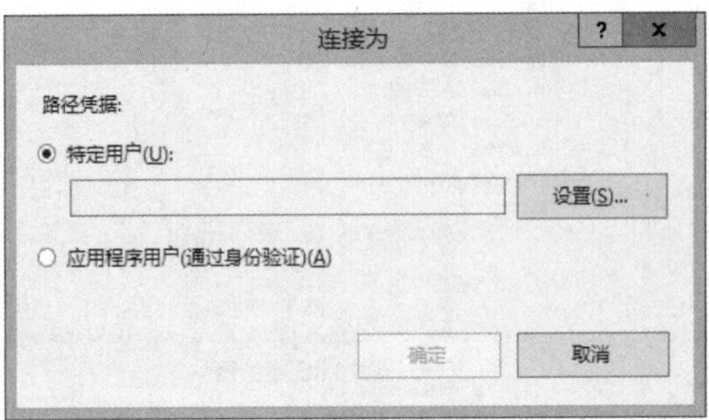

图 20-9　选择特定用户

（9）在【用户名】中输入【web_cluster】并输入两次密码，单击确定，如图 20-10 所示。

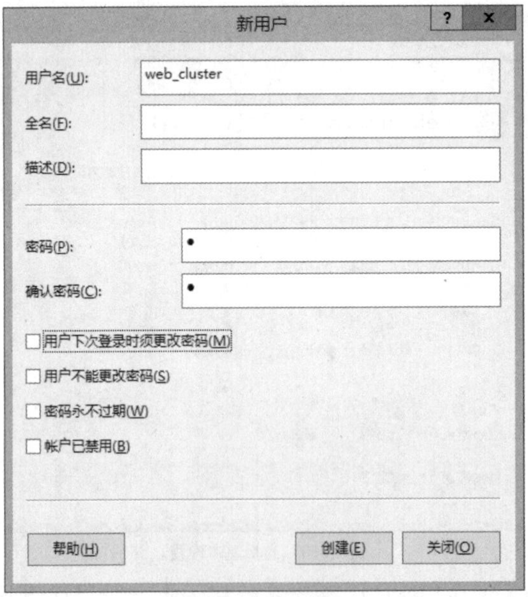

图 20-10　填写用户信息

（10）在【编辑网站】中单击【测试连接】，确认【身份验证】和【授权】无误后，单击【确定】，如图 20-11 所示。

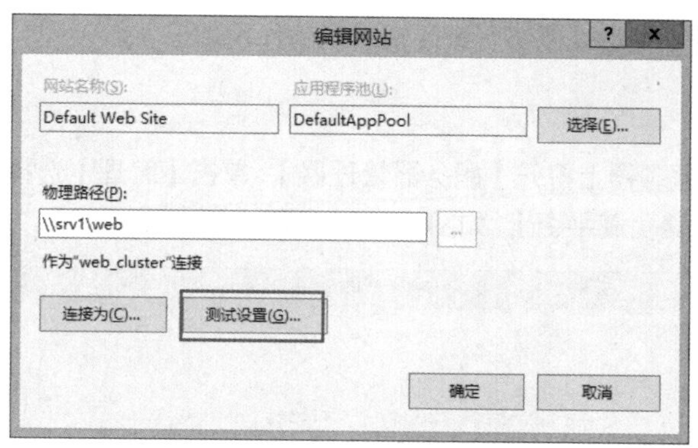

图 20-11 测试连接

（11）在另外 1 台 Web 服务器 SRV3 上参照 SRV2 服务器操作，完成 Web 站点的部署。

任务验证

（1）在客户端【WIN10】访问【http://10.0.0.2】，能够正常访问，如图 20-12 所示。

图 20-12 访问 10.0.0.2

（2）【HTTP://10.0.0.3】，能够正常访问，如图 20-13 所示。

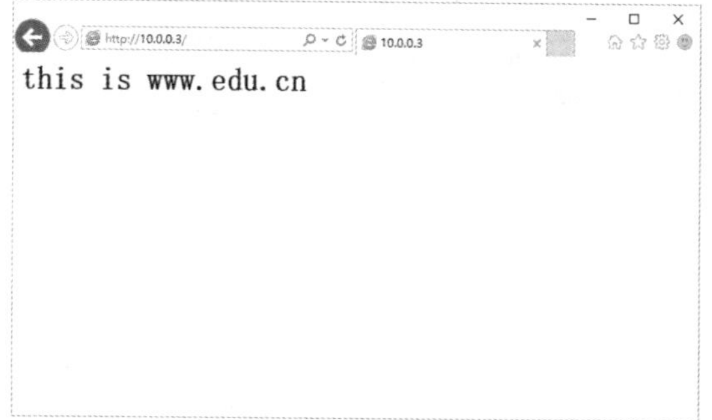

图 20-13 访问 10.0.0.3

任务 20-2 网络负载平衡群集操作

任务描述

（1）在 2 台 Web 服务器上安装网络负载平衡服务；

（2）配置网络负载平衡实现网络负载平衡功能的作用。

任务操作

（1）在 2 台 Web 服务器上打开【服务器管理器】，单击【管理】选择【新建角色和功能】，在【功能】中勾选【网络负载平衡】，如图 20-14 所示。

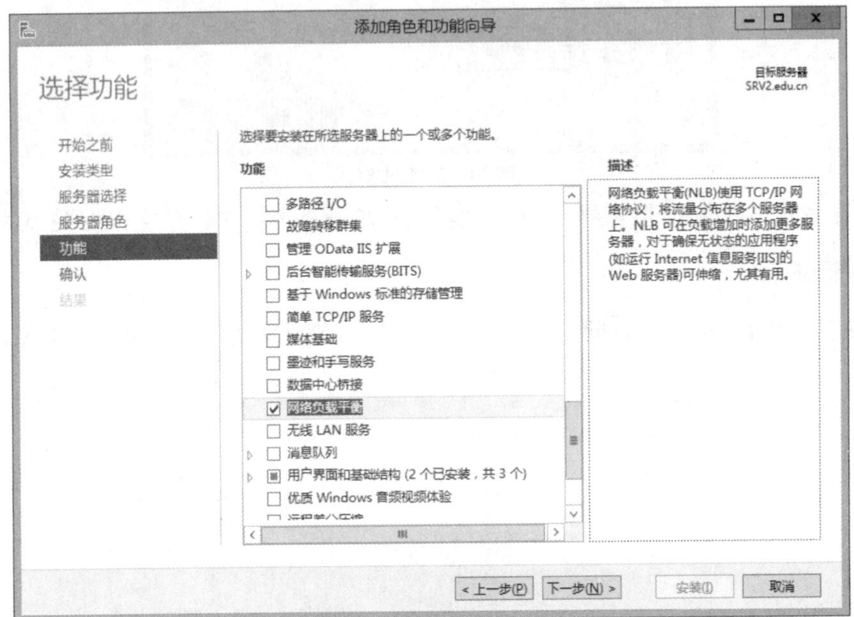

图 20-14 安装网络负载平衡服务器

（2）在 Web 服务器 SRV2 上打开【服务器管理器】，单击【工具】选择【网络负载平衡管理器】，如图 20-15 所示。

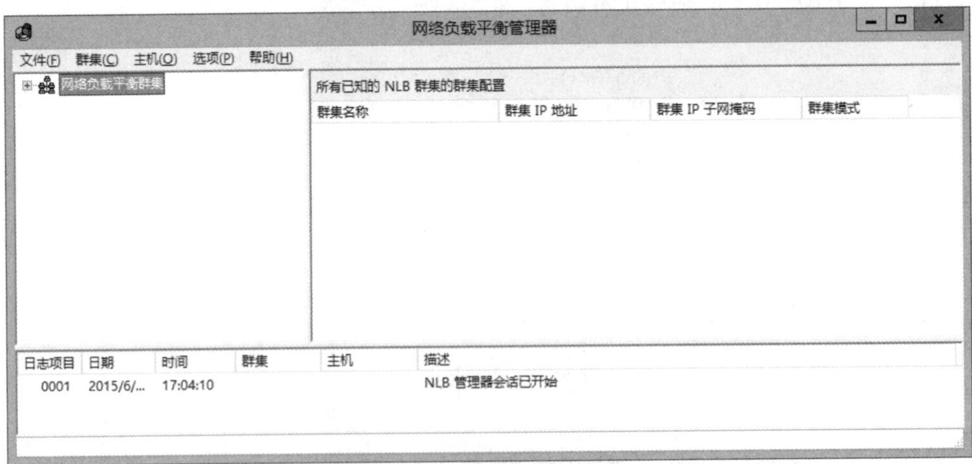

图 20-15 打开网络负载平衡管理器

（3）右键单击【网络负载平衡集群】，选择【新建群集】，如图 20-16 所示。

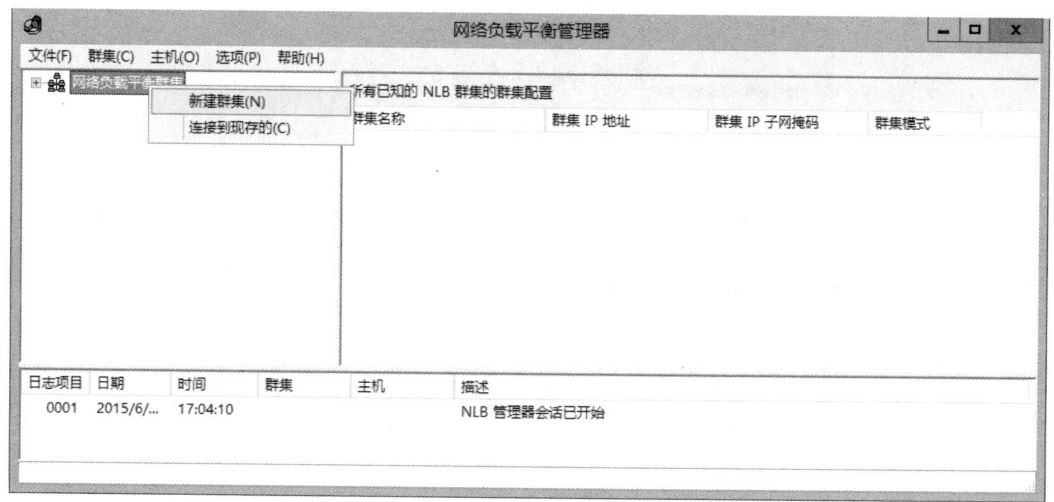

图 20-16　新建群集

（4）在【主机】中输入 Web 服务器的主机名 srv2，单击【连接】，在接口中选择接口，单击【下一步】，如图 20-17 所示。

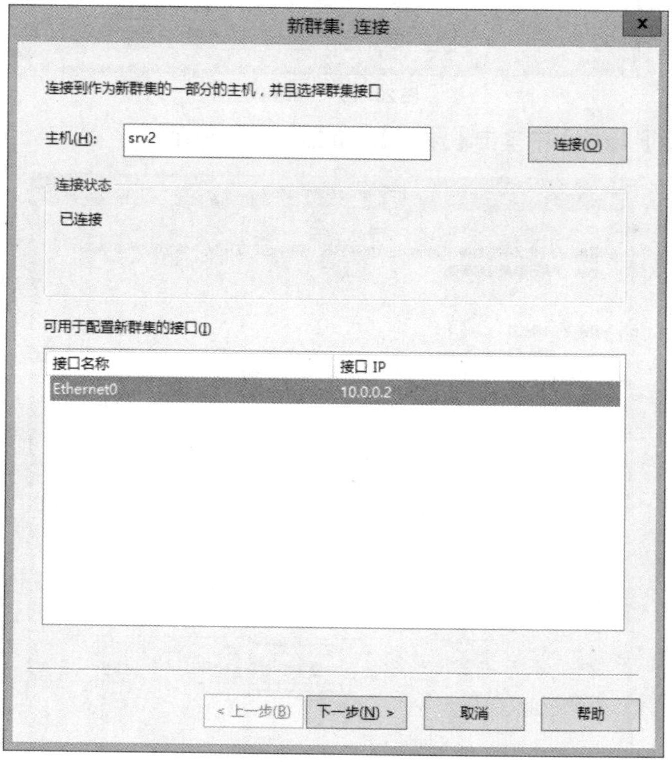

图 20-17　填写主机名

（5）在【主机参数】中保持默认，单击【下一步】，如图 20-18 所示。

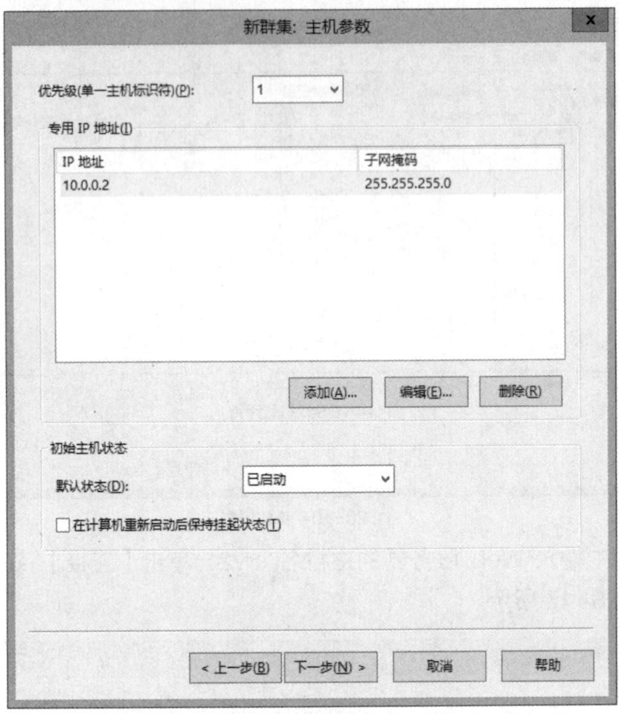

图 20-18　主机参数

（6）在【群集 IP 地址】中单击【添加】，如图 20-19 所示。

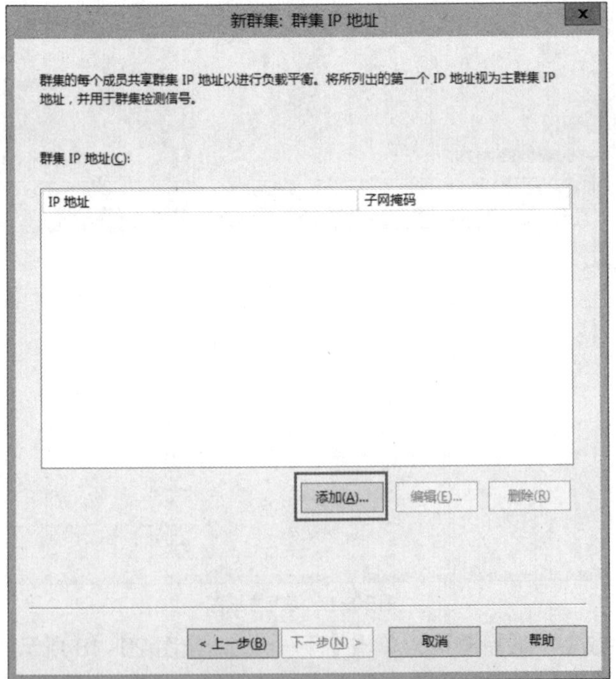

图 20-19　添加群集 IP 地址

（7）在【添加 IP 地址】中输入集群 IP 为【10.0.0.100】，子网掩码为【255.255.255.0】，如图 20-20 所示。

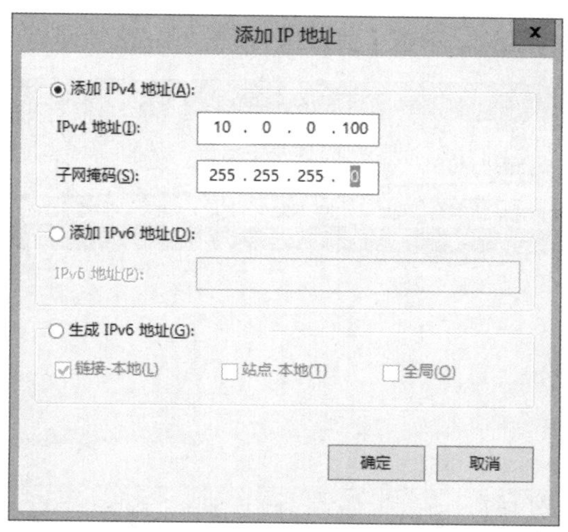

图 20-20　输入 IP 地址

（8）在【集群参数】中将【群集操作模式】选择为【多播】，单击【下一步】，单击【完成】，如图 20-21 所示。

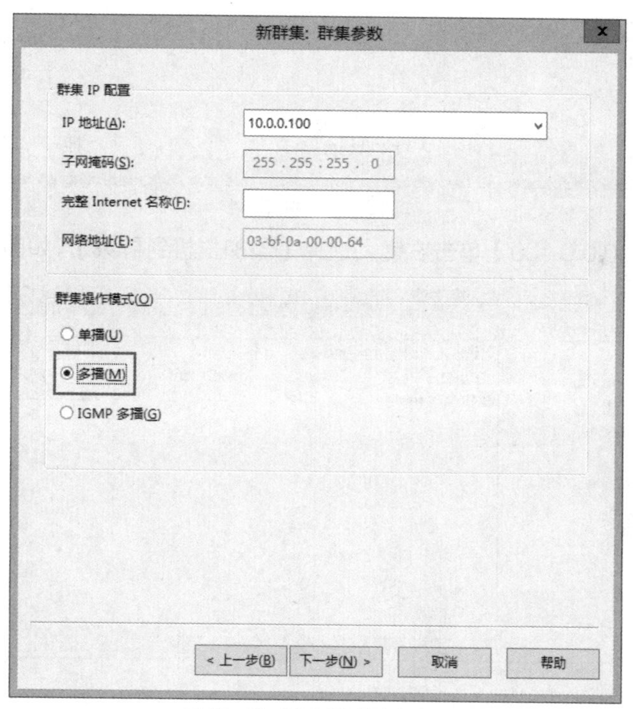

图 20-21　设置群集模式为多播

集群操作模式

单播：将集群中所有服务器的MAC地址修改为同一个MAC地址，并绑定到集群IP中；配置后，服务器原有的IP地址将不能通信。

多播：在集群中所有服务器上增加1个MAC地址，并与集群IP绑定；这样，集群中的服务器可以使用原有的IP地址进行通信。

IGMP多播：不分配虚拟的MAC地址，而是使用IGMP协议将NLB通信发送到所有服务器上。

（9）在端口规则中保持默认，单击【完成】，如图 20-22 所示。

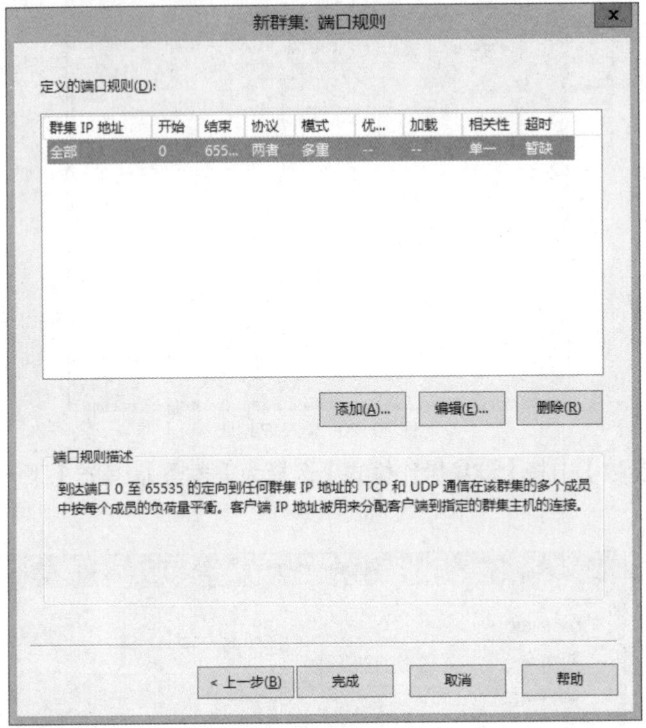

图 20-22 端口规则

（10）在集群【10.0.0.100】单击右键，选择【添加主机到群集】，如图 20-23 所示。

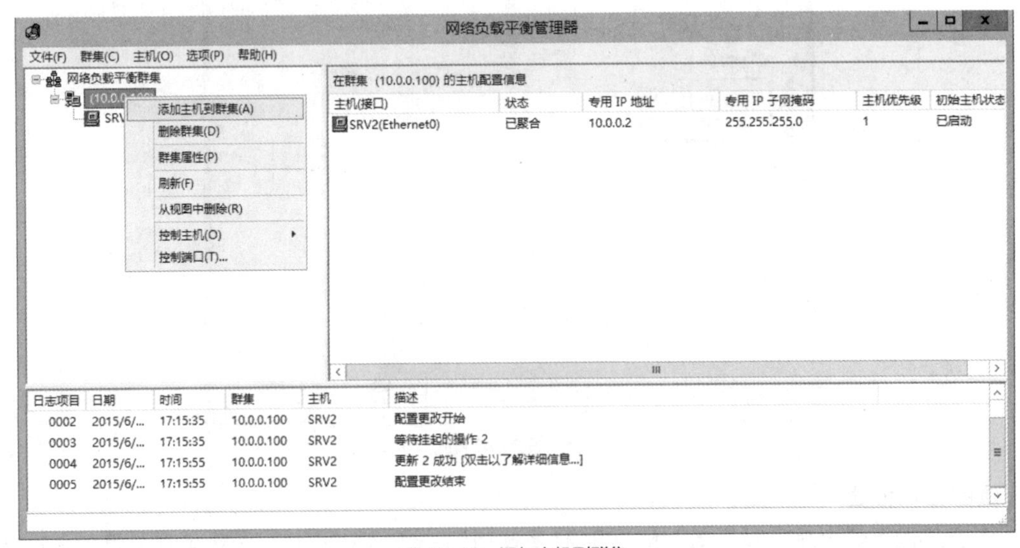

图 20-23 添加主机到群集

（11）在【主机】中输入第 2 台 Web 服务器的主机名 srv3，单击连接，选择接口，单击【下一步】，如图 20-24 所示。

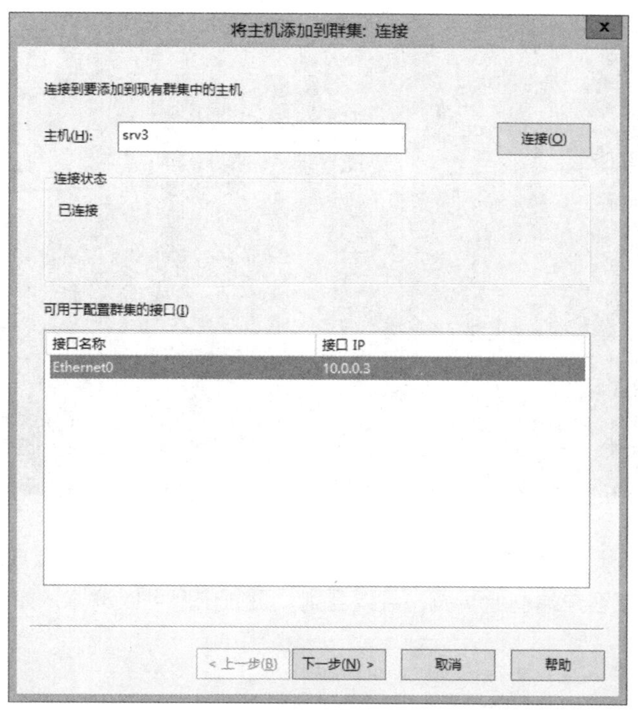

图 20-24　添加主机

（12）按照默认配置单击【下一步】、【完成】将 SRV3 添加到集群，如图 20-25 所示。

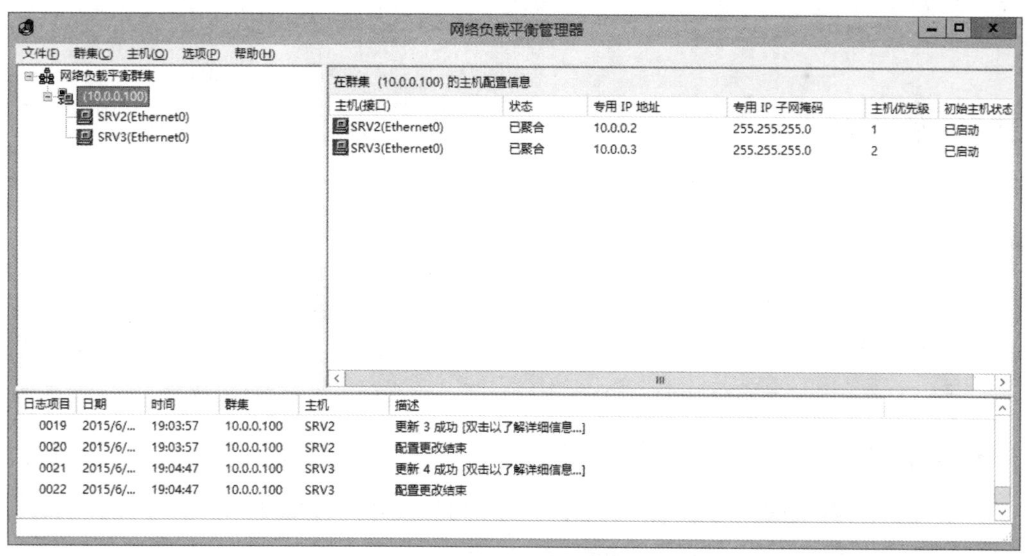

图 20-25　添加完成

任务验证

（1）在客户端（这里使用 Win10）运行【cmd】，使用命令【ping 10.0.0.100 -t】，在 ping 的过程中中断任何 1 台 Web 服务器，可以看到，ping 的数据不会掉包，如图 20-26 所示。

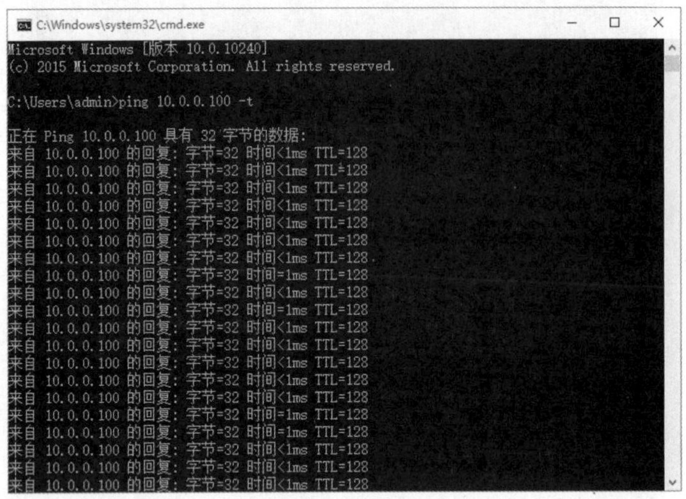

图 20-26　ping 数据包

（2）在客户端打开 IE 浏览器，访问地址【http://10.0.0.100】，可以成功访问，关闭任何 1 台 web 服务器，并在客户端刷新页面，可以看到，页面依旧可以浏览，如图 20-27 所示。

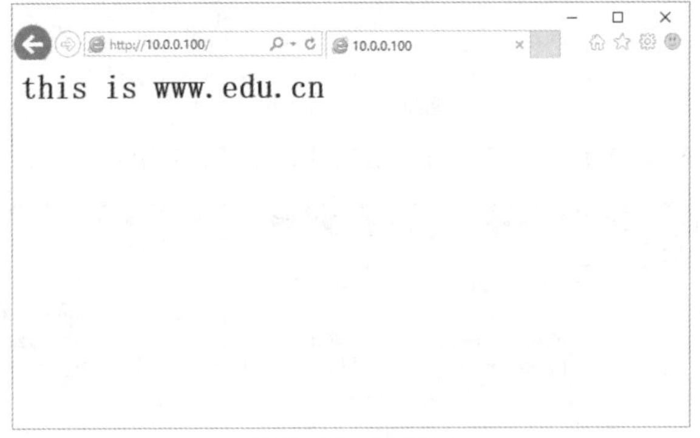

图 20-27　访问网页

习题与上机

一、简答题

1. 在配置了网络负载平衡群集后，原来的 IP 地址是否能够访问?
2. 群集操作模式在什么情况下能够配置为单播?

二、项目实训题

1. 在 2 台 Web 服务器上配置 Web 服务，站点首页文件写入不同的内容，创建网络负载均衡群集并将 2 台 Web 服务器加入群集。
2. 在客户端打开多个 IE 浏览器窗口访问群集地址，将结果截图，并说明原因。
3. 在多个客户端访问群集地址，将结果截图，并说明原因。

Chapter

21

项目 21
基于 Cluster 的高可用企业 Web 服务器的部署

项目背景

随着公司 X 产品生产线的升级，配套的生产管理系统也进行了配套升级改造。新系统上线后有效地提高了公司 X 产品的生产效率。为提高该生产系统的稳定性和可靠性，公司要求应用高可用技术部署该生产系统。

该生产系统为一个 Web 系统。公司网络拓扑图如图 21-1 所示。

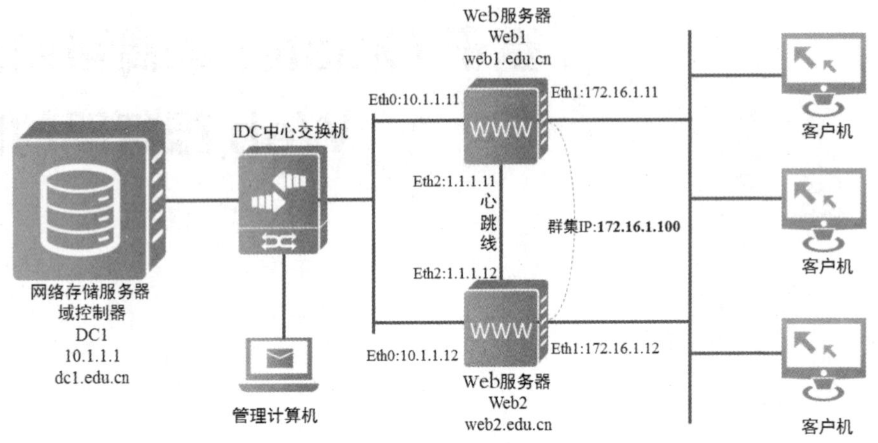

图 21-1 公司拓扑图

项目分析

要确保 Web 服务的高可用性，常用技术为故障转移群集，即在 2 台以上的服务器上部署该 Web 服务，其中 Web 服务的数据存储在 SAN 硬盘中，然后基于这 2 台 Web 服务器创建故障转移群集，其中 1 台为主要服务器（对外提供服务），另 1 台为备用服务器，当主要服务器出现故障时，备用服务器接管服务，确保服务不中断。

通过 SAN 存储和 AD 技术实现 2 台 Web 服务器故障转移群集，具体涉及以下任务：

（1）安装并部署 AD 域控制器，并将 2 台 Web 服务器加入到域中。

（2）在存储服务器上创建 2 个 iSCSI 硬盘，其中 1 个用于仲裁，另 1 个用于存储 Web 服务数据。

（3）先在其中 1 台 Web 服务器上链接并初始化这 2 个 iSCSI 硬盘，然后将 Web 业务系统数据（生产管理系统）迁移到 iSCSI 硬盘中。最后在服务器上部署 Web 应用服务，并发布生产管理 Web 系统。

（4）在另 1 台 Web 服务器上链接这 2 个 iSCSI 硬盘，并安装 Web 应用服务，部署生产管理 Web 系统。

（5）在 2 台 Web 服务器上安装并部署故障转移群集。

（6）尝试重启主服务器，在客户端测试 Web 服务的高可用是否成功。

备注： 在本项目中，域控制器DC1同时也作为公司的存储服务器。

相关知识

一、故障转移群集的定义

故障转移群集（Failover Cluster）是一种高可用性的基础结构层，由多台计算机组成，每台计算机相当于 1 个冗余节点，整个群集系统允许某部分节点掉线、故障或损坏，而不影响整个系统的正常运作，可见，故障转移群集是针对服务器提供的一种服务，该服务用于防止单台服务器故障导致服务失效，以提高关键服务的可靠性。基于 Windows Server 2012 的故障转移群集需要 3 个必备条件。

（1）2 台成员服务器必须加入域。

（2）2 台服务器需要能够连接到 iSCSI 虚拟磁盘上，其中 1 个 iSCSI 磁盘作为仲裁硬盘，另 1 个作为应用服务的数据存储硬盘。

（3）2 台服务器必须拥有 2 个以上网卡，建议配置 3 个，其中 1 个用于连接后端存储，称为内网网卡；1 个连接到外网提供应用服务，称为外网网卡；还有 1 个用于 2 台服务器间的直连（心跳线），用于双方通信的验证，称为故障检测网卡。

在群集服务器中，其中 1 台服务器为主服务器，并占 2 个 iSCSI 硬盘，并通过故障检测网卡定时发送数据包给其他服务器；其他服务器则成为备用服务器，在没有发生故障的情况下，备用服务器不提供服务，只在故障检测网卡上接收数据包。

二、群集服务器故障转移的工作过程

如果 1 台服务器变为不可用，则另 1 台服务器将自动接管发生故障的服务器并继续处理任务。当 1 台服务器接管发生故障的服务器的过程通常称为“故障转移”。当主服务器发生故障时，集群将按以下步骤切换主备服务器（故障转移）。

（1）原主服务器故障，其故障检测网卡将停止发送数据包。

（2）备用服务器在一定时间内没有接收到数据包，将认定主服务器故障，并发起主服务器角色投票申请。首先，备用服务器会向 SAN 存储申请占用仲裁磁盘（此时，如果主服务器宕机，则备用服务器将成功占用仲裁磁盘），其次，向所有群集服务器发出主服务器的投票，这时，每 1 台服务器都首先投自己 1 票，然后关键的 1 票由存储服务器向拥有仲裁磁盘的服务器投出，这样拥有仲裁磁盘的服务器将胜出（票数为 2），并占有主服务器角色，同时占有数据存储硬盘，开始对外提供服务。

由此可见，故障转移群集必须基于域的管理模式部署，以“心跳机制”来监视各个节点的健康状况；备用服务器以心跳信号来确定活动服务器是否正常，要让备用服务器变成活动服务器，则必须确定活动服务器不再正常工作。

三、故障转移群集服务部署时的注意事项

（1）网卡绑定顺序以域网络优先；

（2）共享磁盘、仲裁磁盘可多链路使用；

（3）严格执行群集测试要求；

（4）各个节点的系统补丁和版本一致；

（5）故障转移群集不能与 NLB 负载均衡共处于 1 台逻辑计算机的系统上；

（6）防火墙会阻挡群集通讯，需要配置允许群集和域相关服务通过；

（7）安装虚拟网卡有可能导致 MAC 地址一样无法建立群集；

（8）域控制器不建议安装在群集节点上。

项目实践

任务 21-1 基于 IPSAN 在 Web 服务器上部署 Web 站点

任务描述

（1）在存储服务器为 Web 服务器创建仲裁 iSCSI 磁盘和数据 iSCSI 磁盘。

（2）在其中 1 台 Web 服务器上链接并初始化这 2 个磁盘，然后在数据 iSCSI 磁盘（W 盘）上创建 1 个简单的 Web 站点（用于 Web 高可用测试），最后安装 Web 应用服务，并发布该 Web 站点。

（3）在另 1 台 Web 服务器上链接这 2 个磁盘，然后部署 Web 服务，并发布数据 iSCSI 磁盘（W 盘）上的 Web 站点。

注意：

（1）本任务的2台Web服务器需要安装3个物理网卡，其中1个网卡用于同域控制器和存储服务器DC1通信，1个用于2台Web服务器间相互通信（心跳线），还有1个用于对外提供服务，IP地址配置按网络拓扑图要求进行配置。

（2）本任务的DC1已经预先升级为公司的域控制器，同时，两台Web服务器也加入到公司域中。

任务操作

（1）在存储服务器为 2 台 Web 服务器创建 2 个 iSCSI 硬盘，其中仲裁磁盘 Arbitration 的大小为 5GB，数据磁盘 WebServer 的大小为 10GB。

① 在存储服务器【DC1】上打开【服务器管理器】，单击【管理】选择【添加角色和功能】，在【服务器角色】中勾选【iSCSI 目标服务器】，并安装完成，【添加角色和功能向导】界面如图 21-3 所示。

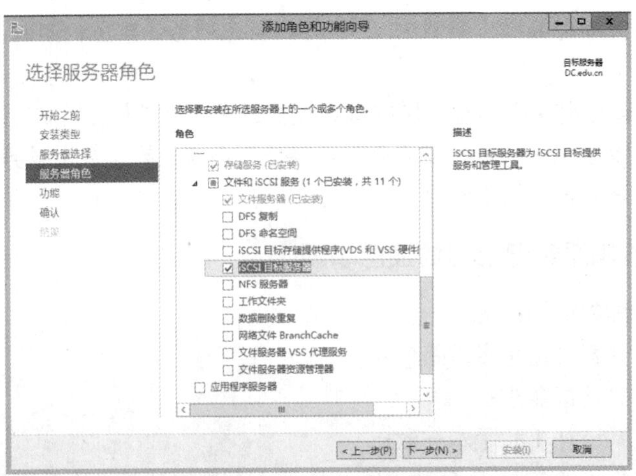

图 21-2 添加角色和功能向导界面

② 在【服务器管理器】主窗口下，单击【文件和存储服务】，然后单击【iSCSI】，进入 iSCSI 虚拟磁盘管理界面。单击 iSCSI 管理界面中的【任务】，在【任务】下拉式菜单中选择【新建 iSCSI 虚拟磁盘…】，打开新建 iSCSI 虚拟磁盘向导。如图 21-3 所示。

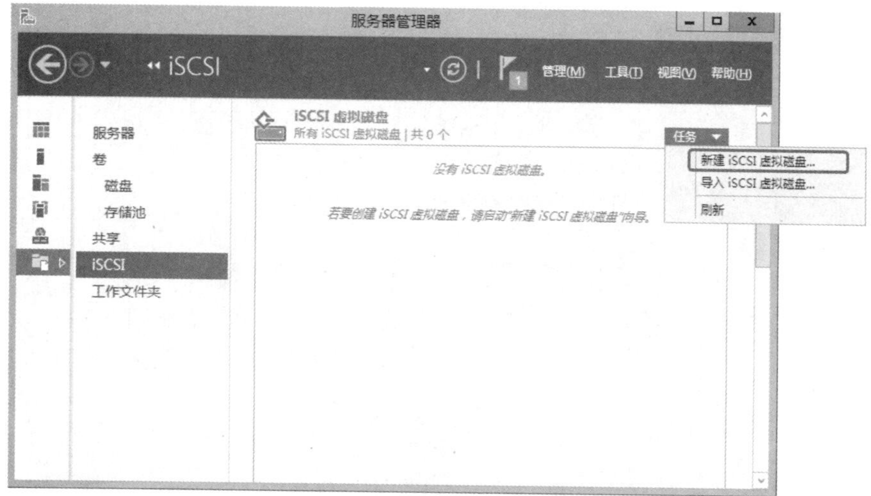

图 21-3　iSCSI 虚拟磁盘管理界面

③ 打开新建 iSCSI 虚拟磁盘的向导，这里选择将虚拟磁盘保存在 D 盘上，并单击【下一步】，结果如图 21-4 所示。

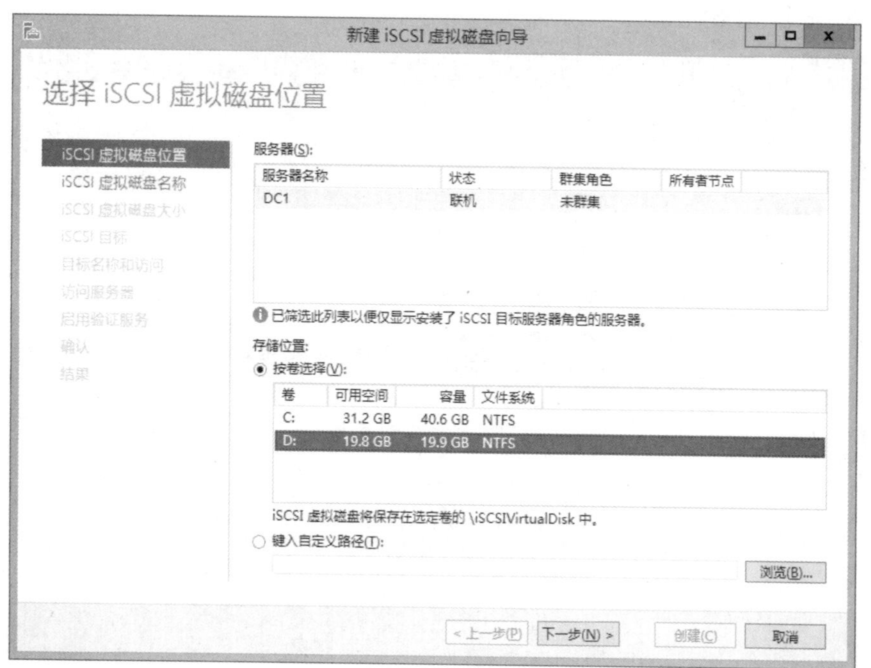

图 21-4　选择 iSCSI 磁盘的存储位置界面

④ 在【指定 iSCSI 虚拟磁盘名称】对话框的名称（A）中输入【Arbitration】，并单击【下一步】，如图 21-5 所示。

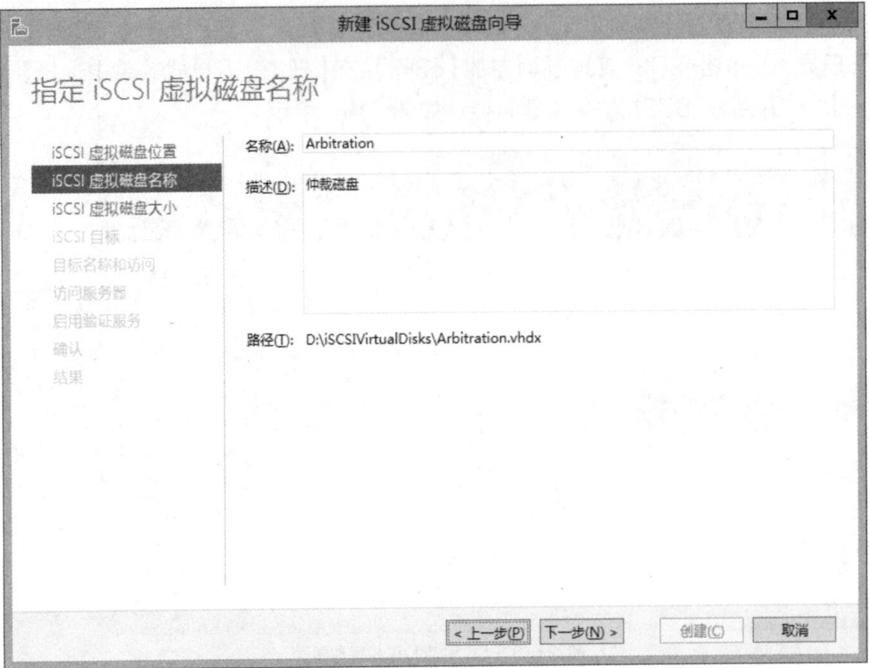

图 21-5 指定 iSCSI 虚拟磁盘名称界面

⑤ 在【指定 iSCSI 虚拟磁盘大小】中设定磁盘大小为【5GB】，使用【固定大小(X)】方式，并单击【下一步】，结果如图 21-6 所示。

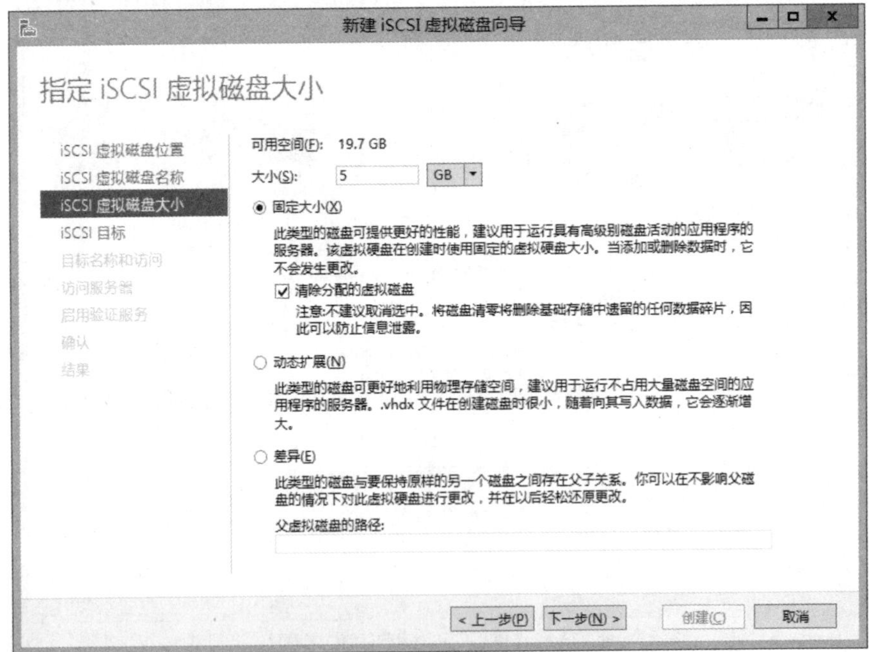

图 21-6 指定 iSCSI 虚拟磁盘大小界面

⑥ 在【分配 iSCSI 目标】对话框中选择【新建 iSCSI 目标(T)】，并单击【下一步】，结果如图 21-7 所示。

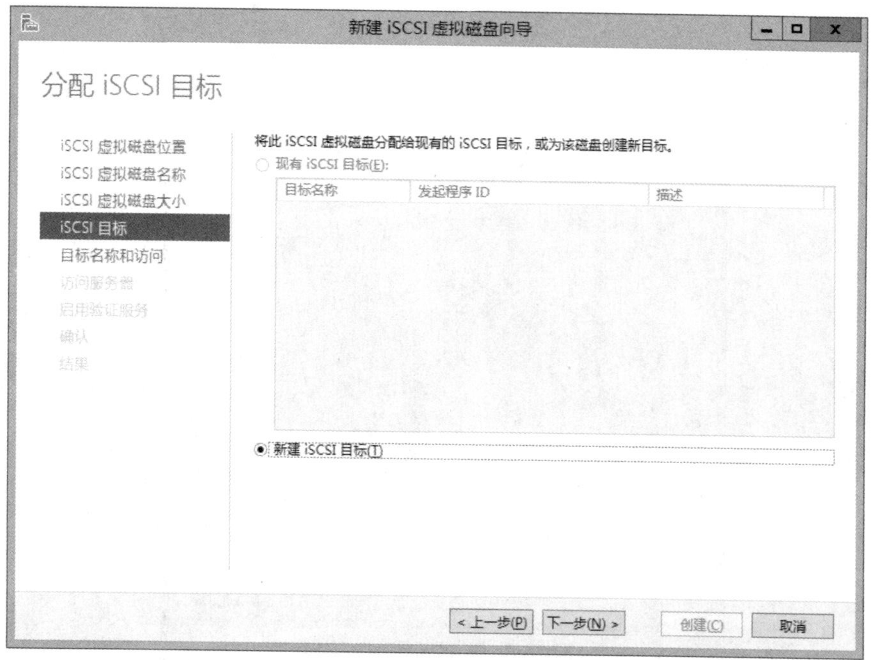

图 21-7　分配 iSCSI 目标界面

⑦ 在【指定目标名称】的【名称(A)】中输入【web-server-cluster】，并单击【下一步】，结果如图 21-8 所示。

图 21-8　指定目标名称界面

⑧ 在弹出的【添加发起程序 ID】对话框中选择【输入选定类型的值(E)】，在【类型(T)】下拉式菜单中选择【IP 地址】，并输入 Web1 服务器的 IP 地址：【10.1.1.11】，结果如图 21-9 所示。单击【确定】完成 ID 的配置，结果如图 21-10 所示。

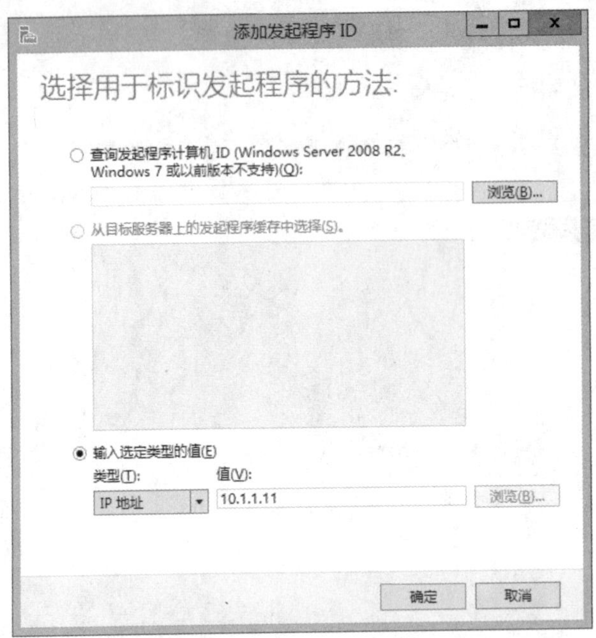

图 21-9　添加发起程序 ID 对话框

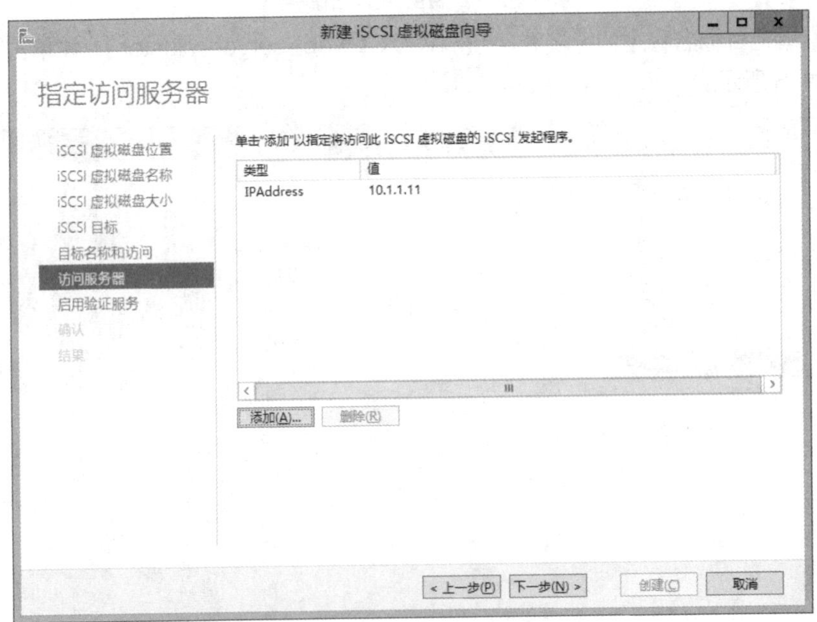

图 21-10　指定访问服务器界面

⑨ 在【指定访问服务器】对话框中单击【添加(A)】按钮，在弹出的【添加发起程序 ID】对话框中选择【输入选定类型的值(E)】，在【类型(T)】下拉式菜单中选择【IP 地址】，并输入 Web2 服务器的 IP 地址：【10.1.1.12】，结果如图 21-11 所示。单击【确定】完成 ID 的配置，结果如图 21-12 所示。

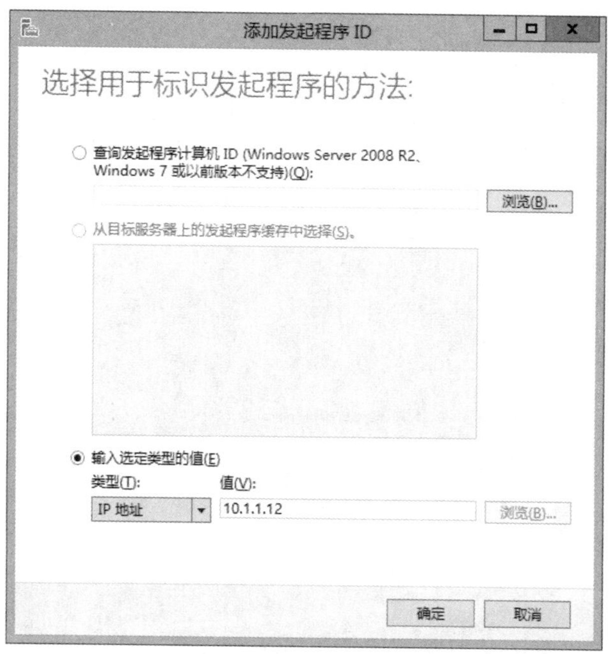

图 21-11　添加发起程序 ID 界面

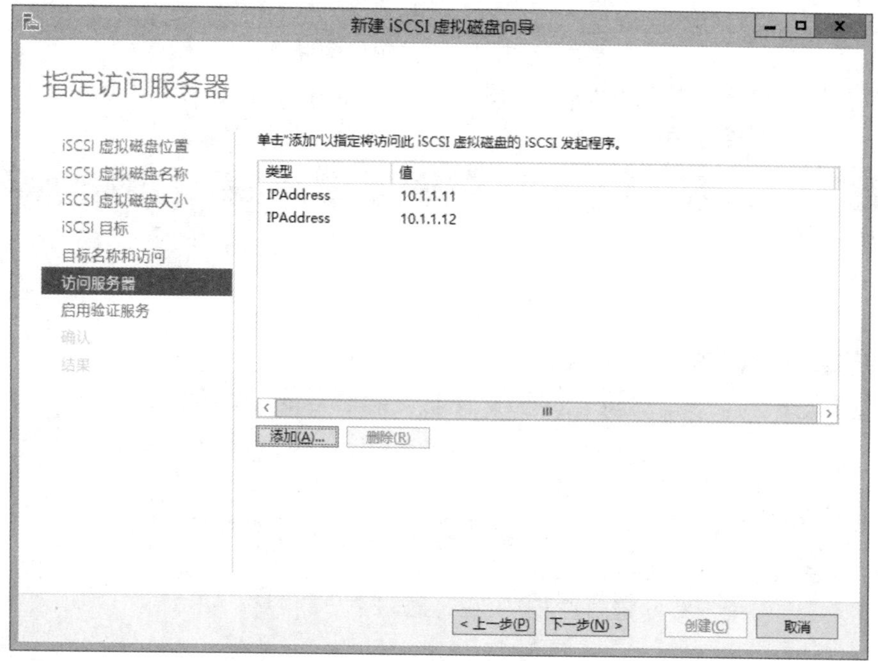

图 21-12　指定访问服务器界面

⑩ 在后续向导界面中按默认设置单击【下一步】，完成仲裁 iSCSI 磁盘的配置。

⑪ 继续按步骤 1-8，完成数据磁盘 WebServer iSCSI 磁盘的创建。其中，在【指定 iSCSI 虚拟磁盘名称】界面中输入名称为【WebServer】，并单击【下一步】，结果如图 21-13 所示。

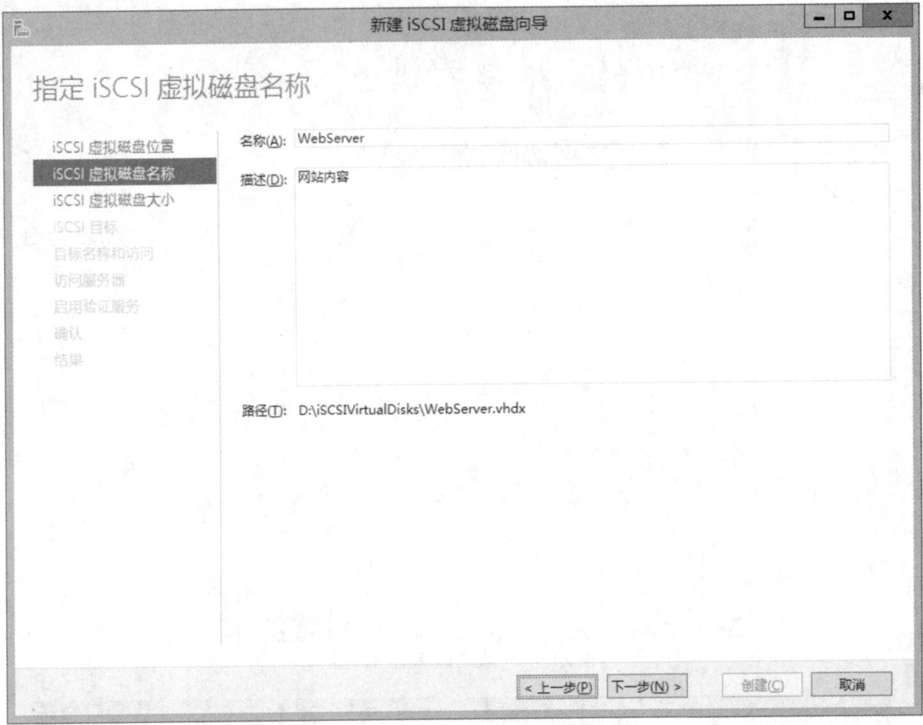

图 21-13　指定 iSCSI 虚拟磁盘名称界面

⑫ 在【指定 iSCSI 虚拟磁盘大小】中设定磁盘大小为【10GB】，使用【固定大小(X)】方式，并单击【下一步】，结果如图 21-14 所示。

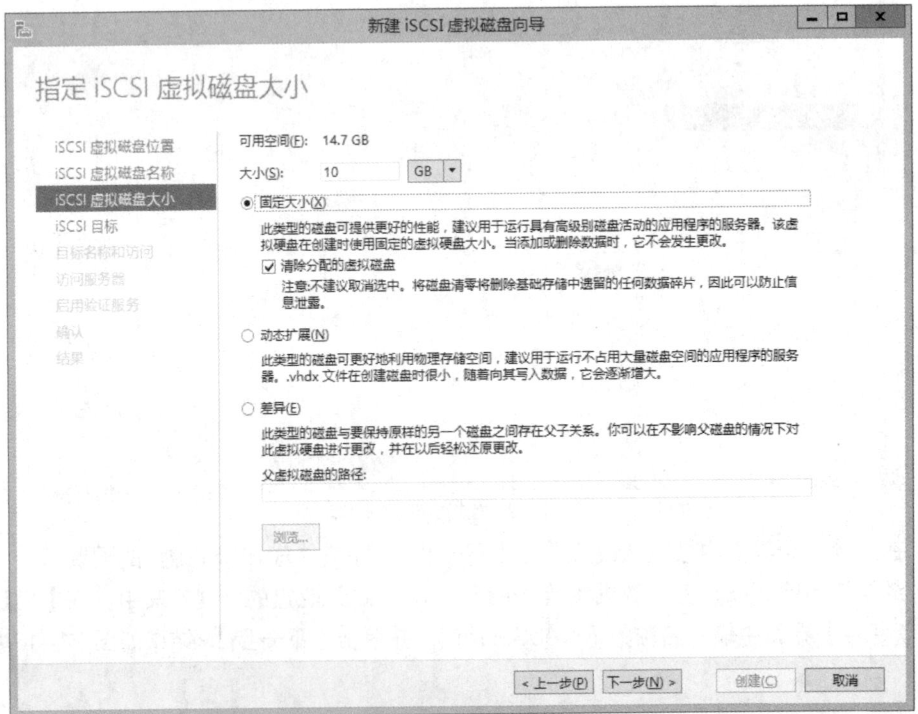

图 21-14　指定 iSCSI 虚拟磁盘大小界面

⑬ 在【分配 iSCSI 目标】中选择【现有 iSCSI 目标(E)】中的【web-server-cluster】，结果如图 21-15 所示。

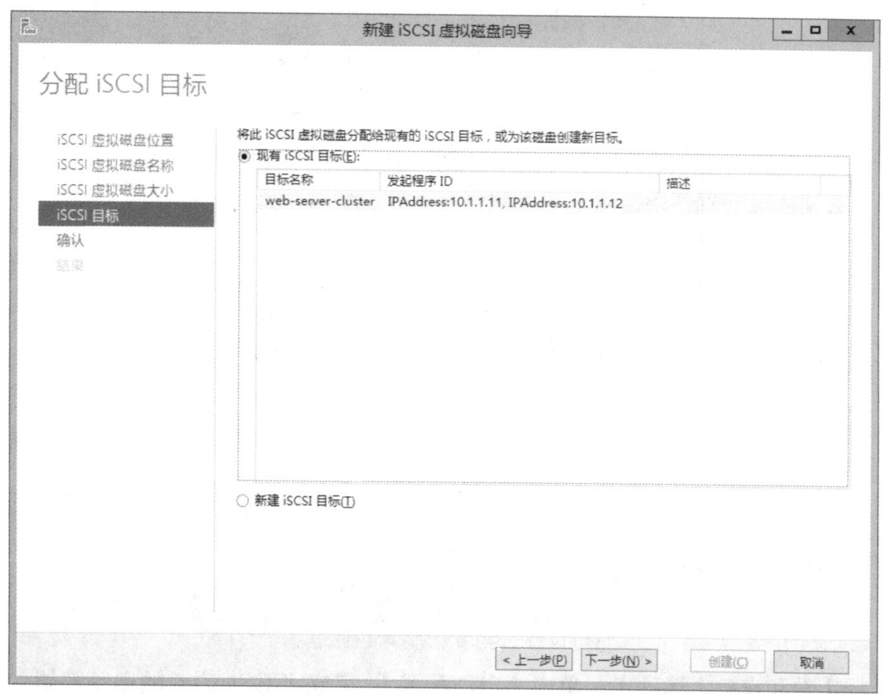

图 21-15 分配 iSCSI 目标

⑭ 在后续向导界面中按默认设置单击【下一步】，完成数据 iSCSI 磁盘的配置，结果如图 21-16 所示。

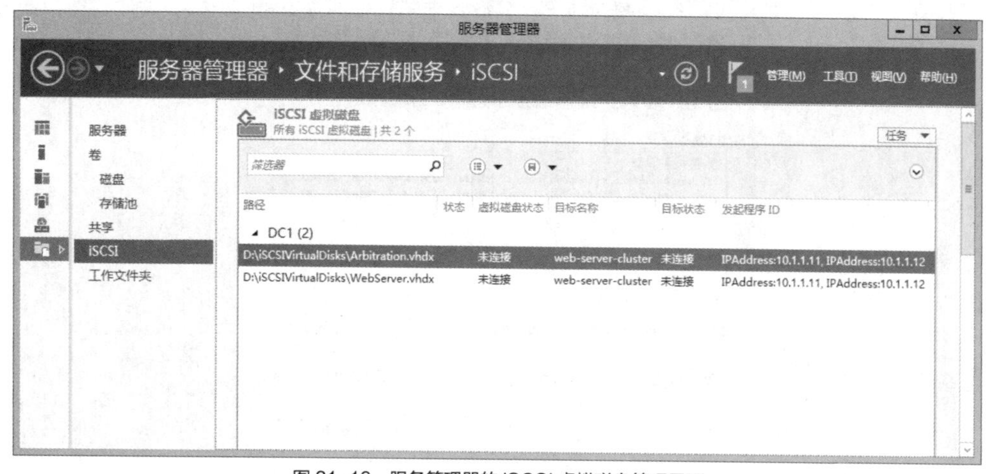

图 21-16 服务管理器的 iSCSI 虚拟磁盘管理界面

（2）在 Web 服务器【Web1】上链接 2 个 iSCSI 硬盘，并初始化，NTFS 格式化后分配仲裁磁盘为 Z 盘，数据磁盘为 W 盘。

① 在 Web 服务器【Web1】上打开【服务器管理器】，单击【工具】选择【iSCSI 发起程序】，在【目标】中输入 IP 地址【10.1.1.1】，单击【快速连接】，结果如图 21-17 所示。

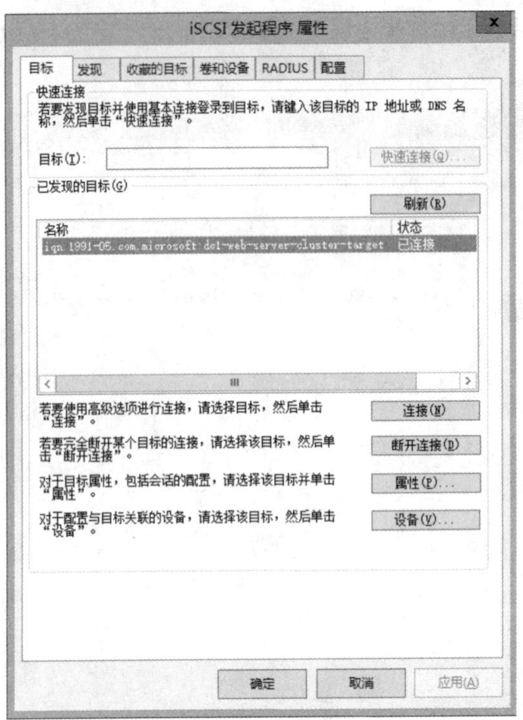

图 21-17　iSCSI 发起程序属性对话框

② 选择【卷和设备】选项卡，单击【自动配置】，完成 iSCSI 磁盘的自动部署，结果如图 21-18 所示。

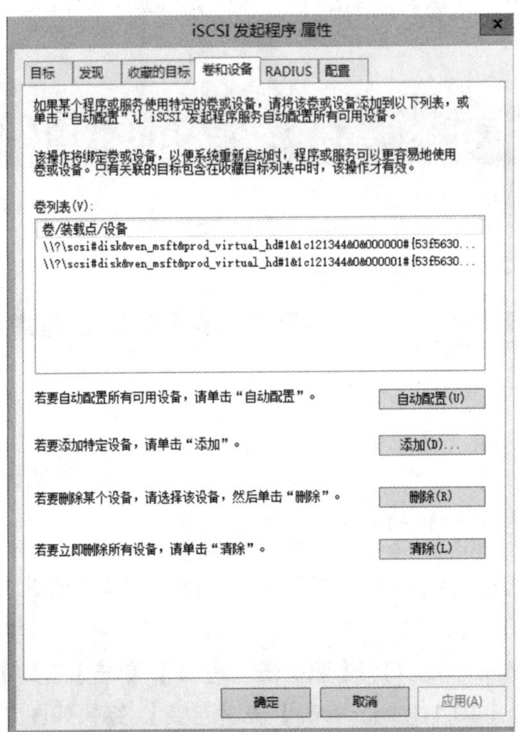

图 21-18　选择卷和设备【自动配置】

③ 在 Web1 服务器上打开【磁盘管理】对话框，在【磁盘管理】界面中可以看到刚刚连接的 2 个磁盘，分别为 5GB 和 10GB，结果如图 12-19 所示。

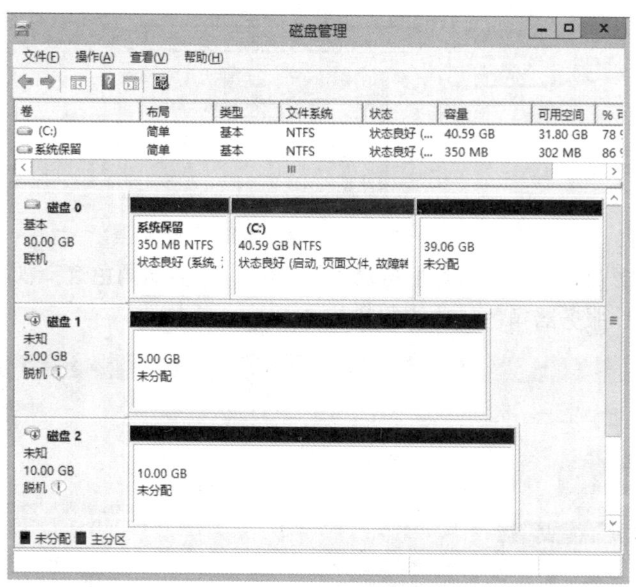

图 21-19　Web1 的磁盘管理界面 1

④ 在【磁盘管理】界面中初始化这 2 个磁盘，分配仲裁磁盘为 Z 盘，大小为 5GB，分配数据磁盘为 W 盘，大小为 10GB，结果如图 12-20 所示。

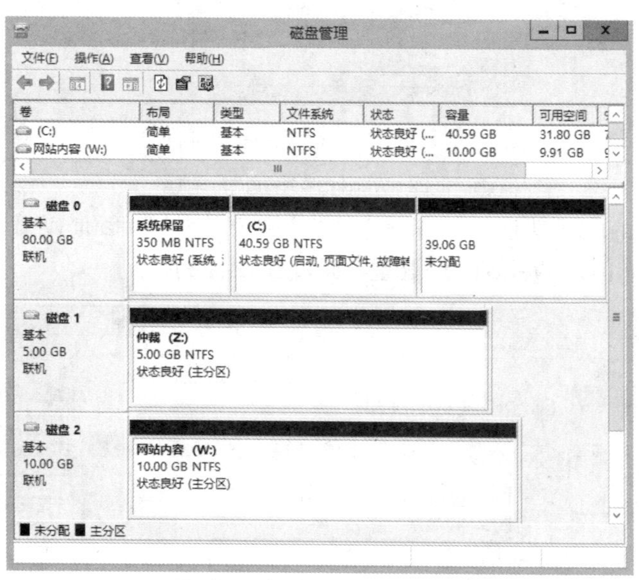

图 12-20　Web1 的磁盘管理界面 2

（3）在 Web 服务器 Web1 的 W 盘创建 Web 站点目录【WebSite】，并在目录下创建首页 index.html，然后安装 IIS 服务并发布该站点。

① 在 Web 服务器 Web1 的【W】盘创建目录【WebSite】，并在该目录中创建 1 个如图 12-21 所示的首页文件【index.html】。

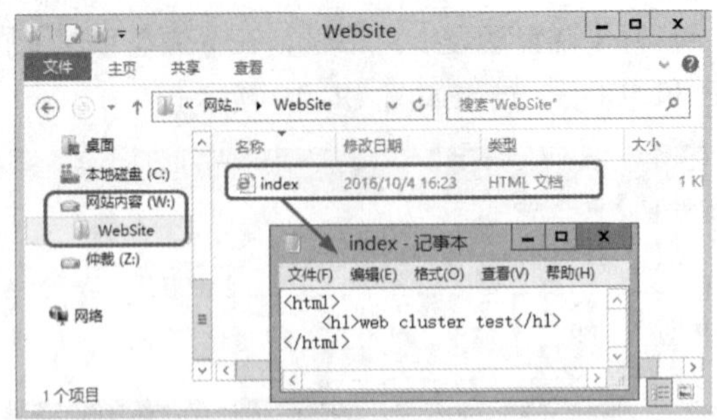

图 12-21 WebSite 目录中 index.html 文件的内容

② 在 Web1 服务器上安装【Web 服务器(IIS)】角色，服务器角色选择视图如图 12-22 所示。然后按向导完成 Web 服务器角色与功能的安装。

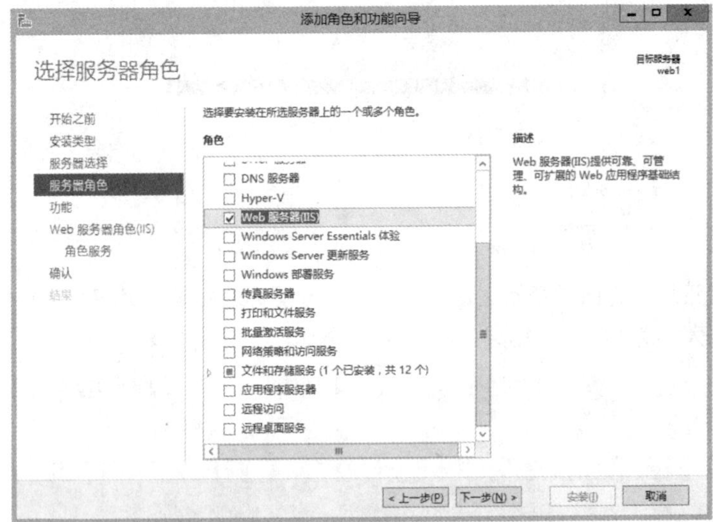

图 12-22 Web1 的服务器角色选择视图

③ 打开 Web1 的【IIS 管理器】，编辑【网站】列表中的【Default Web Site】站点的发布目录的【物理路径】为【W:\\WebSite】，配置界面如图 12-23 所示。

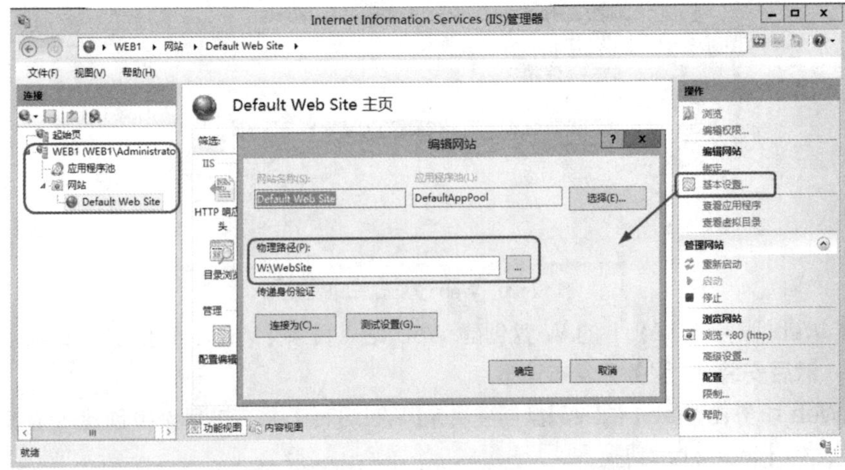

图 12-23 Web1 的 IIS 管理器默认站点的配置界面

④ 在客户端中打开 IE 浏览器并访问【http://10.1.1.11】，可以成功访问该站点，说明该站点部署成功，结果如图 12-24 所示。

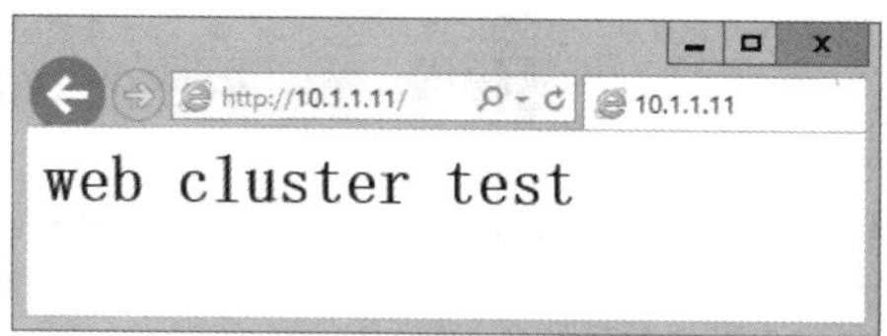

图 12-24　在客户端（DC1）中访问 Web1 的 Web 服务

⑤ 客户端 Win10 访问【http://172.16.1.11】，可以访问 Web 服务器，如图 21-25 所示。

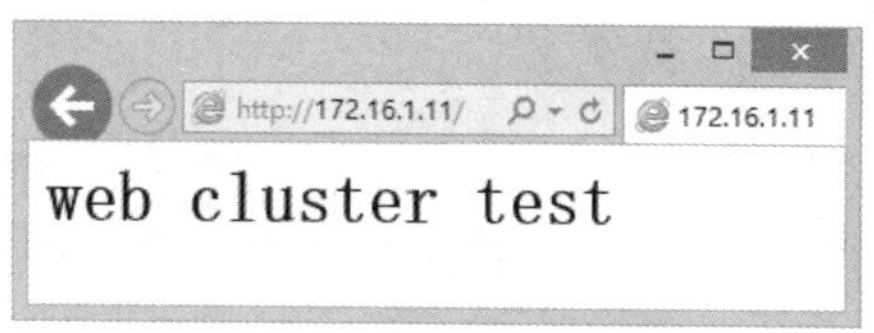

图 21-25　访问 Web 服务器

（4）在 Web 服务器 Web2 上链接两个 iSCSI 硬盘，两个硬盘的分区同样链接为 Z 盘和 W 盘，并发布该 Web 站点。

① 在 Web2 服务器上打开【iSCSI 发起程序】，并连接到存储服务器 DC1 中，成功连接存储后，打开 Web2 的【磁盘管理】服务对话框，并对这两个磁盘进行初始化。完成初始化后，可以发现系统会为两个磁盘自动分配盘符，我们需要将这两个磁盘制定卷标【Z 盘】和【W 盘】，完成后，结果如图 12-26 所示。

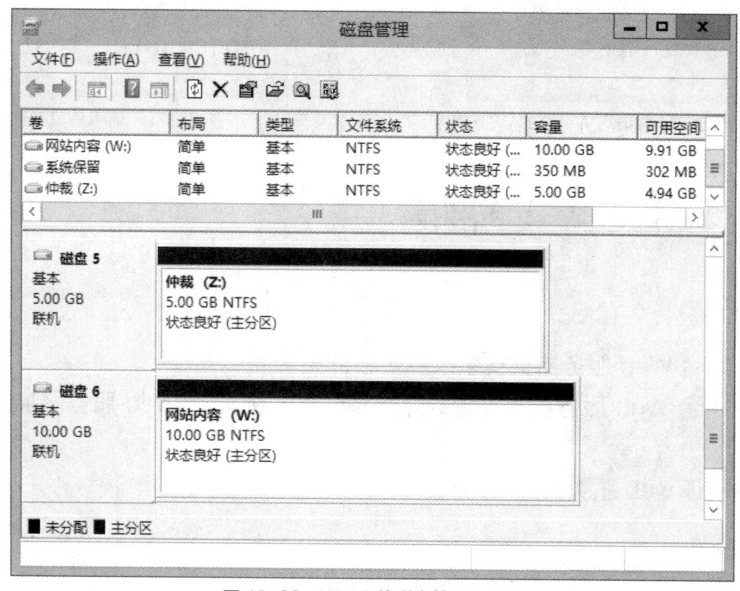

图 12-26　Web2 的磁盘管理器界面

② 类似 Web1 的操作，在 Web2 服务器上完成【Web 服务器(IIS)】角色的安装，并配置默认站点【Default Web Site】的发布目录为【W:\\WebSite】，结果如图 12-27 所示。

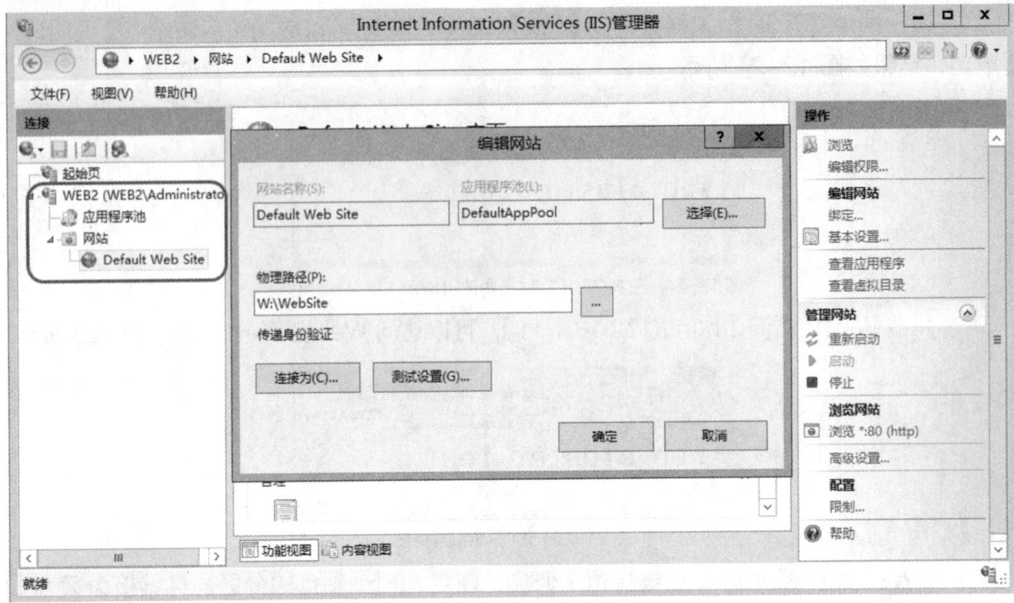

图 12–27 Web2 的 IIS 管理器视图

③ 在客户端中打开 IE 浏览器并访问【http://10.1.1.12】，可以成功访问该站点，说明该站点部署成功，结果如图 12–28 所示。

④ 客户端 Win10 访问【http://172.16.1.12】，可以访问 Web 服务器，如图 21–29 所示。

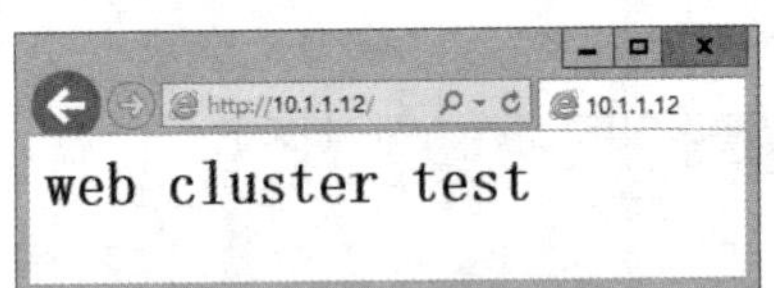

图 12–28 在客户端（DC1）中访问 Web2 的 Web 服务

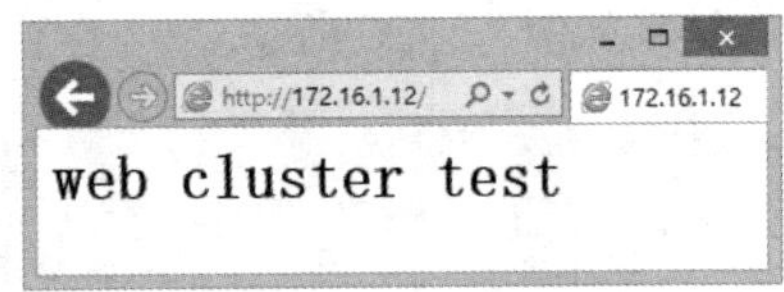

图 21–29 访问 Web 服务器

任务 21–2 创建故障转移群集

任务描述

（1）分别在 2 台 Web 服务器上安装故障转移群集功能。

（2）在其中 1 台 Web 服务器上创建故障转移群集，将 2 台 Web 服务器加入到群集中，实现高可用。

（3）测试并验证 web 服务的高可用。

任务操作

（1）在 Web 服务器 Web1 打开【服务器管理器】，单击【管理】选择【添加角色和功能】，按向导单击【下一步】，在如图 21–30 所示的【功能】步骤中勾选【故障转移群集】，然后在【确认】步骤中单击【安装】，完成故障转移群集的安装。

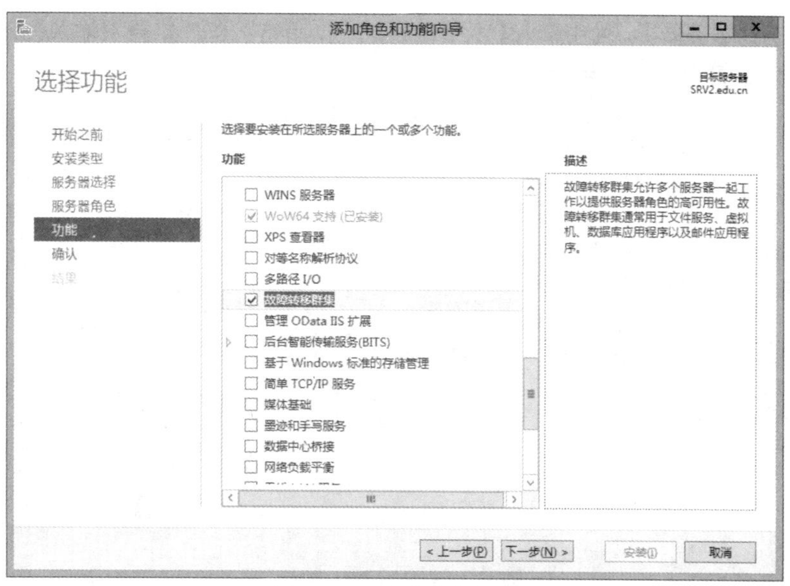

图 21-30　添加故障转移群集

（2）相同地，在 Web 服务器 Web2 上安装【故障转移群集】。

（3）在 Web 服务器 Web1 上打开【服务器管理器】，单击【工具】选择【故障转移群集管理器】，右键单击【故障转移群集管理器】选择【创建群集】，如图 21-31 所示。

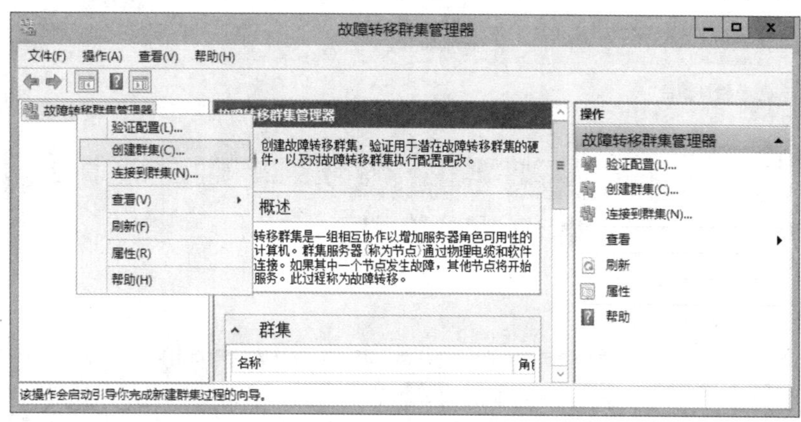

图 21-31　创建群集

注：由于管理故障集群是基于AD域环境实现的，所以2台Web服务器应使用域管理员身份登陆录，登录后不会出现如图21-32所示情况。

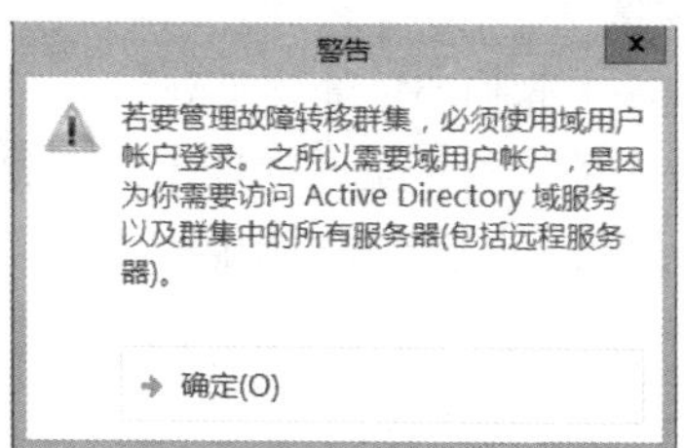

图 21-32　故障问题提醒

（4）在【选择服务器】界面中输入【web1.edu.cn】，单击【添加】，再次输入【web2.edu.cn】，单击添加，结果如图 21-33 所示。

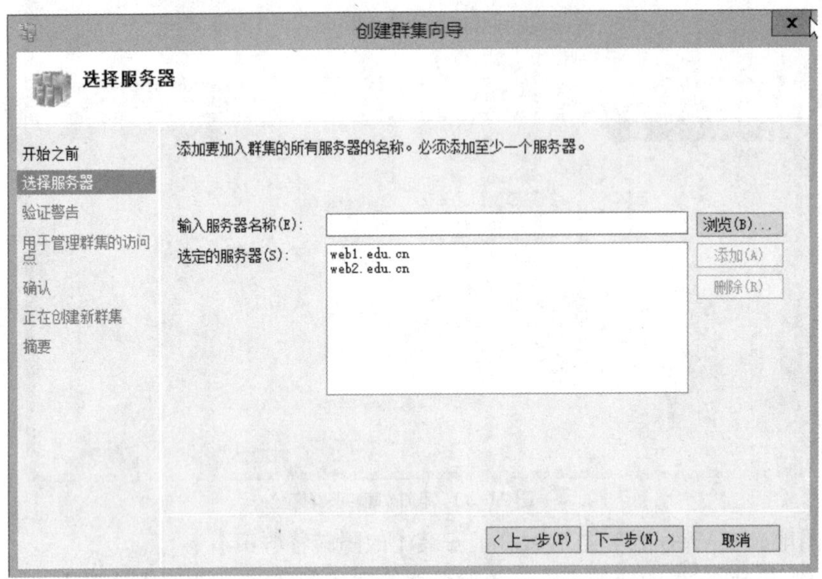

图 21-33 选择服务器配置界面

（5）在【验证警告】中选择【是】，单击【下一步】，如图 21-34 所示。

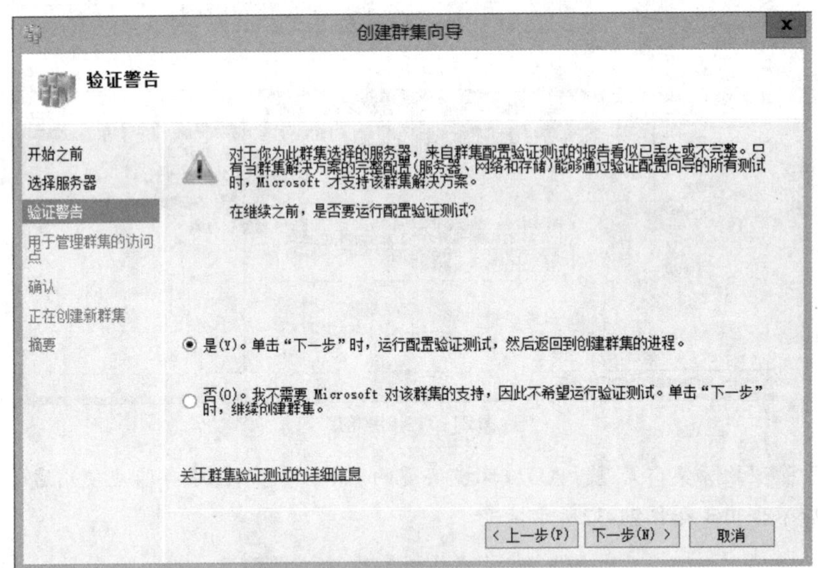

图 21-34 验证警告界面

（6）如图 21-35 所示，在弹出的【验证配置向导】的【测试选项】中，选择【运行所有测试（推荐）】，并单击【下一步】按钮，进入测试选型确认的界面，如图 21-36 所示。

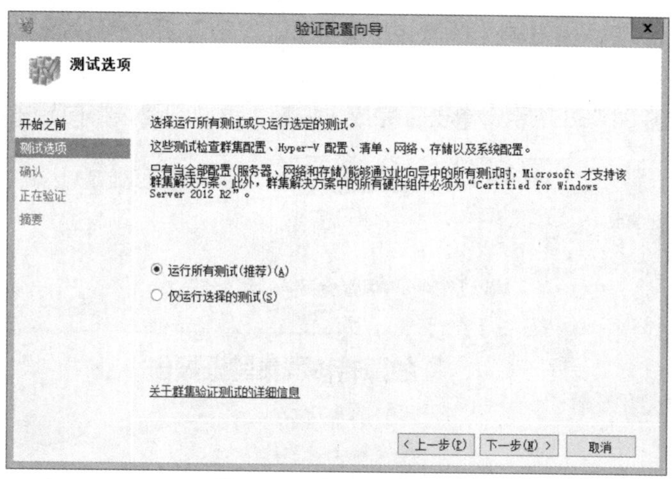

图 21-35　验证配置向导界面

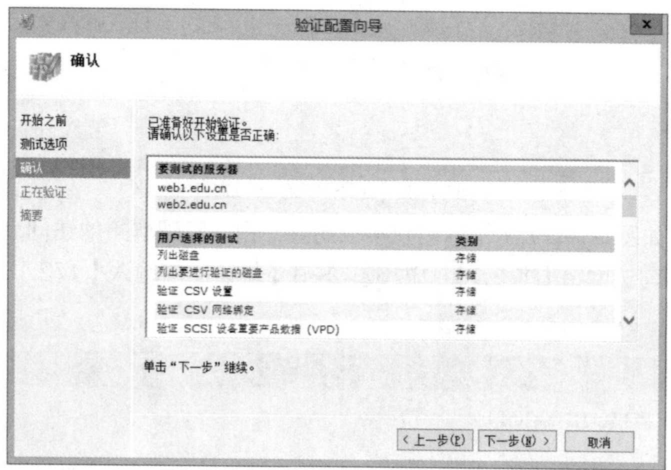

图 21-36　验证配置向导的确认界面

（7）单击【下一步】，系统将进行自动测试，同时将在如图 21-37 所示界面中显示运行测试配置向导的整个过程。

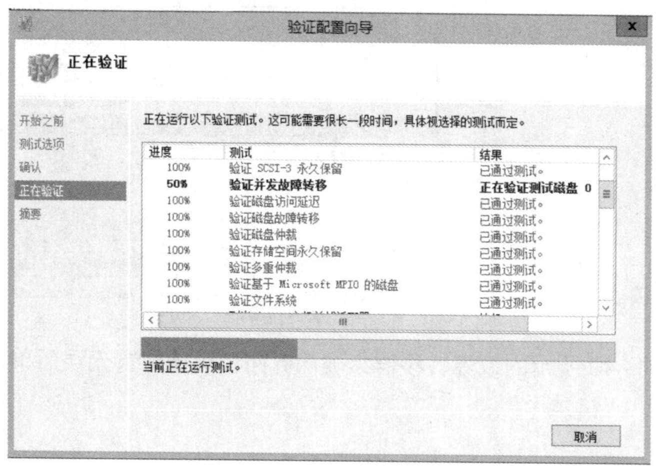

图 21-37　运行配置向导

（8）测试完成后，系统将出具【故障转移群集验证报告】，用户可以通过单击【查看报告(V)】查看详细报告，如果验证不通过，用户需要根据不通过的提示进行相关操作，指导通过验证。成功通过验证界面如图 21-38 所示，单击【完成】按钮，返回创建集群向导主界面。

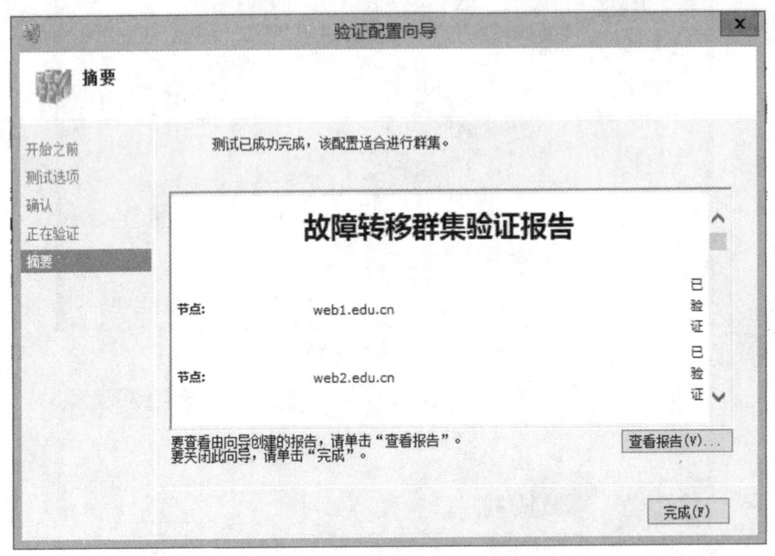

图 21-38　故障转移群集验证报告

（9）在返回的如图 21-39 所示的创建集群向导【用于管理群集的访问点】中，输入【群集名称】为【web】，勾选网络【172.16.0.0/16】，并在【地址】中输入【172.16.1.100】，单击【下一步】。

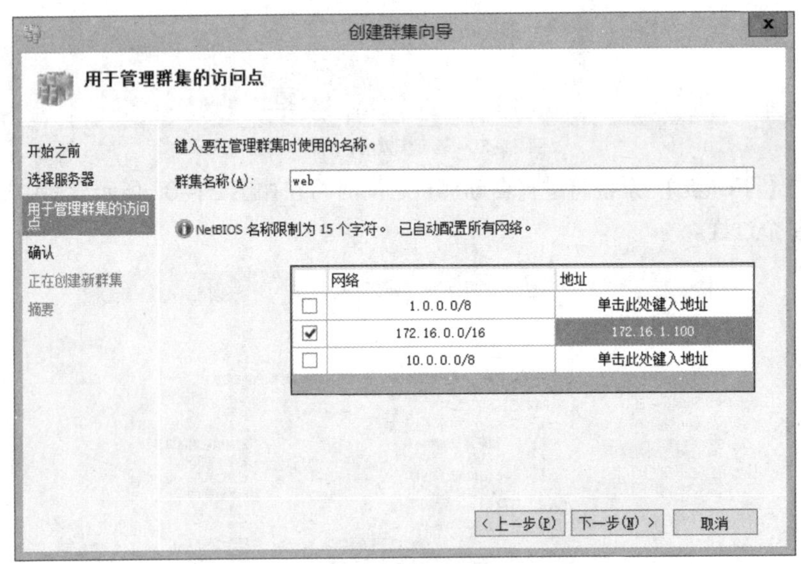

图 21-39　配置用于管理群集的访问点界面

（10）在如图 21-40 所示的故障转移群集确认界面，确认配置无误后单击【下一步】。

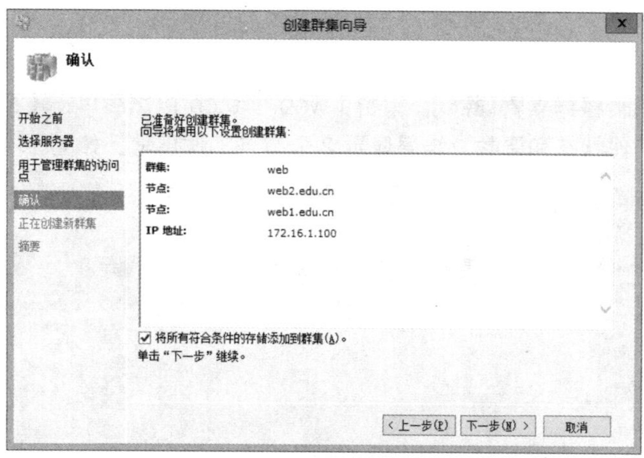

图 21-40　创建群集向导的确认界面

（11）在如图 21-41 所示的【正在创建新群集】界面中，系统将自动完成【Web】群集的创建。

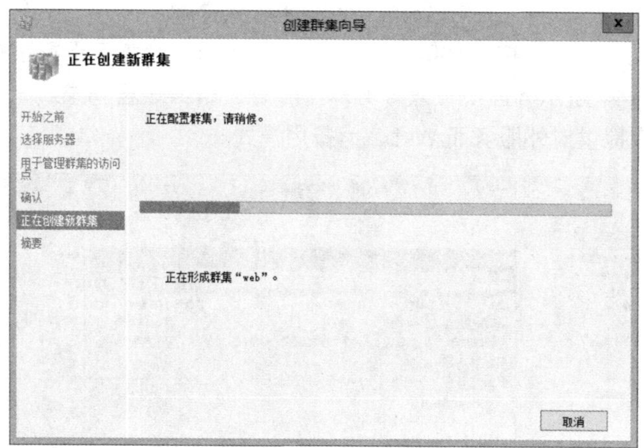

图 21-41　添加访问群集地址

（12）故障转移群集创建任务完成后将进入如图 21-42 所示的【摘要】界面，该界面将反馈群集创建的结果，可以单击【查看报告(V)】按钮查看详细报告，单击【完成】按钮完成群集的创建任务。

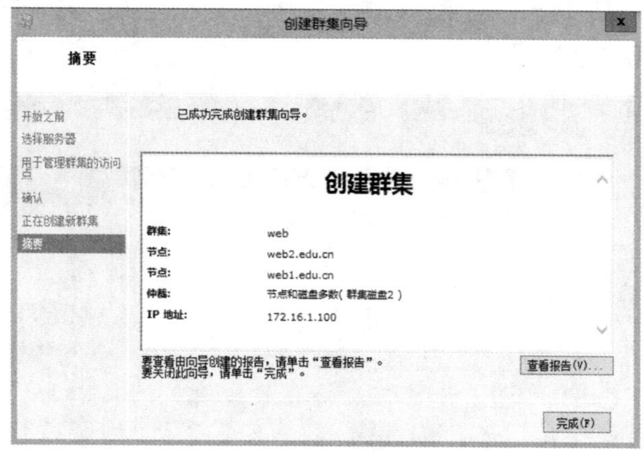

图 21-42　创建群集的摘要界面

任务验证

（1）打开【故障转移群集管理器】，单击【web.edu.cn】,然后单击【节点】，可以查看该群集下的2个节点的工作状态和票数，结果显示2个节点工作正常，如图21-43所示。

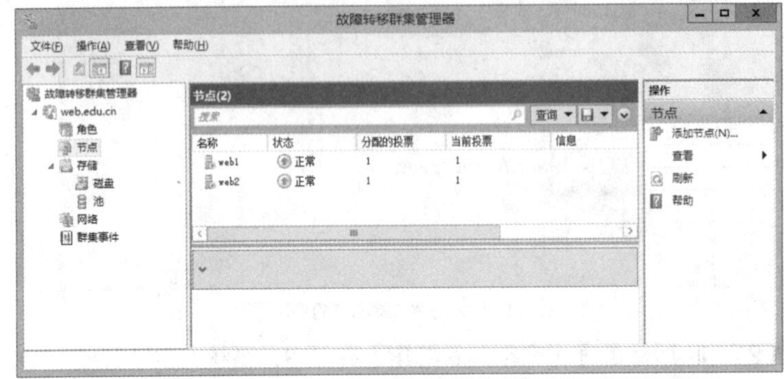

图21-43 故障转移群集的节点视图

（2）单击【web.edu.cn】中【存储】下的【磁盘】，可以查看该群集下的仲裁磁盘和数据磁盘信息，在如图21-44所示界面中可以看出，当前2个群集磁盘均隶属于Web1，由此可以判定Web1服务器正在提供对外服务而Web2为备用模式。

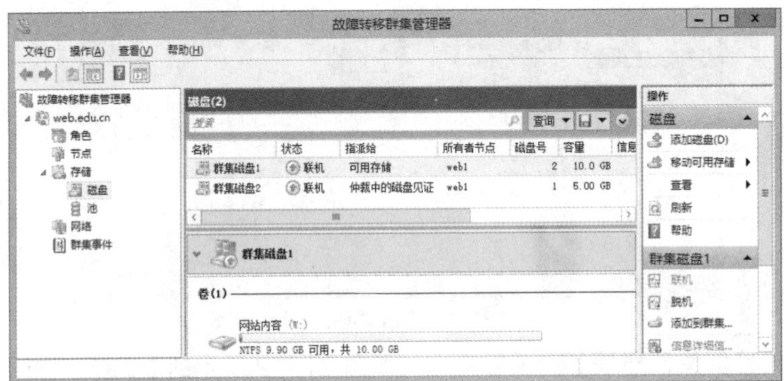

图21-44 故障转移群集的存储磁盘信息界面

（3）单击【web.edu.cn】中【网络】，可以查看该群集下的群集网络网卡的相关信息，在如图21-45所示界面中可以看出，群集网络的工作状态和使用性质，选择群集网络，在右键菜单中可以查看详细信息和功能配置。

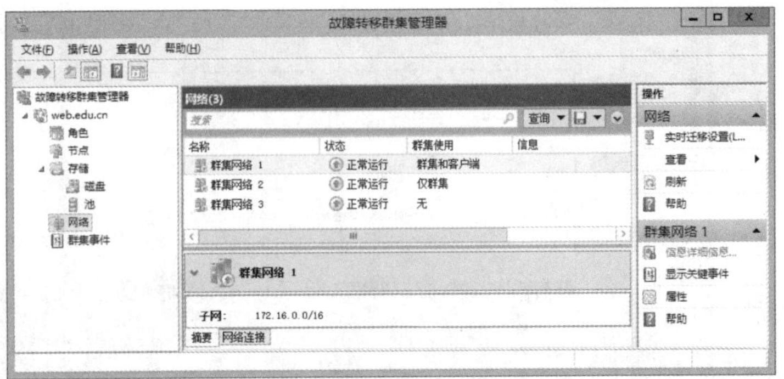

图21-45 故障转移群集的网络视图

（4）在 Web 服务器【Web1】上打开资源管理器，因为该服务器目前为主服务器，所以可以正常使用仲裁硬盘【Z】盘和 Web 服务器硬盘【W】，结果如图 21-46 所示。

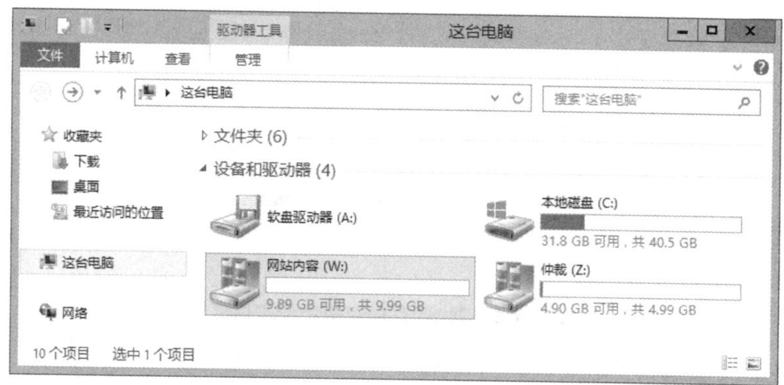

图 21-46　Web1 服务器的职业管理器

（5）在 Web 服务器 Web1 上打开【磁盘管理器】，因为该服务器目前为主服务器，所以也可以正常使用仲裁硬盘【Z】盘和 Web 服务器硬盘【W】，结果如图 21-47 所示。

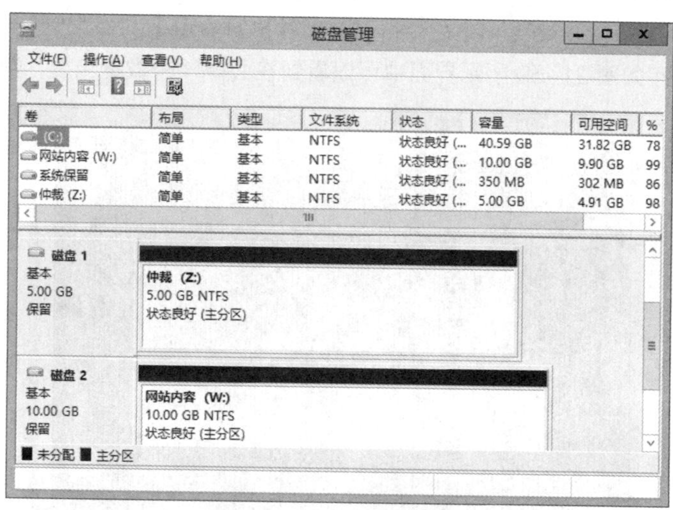

图 21-47　Web1 的磁盘管理界面

（6）在另一台 Web 服务器 Web2 上打开【资源管理器】，由于该服务器为备用服务器，所以它不能正常访问和使用仲裁硬盘和数据硬盘，如图 21-48 所示。

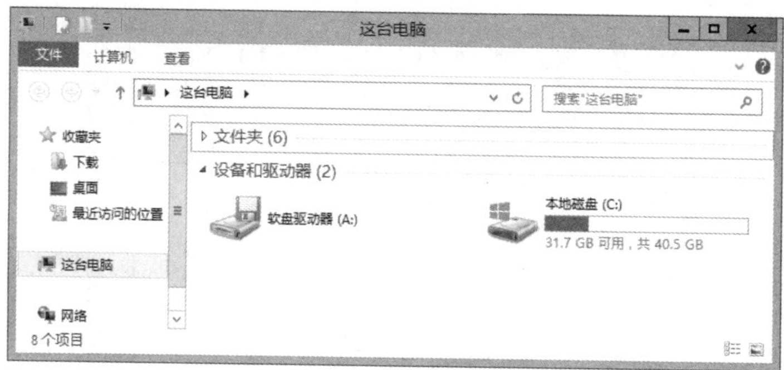

图 21-48　Web2 的资源管理器界面

（7）在 Web 服务器 Web2 上打开【磁盘管理器】，因为该服务器目前为备用服务器，所以仅能查看到 2 个磁盘的基本信息，但不能正常使用，结果如图 21-49 所示。

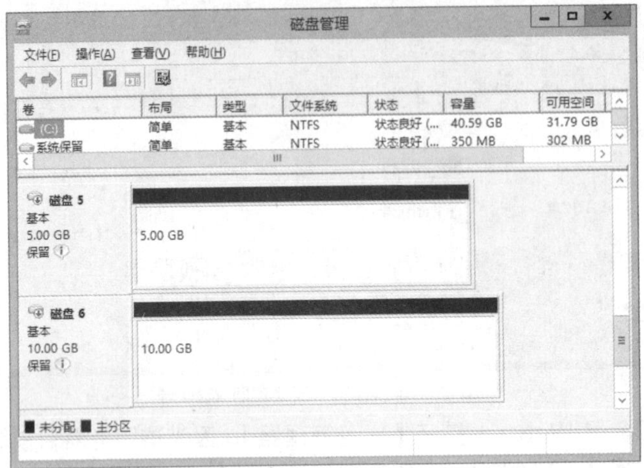

图 21-49　查看硬盘

（8）在客户端打开【command】命令行工具，并执行命令【ping 172.16.1.100 –t】，然后重启 Web1 服务器，在如图 21-50 所示界面中可以看到在丢掉 4 个数据包后，数据通信恢复正常。

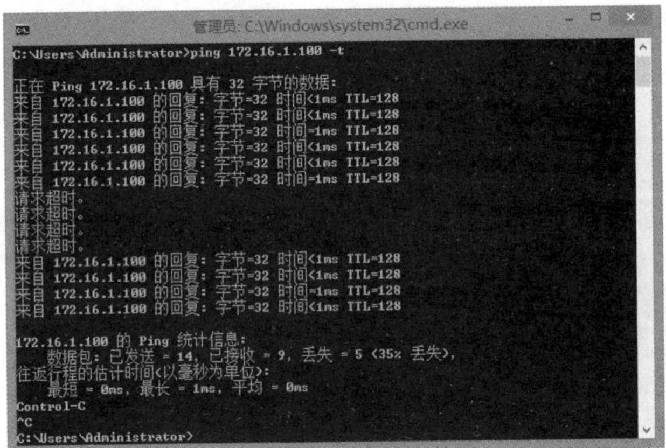

图 21-50　ping 数据包

（9）在客户端访问【http://172.16.1.100】，Web 服务访问服务正常，实现了服务器通信和 Web 服务的高可用，结果如图 21-51 所示。

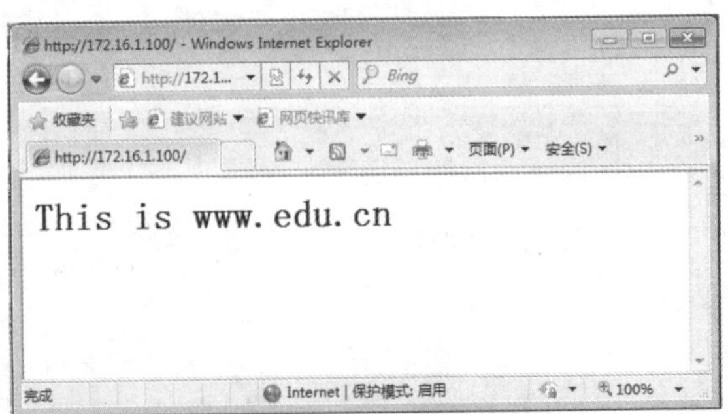

图 21-51　访问 Web 服务

习题与上机

一、简答题

1. 当故障的服务器重新接入后，是成为活动服务器还是备用服务器?
2. 在活动服务器不发生故障的情况下能够手动将备用服务器转为活动服务器吗? 如果能，如何实现?

二、项目实训题

1. 在项目已完成的基础上，尝试将第 3 台服务器加入群集。
2. 将活动服务器停止，查看哪一台服务器转为活动服务器，同时提供关键截图并简述理由。

Chapter

22

项目 22
远程异地灾备中心的部署

Computer

项目背景

随着公司将大部分关键业务数据迁移到存储服务器中，存储服务器的数据自动备份被提上议程。为降低备份成本，公司采购了 1 台以磁带为主要存储介质的存储服务器，并将该备份服务器放置在分公司，为确保数据的安全，主备存储服务器通过 SSL VPN 互联。

公司希望存储管理员能尽快对公司的核心业务数据实施自动异地备份，公司网络拓扑如图 22-1 所示。

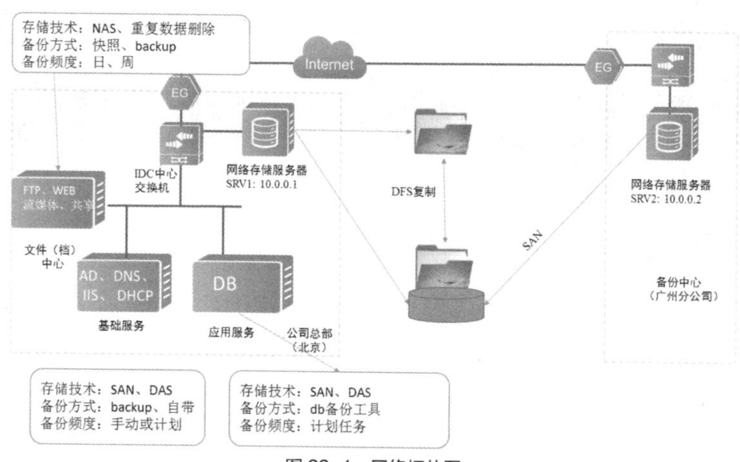

图 22-1 网络拓扑图

项目分析

存储池创建的 parity 硬盘上集中承载了公司了多个业务系统数据（NAS 和 SAN 方式），考虑到业务系统数据很大，如果进行实时备份将会对业务系统性能带来较大影响，同时也将耗费大量的网络带宽，因此异地备份通常会在业务空闲时段进行。同时，为保障公司 2 个备份时段间的数据安全，可以通过数据快照方式对当前数据进行快速备份（本地备份）。

因此，存储管理员可以采用业务繁忙时段利用自动快照技术（快照计划）进行快速备份，在业务空闲时段利用 Windows Backup Server 将业务系统数据进行自动备份到异地备份服务器上。具体涉及以下任务。

（1）对网络存储服务器 SRV1 承载的业务数据硬盘设置快照计划，要求 9:00 ~ 18:00 每个小时创建 1 个快照。

（2）存储服务器 SRV1 映射备份中心存储服务器 SRV2 提供的 SAN 硬盘。

（3）在存储服务器 SRV1 设置 Windows Backup 计划，要求每天 24:00~4:30 将业务数据硬盘备份到备份中心 SRV2 提供的 SAN 硬盘上。

项目实践

任务 22-1 为业务数据硬盘部署数据快照计划

任务描述

（1）将服务器存储池配置业务数据硬盘，并初始化为 NTFS 格式。

（2）基于 SAN、NAS 方式将业务数据迁移到该存储硬盘上（本任务仅存放一些数据用于测试，业务迁移部分可参考课程前面的项目案例）。

（3）对业务数据硬盘创建快照计划。

任务操作

（1）在存储服务器 SRV1 添加 60GB、70GB、80GB 3 块硬盘，打开【服务器管理器】，单击左列的【文件和存储服务】选择【存储池】，右键单击空白处选择【新建存储池】，如图 22-2 所示。

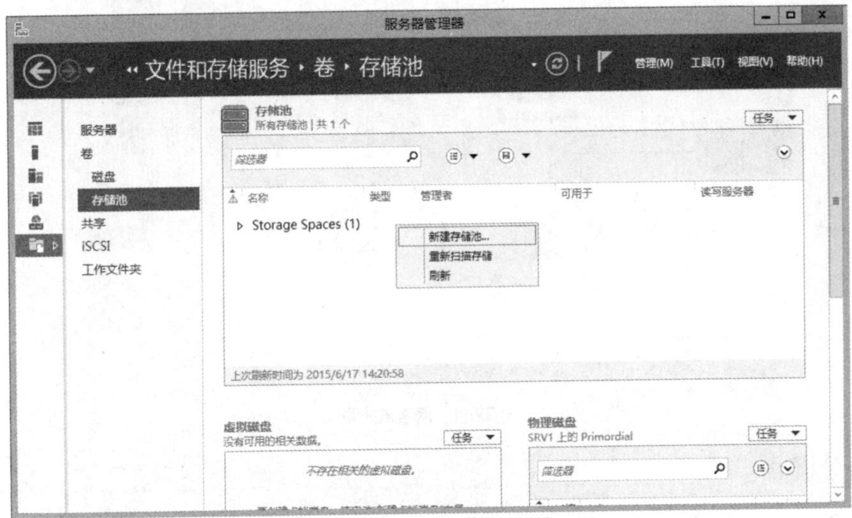

图 22-2 新建存储池

（2）使用 3 块硬盘创建 1 个名为【Storage pool】的存储池，如图 22-3 所示。

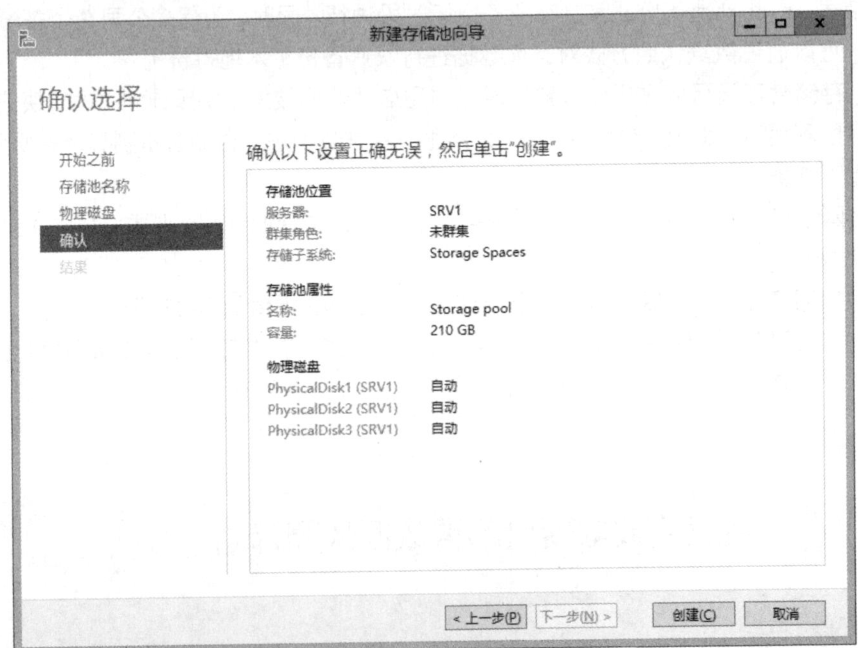

图 22-3 选择物理磁盘

（3）打开【新建虚拟磁盘向导】，在【存储池】中选择刚刚新建的存储池，单击【下一步】新建 1 个名称为【iSCSI_disk】、布局为【parity】、大小为【10GB】的虚拟磁盘，如图 22-4 所示。

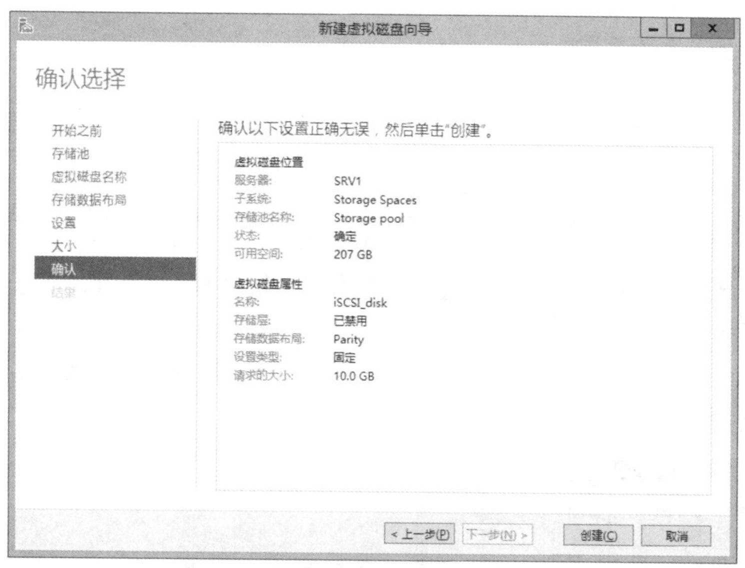

图 22-4 选择新建存储池

（4）对【iSCSI_disk】磁盘进行新建卷操作，新建 1 个大小为【10GB】,驱动器号为【F】的卷，如图 22-5 所示。

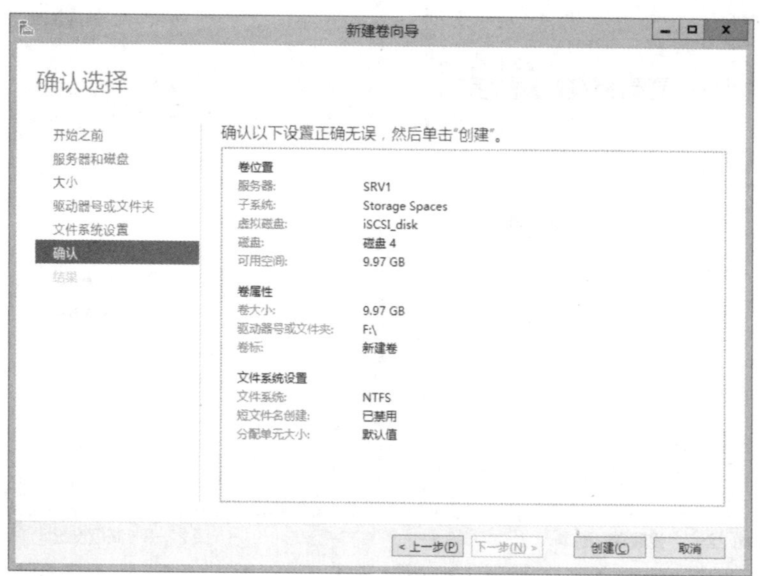

图 22-5 新建简单卷

（5）打开【F】盘，在 F 盘中新建目录【public】并设置【everyone】的共享权限为【读取/写入】，如图 22-6 所示。

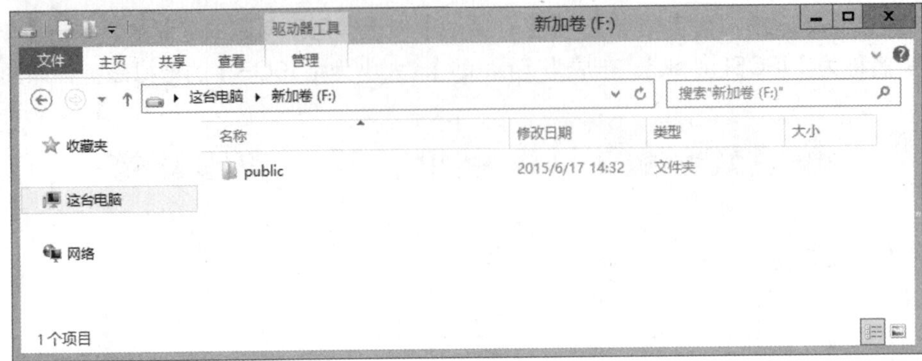

图 22-6 新建目录

（6）单击【这台电脑】，右键单击【F】盘选择【属性】，选择【卷影副本】选项卡，单击【设置】，如图 22-7 所示。

（7）在计划中星期一至星期日全部勾选，并将【开始时间】设置为【9:00】，单击【高级】，如图 22-8 所示。

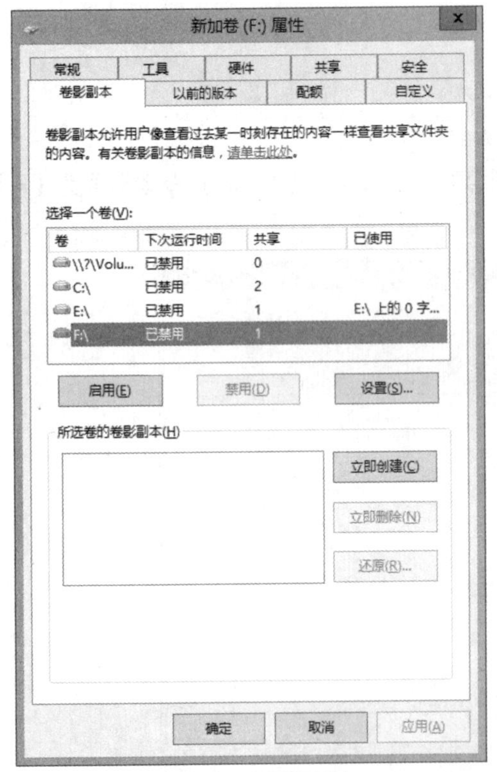

图 22-7 设置卷影副本

图 22-8 高级设置

（8）在【高级计划选项】中，勾选【重复任务】，并设置为每【1 小时】重复 1 次，直到时间为【18:00】，单击【确定】，如图 22-9 所示。

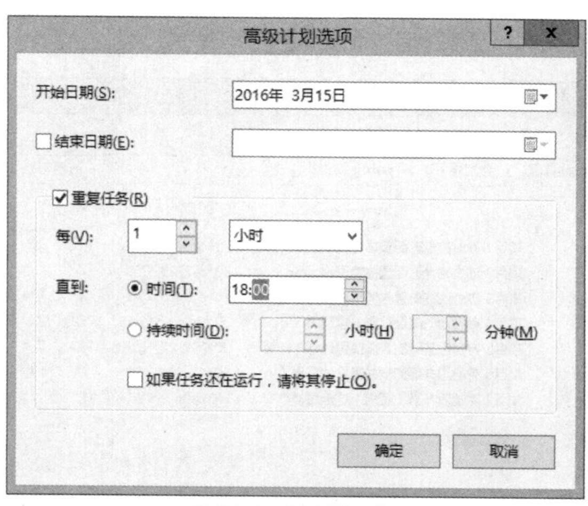

图 22-9　设置重复时间

任务验证

（1）配置完成后，在 F 盘属性中的【卷影副本】选项卡，可以看到【卷影副本】已经启用，如图 22-10 所示。

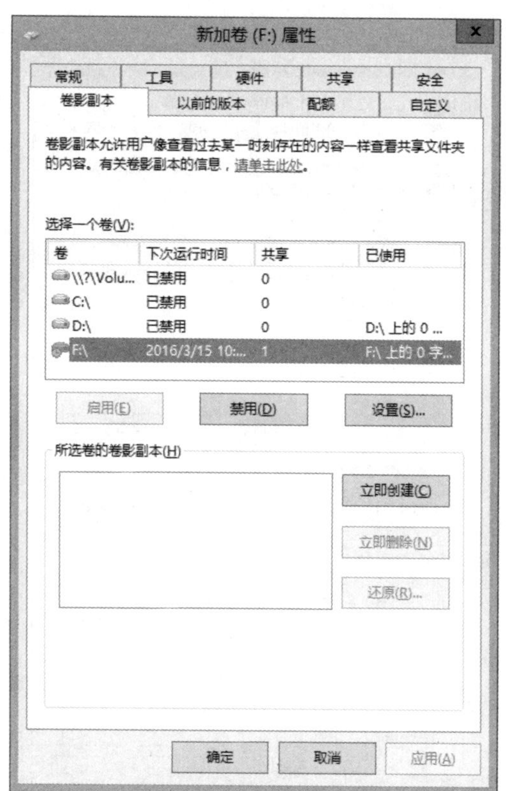

图 20-10　查看卷影副本

（2）在共享文件夹中写入一些数据，如图 22-11 所示。

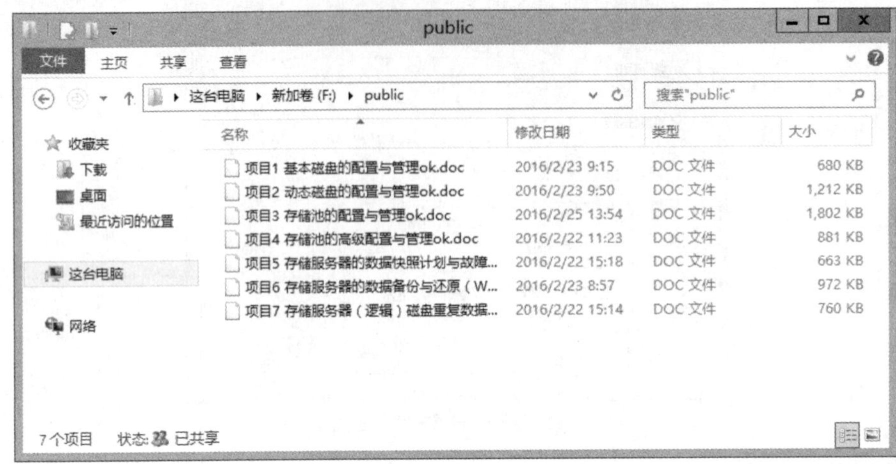

图 22-11 写入数据

（3）打开【F】盘的【属性】，选择【卷影副本】选项卡，单击【立即创建】，可收到生产一个卷影副本，如图 22-12 所示。计划任务创建的卷影副本在系统运行一段时间后将自动创建，结果如图 22-13 所示。

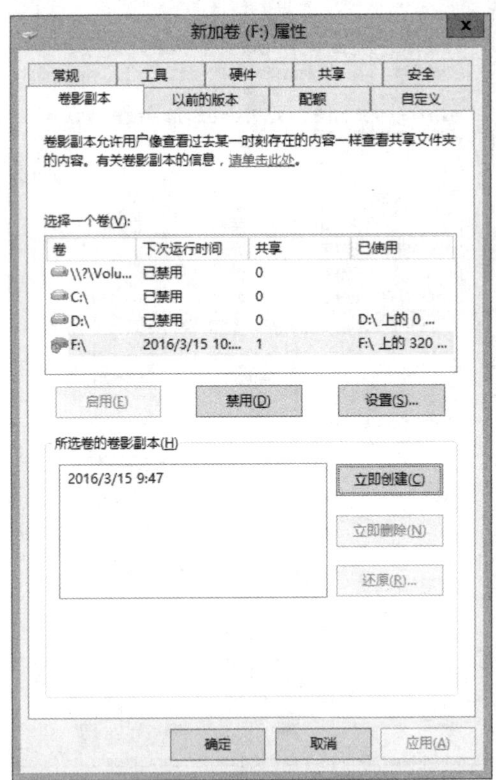

图 22-12 手动创建卷影副本

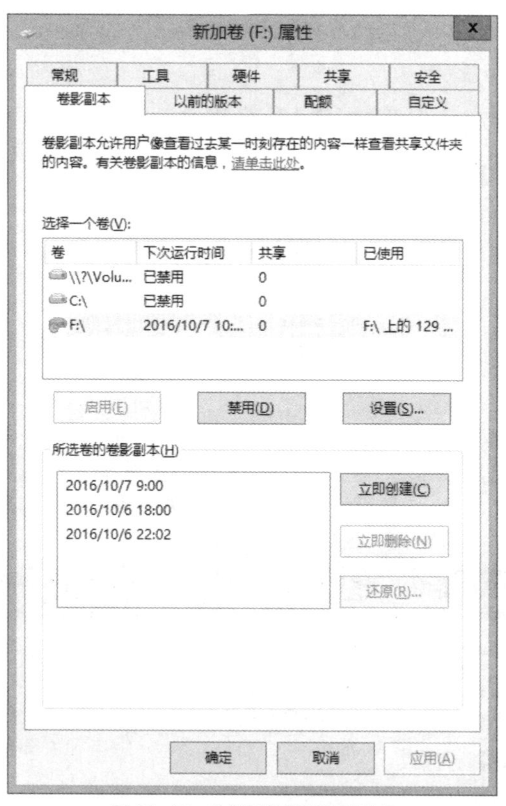

图 22-13　计划任务创建卷影副本

任务 22-2　为业务数据硬盘部署异地备份

任务描述

（1）在备份中心的存储服务器 SRV2 上为存储服务器 SRV1 创建 iSCSI 磁盘用于备份数据，并在 SRV1 服务器上链接该 iSCSI 磁盘。

（2）在存储服务器 SRV1 上初始化 SRV2 提供的 iSCSI 硬盘，并格式化为 NTFS 格式。

（3）在 SRV1 上部署 Windows Server Backup 服务，并使用 Windows Server Backup 服务配置文件备份计划任务。

任务操作

（1）在备份中心的存储服务器【SRV2】上，打开【服务器管理器】，单击【管理】选择【添加角色和功能】，在【服务器角色】中勾选【iSCSI 目标服务器】，如图 22-14 所示。

（2）打开【服务器管理器】，单击左列的【文件和存储服务】，选择【iSCSI】，单击蓝色字体部分打开【新建 iSCSI 虚拟磁盘向导】，如图 22-15 所示。

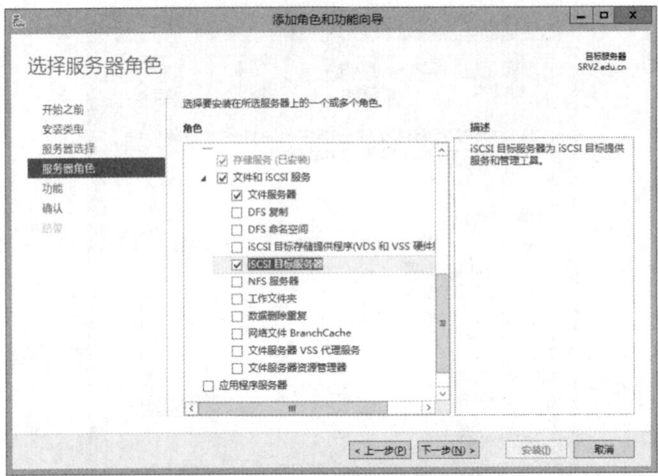

图 22-14　安装 iSCSI 目标服务器

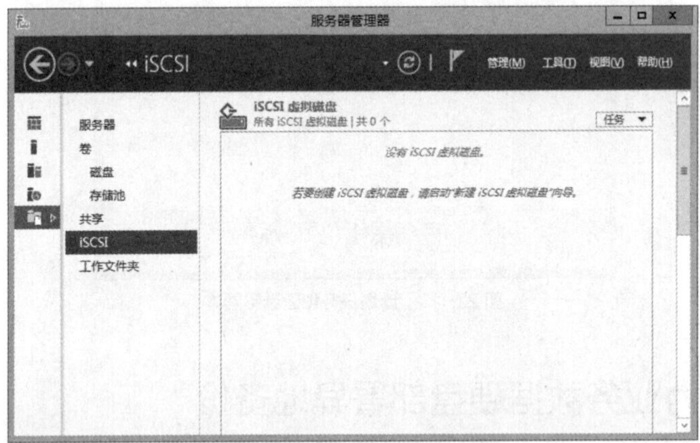

图 22-15　新建 iSCSI 虚拟磁盘

（3）在【新建 iSCSI 虚拟磁盘向导】中，将【存储位置】指定在【E】盘，并配置 iSCSI 虚拟磁盘的名称、大小，新建 iSCSI 目标，如图 22-16 所示。

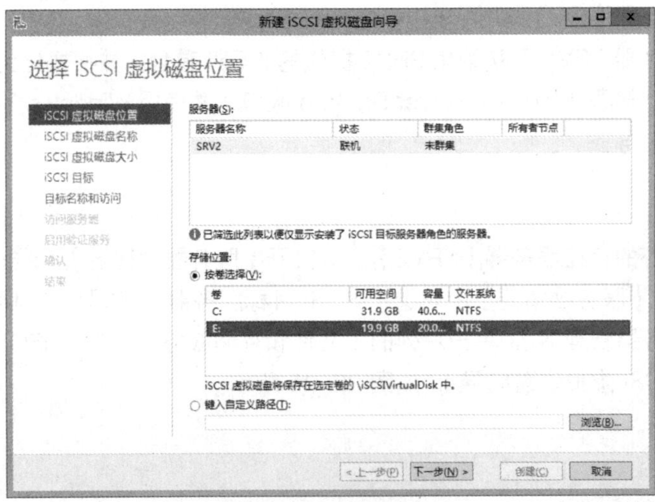

图 22-16　选择物理磁盘

（4）在【访问服务器】中单击【添加】，指定 IP 地址为存储服务器的 IP 地址，单击【下一步】，在【确认】页面中单击【安装】，如图 22-17 所示。

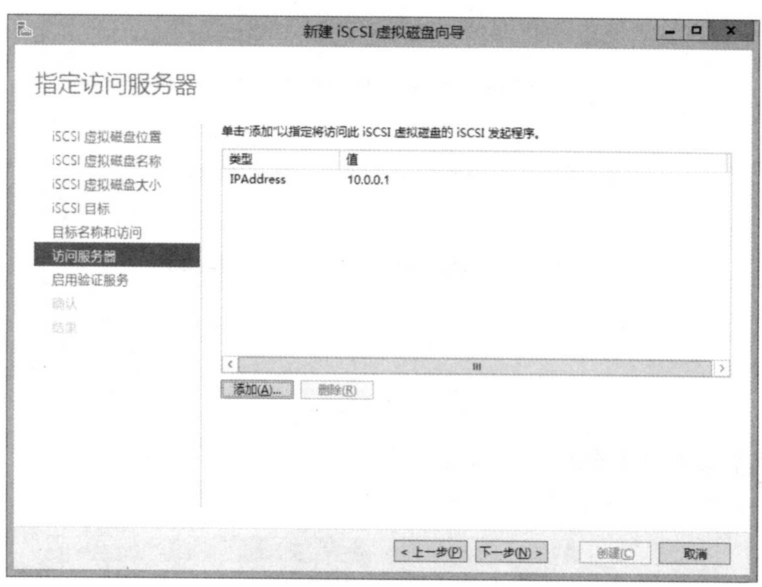

图 22-17　添加服务器 IP 地址

（5）在存储服务器 SRV1 上打开【服务器管理器】，单击【工具】选择【iSCSI 发起程序】，在【目标】中输入备份中心的 IP 地址，单击【快速连接】，如图 22-18 所示。

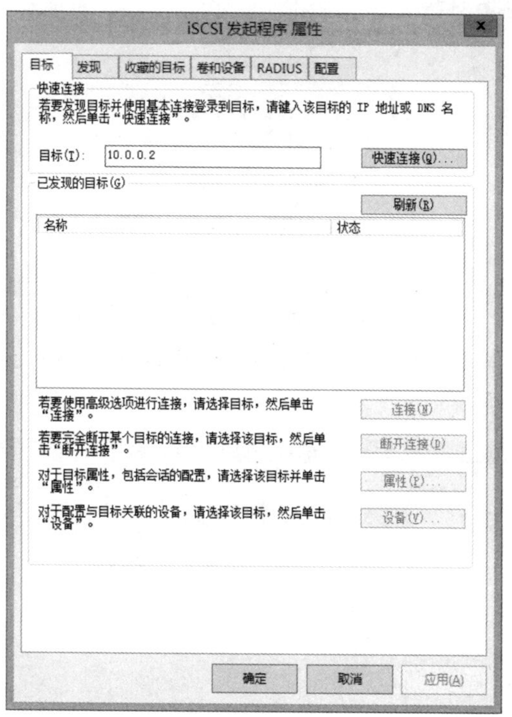

图 22-18　快速链接

（6）打开【磁盘管理】，将 iSCSI 虚拟磁盘联机初始化，并新建简单卷，如图 22-19 所示。

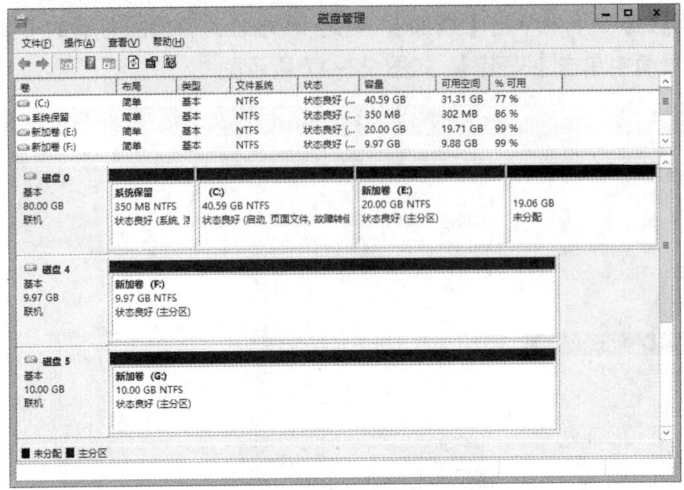

图 22-19 新建简单卷

（7）打开【服务器管理器】，单击【管理】选择【添加角色和功能】，在【功能】中勾选【Windows Server Backup】，如图 22-20 所示。

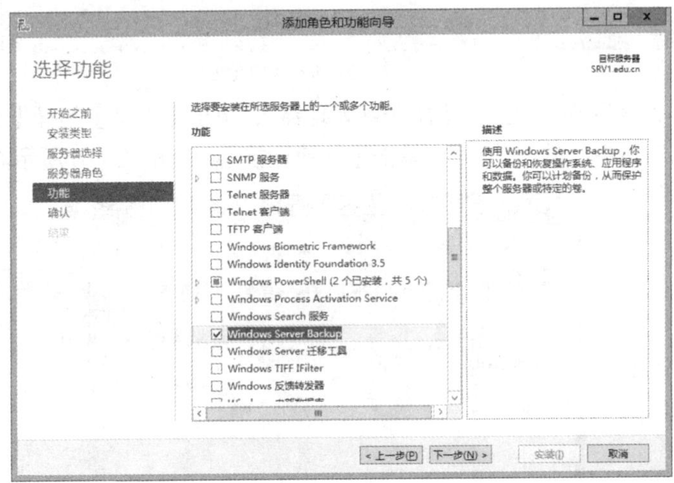

图 22-20 安装 windows server backup

（8）在【服务器管理器】上单击【工具】选择【Windows Server Backup】，在右列中单击【备份计划】，如图 22-21 所示。

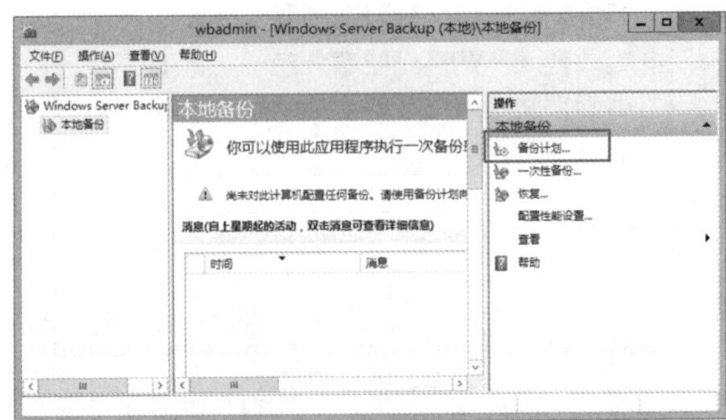

图 22-21 设置备份计划

（9）在【选择备份配置】中选择【自定义】，如图 22-22 所示。

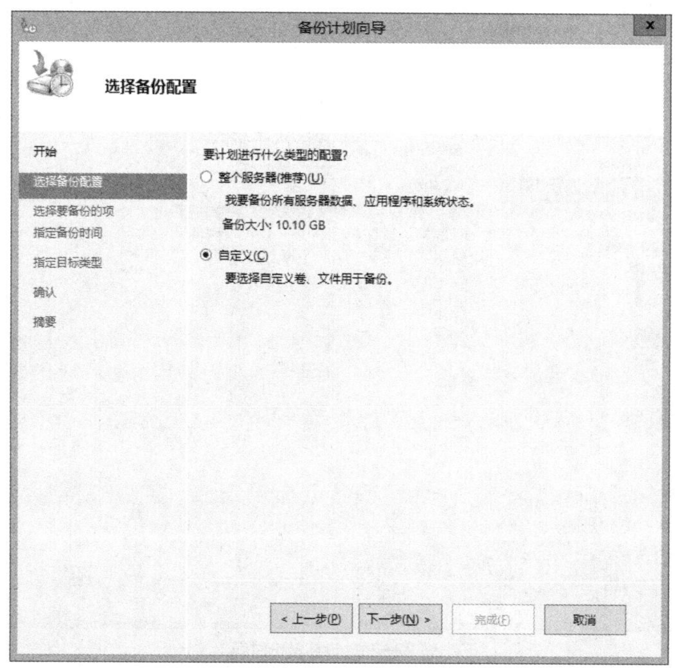

图 22-22　设置自定义备份

（10）在【选择要备份的项】中单击【添加项目】，勾选整个【F】盘，如图 22-23 所示。

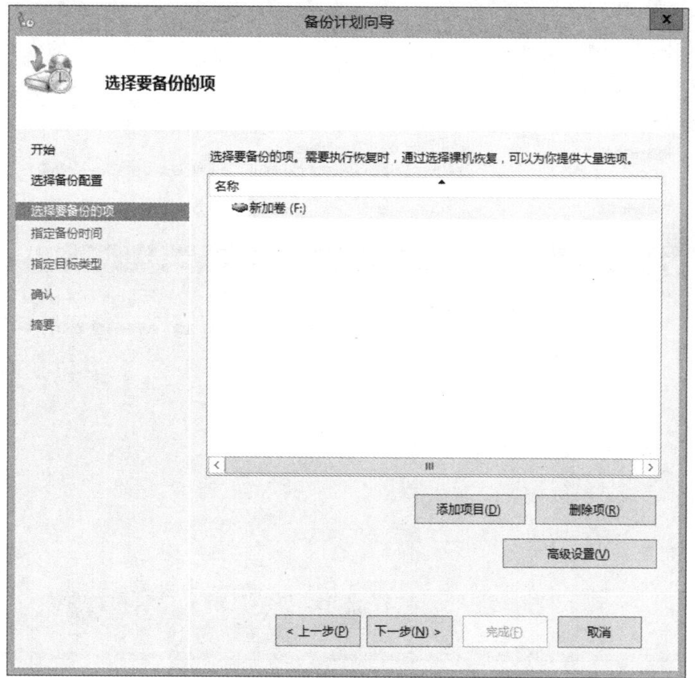

图 22-23　添加备份项目

（11）在【指定备份时间】，选择【每日一次】，选择时间为【0:00】，如图 22-24 所示。

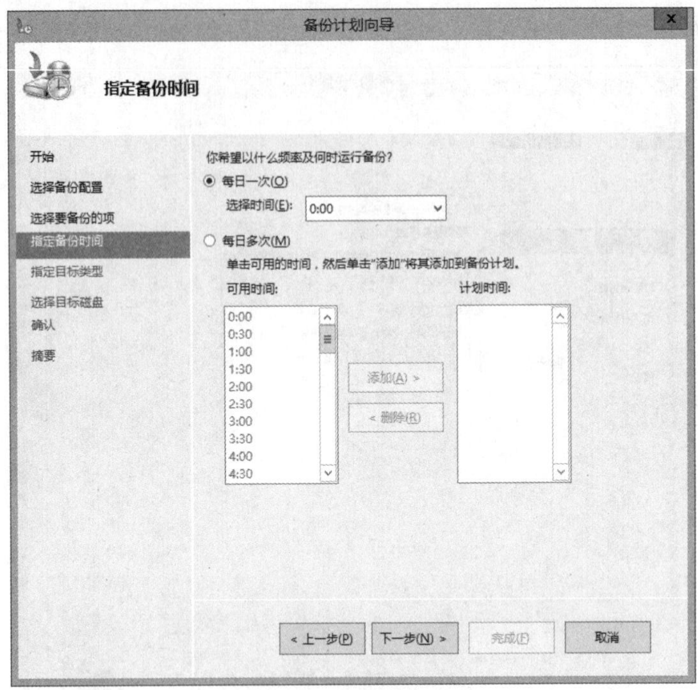

图 22-24 设置备份时间

（12）在【指定目标类型】中选择【备份到卷】，如图 22-25 所示。

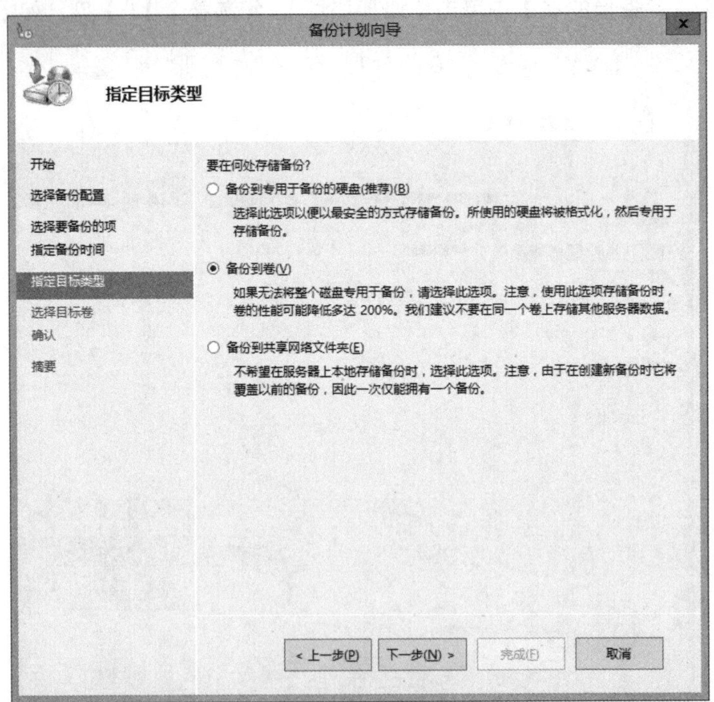

图 22-25 备份目标

（13）在【选择目标卷】中单击【添加】，选择【G】盘，如图 22-26 所示。

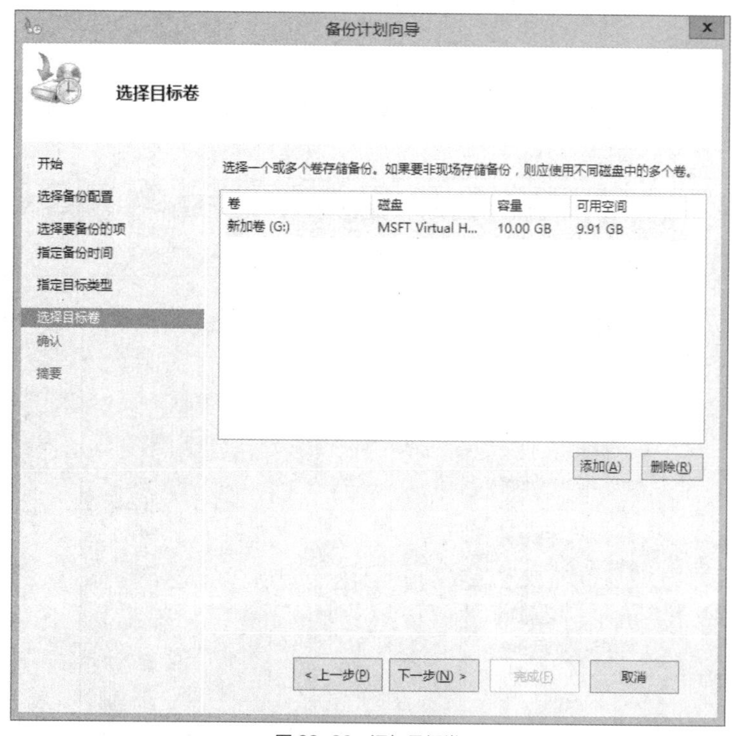

图 22-26　添加目标卷

（14）在【确认】中确认配置无误后，单击【完成】，如图 22-27 所示。

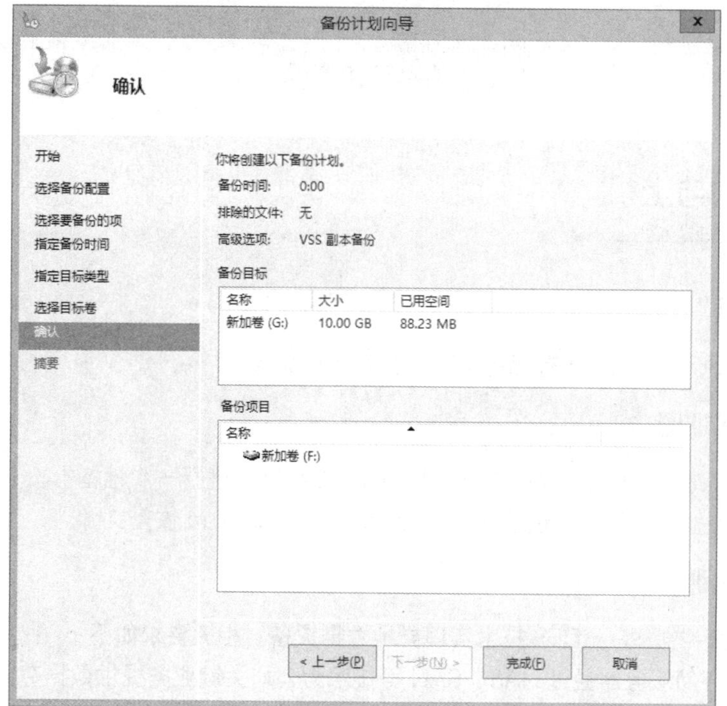

图 22-27　完成

任务验证

在 Windows Server Backup 中查看【已计划的备份】，可以看到创建的备份计划，如图 22-28 所示。

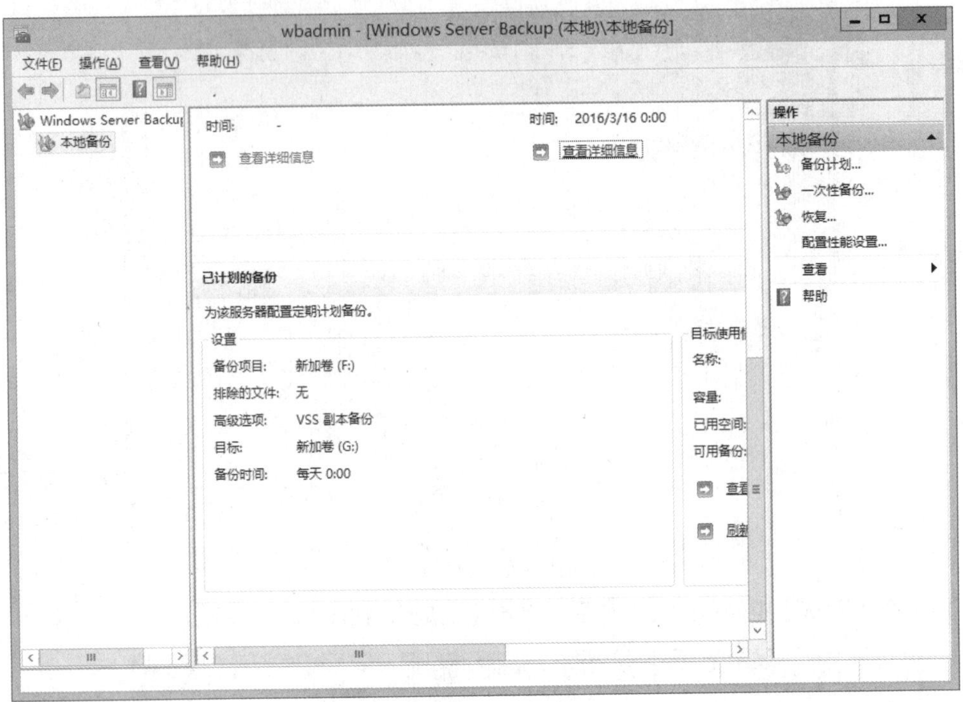

图 22-28 查看计划

习题与上机

一、简答题

快照与 Windows Backup 有哪些不同？各有什么优点？

二、项目实训题

1. 在项目完成的基础上使用 Windows Server Backup 进行一次性备份。
2. 删除部分业务数据，尝试使用 Windows Server Backup 恢复文件。

三、综合实训题

按拓扑图 22-29，基于 DFS 技术实现异地数据灾备，相关要求如下：

（1）SRV1 存储服务器通过 NAS、SAN 等技术为公司关键业务提供数据存储服务。

（2）SRV1 将存放公司关键业务的文件夹设置为共享。

（3）SRV2 灾备中心创建共享目录。

（4）将 SRV1 和 SRV2 加入到域，并在 SRV1 和 SRV2 间建立 SSL VPN 链路。

（5）在 SRV1 创建 DFS 复制，DFS 复制时间为 0:00～4:00。

（6）在 SRV2 创建 Windows Backup Server 计划任务，每天下午 1：00 开始备份该 DFS 目录。

（7）思考在 SRV1 承载的业务数据出现问题并需要还原时，如何利用备份中心的数据进行恢复？

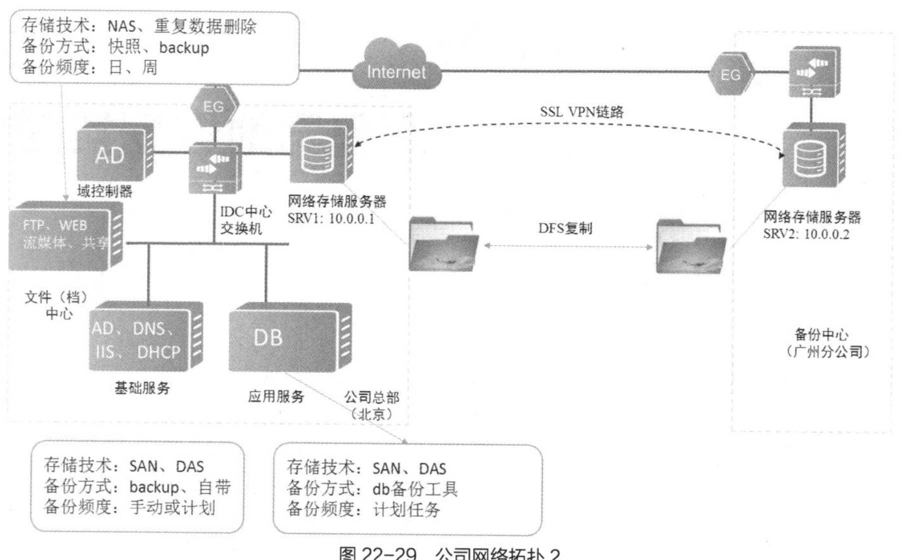

图 22-29　公司网络拓扑 2

Chapter

23

项目 23
远程异地数据实时同步

Computer

项目背景

公司在广州和北京通过 SSLVPN 建立总分互联，两地部署了网络存储、文件服务器等硬件，其中 FTP 服务的数据源由本地存储服务器的 NAS 服务提供。

公司在存储服务器的【公共目录】NAS 共享上存放了公司日常需要使用的文档，为方便两地信息对换和办公协同，公司希望两地存储提供的【公共目录】NAS 共享的数据能实现实时同步。

为确保本项目顺利实施，网络管理员已经建立好公司域控制器 DC1，并将网络存储服务器 SRV1 和 SRV3，文件服务器 SRV2 和 SRV4 加入到域中。

公司网络拓扑如图 23-1 所示。

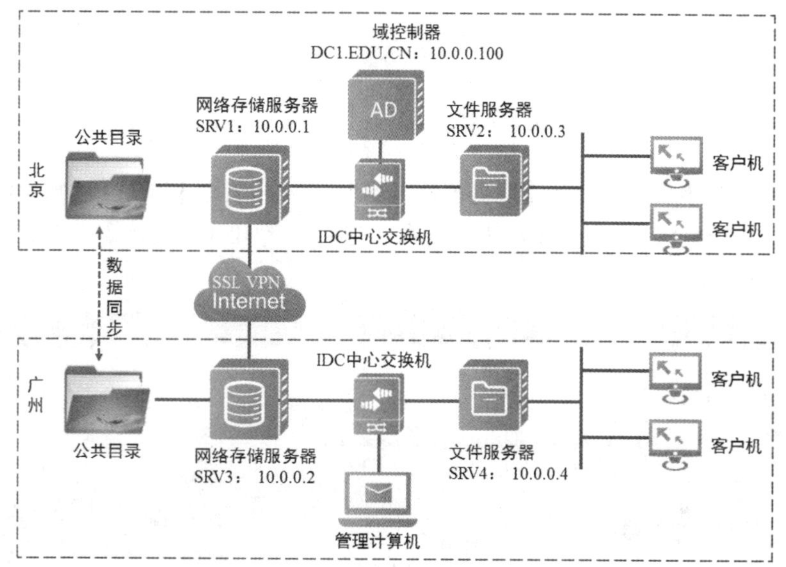

图 23-1　公司拓扑图

项目分析

基于域的 DFS 复制技术可以实现域 DFS 复制组成员间的数据实时同步，本项目可基于该技术实现北京和广州两地存储服务器上的【公共目录】数据的实时同步。

要实现本项目需求，具体涉及以下几个任务。

（1）在北京网络存储服务器 SRV1 部署共享目录【公共目录】。

（2）在北京文件服务器 SRV2 部署 FTP 服务，FTP 站点主目录为 SRV1 的共享目录【公共目录】。

（3）在广州网络存储服务器 SRV3 部署共享目录【公共目录】。

（4）在广州文件服务器 SRV4 部署 FTP 服务，FTP 站点主目录为 SRV3 的共享目录【公共目录】。

（5）在北京或广州网络存储服务器部署域 DFS 复制组，将 SRV1 和 SRV3 的【公共目录】共享加入到复制组中，实现两地数据的同步。

项目实践

（1）在存储服务器 SRV1 的【E 盘】上创建文件夹【北京 FTP】，并在【北京 FTP】文件夹中写入一些数据并创建文件夹【公共目录】，结果如图 23-2 所示。

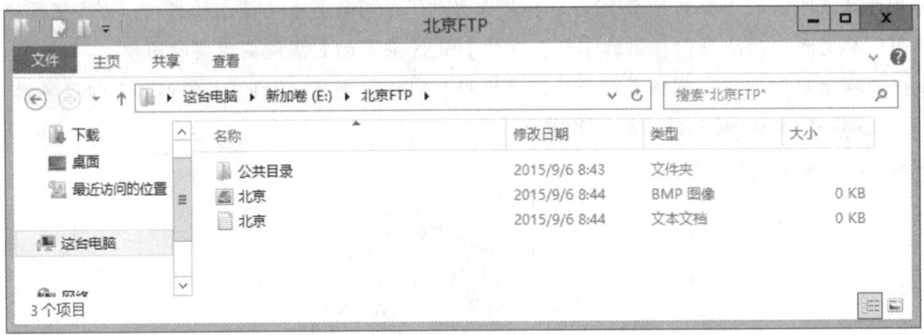

图 23-2　SRV1 的共享文件夹

（2）打开存储服务器 SRV1 的【服务器管理器】，单击【管理】选择【添加角色和功能】，在【服务器角色】中勾选【DFS 复制】和【DFS 命名空间】，单击【下一步】完成安装，如图 22-3 所示。

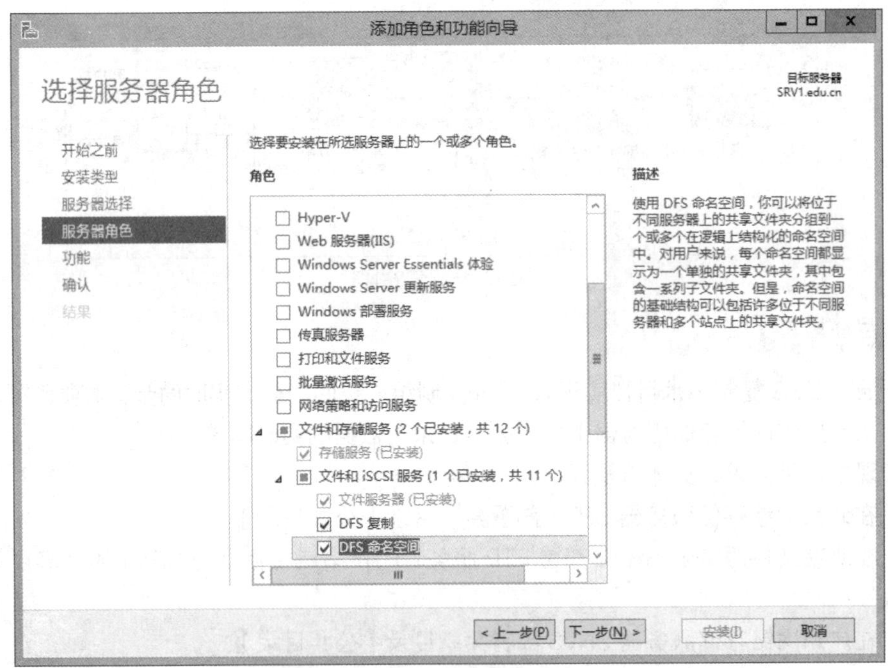

图 23-3　在 SRV1 安装 DFS

（3）在【服务器管理器】上单击【工具】选择【DFS Management】打开【DFS 管理】，右键单击【命名空间】选择【新建命名空间】，如图 23-4 所示。

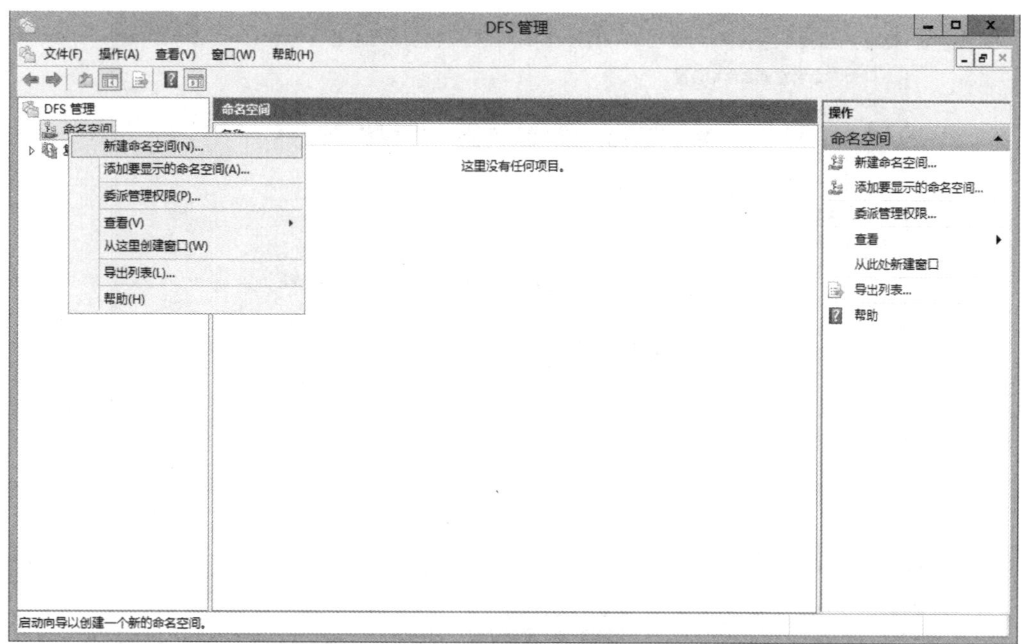

图 23-4　新建命名空间

（4）在【服务器管理器】上单击【工具】选择【DFS Management】，右键单击【命名空间】选择【新建命名空间】，在【命名空间服务器】的【服务器】上输入存储服务器的主机名称，如图 23-5 所示

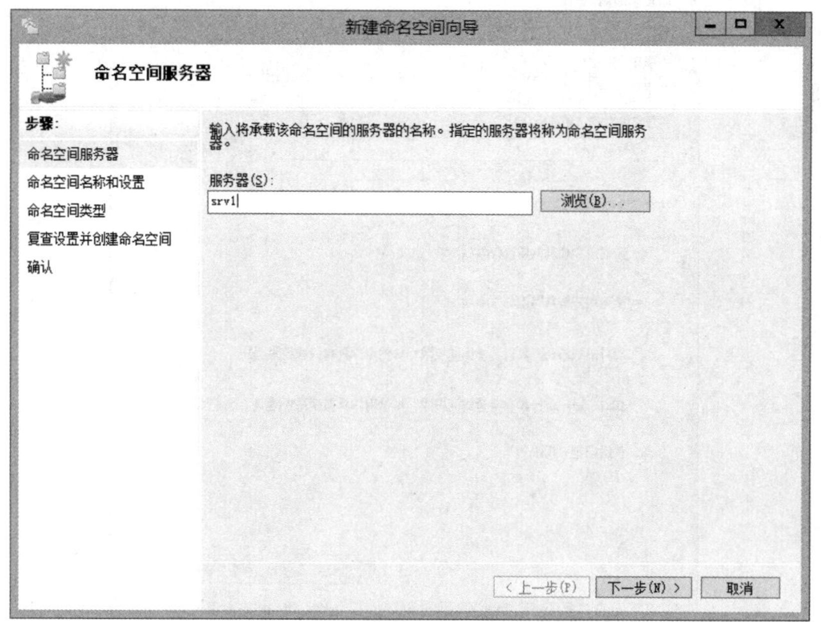

图 23-5　新建命名空间服务器

（5）在【命名空间名称和设置】的【名称】中输入【北京 ftp 主目录】，如图 23-6 所示。

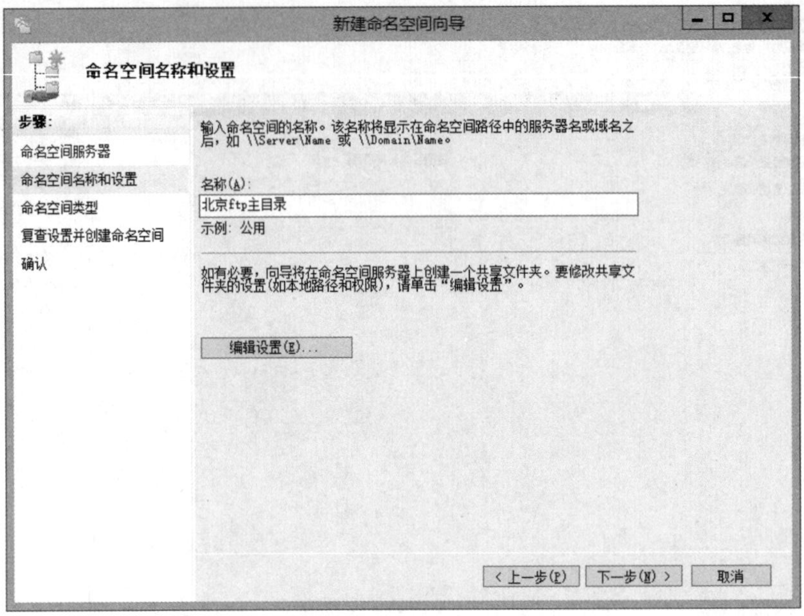

图 23-6　设置命名空间名称

（6）单击【编辑设置】，在【共享共享文件夹的本地路径】中选择【E:\北京 FTP】，如图 23-7 所示。

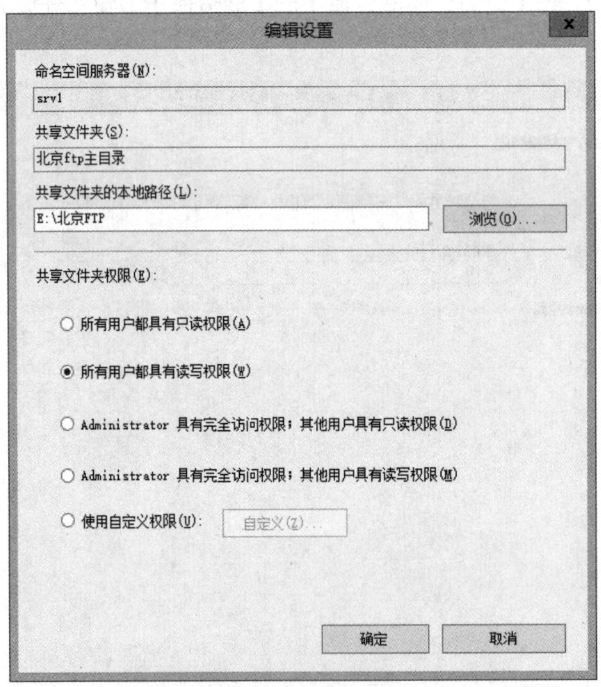

图 23-7　分配权限

（7）在【命名空间类型】中选择【基于域的命名空间】，单击下一步，在【确认】中单击【完成】，如图 23-8 所示。

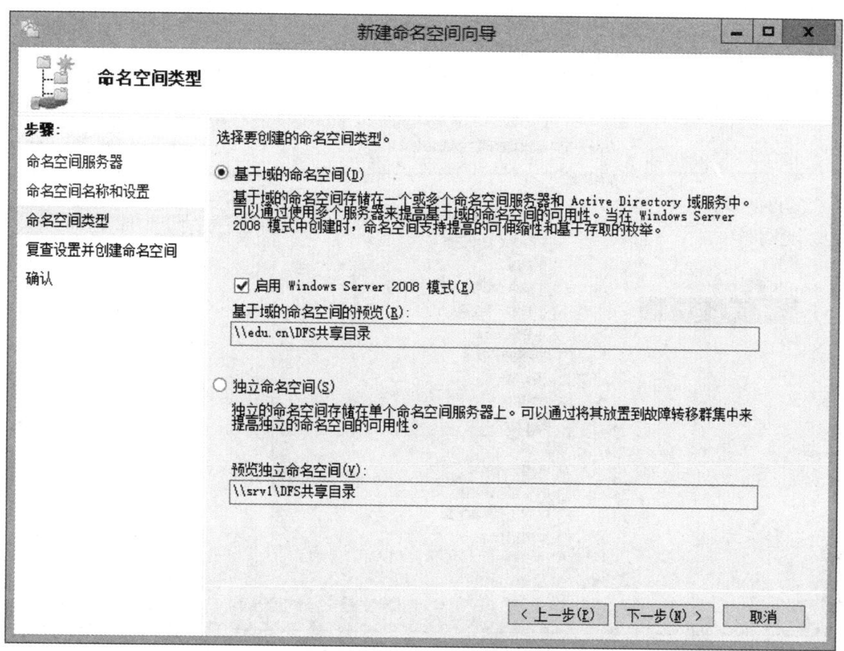

图 23-8 基于域的命名空间

（8）在文件服务器【SRV2】上打开【服务器管理器】，单击【管理】选择【添加角色和功能】，在【服务器角色中】勾选【Web 服务器(IIS)】，如图 23-9 所示。

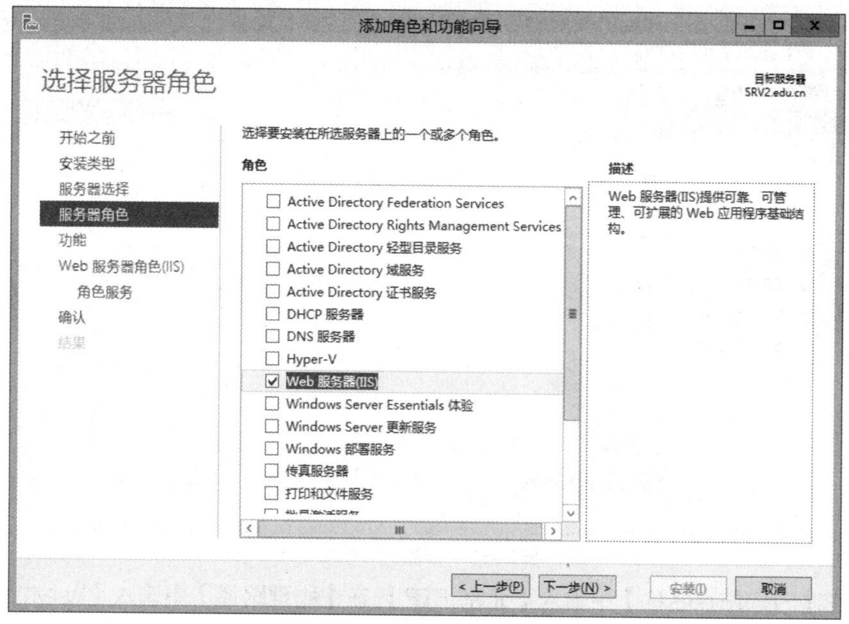

图 23-9 在 SRV2 安装 IIS 服务

（9）单击【下一步】，在【角色服务】中勾选【FTP 服务】和【FTP 扩展】，单击下一步完成安装，如图 23-10 所示。

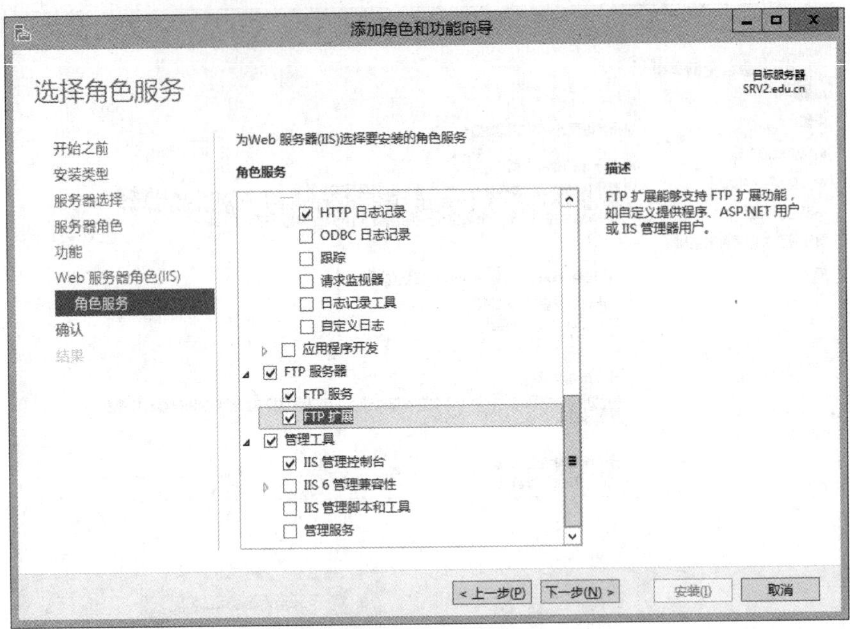

图 23-10 勾选 FTP 功能

（10）在【服务器管理器】单击【工具】选择【Internet Information Services(IIS)管理器】，右键单击【网站】选择【添加 FTP 站点】，如图 23-11 所示。

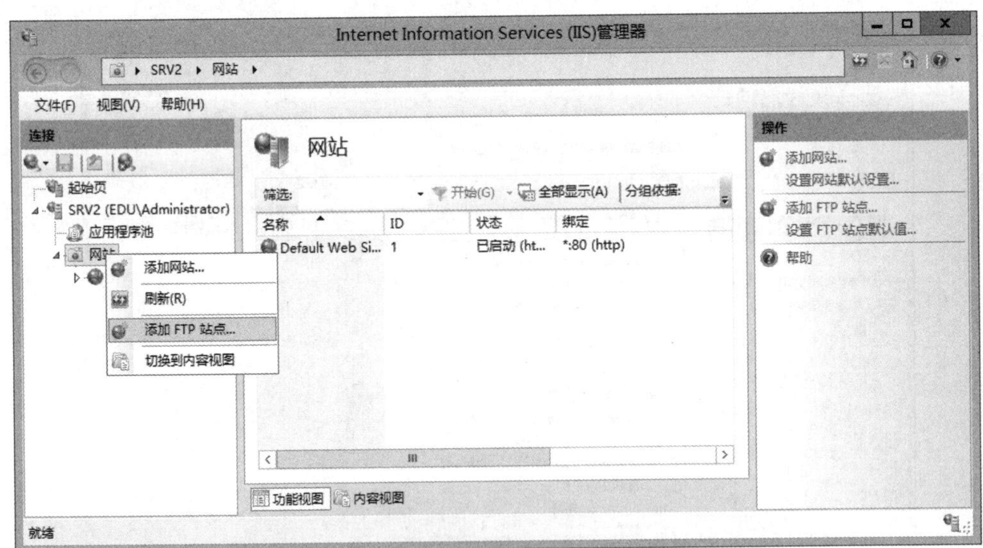

图 23-11 添加 FTP 站点

（11）在【FTP 站点名称】中输入【北京 FTP】,在【物理路径】中输入【\\srv1\北京 ftp 主目录】，单击【下一步】，如图 23-12 所示。

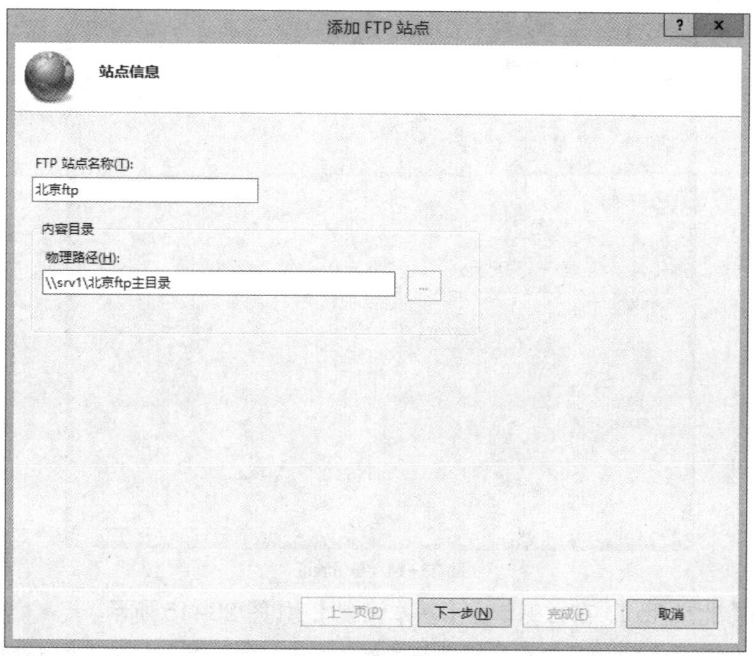

图 23-12　添加 FTP 站点

（12）在【IP 地址】中选择 IP 地址，在【SSL】中选择【无 SSL】，单击【下一步】，如图 23-13 所示。

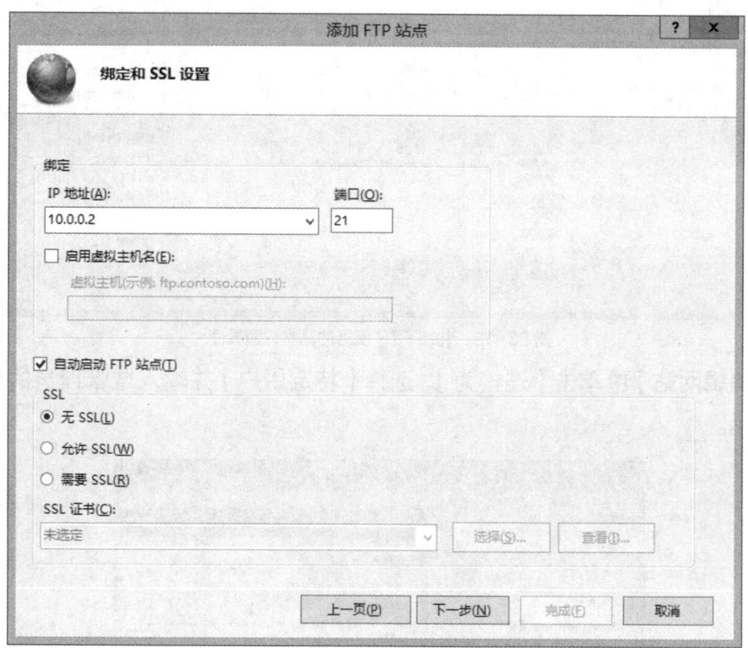

图 23-13　绑定 IP 地址

（13）在【身份验证】中勾选【基本】，在【允许访问】中选择【所有用户】，在【权限】中勾选【读取】以及【写入】，单击【完成】，如图 23-14 所示。

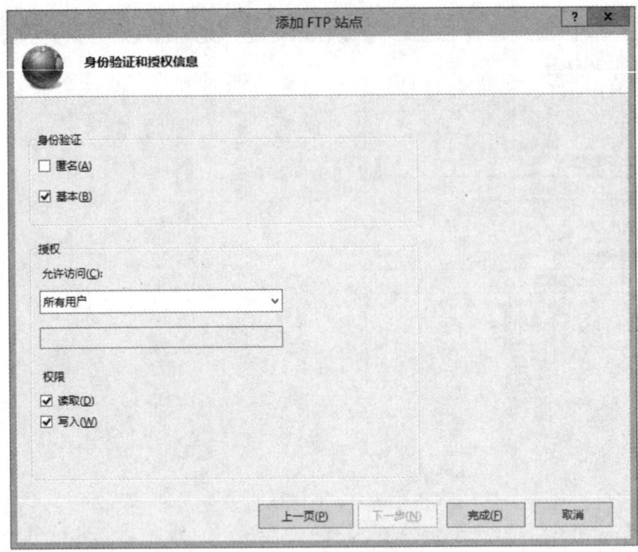

图 23-14 身份验证

（14）单击【北京 ftp】，在右侧单击【基本设置】，如图 23-15 所示。

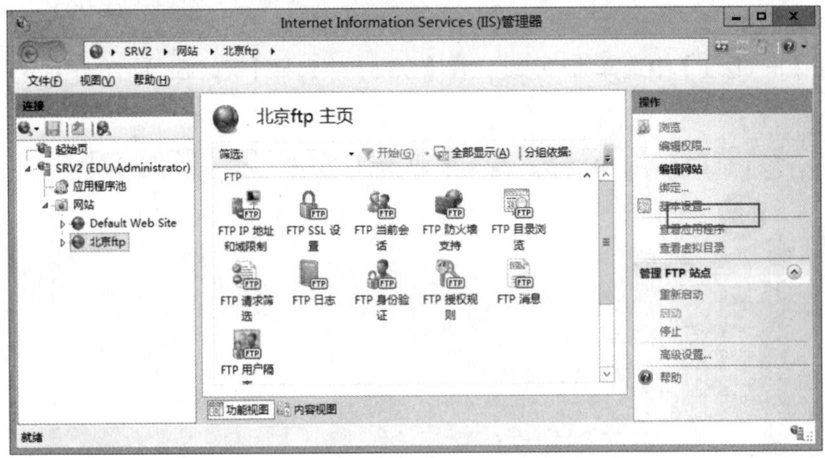

图 23-15 北京 FTP 服务的基本设置界面

（15）在【编辑网站】中单击【连接为】，选择【特定用户】并输入域管理员的用户名及密码，如图 23-16 所示。

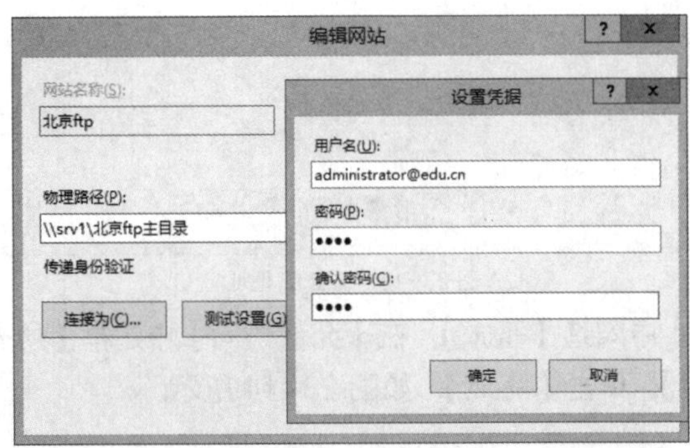

图 23-16 设置凭据

（16）在存储服务器 SRV3 上重复 SRV1 操作（共享目录为：【E:\广州 FTP\公共目录】)，在文件服务器 SRV4 上重复 SRV2 操作，然后重启 SRV2 及 SRV4。

（17）在存储服务器 SRV1 上打开【服务器管理器】，单击【工具】选择【DFS Management】，右键单击【复制】选择【新建复制组】，如图 23-17 所示。

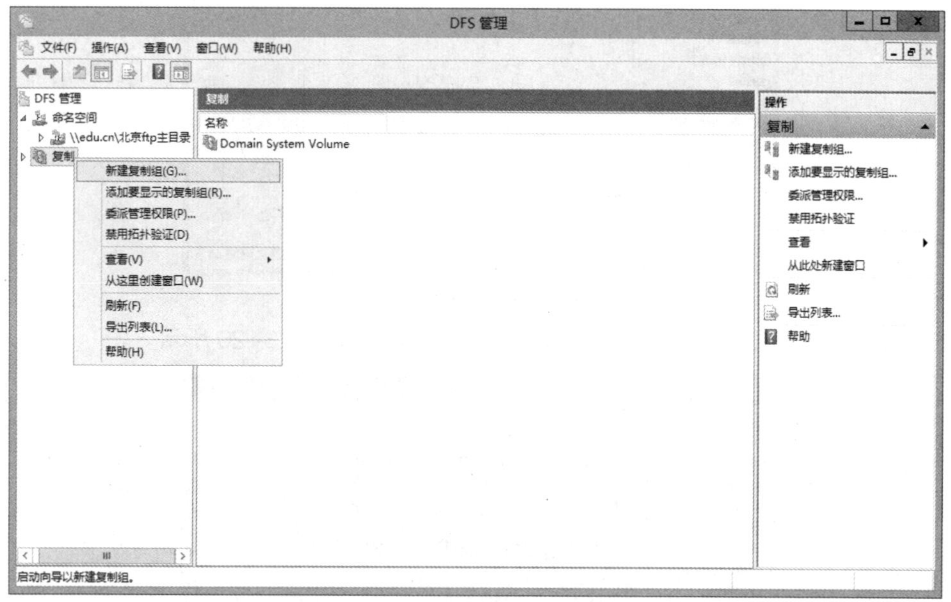

图 23-17　在 DFS 管理器中新建复制组

（18）在【复制组的名称】输入【公共目录】，在【域】中选择【edu.cn】，单击【下一步】，如图 23-18 所示。

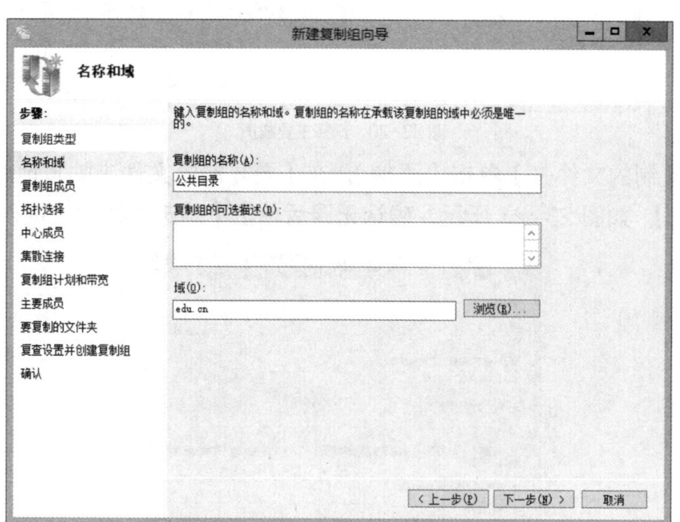

图 23-18　设置复制组的名称和域对话框

（19）在【复制组成员】单击【添加】按钮，在弹出的对话框中将 SRV1 和 SRV3 添加到列表中，结果如图 23-19 所示，单击【下一步】。

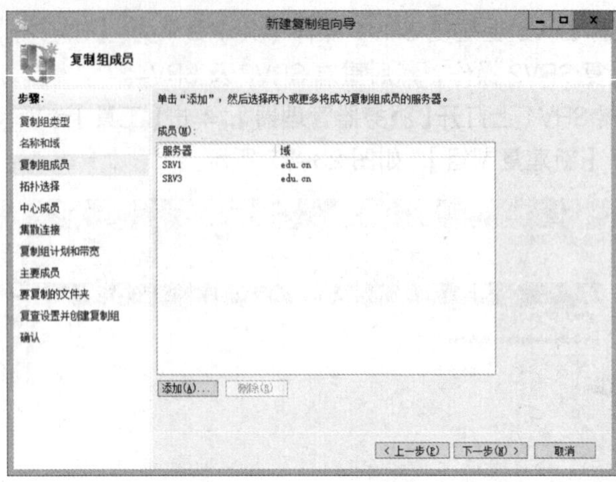

图 23-19　添加复制组成员

（20）在【主要成员】中选择 SRV1，单击【下一步】，如图 23-20 所示。

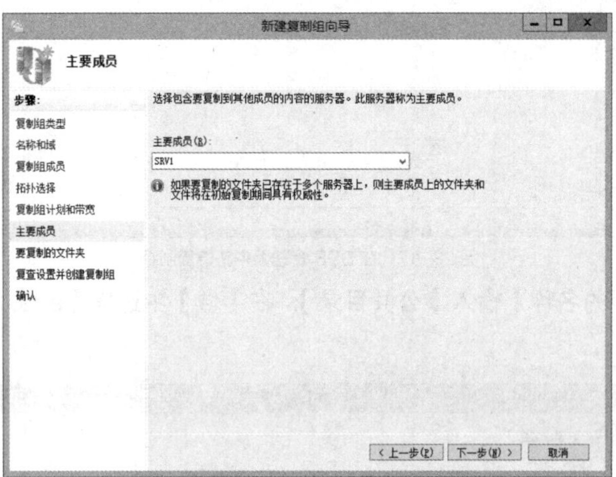

图 23-20　选择主要成员

（21）在【要复制的文件夹】单击【添加】，在【要复制的文件夹的本地路径】中输入【E:\北京 FTP\公共目录】，如图 23-21 所示，确认无误后单击【确定】按钮，进入【下一步】。

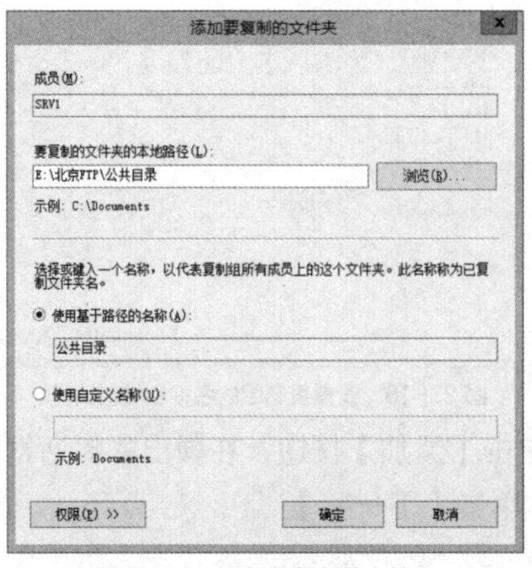

图 23-21　添加要复制的文件夹

（22）在【其他成员上 公共目录 的本地路径】对话框中单击【编辑】按钮，如图 23-22 所示。

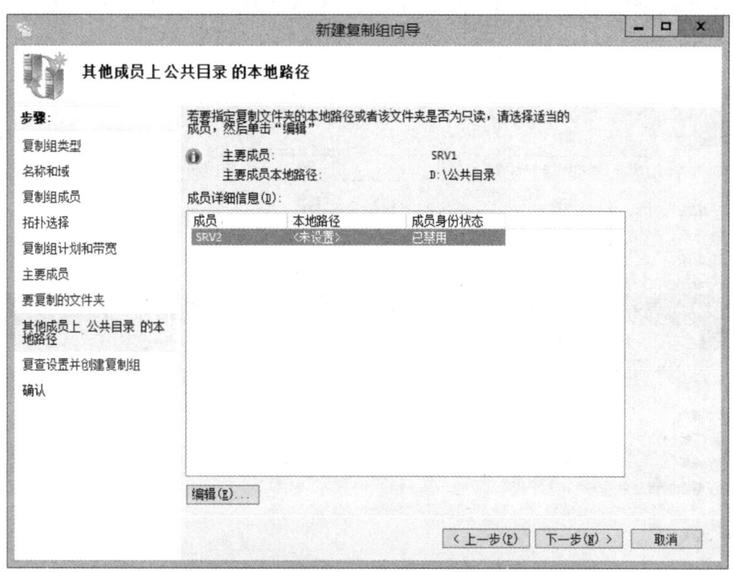

图 23-22　设置【其他成员上公共目录的本地路径】对话框

（23）在弹出的对话框中勾选【已启用】，在【文件夹的本地路径】输入【E:\广州 FTP\公共目录】，结果如图 23-23 所示，单击【确定】设置。

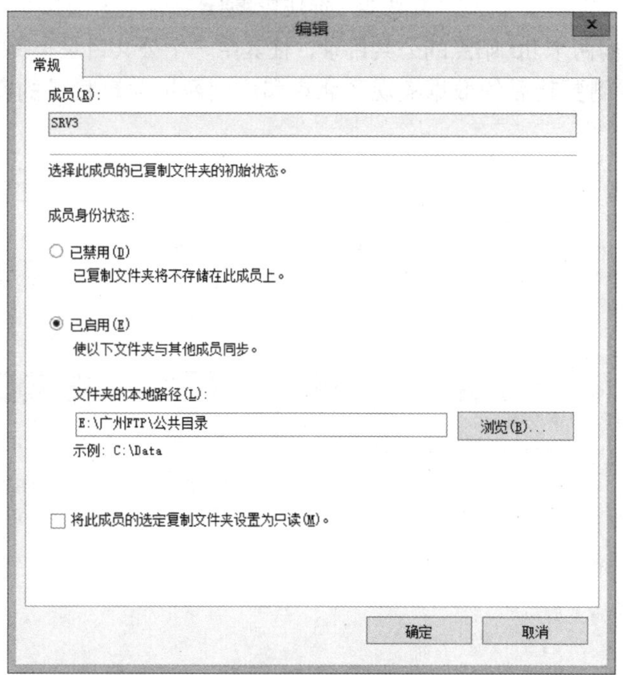

图 23-23　启用复制

（24）在确认复制组数据无误下，单击【确定】按钮完成域 DFS 复制组的部署。

任务验证

（1）在客户端访问北京 ftp 站点【ftp:\\10.0.0.2】及广州 ftp 站点【ftp:\\10.0.0.4】，均能够正常访问，如图 23-24 所示。

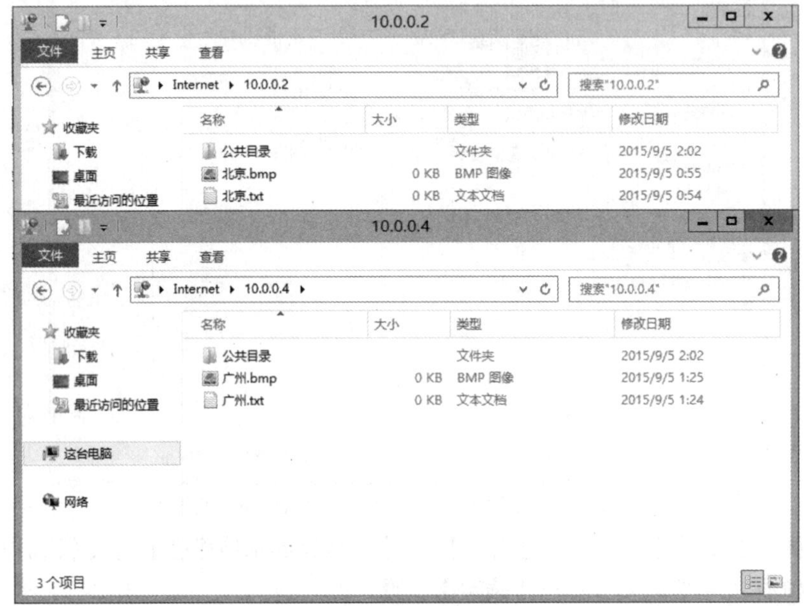

图 23-24　访问 FTP 服务器

（2）在客户端访问两个 ftp 站点的公共目录，往其中一个公共目录上传文件，刷新另一个公共目录内容，可以看到更新后的数据实现了北京和广州两地共享目录的实时同步，结果如图 23-25 所示。

图 23-25　广州和北京两地数据同步情况

习题与上机

一、简答题

独立命名空间与基于域的命名空间有什么区别?

二、项目实训题

公司在广州和北京通过 SSLVPN 建立总分互联，两地部署了网络存储、Web 服务器等硬件，其中 Web 服务的数据源由本地存储服务器的 NAS 服务提供。

公司在存储服务器 Storage1 和 Storage2 的【D:\\公司信息发布站点】共享提供网站内容存储服务。并基于该共享目录分别在广州和北京两地的 Web 服务器建立的 Web 站点，实现公司的信息发布。为方便两地信息对换和办公协同，公司希望两地存储提供的【公司信息发布站点】NAS 共享的数据能实现实时同步。

为确保本项目顺利实施，网络管理员已经建立好公司域控制器 DC1，并将网络存储服务器 Storage1 和 Storage2，文件服务器 Web1 和 Web2 加入到域中。

公司网络拓扑如图 23-26 所示。

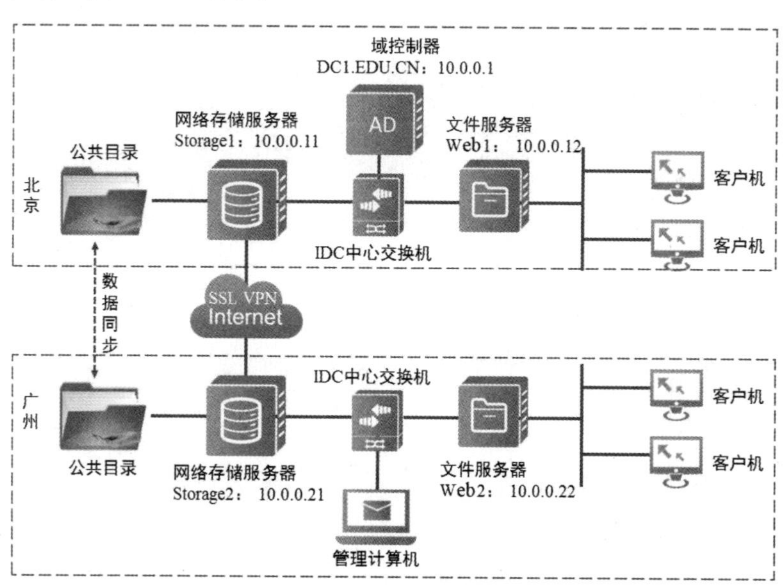

图 23-26　公司网络拓扑图

本项目实现的具体步骤要求如下。

（1）在 Storage1 和 Storage2 上创建命名空间并分别为 Web1 和 Web2 提供 NAS 服务，NAS 共享目录地址均为【D:\\ 公司信息发布站点】。

（2）在 Web1 服务器创建 Web 站点，站点的发布目录为存储服务器 Storage1 上共享目录【D:\\ 公司信息发布站点】。

（3）在 Web2 创建 Web 站点，站点的发布目录为存储服务器 Storage2 上共享目录【D:\\ 公司信息发布站点】。

（4）部署存储服务器 Storage1 和 Storage2 的两个共享目录为 DFS 复制组，实现北京和广州两地网站发布内容的自动同步（网站管理员只需要更新其中 1 个站点的数据内容）。